国家出版基金资助项目

现代数学中的著名定理纵横谈丛书

丛书主编　王梓坤

DIOPHANTINE EQUATION

Diophantus方程

曹珍富　著

哈尔滨工业大学出版社
HARBIN INSTITUTE OF TECHNOLOGY PRESS

内 容 简 介

丢番图方程是数论的一个重要分支,国内外很多著名数学家都从事过它的研究,其中尤以 Roth,Baker 和 Faltings 等人的工作最为突出(他们分别获得了国际数学家大会的 Fields 奖).本书力求详细地介绍这一数学分支的研究成果和创造的方法(有些方法产生了新的数学分支).

本书共分 10 章,分别为:引言、解丢番图方程的初等方法、解丢番图方程的高等方法、一次丢番图方程、二次丢番图方程、三次丢番图方程、四次丢番图方程、高次丢番图方程、指数丢番图方程和单位分数问题,其中有一些是作者本人的研究成果.

本书可供从事这一数学分支或相关学科(组合论、群论和编码理论等)的数学工作者及感兴趣的大学生和中学生阅读、学习和参考.

图书在版编目(CIP)数据

Diophantus 方程/曹珍富著. —哈尔滨:哈尔滨工业大学出版社,2024.1
(现代数学中的著名定理纵横谈丛书)
ISBN 978 - 7 - 5767 - 0598 - 0

Ⅰ.①D⋯ Ⅱ.①曹⋯ Ⅲ.①丢番图方程 Ⅳ.①O156.7

中国国家版本馆 CIP 数据核字(2023)第 023277 号

DIOPHANTUS FANGCHENG

策划编辑　刘培杰　张永芹
责任编辑　王勇钢
封面设计　孙茵艾
出版发行　哈尔滨工业大学出版社
社　　址　哈尔滨市南岗区复华四道街 10 号　邮编 150006
传　　真　0451 - 86414749
网　　址　http://hitpress.hit.edu.cn
印　　刷　辽宁新华印务有限公司
开　　本　787 mm×960 mm　1/16　印张 28　字数 301 千字
版　　次　2024 年 1 月第 1 版　2024 年 1 月第 1 次印刷
书　　号　ISBN 978 - 7 - 5767 - 0598 - 0
定　　价　228.00 元

读书的乐趣

你最喜爱什么——书籍.

你经常去哪里——书店.

你最大的乐趣是什么——读书.

这是友人提出的问题和我的回答. 真的,我这一辈子算是和书籍,特别是好书结下了不解之缘. 有人说,读书要费那么大的劲,又发不了财,读它做什么? 我却至今不悔,不仅不悔,反而情趣越来越浓. 想当年,我也曾爱打球,也曾爱下棋,对操琴也有兴趣,还登台伴奏过. 但后来却都一一断交,"终身不复鼓琴". 那原因便是怕花费时间,玩物丧志,误了我的大事——求学. 这当然过激了一些. 剩下来唯有读书一事,自幼至今,无日少废,谓之书痴也可,谓之书橱也可,管它呢,人各有志,不可相强. 我的一生大志,便是教书,而当教师,不多读书是不行的.

读好书是一种乐趣,一种情操;一种向全世界古往今来的伟人和名人求教的方法，一种和他们展开讨论的方式；一封出席各种活动、体验各种生活、结识各种人物的邀请信；一张迈进科学宫殿和未知世界的入场券；一股改造自己、丰富自己的强大力量．书籍是全人类有史以来共同创造的财富，是永不枯竭的智慧的源泉．失意时读书，可以使人重整旗鼓；得意时读书，可以使人头脑清醒；疑难时读书，可以得到解答或启示；年轻人读书，可明奋进之道；年老人读书，能知健神之理．浩浩乎！洋洋乎！如临大海，或波涛汹涌，或清风微拂，取之不尽，用之不竭．吾于读书，无疑义矣，三日不读，则头脑麻木，心摇摇无主．

潜能需要激发

我和书籍结缘，开始于一次非常偶然的机会．大概是八九岁吧，家里穷得揭不开锅，我每天从早到晚都要去田园里帮工．一天，偶然从旧木柜阴湿的角落里，找到一本蜡光纸的小书，自然很破了．屋内光线暗淡，又是黄昏时分，只好拿到大门外去看．封面已经脱落，扉页上写的是《薛仁贵征东》．管它呢，且往下看．第一回的标题已忘记，只是那首开卷诗不知为什么至今仍记忆犹新：

日出遥遥一点红，飘飘四海影无踪．

三岁孩童千两价，保主跨海去征东．

第一句指山东，二、三两句分别点出薛仁贵（雪、人贵）．那时识字很少，半看半猜，居然引起了我极大的兴趣，同时也教我认识了许多生字．这是我有生以来独立看的第一本书．尝到甜头以后，我便千方百计去找书，向小朋友借，到亲友家找，居然断断续续看了《薛丁山征西》《彭公案》《二度梅》等，樊梨花便成了我心

2

中的女英雄.我真入迷了.从此,放牛也罢,车水也罢,我总要带一本书,还练出了边走田间小路边读书的本领,读得津津有味,不知人间别有他事.

当我们安静下来回想往事时,往往会发现一些偶然的小事却影响了自己的一生.如果不是找到那本《薛仁贵征东》,我的好学心也许激发不起来.我这一生,也许会走另一条路.人的潜能,好比一座汽油库,星星之火,可以使它雷声隆隆、光照天地;但若少了这粒火星,它便会成为一潭死水,永归沉寂.

抄,总抄得起

好不容易上了中学,做完功课还有点时间,便常光顾图书馆.好书借了实在舍不得还,但买不到也买不起,便下决心动手抄书.抄,总抄得起.我抄过林语堂写的《高级英文法》,抄过英文的《英文典大全》,还抄过《孙子兵法》,这本书实在爱得狠了,竟一口气抄了两份.人们虽知抄书之苦,未知抄书之益,抄完毫末俱见,一览无余,胜读十遍.

始于精于一,返于精于博

关于康有为的教学法,他的弟子梁启超说:"康先生之教,专标专精、涉猎二条,无专精则不能成,无涉猎则不能通也."可见康有为强烈要求学生把专精和广博(即"涉猎")相结合.

在先后次序上,我认为要从精于一开始.首先应集中精力学好专业,并在专业的科研中做出成绩,然后逐步扩大领域,力求多方面的精.年轻时,我曾精读杜布(J. L. Doob)的《随机过程论》,哈尔莫斯(P. R. Halmos)的《测度论》等世界数学名著,使我终身受益.简言之,即"始于精于一,返于精于博".正如中国革命一

3

样,必须先有一块根据地,站稳后再开创几块,最后连成一片.

丰富我文采,澡雪我精神

辛苦了一周,人相当疲劳了,每到星期六,我便到旧书店走走,这已成为生活中的一部分,多年如此.一次,偶然看到一套《纲鉴易知录》,编者之一便是选编《古文观止》的吴楚材.这部书提纲挈领地讲中国历史,上自盘古氏,直到明末,记事简明,文字古雅,又富于故事性,便把这部书从头到尾读了一遍.从此启发了我读史书的兴趣.

我爱读中国的古典小说,例如《三国演义》和《东周列国志》.我常对人说,这两部书简直是世界上政治阴谋诡计大全.即以近年来极时髦的人质问题(伊朗人质、劫机人质等),这些书中早就有了,秦始皇的父亲便是受害者,堪称"人质之父".

《庄子》超尘绝俗,不屑于名利.其中"秋水""解牛"诸篇,诚绝唱也.《论语》束身严谨,勇于面世,"己所不欲,勿施于人",有长者之风.司马迁的《报任少卿书》,读之我心两伤,既伤少卿,又伤司马;我不知道少卿是否收到这封信,希望有人做点研究.我也爱读鲁迅的杂文,果戈理、梅里美的小说.我非常敬重文天祥、秋瑾的人品,常记他们的诗句:"人生自古谁无死,留取丹心照汗青""休言女子非英物,夜夜龙泉壁上鸣".唐诗、宋词、《西厢记》《牡丹亭》,丰富我文采,澡雪我精神,其中精粹,实是人间神品.

读了邓拓的《燕山夜话》,既叹服其广博,也使我动了写《科学发现纵横谈》的心.不料这本小册子竟给我招来了上千封鼓励信.以后人们便写出了许许多多的"纵横谈".

从学生时代起,我就喜读方法论方面的论著.我想,做什么事情都要讲究方法,追求效率、效果和效益,方法好能事半而功倍.我很留心一些著名科学家、文学家写的心得体会和经验.我曾惊讶为什么巴尔扎克在51年短短的一生中能写出上百本书,并从他的传记中去寻找答案.文史哲和科学的海洋无边无际,先哲们的明智之光沐浴着人们的心灵,我衷心感谢他们的恩惠.

读书的另一面

以上我谈了读书的好处,现在要回过头来说说事情的另一面.

读书要选择.世上有各种各样的书:有的不值一看,有的只值看20分钟,有的可看5年,有的可保存一辈子,有的将永远不朽.即使是不朽的超级名著,由于我们的精力与时间有限,也必须加以选择.决不要看坏书,对一般书,要学会速读.

读书要多思考.应该想想,作者说得对吗?完全吗?适合今天的情况吗?从书本中迅速获得效果的好办法是有的放矢地读书,带着问题去读,或偏重某一方面去读.这时我们的思维处于主动寻找的地位,就像猎人追找猎物一样主动,很快就能找到答案,或者发现书中的问题.

有的书浏览即止,有的要读出声来,有的要心头记住,有的要笔头记录.对重要的专业书或名著,要勤做笔记,"不动笔墨不读书".动脑加动手,手脑并用,既可加深理解,又可避忘备查,特别是自己的灵感,更要及时抓住.清代章学诚在《文史通义》中说:"札记之功必不可少,如不札记,则无穷妙绪如雨珠落大海矣."

许多大事业、大作品,都是长期积累和短期突击相结合的产物.涓涓不息,将成江河;无此涓涓,何来江河?

爱好读书是许多伟人的共同特性,不仅学者专家如此,一些大政治家、大军事家也如此.曹操、康熙、拿破仑、毛泽东都是手不释卷,嗜书如命的人.他们的巨大成就与毕生刻苦自学密切相关.

王梓坤

◎ 目 录

1

3

编辑手记

引　言

1.1　数论的特点

在如今众多的数学分支中,有些即使你具备了一定的数学基础,要读懂它的基础知识也有一定的困难,甚至理解了它的符号的含义也办不到;而有些却不需要任何数学基础,只要你有耐心地往下读,便可读懂它的绝大部分内容.数论这门古老的数学分支,它的基本内容便是属于后者.数论的问题简明易懂,即使是公认的 Fermat 大定理和 Goldbach 猜想等问题也是如此.正因为这样,历史上几乎所有的数学家都从事过数论的研究,而且许多数学家都是因为数论问题的简明易懂,通过自学获得成功的.但事情往往是这样,越是简明易懂的问题,解决起来越困难.也正因为如此,不知

1

道有多少业余数学爱好者迷上了数论,但最终却一事无成.

数论起初只研究整数的一些基本性质,后来从 17 世纪到 19 世纪,大数学家 Fermat,Euler,Legendre,Gauss 等人大大地发展了数论的内容,现在数学界最著名的难题——Fermat 大定理便是这个时期提出来的.

今天的数论已经发展为十多个数论分支,诸如代数数论、解析数论、丢番图方程、丢番图逼近和丢番图几何等,许多内容已经发展到相当深刻的程度,以至于搞不同分支的数论同行间也无法相互交流. 可以举一个例子,你如果想读懂丢番图几何方面的研究论文,在不具有相当好的代数、拓扑等基础时,即使你在其他某个数论分支中做出过很好的工作,但也几乎是不可能的.

1.2　丢番图方程及其主要成就

这本书将专门研究数论的一个分支——丢番图方程(Diophantine Equation). 什么叫丢番图方程呢? 众所周知,Fermat 大定理是 Fermat 于 1637 年左右在古希腊数学家丢番图(Diophantus)所著《算术》一书的空白处写下的注释,用如今的语言叙述,就是:不定方程

$$x^n + y^n = z^n \quad (n > 2)$$

2

没有正整数解. 这就明显告诉我们,Fermat 大定理是属于不定方程的. 所谓不定方程,是指未知数的个数多于方程个数的方程(或方程组). 数论中的不定方程,通常对解的范围有一定的限制,例如解限制在有理数、整数等范围内. 这种带限制的不定方程早在公元 3 世纪初古希腊数学家丢番图就研究过,人们为了与其他分支中的不定方程区别,也称数论中的不定方程为丢番图方程. 正如丢番图几何是代数几何中曲线上的"点"带限制的部分一样.

在丢番图方程中,各种形式的不定方程是无穷无尽的. 但解决问题的方法,从古至今都是不同的问题用不同的方法,其中显示出了人类高度的智慧. 人们自然要问,是否存在一个一般的解不定方程的方法? 这个问题的特殊情形是属于 D. Hilbert 第十问题的. 1900 年,D. Hilbert 提出了 23 个著名的数学问题,其中第十个问题是:

设 $f(x_1,\cdots,x_n)$ 是任给的具有整系数的多项式,那么是否存在一个只有有限步运算的方法来判定丢番图方程 $f(x_1,\cdots,x_n)=0$ 是否有解?

这个问题的一般回答是否定的[1]. 不妨设 $f(x_1,\cdots,x_n)$ 为不可约多项式,则在 $n\geqslant 3$ 时不存在一个只有有限步运算的方法来判定丢番图方程 $f(x_1,\cdots,x_n)=0$ 是否有解. 而在 $n=2$ 时,A. Baker 定出了丢番图方程 $f(x_1,x_2)=0$ 解的上界[2],因而存在一个有限步运算的方法判定 $f(x_1,x_2)=0$ 是否有解. 但是,A. Baker 定出的上界往往太大,常常用最快的电子计算机也不能计算出方程的全部解来.因此,即使对于方程 $f(x_1,x_2)=0$,要求出全部解来也不容易.

但是,A. Baker 的工作不失为丢番图方程的重要成就.包括 A. Baker 在内,还有 K. F. Roth,R. Deligne 和 G. Faltings 都在丢番图方程上做出过杰出的贡献.1955 年 K. F. Roth 证明了一个著名的定理[3]:设 θ 是一个 $n \geqslant 2$ 次的代数数,则对 $\forall \varepsilon > 0$,适合

$$\left| \theta - \frac{x}{y} \right| < \frac{1}{y^{2+\varepsilon}}$$

的整数 $x,y > 0$ 仅有有限组.这一定理导致了二元 $n \geqslant 3$ 次的不可约多项式方程解的个数有限.1973 年,R. Deligne证明了关于有限域上不定方程 $f(x_1,\cdots,x_n)=0$ 解的个数的猜想,即著名的 A. Weil 猜想[4].而 G. Faltings 在 1983 年证明了 L. J. Mordell 猜想,即有理数域里亏格 $\geqslant 2$ 的代数曲线上仅有有限个有理点[5].由此可以导出 Fermat 方程 $x^n + y^n = z^n$,$(x,y)=1$ 在 $n \geqslant 4$ 时最多仅有有限组正整数解.1985 年 D. R. Heath-Brown 利用 G. Faltings 定理证明了

$$\lim_{s \to \infty} \frac{N(s)}{s} = 0$$

这里 $N(s)$ 表示 $n \leqslant s$ 使 $x^n + y^n = z^n (n > 2)$ 有正整数解的那些 n 的个数[6].即对"几乎所有"的正整数 $n > 2$,方程 $x^n + y^n = z^n$ 均没有正整数解.

因为 K. F. Roth,A. Baker,R. Deligne 和 G. Faltings 的出色工作,他们分别于 1958 年,1970 年,1978 年和 1986 年获得了国际数学家大会的菲尔兹(Fields)奖.

1.3 解丢番图方程的困难性

解丢番图方程由于没有一个一般的方法,因而它向人类的智慧提出了挑战. 有一些看上去简单的方程,但解决起来却相当困难,例如求不定方程

$$1 + x^2 = 2y^4 \qquad (1)$$

的正整数解 x, y 问题,在很长时间内数学家们只知道它有两组解 $(x, y) = (1, 1), (239, 13)$,但要回答它是否存在另外的解却不容易. 直到 1942 年 W. Ljunggren 在认真研究四次域的单位数后,用了大量的现代数论的成果才最终证明:方程(1) 最多有两组正整数解[7]. 后来,人们感到 W. Ljunggren 的证明复杂又不初等,且方法上的技巧又太特殊,故大数学家 L. J. Mordell 向全世界提出了一个公开性的问题[8]:是否能找到一个简单的或初等的证明? 这个问题直到现在仍未解决.

对于不定方程

$$x^x y^y = z^z \quad (x > 1, y > 1) \qquad (2)$$

著名数学家 P. Erdös 曾经猜想它没有正整数解. 1940 年我国著名数学家柯召否定了这一猜想,证明了方程 (2) 有无穷多组解[9]

$$x = 2^{2^{n+1}(2^n - n - 1) + 2n} (2^n - 1)^{2(2^n - 1)}$$

$$y = 2^{2^{n+1}(2^n - n - 1)} (2^n - 1)^{2(2^n - 1) + 2}$$

$$z = 2^{2^{n+1}(2^n - n - 1) + n + 1} (2^n - 1)^{2(2^n - 1) + 1}$$

其中 $n > 1$. 1959 年 W. H. Mills 发现柯召得到的解均满足 $4xy = z^2$ 的条件,从而证明了[10]:① 如果 $4xy >$

z^2，那么方程（2）没有正整数解；② 如果 $4xy=z^2$，那么柯召找到的解是（2）的全部正整数解. 1984 年，S. Uchiyama 证明了：如果 $4xy<z^2$，那么方程（2）最多只有有限组正整数解[11]. 这提醒我们，很可能方程（2）的全部正整数解都已包含在柯召得到的解中. 但是，要证明这件事或者找到另外的解都很困难.

对于 $n!$ 和组合数 $\begin{bmatrix} n \\ m \end{bmatrix} = \dfrac{n!}{m! \ (n-m)!}$ 也曾有过一些猜想和问题. 例如方程

$$\begin{bmatrix} n \\ m \end{bmatrix} = y^k \quad (n>m>1, k>2) \tag{3}$$

没有正整数解. 这是 1939 年 P. Erdös 提出的一个猜想，直到 1984 年，才由本书作者解决了 k 为偶数的情形[12]；而 k 为奇数时，除了在 1951 年由 P. Erdös 本人解决了 $m>3$（此时方程（3）无正整数解），目前只有一些零碎的结果. 要彻底证明 P. Erdös 的这个猜想还有一定的困难. 另一个问题是，方程

$$n! + 1 = x^2$$

仅有正整数解 $(n, x) = (4, 5), (5, 11)$ 和 $(7, 71)$ 吗？P. Erdös 和 R. Obláth 曾经解决了方程 $n! = x^p \pm y^p$，$(x, y) = 1$ 且 $p > 2$，但对 $p = 2$ 无能为力[8]. G. J. Simmons 还提出，方程 $n! = (m-1)m(m+1)$ 仅有正整数解 $(m, n) = (2, 3), (3, 4), (5, 5)$ 和 $(9, 6)$ 吗？这个问题也没有得到解决.

通常，解一个丢番图方程很大程度上是由人们的

6

数学基础和研究经验决定的.这常常导致初学者望而生畏.但也有些初学者不了解丢番图方程的内容,以为丢番图方程是从属于初等数论的,就是初等数论中的几个小玩艺儿.因此,许多初学者在不具备一定数学基础的同时,就不切实际地去试图证明 Fermat 大定理.

1.4　丢番图方程的内容和求解原则

丢番图方程的内容异常丰富,它的分类基本上是由方程的形式决定的.例如,可分为一次方程、二次方程、三次方程、高次方程、指数方程和一些特殊的类型.很多基本类型都是历史遗留下来的.当然近代也提出了许多新的类型,这是由于许多学科的交叉渗透产生的.例如,在代数数论、组合论和群论等数学分支中都提出了一些丢番图方程问题.

就丢番图方程的研究目的而言,人们希望尽可能一般性地求解某个类型,以期在另外的许多场合得到更多、更好的应用.有些问题在整数环上解决了,人们还愿意把它放到代数整环上去研究;有些问题用高深方法解决了,人们还希望用较为初等的方法去解决.这些做法的目的,无非是想通过这些研究产生新的结构或新的技巧,而构成这种新结构或新技巧的往往可能是新数学分支的萌芽,也可能对科学技术产生某些特殊的应用.

丢番图方程的内容异常丰富,但又没有一个统一的处理方法,这就决定了研究丢番图方程的困难性.一般说来,我们只能给出丢番图方程的求解原则,即综合利用各种初等的、高深的方法,将丢番图方程转化为若干容易处理的或有熟知结果的方程.这就告诉我们,需要有相当熟练的初等和高深的数学基础,才能在丢番图方程研究中取得好的成果.但是,这也不是绝对的,在初等证明中,具有熟练的初等数论基础同样会做出好的成果.

1.5　本书的特点

本书我们假定读者具有初等数论的知识.在用到超出初等数论知识时,我们列出主要结果而不加证明.另外,书中的许多问题和结果在没有注明出处时,均是引自作者的一些未经发表的思想与方法,还有些部分是引自 Mordell 的书 *Diophantine Equations*,书中所有字母在不做特别说明的情况下,均表示整数.

本书的特点是,详细论述了各种类型的丢番图方程的解及其研究的几乎全部成果,尤其还较系统地介绍了解丢番图方程的方法,其中大量的成果和方法是近几年才得到的.

本书在表达和结构上也作了探索.为了让读者掌握解丢番图方程的方法,我们在第 2,3 两章里,选择了一些典型的问题(这些问题中,有许多都是数学家们的研究结果,这在后面的专题研究中将有介绍),详细地给出了求解过程.在让读者领会了这些方法和技巧后,我们除了选择一些基本的习题,还列出数学家们若干用相应方法得到的近期的研究结果作为习题.这样做的目的是,能够增强读者(尤其是自学者)研究问题的

信心和能力. 我们在写作时,为了让读者有一个自然的过渡,在讲述解丢番图方程的方法时,对问题(包括例题和习题)的出处将不加注明(只有少部分例外). 但凡是数学家们的研究结果,都将在后面各章的专题研究中给以介绍. 从第 4 章开始,是各个专题的专门研究. 在这方面,我们不可能给出每一个定理的详细证明(否则在篇幅上是不允许的). 我们采取以介绍结果和取得该结果所使用的方法为主,给出少量技巧性强、方法使用上比较特殊且篇幅比较简短的证明为辅的写作方法. 我们认为,这样做对读者没有什么损失,况且每章末,我们还列出了较为详细的参考资料,便于读者进一步钻研时查阅.

应该指出,虽然本书从收集资料到定稿用了许多年的时间,但仍可能有不少重要的成果被遗漏. 又由于作者受水平的限制,书中也可能有不少错误和某些疏忽. 尤其是作者本人的许多论点,可能还不够成熟,敬请前辈和同行们批评指正!

参 考 资 料

[1]Martin,D.,Amer. Math. Monthly,80(1973),233-269.

[2]Baker, A.,Phi. Tran. Roy. Soc. Lon.,A,263(1967),273-291.

[3]Cassels,J. W. S.,An Introduction to Diophantine Approximation,Camb. Univ. Press,1957.

[4]Katz,N.,Proc. of Symposia in Pure Math.,28(1976),275-305.(AMS).

[5]Faltings,G.,Invent. Math.,73(1983),349-366.

[6]Heath-Brown, D. R.,Bull. London Math. Soc.,17(1985),15-16.

［7］Ljunggren，W.，Avh. Norske Vid. Akad. Oslo，I，5（1942），
　　♯5，27pp.

［8］Guy，R. K.，Unsolved Problems in Number Theory，D6，25，
　　Springer-Verlag，1981.

［9］Ko，C.（柯召），J. Chinese Math. Soc.，2（1940），205-207.

［10］Mills，W. H.，Report Inst. Theory of Numbers，Boulder，
　　Colo. 1959，258-268.

［11］Uchiyama，S.，Trudy Mat. Inst. Steklov.，163（1984），237-
　　243.

［12］Cao，Z. F.（曹珍富），Proc. Amer. Math. Soc.，98（1986），
　　11-16.

解丢番图方程的初等方法

本章我们将介绍解丢番图方程的常用初等方法,包括简单同余法、分解因子法、无穷递降法、比较素数幂法、二次剩余法、Pell 方程法和递推序列法等.这为以后各章的专题研究奠定了必备的基础.

2.1 简单同余法

所谓简单同余法,是指对丢番图方程取某个正整数 $M > 1$ 为模来制造矛盾的方法.这种方法的要点是根据所给方程的特点,选择模 M. 现举例说明.

1.选择模 $2^a (a > 1)$. 例如方程
$$x_1^2 + x_2^2 = 4x_3 + 3 \qquad (1)$$
没有整数解.可以取模 4:由于
$$x_1^2 \equiv 0, 1 \pmod 4, x_2^2 \equiv 0, 1 \pmod 4$$

故 $x_1^2 + x_2^2 \equiv 0, 1, 2 \pmod 4$. 而方程(1)给出
$$x_1^2 + x_2^2 \equiv 3 \pmod 4$$
这是矛盾的.

利用方程(1),可以推出,方程
$$x_1^2 + x_2^2 = (4a+3)x_3^2 \qquad (2)$$
仅有整数解 $x_1 = x_2 = x_3 = 0$. 这是因为,除去 $x_1 = x_2 = x_3 = 0$,可以假设 $(x_1, x_2, x_3) = 1$. 由方程(1)知
$$x_3 \not\equiv 1 \pmod 2$$
即
$$x_3 \equiv 0 \pmod 2$$
由方程(2)推出 x_1, x_2 同奇同偶,但 $(x_1, x_2, x_3) = 1$,故 x_1, x_2 只能是同奇,所以
$$x_1^2 \equiv x_2^2 \equiv 1 \pmod 4$$
方程(2)给出
$$2 \equiv x_1^2 + x_2^2 = (4a+3)x_3^2 \equiv 0 \pmod 4$$
这不可能.

同样道理,对如下的丢番图方程取模 8 知,均无整数解
$$x_1^2 + 2x_2^2 = 8x_3 + 5 \text{ 或 } 8x_3 + 7 \qquad (3)$$
$$x_1^2 - 2x_2^2 = 8x_3 + 3 \text{ 或 } 8x_3 + 5 \qquad (4)$$
和
$$x_1^2 + x_2^2 + x_3^2 = 4^a(8x_4 + 7) \qquad (5)$$
例如对方程(3)(4),由于对任一数 x,均有
$$x^2 \equiv 0, 1, 4 \pmod 8$$
故
$$x_1^2 + 2x_2^2 \not\equiv 5, 7 \pmod 8$$
$$x_1^2 - 2x_2^2 \not\equiv 3, 5 \pmod 8$$
即方程(3)和(4)均无整数解.对方程(5)显然 $a \geqslant 0$.

如果 $a \geqslant 1$,那么对方程(5)取模 4 知

$$x_1 \equiv x_2 \equiv x_3 \equiv 0 (\bmod 2)$$

于是可在方程(5)两端除去因子 4. 这样不失一般可设 $a = 0$,但 $x_1^2 + x_2^2 + x_3^2 \not\equiv 7 (\bmod 8)$,因此方程(5)无整数解.

利用 $2^a (a > 1)$ 为模解不定方程,主要利用以下的一些事实:

① 对任意整数 x,有 $x^2 \equiv 0, 1 (\bmod 4)$,若 x 为奇数,则

$$x^2 \equiv 1 (\bmod 8)$$

② 设 $k \geqslant 4$ 时,对任意的 x,有

$$x^{2^{k-2}} \equiv 0, 1 (\bmod 2^k)$$

2. 选择模 $3^a (a \geqslant 1)$. 例如方程

$$(3a+1)x_1^2 + (3b+1)x_2^2 = 3x_3^2 \tag{6}$$

仅有整数解 $x_1 = x_2 = x_3 = 0$. 因为除去 $x_1 = x_2 = x_3 = 0$ 的解,可设 $(x_1, x_2, x_3) = 1$. 于是取模 3 得

$$x_1^2 + x_2^2 \equiv 0 (\bmod 3)$$

而 $x_1^2 \equiv 0, 1 (\bmod 3)$,故推出

$$x_1 \equiv x_2 \equiv 0 (\bmod 3)$$

由方程(6)推出 $x_3 \equiv 0 (\bmod 3)$,与 $(x_1, x_2, x_3) = 1$ 矛盾.

对于三次的丢番图方程,常常需要取模 9. 例如,如下的方程

$$x_1^3 + x_2^3 + x_3^3 = 9x_4 \pm 4 \tag{7}$$

和

$$x_1^3 + 2x_2^3 + 4x_3^3 = 9x_4^3 \quad (x_1 x_2 x_3 x_4 \neq 0) \tag{8}$$

均无整数解. 因为对任意整数 x,有

$$x^3 \equiv 0, \pm 1 (\bmod 9)$$

所以对方程(7)有

$$x_1^3 + x_2^3 + x_3^3 \not\equiv \pm 4 \pmod 9$$

即方程(7)无整数解. 而对方程(8), 除去 $x_1 = x_2 = x_3 = x_4 = 0$, 不失一般可设 $(x_1, x_2, x_3, x_4) = 1$. 取模 9 知

$$x_1^3 + 2x_2^3 + 4x_3^3 \equiv 0 \pmod 9$$

故

$$x_1 \equiv x_2 \equiv x_3 \equiv 0 \pmod 3$$

由方程(8)推出 $x_4 \equiv 0 \pmod 3$, 与 $(x_1, x_2, x_3, x_4) = 1$ 矛盾.

我们还可证方程

$$x_1^3 + 3x_1^2 x_2 + x_2^3 = 9x_3 + 2 \tag{9}$$

无整数解. 这是因为对方程(9)取模 3 知 $x_1 + x_2 \equiv 2 \pmod 3$, 故有三种情形: ① $x_1 \equiv x_2 \equiv 1 \pmod 3$. ② $x_1 \equiv 0 \pmod 3$, $x_2 \equiv 2 \pmod 3$. ③ $x_1 \equiv 2 \pmod 3$, $x_2 \equiv 0 \pmod 3$. 在 ① 时 $x_1^3 \equiv x_2^3 \equiv 1 \pmod 9$, 故对方程(9)取模 9 得 $2 + 3x_1^2 x_2 \equiv 2 \pmod 9$, 此推出 $x_1^2 x_2 \equiv 0 \pmod 3$ 与 $x_1 \equiv x_2 \equiv 1 \pmod 3$ 矛盾; 在 ② 时 $x_1^3 \equiv 0 \pmod 9$, $x_2^3 \equiv 8 \equiv -1 \pmod 9$ 和 $3x_1^2 x_2 \equiv 0 \pmod 9$, 故方程(9)给出 $-1 \equiv 2 \pmod 9$, 此也不可能; 在 ③ 时, 与 ② 类似, 方程(9)仍无整数解.

由方程(9)可知方程

$$x_1^3 + 3x_1^2 x_2 + x_2^3 = 9x_3 - 2 \tag{10}$$

也无整数解. 这是因为方程(10)可化为

$$(-x_1)^3 + 3(-x_1)^2(-x_2) + (-x_2)^3 = 9(-x_3) + 2$$

利用方程(9)和(10)的结果可以推出, 方程

$$x_1^3 + 3x_1^2 x_2 + x_2^3 = (9a + 2)x_3^3 \tag{11}$$

仅有整数解 $x_1 = x_2 = x_3 = 0$. 这个结果的证明不难, 例

如,除了 $x_1 = x_2 = x_3 = 0$,对方程(11)可不失一般地设 $(x_1, x_2, x_3) = 1$. 当 $x_3 \equiv 0 \pmod 3$ 时,由方程(11)推出 $x_1 \equiv x_2 \equiv 0 \pmod 3$,与 $(x_1, x_2, x_3) = 1$ 矛盾;而当 $x_3 \equiv \pm 1 \pmod 3$ 时,方程(11)的右端 $\equiv \pm 2 \pmod 9$,故由方程(9)和(10)的结果知,方程(11)不可能.

有些三次丢番图方程还需要取模 7,例如方程

$$x_1^3 + 2 = 7x_2 \tag{12}$$

没有整数解. 这是因为 $x_1^3 \equiv 0, \pm 1 \pmod 7$. 利用方程(12)的结果,可以证明方程

$$x_1^3 + 2x_2^3 = 7(x_3^3 + 2x_4^3) \tag{13}$$

仅有整数解 $x_1 = x_2 = x_3 = x_4 = 0$. 因为除 $x_1 = x_2 = x_3 = x_4 = 0$ 外,可设方程(13)的解满足 $(x_1, x_2, x_3, x_4) = 1$. 如果 $7 \nmid x_2$,那么 $x_2^3 \equiv \pm 1 \pmod 7$,所以方程(13)推出 $(\pm x_1)^3 + 2 \equiv 0 \pmod 7$,由方程(12)的结果知,这是不可能的. 如果 $7 \mid x_2$,由方程(13)推出 $7 \mid x_1$,可设 $x_1 = 7y_1, x_2 = 7y_2$,代入方程(13)得出

$$7^2(y_1^3 + 2y_2^3) = x_3^3 + 2x_4^3$$

由前类似可知,上式给出 $7 \mid x_4, 7 \mid x_3$,这与 $(x_1, x_2, x_3, x_4) = 1$ 矛盾.

3. 选择模 $p(p$ 为奇素数). 这种模的选择,主要依据二次剩余、三次剩余和四次剩余的一些熟知结果. 例如,设 a 无平方因子,且 a 含有 $4k+3$ 形的素因子,则方程

$$x_1^2 + x_2^2 = ax_3^2 \tag{14}$$

仅有 $x_1 = x_2 = x_3 = 0$ 的整数解. 因为除 $x_1 = x_2 = x_3 = 0$ 外,可设方程(14)的解满足 $(x_1, x_2, x_3) = 1$. 又由 a 含有素因子 $p \equiv 3 \pmod 4$ 知,方程(14)给出

$$x_1^2 \equiv - x_2^2 \pmod p$$

由 $p \mid x_2$ 推出 $p \mid x_1, p^2 \mid ax_3^2$. 又 a 无平方因子,故 $p \mid x_3$ 与 $(x_1, x_2, x_3) = 1$ 矛盾. 故 $p \nmid x_1 x_2$,上式给出

$$1 = \left(\frac{x_1^2}{p}\right) = \left(\frac{-x_2^2}{p}\right) = \left(\frac{-1}{p}\right) = -1$$

这不可能,其中 $\left(\dfrac{a}{p}\right)$ 表示 Legendre 符号.

根据 $\left(\dfrac{2}{p}\right) = (-1)^{\frac{p^2-1}{8}}$,与上面类似地有方程

$$x_1^2 - 2x_2^2 = a_1 x_3^2 \quad (a_1 \text{ 无平方因子})$$

和 $\qquad x_1^2 + 2x_2^2 = a_2 x_3^2 \quad (a_2 \text{ 无平方因子})$

均仅有整数解 $x_1 = x_2 = x_3 = 0$,其中 a_1 含有素因子 $p \equiv \pm 3 \pmod 8$,a_2 含有素因子 $p \equiv 5, 7 \pmod 8$.

对于三次、四次的丢番图方程,常常需要三次剩余和四次剩余的某些结果. 我们知道,k 次剩余符号 $\left(\dfrac{n}{p}\right)_k$ 的定义:设 $k > 1$,$p - 1 = kq$,这里 p 是奇素数,则有 $\left(\dfrac{n}{p}\right)_k = (n^q)_p$. 这里 $(a)_p$ 表示 a 模 p 的绝对最小剩余,即 $(a)_p \in \left\{-\dfrac{p-1}{2}, \cdots, -1, 0, 1, \cdots, \dfrac{p-1}{2}\right\}$. 对于 $k = 3, 4$ 时有以下几个常用的结果:

① 设 $p \equiv 1 \pmod 6$,则 $\left(\dfrac{2}{p}\right)_3 = 1 \Leftrightarrow$ 存在整数 u,v 使得 $p = u^2 + 27v^2$.

② 设 $p \equiv 1 \pmod 8$,$p = a^2 + b^2$,$4 \mid a$,则

$$\left(\frac{2}{p}\right)_4 = (-1)^{\frac{a}{4}}$$

③ 设 $p \equiv 1 \pmod 4$,则

$$\left(\frac{-1}{p}\right)_4 = (-1)^{\frac{p-1}{4}}$$

利用 ① ～ ③,我们来求解几个丢番图方程.

例 1　设 p 为奇素数,则方程

$$x_1^3 = 2x_2^3 + px_3^3 \quad \left(\left(\frac{2}{p}\right)_3 \neq 1\right) \tag{15}$$

仅有 $x_1 = x_2 = x_3 = 0$ 的整数解.

证　除去 $x_1 = x_2 = x_3 = 0$ 后,可设方程(15)的解满足 $(x_1, x_2, x_3) = 1$. 于是方程(15)取模 p 得

$$x_1^3 \equiv 2x_2^3 (\bmod p)$$

显然,若 $p \mid x_2$,则 $p \mid x_1$,推出 $p \mid x_3$,与 $(x_1, x_2, x_3) = 1$ 矛盾. 所以 $p \nmid x_1 x_2$,上式给出

$$1 = \left(\frac{x_1^3}{p}\right)_3 = \left(\frac{2x_2^3}{p}\right)_3 = \left(\frac{2}{p}\right)_3 \neq 1$$

这不可能.

例 2　设奇素数 $p = a^2 + b^2$,且 $a \equiv 4 (\bmod 8)$,则方程

$$x_1^4 = 2x_2^4 + px_3^2 \quad (x_1 x_2 x_3 \neq 0) \tag{16}$$

没有整数解.

证　对方程(16)取模 p 得

$$x_1^4 \equiv 2x_2^4 (\bmod p)$$

而由方程(16)可见,不妨设 $p \nmid x_1 x_2$,故上式给出

$$1 = \left(\frac{x_1^4}{p}\right)_4 = \left(\frac{2x_2^4}{p}\right)_4 = \left(\frac{2}{p}\right)_4 = (-1)^{\frac{a}{4}} = -1$$

此不可能.

例 3　设素数 $p \equiv 1 (\bmod 8)$,且 $\left(\frac{2}{p}\right)_4 \neq 1$,则方程

$$2x_1^2 + 1 = px_2^2 \tag{17}$$

无整数解.

证　可设 $x_1 = 2^s x_3, 2 \nmid x_3$,则对方程(17)取模 x_3

得 $1 \equiv px_2^2 (\mathrm{mod}\ x_3)$，此即

$$1 = \left(\frac{px_2^2}{x_3}\right) = \left(\frac{p}{x_3}\right) = \left(\frac{x_3}{p}\right)$$

所以
$$\left(\frac{x_1}{p}\right) = \left(\frac{2^s x_3}{p}\right) = \left(\frac{x_3}{p}\right) = 1$$

于是知，存在整数 k 使得 $k^2 \equiv x_1 (\mathrm{mod}\ p)$，再对方程 (17) 取模 p 得

$$2k^4 + 1 \equiv 0 (\mathrm{mod}\ p)$$

此给出

$$1 = \left(\frac{-1}{p}\right)_4 = \left(\frac{2k^4}{p}\right)_4 = \left(\frac{2}{p}\right)_4 \neq 1$$

这证明了我们的结论.

还有一些题目，需要用到二次互反律. 例如，证明方程

$$x_1^2 + qx_2^2 = p \quad (p, q \text{ 是素数}) \tag{18}$$

在 $p \equiv 3 (\mathrm{mod}\ 4), q \equiv 1 (\mathrm{mod}\ 4)$ 时无整数解. 从方程 (18) 可知 $\left(\frac{p}{q}\right) = 1, \left(\frac{-q}{p}\right) = 1$，故有

$$1 = \left(\frac{p}{q}\right) = \left(\frac{q}{p}\right) = -\left(\frac{-q}{p}\right) = -1$$

矛盾.

由上面的讨论可见，简单同余法可以用来否定丢番图方程无解，也可用来得出丢番图方程仅有零解. 对于丢番图方程

$$f(x_1, \cdots, x_n) = 0 \tag{19}$$

选择适当的模 $M > 1$，可以通过解同余式

$$f(x_1, \cdots, x_n) \equiv 0 (\mathrm{mod}\ M) \tag{20}$$

来判断丢番图方程(19)是否有解. 这是因为显然有如下的定理.

定理　如果丢番图方程(19)有整数解,那么同余式(20)必有解.

我们也看到,这个定理的逆一般是不成立的.即同余式(20)有解,丢番图方程(19)不一定有整数解.例如,设 p,q 均是奇素数,$p \neq q$ 且 $\left(\dfrac{q}{p}\right) = 1$,则同余式

$$x_1^2 - qx_2^2 \equiv 0 (\bmod\ p)$$

有解,但 $x_1^2 - qx_2^2 = 0$ 没有整数解.

习题

1. 设:① $a \equiv b \equiv c \equiv 1 (\bmod\ 2)$ 和 $a \equiv b \equiv c (\bmod\ 4)$ 或② $\dfrac{a}{2} \equiv b \equiv c \equiv 1 (\bmod\ 2)$ 和 $b + c \equiv a$ 或 $4 (\bmod\ 8)$,证明丢番图方程

$$ax_1^2 + bx_2^2 + cx_3^2 = 0 \quad (abc \neq 0)$$

仅有整数解 $x_1 = x_2 = x_3 = 0$.

2. 设 $a + b \equiv 0 (\bmod\ 2)$,$cd \equiv 1 (\bmod\ 4)$ 和 $k \equiv 1 (\bmod\ 2)$,证明丢番图方程

$$(ax_1^2 + bx_2^2)^2 - 2k(cx_1^2 + dx_2^2)^2 = x_3^2$$

仅有整数解 $x_1 = x_2 = x_3 = 0$.

3. 证明丢番图方程 $15x_1^2 - 7x_2^2 = 9$ 无整数解.

4. 证明丢番图方程 $x_1^3 + 2x_2^3 + 4x_3^3 + x_1x_2x_3 = 0$,$x_1x_2x_3 \neq 0$ 无整数解.

5. 设素数 $p \equiv 1 (\bmod\ 8)$,且 $p = a^2 + b^2$,$a \equiv 4 (\bmod\ 8)$,证明丢番图方程 $x_1^4 = px_2^4 + 2x_3^2$ 仅有整数解 $x_1 = x_2 = x_3 = 0$.

6. 证明丢番图方程 $y^2 = x^3 + 7$ 以及 $y^2 = x^3 - 3$ 均无整数解.

7. 证明丢番图方程 $3^x + 4^y = 5^z$ 仅有正整数解 $x = y = z = 2$.

2.2　分解因子法

分解因子法,是将所给的丢番图方程经过整理,化为

$$f(x_1,\cdots,x_m)=Dy^n \quad (n>1) \qquad (1)$$

然后分解 f 为两项乘积形式,即 $f=f_1f_2$,则根据唯一分解定理,由(1)得到

$$f_1=D_1y_1^n,f_2=D_2y_2^n$$

其中 $Dy^n=D_1D_2(y_1y_2)^n$. 这样可使问题得到简化. 例如,著名的 Catalan 方程

$$x^2-1=y^n \quad (n\geqslant 3,xy\neq 0) \qquad (2)$$

在 $2\mid x$ 时无整数解. 这是因为方程(2)可化为 $(x-1)(x+1)=y^n$,而在 $2\mid x$ 时 $(x-1,x+1)=1$,故有

$$x-1=y_1^n,x+1=y_2^n,y=y_1y_2$$

此给出

$$2=y_2^n-y_1^n=(y_2-y_1)(y_2^{n-1}+\cdots+y_1^{n-1})>2$$

故论断正确. 现在我们举一些例子,以说明这种方法的用法.

例 1　丢番图方程

$$x^2+y^2=z^2 \quad (x>0,y>0,z>0) \qquad (3)$$

的全部整数解可表为(x,y 可互换)

$$x=2abd,y=(a^2-b^2)d,z=(a^2+b^2)d \qquad (4)$$

其中,d 是正整数,$a>b>0,(a,b)=1$ 且 a,b 一奇一偶.

证　设 $(x,y)=d$,则方程(3)给出 $d\mid z$. 故可令 $x=dx_1,y=dy_1,z=dz_1$,这里 x_1,y_1 和 z_1 均是正整数.

于是方程(3)化为
$$x_1^2 + y_1^2 = z_1^2 \quad ((x_1,y_1)=1, x_1 > 0, y_1 > 0, z_1 > 0)$$
$$(5)$$

由于 x_1, y_1 同奇,由方程(5)推出
$$z_1^2 = x_1^2 + y_1^2 \equiv 2 (\bmod 4)$$

的矛盾结果,故可设 x_1, y_1 一奇一偶,令 x_1 为偶,则由方程(5)化为
$$\left(\frac{x_1}{2}\right)^2 = \frac{z_1^2 - y_1^2}{4} = \left(\frac{z_1 + y_1}{2}\right)\left(\frac{z_1 - y_1}{2}\right) \quad (6)$$

由于 $\left(\dfrac{z_1 + y_1}{2}, \dfrac{z_1 - y_1}{2}\right) = (z_1, y_1) = (y_1, x_1) = 1$,故方程(6)给出
$$\frac{z_1 + y_1}{2} = a^2, \frac{z_1 - y_1}{2} = b^2, \frac{x_1}{2} = ab$$

这里 $a > b > 0, (a,b) = 1$ 且 a,b 一奇一偶. 由上式解出 $x_1 = 2ab, y_1 = a^2 - b^2, z_1 = a^2 + b^2$. 这就证明由方程(3)可推出方程(4).

反之,容易验算方程(4)满足方程(3).证毕.

例 2 丢番图方程
$$x^4 - 2y^2 = 1 \tag{7}$$
仅有整数解 $x = \pm 1, y = 0$.

证 由方程(7),显然 $2 \nmid x, 2 \mid y$.故方程(7)可整理成
$$\left(\frac{x^2 - 1}{2}\right)\left(\frac{x^2 + 1}{2}\right) = 2\left(\frac{y}{2}\right)^2 \tag{8}$$
因为 $\left(\dfrac{x^2 - 1}{2}, \dfrac{x^2 + 1}{2}\right) = 1$ 且 $\dfrac{x^2 + 1}{2} \equiv 1 (\bmod 2)$,故方程(8)给出
$$\frac{x^2 + 1}{2} = y_1^2, \frac{x^2 - 1}{2} = 2y_2^2, y = 2y_1 y_2$$

21

这里 $(y_1, y_2) = 1$. 由 $\dfrac{x^2 - 1}{2} = 2y_2^2$ 知 $x^2 - 4y_2^2 = 1$，即有

$x + 2y_2 = \pm 1, x - 2y_2 = \pm 1$，推出 $x = \pm 1, y_2 = 0$. 从

而 $y = 2y_1 y_2 = 0$. 证毕.

例 3　设 p 是一个奇素数，则丢番图方程

$$4x^4 - py^2 = 1 \qquad\qquad (9)$$

除开 $p = 3, x = y = 1$ 和 $p = 7, x = 2, y = 3$，无其他的正整数解.

证　所给方程化为

$$(2x^2 - 1)(2x^2 + 1) = py^2$$

由于 $(2x^2 - 1, 2x^2 + 1) = 1$，p 是一个奇素数，故上式给出

$$2x^2 \pm 1 = py_1^2, 2x^2 \mp 1 = y_2^2, y = y_1 y_2 \qquad (10)$$

其中 $(y_1, y_2) = 1$. 由式(10)的前两式得

$$4x^2 = py_1^2 + y_2^2$$

此式可整理成

$$(2x + y_2)(2x - y_2) = py_1^2 \qquad\qquad (11)$$

由于 $(2x + y_2, 2x - y_2) = (x, y_2) = 1$，故式(11)给出

$$2x \pm y_2 = py_3^2, 2x \mp y_2 = y_4^2, y_1 = y_3 y_4 \qquad (12)$$

其中 $(y_3, y_4) = 1$. 由此解出 $x = \dfrac{py_3^2 + y_4^2}{4}$，$y_1 = y_3 y_4$，代

入式(10)的第一式得

$$2\left(\frac{py_3^2 + y_4^2}{4}\right)^2 \pm 1 = py_3^2 y_4^2$$

由此整理得

$$y_4^4 - 2\left(\frac{py_3^2 - 3y_4^2}{4}\right)^2 = \pm 1 \qquad\qquad (13)$$

取"$+$"号时，由例 2 知式(13)给出 $y_4^2 = 1$，$\dfrac{py_3^2 - 3y_4^2}{4} =$

0,即给出方程(9)的正整数解 $p=3, x=y=1$;取"—"号时,式(13)是方程 $x^4+y^4=2z^2$,$(x,y)=1$ 的特殊情形,由 2.3 节的例 3 知,式(13)给出

$$y_4^2=1, \frac{py_3^2-3y_4^2}{4}=\pm 1$$

此给出方程(9)的正整数解 $p=7, x=2, y=3$.证毕.

例 4　丢番图方程

$$x^3-1=2y^2 \tag{14}$$

仅有整数解 $x=1, y=0$.

证　显然,若方程(14)有另外的解,可设 $x>1$, $y>0$.改写方程(14)为

$$(x-1)(x^2+x+1)=2y^2 \tag{15}$$

因为 $(x-1, x^2+x+1)=1$ 或 3 且由方程(14)知 $2 \nmid x$,故方程(15)给出

$$x-1=2y_1^2, x^2+x+1=y_2^2, y=y_1y_2$$
$$(y_1>0, y_2>0) \tag{16}$$

或

$$x-1=6y_1^2, x^2+x+1=3y_2^2, y=3y_1y_2$$
$$(y_1>0, y_2>0) \tag{17}$$

其中 $(y_1, y_2)=1$.由式(16)的第二式得 $(2y_2)^2=(2x+1)^2+3$,此即 $(2y_2-2x-1)(2y_2+2x+1)=3$,由此知道 $y_2=1, x=0$,与 $x>1$ 矛盾.

对于式(17),将 $x=6y_1^2+1$ 代入 $x^2+x+1=3y_2^2$ 得

$$(2y_2)^2-1=3(4y_1^2+1)^2$$

此式可整理成

$$(2y_2-1)(2y_2+1)=3(4y_1^2+1)^2$$

故得出

$$2y_2 - 1 = 3y_3^2, 2y_2 + 1 = y_4^2, 4y_1^2 + 1 = y_3 y_4$$
$$(y_3 > 0, y_4 > 0) \tag{18}$$

或

$$2y_2 - 1 = y_3^2, 2y_2 + 1 = 3y_4^2, 4y_1^2 + 1 = y_3 y_4$$
$$(y_3 > 0, y_4 > 0) \tag{19}$$

其中 $(y_3, y_4) = 1$. 对于式(18), 由 $4y_1^2 + 1 = y_3 y_4$ 知 $2 \nmid y_3 y_4$, 故由 $2y_2 - 1 = 3y_3^2 \equiv 3 \pmod 8$ 知

$$2y_2 \equiv 4 \pmod 8$$

但由 $2y_2 + 1 = y_4^2 \equiv 1 \pmod 8$ 知

$$2y_2 \equiv 0 \pmod 8$$

故式(18)不可能.

现在来证明式(19)也不可能. 由式(19)的前两式得 $y_3^2 - 3y_4^2 = -2$, 故由 $4y_1^2 + 1 = y_3 y_4$ 得出

$$8y_1^2 = 2y_3 y_4 - 2 = 2y_3 y_4 + y_3^2 - 3y_4^2 =$$
$$(y_3 - y_4)(y_3 + 3y_4)$$

因为从 $4y_1^2 + 1 = y_3 y_4$ 知 $y_3 \equiv y_4 \pmod 4$, 故上式即为

$$2\left(\frac{y_1}{2}\right)^2 = \left(\frac{y_3 - y_4}{4}\right)\left(\frac{y_3 + 3y_4}{4}\right) \tag{20}$$

而 $\left(\dfrac{y_3 - y_4}{4}, \dfrac{y_3 + 3y_4}{4}\right) = (y_4, y_3) = 1$, 故式(20)给出

$$\frac{y_3 - y_4}{4} = 2y_5^2, \frac{y_3 + 3y_4}{4} = y_6^2 \quad (y_5 > 0, y_6 > 0)$$
$$\tag{21}$$

或

$$\frac{y_3 - y_4}{4} = y_5^2, \frac{y_3 + 3y_4}{4} = 2y_6^2 \quad (y_5 > 0, y_6 > 0)$$
$$\tag{22}$$

其中 $y_1 = 2y_5 y_6$ 且 $(y_5, y_6) = 1$. 由式(21)解出 $y_3 = y_6^2 + 6y_5^2, y_4 = y_6^2 - 2y_5^2$, 代入 $y_3^2 - 3y_4^2 = -2$ 得

24

$$y_6^4 - 12y_5^2 y_6^2 - 12y_5^4 = 1$$

由此整理成

$$4y_6^4 - 3(y_6^2 + 2y_5^2)^2 = 1$$

此由例 3 知仅有 $y_6^2 = 1, y_6^2 + 2y_5^2 = 1$，推出 $y = 0$，与假设 $y > 0$ 矛盾.

同理，由式（22）解出 $y_3 = 2y_6^2 + 3y_5^2, y_4 = 2y_6^2 - y_5^2$，代入 $y_3^2 - 3y_4^2 = -2$ 得

$$4y_6^4 - 12y_6^2 y_5^2 - 3y_5^4 = 1$$

由此整理得

$$16y_6^4 - 3(y_5^2 + 2y_6^2)^2 = 1$$

但对此取模 8 知仍不可能. 证毕.

分解因子法，是一种技巧性很强的初等方法，很多步骤上的想法都是跳跃性的. 由于这种方法的实质是把丢番图方程不断展开，化为容易处理或有熟知结果的方程，因此使用这种方法常常需要有这方面较为丰富的知识和经验.

最后，对于一般的丢番图方程

$$f(x_1, \cdots, x_s) = g(y_1, \cdots, y_t) \tag{23}$$

如果 f 和 g 都可分解，令

$$f = f_1 f_2, g = g_1 g_2$$

那么在 $g_1 \neq 0$ 时，可令 $f_1 = \lambda g_1, \lambda = \dfrac{a}{b}, (a, b) = 1$，代入方程（23）得 $g_2 = \lambda f_2$，于是把方程（23）化为解方程组

$$bf_1 = ag_1, af_2 = bg_2$$

利用这种方法可以求出方程（23）的全部解，也可用来构造方程（23）的部分解. 例如求方程

$$x^4 + y^4 + z^4 = w^2 \tag{24}$$

的整数解. 由

$$(XY)^4 + (YZ)^4 + (XZ)^4 = W^2$$

整理得

$$Y^4(X^4 + Z^4) = W^2 - X^4 Z^4 = (W - X^2 Z^2)(W + X^2 Z^2)$$

令

$$W - X^2 Z^2 = \lambda Y^4, W + X^2 Z^2 = \frac{1}{\lambda}(X^4 + Z^4)$$

消去 W 得

$$X^4 + Z^4 - 2\lambda X^2 Z^2 = \lambda^2 Y^4$$

令 $\lambda = 1$,上式给出 $(X^2 - Z^2)^2 = Y^4$,即 $X^2 - Z^2 = Y^2$(或 $X^2 - Z^2 = -Y^2$),于是由例 1 知

$$X = (a^2 + b^2)d, Y = 2abd, Z = (a^2 - b^2)d$$

这样,我们可得出方程(24)的部分整数解如下

$$x = XY = 2ab(a^2 + b^2)d^2$$

$$y = YZ = 2ab(a^2 - b^2)d^2$$

$$z = XZ = (a^4 - b^4)d^2$$

$$w = W = Y^4 + X^2 Z^2 = (16a^4 b^4 + (a^4 - b^4)^2)d^4$$

下面我们给出用这种方法求出所给方程的全部解的例子.

例 5 丢番图方程

$$x_1^2 + \cdots + x_n^2 = x^2 \quad ((x_1, \cdots, x_n) = 1, n > 1, x > 0) \tag{25}$$

的全部整数解由下式给出

$$dx_i = 2X_i X_n \quad (i = 1, \cdots, n-1)$$

$$dx_n = X_n^2 - X_1^2 - \cdots - X_{n-1}^2$$

$$dx = X_n^2 + X_1^2 + \cdots + X_{n-1}^2$$

这里 $(X_1, \cdots, X_n) = 1, d > 0$ 使得 $(x_1, \cdots, x_n) = 1$.

证 设

$$x_1 = tX'_1, \cdots, x_{n-1} = tX'_{n-1}$$

则方程(25)给出

$$t^2(X_1'^2 + \cdots + X_{n-1}'^2) = x^2 - x_n^2 = (x - x_n)(x + x_n)$$

令 $x + x_n = \lambda$，$x - x_n = \dfrac{t}{\lambda}(X_1'^2 + \cdots + X_{n-1}'^2)$，这里 $\lambda =$

$\dfrac{X_n}{b}$，$(X_n, b) = 1$. 于是

$$b(x + x_n) = X_n t，X_n(x - x_n) = bt(X_1'^2 + \cdots + X_{n-1}'^2)$$

由 $b(x + x_n) = X_n t$ 知 $b \mid t$，令 $t = bt_1$，则有

$$x_n = X_n t_1 - x，X_n(x - x_n) = b^2 t_1(X_1'^2 + \cdots + X_{n-1}'^2)$$

令 $X_i = b X_i'\,(i = 1, \cdots, n-1)$，则有

$$x_i = bt_1 X_i' = t_1 X_i \quad (i = 1, \cdots, n-1)$$
$$t_1(X_1^2 + \cdots + X_n^2) = 2x X_n$$
$$t_1(X_n^2 - X_1^2 - \cdots - X_{n-1}^2) = 2x_n X_n$$

所以

$$\frac{x_1}{2X_1 X_n} = \cdots = \frac{x_{n-1}}{2X_{n-1} X_n} = \frac{x_n}{X_n^2 - X_1^2 - \cdots - X_{n-1}^2} =$$

$$\frac{x}{X_n^2 + X_1^2 + \cdots + X_{n-1}^2}$$

由此即得方程(25)的全部解公式，证毕.

这个例子的一个简单情形是 $n = 2$，即方程

$$x_1^2 + x_2^2 = x^2，(x_1, x_2) = 1$$

的全部解可表为

$$dx_1 = 2X_1 X_2，dx_2 = X_2^2 - X_1^2，dx = X_2^2 + X_1^2$$

其中 $(X_1, X_2) = 1$，$d > 0$ 使 $(x_1, x_2) = 1$，故 $d = (2X_1 X_2, X_2^2 - X_1^2) = 1$，这就给出例 1 的结果.

习题

1. 求出丢番图方程 $x^2 + 2y^2 = z^2$ 和 $x^2 + y^2 = 2z^2$ 的全部整数解.

2. 证明丢番图方程 $x^3 + 1 = 2y^2$ 仅有正整数解 $x = y = 1$ 和 $x = 23, y = 78$.

3.证明丢番图方程 $x^2-8y^4=1$ 仅有正整数解 $x=3,y=1$.

4.设 p 是奇素数,则丢番图方程 $x^4-py^2=1$ 仅有正整数解 $p=5,x=3,y=4$ 和 $p=29,x=99,y=1\,820$.

5.证明丢番图方程 $x^2-2y^4=1$ 没有正整数解.

6.设 $D>2$ 不是平方数,且 D 不被 3 或 $6k+1$ 形素数整除,则如下丢番图方程均仅有 $y=0$ 的整数解

$$x^3\pm1=Dy^2$$
$$x^3\pm1=3Dy^2$$

2.3 无穷递降法

无穷递降法是 Fermat 创立的一种解丢番图方程的方法.设有方程

$$f(x_1,\cdots,x_n)=0\quad(x_i>0,i=1,\cdots,n)\qquad(1)$$

无穷递降法是说,假定方程(1)有一组正整数解 $x_1^{(0)},\cdots,x_n^{(0)}$,由方程(1)可推出方程(1)必有正整数解 $x_1^{(1)},\cdots,x_n^{(1)}$,且 $x_1^{(1)}<x_1^{(0)}$.由 $x_1^{(1)},\cdots,x_n^{(1)}$ 是方程(1)的正整数解,又可推出 $x_1^{(2)},\cdots,x_n^{(2)}$ 是方程(1)的正整数解,且 $x_1^{(2)}<x_1^{(1)}$.这个手续可以一直做下去,得出方程(1)的无穷多组解,且有正的无穷递降序列

$$x_1^{(0)}>x_1^{(1)}>x_1^{(2)}>\cdots$$

但这是不可能的,因为 $x_1^{(0)}$ 是有限的.这个矛盾是由我们假定方程(1)有一组正整数解造成的.

在实际使用无穷递降法时,常假设方程(1)的全体整数解中有一组使得 $x_1=x_1^{(1)}$ 为最小,推出方程(1)的另一组正整数解中 $x_1=x_1^{(2)}<x_1^{(1)}$,从而导致矛盾.

例 1　丢番图方程

$$x^4 + y^4 = z^2 \tag{2}$$

仅有 $xy = 0$ 的整数解.

证　显然,方程(2)除 $xy = 0$ 外,不失一般性设 $x > 0, y > 0, z > 0$,这里 $(x,y) = 1$ 是方程(2)的解中使 z 为最小的那组解.于是由 2.2 节的例 1 可知,方程(2)给出(不妨设 $2 \mid y$)

$$x^2 = a^2 - b^2, y^2 = 2ab, z = a^2 + b^2$$

其中,$a > b > 0, (a,b) = 1$,且 a, b 一奇一偶.由于 $x^2 = a^2 - b^2, 2 \nmid x$,所以 $2 \nmid a, 2 \mid b$.故由 $x^2 + b^2 = a^2$ 可得

$$x = p^2 - q^2, b = 2pq, a = p^2 + q^2$$

其中,$p > q > 0, (p,q) = 1$ 且 p, q 一奇一偶.于是

$$y^2 = 2ab = 4pq(p^2 + q^2)$$

由 $(p,q) = 1$ 知,$(p, p^2 + q^2) = (q, p^2 + q^2) = 1$,故上式给出

$$p = r^2, q = s^2, p^2 + q^2 = z_1^2$$
$$(r > 0, s > 0, z_1 > 0, (r,s) = 1)$$

由此推出

$$r^4 + s^4 = z_1^2 \quad (r > 0, s > 0, z_1 > 0, (r,s) = 1)$$

由于 $0 < z_1 = \sqrt{a} < z$,与 z 的假设矛盾.证毕.

利用例 1 很容易推出 2.2 节的例 2,即丢番图方程

$$x^4 - 2y^2 = 1$$

仅有整数解 $x = \pm 1, y = 0$.这是因为 $x^4 - 2y^2 = 1$ 可整理成

$$x^4 + y^4 = (y^2 + 1)^2$$

例 2　丢番图方程

$$x^4 - y^4 = z^2 \quad ((x,y) = 1) \tag{3}$$

仅有整数解 $x^2 = y^2 = 1$ 和 $x^2 = 1, y = 0$.

证　除 $x^2 = y^2 = 1$ 和 $x^2 = 1, y = 0$ 外,可设方程 (3) 有解 $x > 0, y > 0, z > 0$,且 x 是所有解中最小的. 显然 $2 \nmid x$ 且 y 是奇或偶.

如果 $y \equiv 1 \pmod 2$,那么由方程 (3) 得出

$$x^2 = a^2 + b^2, \quad y^2 = a^2 - b^2, \quad z = 2ab$$
$$((a,b) = 1, a > b > 0)$$

从而

$$x^2 y^2 = a^4 - b^4 \quad ((a,b) = 1)$$

这是方程 (3) 的一个情形,但 $0 < a < x$,与 x 最小矛盾.

如果 $y \equiv 0 \pmod 2$,那么由方程 (3) 得出

$$x^2 = a^2 + b^2, \quad y^2 = 2ab \quad ((a,b) = 1, a > 0, b > 0)$$

其中不妨设 $a \equiv 0 \pmod 2, b \equiv 1 \pmod 2$. 由 $y^2 = 2ab, (a,b) = 1$ 知

$$a = 2p^2, b = q^2 \quad ((p,q) = 1, p > 0, q > 0)$$

代入 $x^2 = a^2 + b^2$ 得

$$x^2 = 4p^4 + q^4 \quad ((p,q) = 1)$$

由此知

$$p^2 = rs, q^2 = r^2 - s^2 \quad ((r,s) = 1, r > s > 0)$$

但由 $p^2 = rs, (r,s) = 1$ 推出 $r = u^2, s = v^2, (u,v) = 1, u > 0, v > 0$,故

$$q^2 = r^2 - s^2 = u^4 - v^4$$

但 $0 < u = \sqrt{r} \leqslant p < x$,仍与 x 为最小矛盾. 证毕.

由这个证明过程可见,丢番图方程

$$4x^4 + y^4 = z^2 \quad ((x,y) = 1) \tag{4}$$

仅有整数解 $x^2 = 1, y = 0$ 和 $x = 0, y^2 = 1$. 此外,由方程 (3) 的结果还可推出:

例 3　丢番图方程

$$x^4 + y^4 = 2z^2 \quad ((x,y)=1) \qquad (5)$$

仅有整数解 $x^2 = y^2 = 1$. 这是因为方程(5)可整理成

$$z^4 - x^4 y^4 = \left(\frac{x^4 - y^4}{2}\right)^2$$

例 3 的一个特殊情形是:方程 $x^4 - 2y^2 = -1$ 仅有整数解 $x^2 = y^2 = 1$. 这个结果在研究其他一些丢番图方程问题时常常用到.

无穷递降法在早期研究丢番图方程

$$x^4 + kx^2 y^2 + y^4 = z^2 \quad ((x,y)=1) \qquad (6)$$

中起过重要作用. 例 1 给出了方程(6)在 $k=0$ 时的结果,利用例 3 我们还可以推出 $k=6$ 的情形.

例 4　设 $k=6$,则方程(6)仅有整数解 $x^2=1,y=0$ 和 $x=0,y^2=1$.

证　在 $k=6$ 时,方程(6)即为

$$x^4 + 6x^2 y^2 + y^4 = z^2 \quad ((x,y)=1) \qquad (7)$$

设方程(7)有 $x>0,y>0$ 的整数解,令

$$x+y=u,x-y=v$$

解出 $x=\dfrac{u+v}{2},y=\dfrac{u-v}{2}$,代入方程(7),整理得

$$u^4 + v^4 = 2z^2$$

此由例 3 知 $u^2 = v^2$,所以 $x=0$ 或 $y=0$,证毕.

例 5　设 $k=-6$,则方程(6)仅有整数解 $x^2=1$, $y=0$ 和 $x=0,y^2=1$.

证　在 $k=-6$ 时方程(6)化为

$$x^4 - 6x^2 y^2 + y^4 = z^2 \quad ((x,y)=1) \qquad (8)$$

如果方程(8)存在另外的解,不妨设 $x>y>0$. 由方程(8)整理成

$$(x^2 - y^2 + z)(x^2 - y^2 - z) = 4x^2 y^2 \qquad (9)$$

我们来证明 $(x^2 - y^2 + z, x^2 - y^2 - z)=2$. 首先,

由 $x^4-6x^2y^2+y^4=z^2,(x,y)=1$ 知 x,y 不能同奇,因若不然有

$$x^4 \equiv y^4 \equiv 1(\bmod 16), -6x^2y^2 \equiv -6(\bmod 16)$$

故 $z^2=x^4-6x^2y^2+y^4 \equiv -4(\bmod 16)$,这不可能. 于是知 x,y 一奇一偶,因而 $z \equiv 1(\bmod 2)$. 设 $(x^2-y^2+z,x^2-y^2-z)=d$,显然 $2\mid d,d\mid 2z$. 如果 d 有奇素数因子 p,那么 $p\mid d,p\mid z$. 由 $p\mid x^2-y^2+z$ 及方程(9)知 $p\mid x^2-y^2,p\mid xy$,推出 $p\mid x,p\mid y$,与 $(x,y)=1$ 矛盾,于是 $d=2$. 由 $x>y>0$ 知,方程(9)给出

$$x^2-y^2+z=2a^2,x^2-y^2-z=2b^2,xy=ab$$

其中 $(a,b)=1,a>0,b>0$. 由此可得

$$x^2-y^2=a^2+b^2,xy=ab$$

故

$$(x^2+y^2)^2=(x^2-y^2)^2+4x^2y^2=$$
$$(a^2+b^2)^2+4a^2b^2=$$
$$a^4+6a^2b^2+b^4$$

此由例 4 知不可能成立. 证毕.

例 3～ 例 5 都是例 2 的推论.

最后,我们用无穷递降法解决方程(6)当 $k=\pm 1$ 时的情形.

例 6 丢番图方程

$$x^4+x^2y^2+y^4=z^2 \quad ((x,y)=1) \qquad (10)$$

仅有整数解 $x^2=1,y=0$ 和 $x=0,y^2=1$.

证 设方程(10)存在 $xy \neq 0$ 的整数解,可设 $x>0,y>0,y \equiv 1(\bmod 2)$ 且 y 是所有解中最小的. 由方程(10)整理得 $4z^2-(2x^2+y^2)^2=3y^4$,即

$$(2z+2x^2+y^2)(2z-2x^2-y^2)=3y^4 \qquad (11)$$

由 $(x,y)=1$ 易知 $(2x^2+y^2,3y)=1$,故 $(2z+2x^2+y^2,$

$2z - 2x^2 - y^2) = 1.$ 于是方程(11) 给出

$$2z + 2x^2 + y^2 = a^4, 2z - 2x^2 - y^2 = 3b^4, y = ab$$
$$\text{(12)}$$

或

$$2z + 2x^2 + y^2 = 3a^4, 2z - 2x^2 - y^2 = b^4, y = ab$$
$$\text{(13)}$$

其中,$a > 0, b > 0$ 且 $(a, b) = 1.$ 由式(12) 知

$$4x^2 = a^4 - 3b^4 - 2y^2 = a^4 - 2a^2b^2 - 3b^4$$

由 $y \equiv 1 (\bmod 2)$ 知 $2 \nmid ab$,故上式给出

$$4x^2 \equiv -4 (\bmod 16)$$

这不可能. 而由式(13) 得

$$4x^2 = 3a^4 - 2a^2b^2 - b^4 = (a^2 - b^2)(3a^2 + b^2)$$

由于 $x > 0$,故上式给出

$$a^2 - b^2 = c^2, 3a^2 + b^2 = 4d^2$$

且因为 $2 \nmid ab$,$(a, b) = 1$,故由 $a^2 - b^2 = c^2$ 可得

$$a = p^2 + q^2, b = p^2 - q^2 \quad (p > q > 0, (p, q) = 1)$$

代入 $3a^2 + b^2 = 4d^2$ 得出

$$p^4 + p^2q^2 + q^4 = d^2$$

这给出 p, q, d 是方程(10) 的解,且 $0 < p < \sqrt{a}$,$0 < q < \sqrt{a}$ 推出 $0 < p < y$,$0 < q < y$,与 y 是所有解中最小的假设矛盾. 证毕.

例 7　丢番图方程

$$x^4 - x^2y^2 + y^4 = z^2 \quad ((x, y) = 1) \quad \text{(14)}$$

仅有整数解 $x^2 = 1, y = 0; x = 0, y^2 = 1$ 和 $x^2 = y^2 = 1.$

证　方程(14) 可整理成

$$(x^2 - y^2)^2 + x^2y^2 = z^2 \quad \text{(15)}$$

情形 $1: x, y$ 一奇一偶,则除去 $x = 0, y^2 = 1$ 和 $x^2 = 1, y = 0$,可设 $x > y > 0$,且 xy 是方程(14) 所有正整

33

数解中最小的. 于是方程(15) 给出

$$x^2 - y^2 = a^2 - b^2, xy = 2ab \quad ((a,b)=1, a > b > 0)$$
$$(16)$$

设 $d_1 = (x,b), d_2 = (y,a)$，则

$$x = d_1 x_1, b = d_1 b_1, y = d_2 y_1, a = d_2 a_1, x_1 y_1 = 2a_1 b_1$$

因为 $(x_1, b_1) = 1, (y_1, a_1) = 1$，所以 $(x_1, y_1) = (2a_1, b_1)$ 或 $(a_1, 2b_1)$. 因此

$$x = 2a_1 d_1, b = d_1 b_1, y = d_2 b_1, a = d_2 a_1 \quad (17)$$

或

$$x = a_1 d_1, b = d_1 b_1, y = 2d_2 b_1, a = d_2 a_1 \quad (18)$$

把式(17) 代入(16)，则有

$$4a_1^2 d_1^2 - d_2^2 b_1^2 = d_2^2 a_1^2 - d_1^2 b_1^2$$

整理得

$$d_1^2 (4a_1^2 + b_1^2) = d_2^2 (a_1^2 + b_1^2) \quad (19)$$

因为 $a_1^2 + b_1^2 \not\equiv 0 \pmod 3$ 和 $(a_1, b_1) = 1$，所以 $(4a_1^2 + b_1^2, a_1^2 + b_1^2) = 1$. 所以式(19) 给出

$$a_1^2 + b_1^2 = u^2, 4a_1^2 + b_1^2 = v^2$$

对上两式不妨设 $2 \nmid b_1$（因为 $2 \mid b_1$ 时，令 $b_1 = 2b_1'$，则上两式化为 $a_1^2 + 4b_1'^2 = u^2, a_1^2 + b_1'^2 = \left(\dfrac{v}{2}\right)^2$），于是从 $4a_1^2 + b_1^2 = v^2$ 可得 $a_1 = pq, b_1 = p^2 - q^2$，代入 $a_1^2 + b_1^2 = u^2$ 得 $p^4 - p^2 q^2 + q^4 = u^2$. 但 $pq = a_1 \leqslant a \leqslant \dfrac{xy}{2} < xy$，且 p, q 一奇一偶，矛盾.

再把式(18) 代入(16) 得

$$a_1^2 d_1^2 - 4d_2^2 b_1^2 = d_2^2 a_1^2 - d_1^2 b_1^2$$

推出

$$d_1^2 (a_1^2 + b_1^2) = d_2^2 (a_1^2 + 4b_1^2)$$

此与前类似，仍不可能.

情形 $2:x,y$ 同奇,则除去 $x^2=y^2=1$ 可设 $x>y>0$. 由方程(15)给出

$$x^2-y^2=2ab,xy=a^2-b^2,(a,b)=1$$

其中,a,b 一奇一偶. 于是推得

$$a^4-a^2b^2+b^4=\left(\frac{x^2+y^2}{2}\right)^2$$

此由情形 1 的讨论知不可能. 证毕.

由例 7 可推出:丢番图方程

$$x^4+14x^2y^2+y^4=z^2\quad((x,y)=1)\quad(20)$$

仅有整数解 $xy=0,\pm1$. 这是因为,令 $x+y=a,x-y=b$,则 $x=\dfrac{a+b}{2},y=\dfrac{a-b}{2}$,代入方程(20)得

$$a^4-a^2b^2+b^4=z^2\qquad(21)$$

由于 a,b 同奇同偶,故 $(a,b)=1$ 或 2. 在 $(a,b)=1$ 时,由例 7 知仅有 $a^2=b^2=1$. 从而给出 $xy=\dfrac{a^2-b^2}{4}=0$. 而在 $(a,b)=2$ 时,式(21)化为

$$\left(\frac{a}{2}\right)^4-\left(\frac{a}{2}\right)^2\left(\frac{b}{2}\right)^2+\left(\frac{b}{2}\right)^4=\left(\frac{z}{4}\right)^2$$

故由例 7 知仅有 $\left(\dfrac{a}{2}\right)^2=1,\dfrac{b}{2}=0;\dfrac{a}{2}=0,\left(\dfrac{b}{2}\right)^2=1$ 和 $\left(\dfrac{a}{2}\right)^2=\left(\dfrac{b}{2}\right)^2=1$. 此分别给出 $xy=1,-1$ 和 0.

习题

1. 证明丢番图方程 $x^4-y^4=2z^2$ 无 $z\neq0$ 的整数解.

2. 设 p 是奇素数,且 $p\equiv\pm3\pmod 8$,则丢番图方程 $x^4+2py^4=z^2,(x,y)=1,y\neq0$ 无整数解.

3. 设 $p\equiv3\pmod 8$ 是奇素数,证明丢番图方程 $x^4=y^4+pz^2$ 无 $z\neq0$ 的整数解.

4.证明丢番图方程 $x^3+y^3+z^3=0$ 无 $xyz\neq 0$ 的整数解.

2.4 比较素数幂法

比较素数幂法,是在丢番图方程两端比较某素数 p 的最高方幂,以此来导致矛盾.例如,设有丢番图方程

$$f(x_1,\cdots,x_m)=g(y_1,\cdots,y_n) \tag{1}$$

对某素数 p,如果我们能够证明 $p^s\parallel f,p^t\parallel g$,且 $s\neq t$,那么方程(1)无整数解.或者把方程(1)变形为

$$f-g=0 \tag{2}$$

左端 $p^s\parallel(f-g)$,s 是一个有限正整数,而右端是 0,从而导致矛盾.

这种方法实际上也是一种同余法.例如,如果 $p^s\parallel(f-g)$,那么对方程(2)取模 p^{s+1} 可导致矛盾.但比较素数幂法毕竟给我们提供了一个解决问题的思路.

例 1 丢番图方程

$$x^2+1=4y \tag{3}$$

无整数解.

证 由方程(3)显然知 $2\nmid x$,故 $2\parallel x^2+1$.因此比较方程(3)两端含 2 的方幂知,方程(3)无整数解.

例 2 设 p 为奇素数,则丢番图方程

$$\frac{x^p-y^p}{x-y}=p^2z \quad ((x,y)=1) \tag{4}$$

无整数解.

证 由方程(4)知

$$x^p - y^p = p^2 z(x - y)$$

故 $x - y \equiv 0 \pmod{p}$，令 $x - y = k$，则

$$\frac{x^p - y^p}{x - y} = \frac{(y + k)^p - y^p}{k} = \sum_{i=1}^{p} \binom{p}{i} y^{p-i} k^{i-1} \quad (5)$$

现在，我们来比较式(5)两端含 p 的最高方幂. 由于 $p \mid x - y = k$，且由 $(x, y) = 1$ 知 $p \nmid y$，故

$$\sum_{i=1}^{p} \binom{p}{i} y^{p-i} k^{i-1} \equiv \binom{p}{1} y^{p-1} \pmod{p^2}$$

即 $p \parallel \sum_{i=1}^{p} \binom{p}{i} y^{p-i} k^{i-1}$，但式(5)右端 $= p^2 z$，这就证明了方程(4)无整数解.

例 3　丢番图方程

$$(x + 2)^{2m} = x^n + 2 \quad\quad\quad (6)$$

无正整数解 x, m, n.

证　由方程(6)显然知 $n > 1, 2 \nmid x$. 如果 $2 \mid n$，那么对方程(6)取模 4 知无解. 故可设 $2 \nmid n$.

改写方程(6)为

$$(x + 2)^{2m} - 1 = x^n + 1 \quad\quad\quad (7)$$

令 $x + 1 = 2^s x_1, s \geqslant 1, 2 \nmid x_1$. 我们来比较方程(7)两端含 2 的方幂. 因为

$$(x + 2)^{2m} - 1 = (2^s x_1 + 1)^{2m} - 1 \equiv 0 \pmod{2^{s+1}}$$

$$x^n + 1 = x \cdot (2^s x_1 - 1)^{n-1} + 1 \equiv x + 1 =$$
$$2^s x_1 \pmod{2^{s+1}}$$

所以若设 $2^u \parallel (x + 2)^{2m} - 1, 2^v \parallel x^n + 1$，则有 $u > v$. 因此方程(7)不成立，证毕.

例 4　丢番图方程

$$(x + 1)^y - x^z = 1 \quad (y > 1, z > 1) \quad\quad (8)$$

除 $x = 2, y = 2, z = 3$ 外，无正整数解.

证　显然 $y < z$,由方程(8)得

$$\sum_{i=1}^{y} \binom{y}{i} x^{i-1} - x^{z-1} = 0 \qquad (9)$$

如果 x 含有奇素数因子 p,可设 $x = p^a x_1, a \geq 1$, $p \nmid x_1$.由方程(9)知 $p \mid y$.设 $y = p^b y_1, b \geq 1, p \nmid y_1$.我们来比较方程(9)各项中所含 p 的方幂.

由 $y < z$ 知

$b < 1 + b \cdot 2^{b-1} \leqslant (1+2)^b - 1 \leqslant p^b - 1 \leqslant a(p^b y_1 - 1) = a(y-1) < a(z-1)$

所以 p 在 x^{y-1} 和 x^{z-1} 中出现的方幂都大于 b.对于

$$T_i = \binom{y}{i} x^{i-1} = \frac{y}{i} \binom{y-1}{i-1} x^{i-1} =$$

$$\frac{p^b y_1}{i} \binom{y-1}{i-1} (p^a x_1)^{i-1} \quad (i > 1)$$

设 $p^c \parallel i$,则 T_i 中含 p 的方幂至少是

$$\lambda = b + a(i-1) - c$$

若 $c = 0$,则 $\lambda > b$;若 $c > 0$,则 $i \geqslant p^c > c+1$,故 $\lambda > b + ac - c \geqslant b$.因此在方程(9),除 $y = p^b y_1, p \nmid y_1$ 外,其他所有项均能被 p^{b+1} 整除,这推出方程(9)左端含 p 的最高方幂为 b,与右端为 0 矛盾.

若 x 不含奇素数因子,则 $x = 2^s, s > 0$,方程(8)成为

$$(2^s + 1)^y - 2^{sz} = 1 \quad (y > 1, z > 1) \qquad (10)$$

由于在 $2 \nmid y$ 时,$(2^s + 1)^y \equiv 2^s + 1 \pmod{2^{s+1}}$,故对方程(10)取模 2^{s+1} 知 $2 \mid y$.设 $y = 2y_1, y_1 > 0$,则方程(10)给出

$$(2^s + 1)^{y_1} - 1 = 2^k, (2^s + 1)^{y_1} + 1 = 2^l \quad (k + l = sz)$$

$$(11)$$

由前两式得 $2^l - 2^k = 2$，此给出 $k=1, l=2$，故由方程 (11) 给出 $(2^s + 1)^{y_1} = 3, sz = 3$，从而 $y_1 = 1, s = 1, z = 3$，即给出方程 (8) 仅有正整数解 $x = 2, y = 2, z = 3$. 证毕.

例 5　设 p 为奇素数，则丢番图方程

$$(x + y\sqrt{-2})^p + (x - y\sqrt{-2})^p = 2 \qquad (12)$$

在 $2 \mid y$ 时，仅有整数解 $x = 1, y = 0$.

证　由方程 (12) 得

$$1 = \frac{(x + y\sqrt{-2})^p + (x - y\sqrt{-2})^p}{2} =$$

$$\sum_{i=0}^{p} \frac{1 + (-1)^i}{2} \binom{p}{i} x^{p-i} (y\sqrt{-2})^i =$$

$$\sum_{\substack{0 \leqslant i \leqslant p \\ 2 \mid i}} \binom{p}{i} x^{p-i} (y\sqrt{-2})^i =$$

$$\sum_{0 \leqslant i \leqslant \frac{p-1}{2}} \binom{p}{2i} x^{p-2i} (y\sqrt{-2})^{2i} \qquad (13)$$

由此知 $x \mid 1$，所以 $x = \pm 1$.

若 $x = -1$，则方程 (13) 给出

$$-2 = \sum_{1 \leqslant i \leqslant \frac{p-1}{2}} \binom{p}{2i} (y\sqrt{-2})^{2i}$$

但 $p \mid \binom{p}{2i} \left(1 \leqslant i \leqslant \dfrac{p-1}{2}\right)$，故上式给出 $p \mid 2$ 的矛盾结果.

若 $x = 1$，则方程 (13) 给出

$$0 = \sum_{1 \leqslant i \leqslant \frac{p-1}{2}} \binom{p}{2i} (y\sqrt{-2})^{2i} \qquad (14)$$

若 $y \neq 0$，则设 $y = 2^a y_1, 2 \nmid y_1, a > 0$. 现在考查方程

（14）的右端含 2 的最高方幂. 由

$$\binom{p}{2i}(y\sqrt{-2})^{2i} = \frac{p(p-1)}{(2i)(2i-1)}\binom{p-2}{2i-2}(2^\alpha y_1\sqrt{-2})^{2i}$$

可知,若设 $2^r \parallel p-1, 2^\beta \parallel i$,则上式含 2 的方幂至少是 $r+(2\alpha+1)i-(\beta+1)$.

由于 $i \geqslant 2^\beta \geqslant \beta+1$,故

$$r+(2\alpha+1)i-(\beta+1) \geqslant r+2\alpha i$$

因此,如果设 $2^{s_i} \parallel \binom{p}{2i}(y\sqrt{-2})^{2i}\left(1 \leqslant i \leqslant \dfrac{p-1}{2}\right)$,

那么 $s_i > s_1 (i > 1)$,此即 $2^{s_1} \parallel \displaystyle\sum_{1 \leqslant i \leqslant \frac{p-1}{2}} \binom{p}{2i}(y\sqrt{-2})^{2i}$,

故方程（14）在 $y \neq 0$ 时不成立. 这就证明了方程（12）在 $2 \mid y$ 时仅有整数解 $x=1, y=0$. 证毕.

如果使用二次剩余法或 Pell 方程法,那么还可以证明:方程（12）在 $2 \nmid y$ 时仅有整数解 $x=\mid y \mid=1$, $p=5$.

利用比较素数幂法,常常会收到出乎意料的结果. 这种方法多半是用在二项式展开后的情形,而这种情形常常出现在代数整环中考虑的丢番图方程上（参见第 3 章）,故比较素数幂法常常是与其他初等的或高等的方法联合使用,才可能解决一些比较困难的丢番图问题.

习题

1. 证明丢番图方程 $2^x - 3^y = 1$ 仅有整数解 $x=1$, $y=0$ 和 $x=2, y=1$.

2. 证明丢番图方程 $1^{2n} + 3^{2n} + \cdots + (2^\alpha - 1)^{2n} = 2^n k$ 无正整数解 α, k, n.

（提示:证明左端含 2 的最高方幂为 $\alpha-1$.）

3. 设 $h=2^{s+3}l-1$ 或 $2^{s+3}l,s\geqslant 0,2\nmid l$. 证明丢番图方程

$$\sum_{j=1}^{h}j^{2n+1}=2^{2s+4}(2k-1)$$

无正整数解.

（提示：利用

$$\sum_{j=1}^{h}j^{n}=\begin{cases}\dfrac{h^2(h+1)^2}{(n+1)!}f_n(h),&当\ 2\nmid n,n>1\\[3mm]\dfrac{h(h+1)(2h+1)}{(n+1)!}\varphi_n(h),&当\ 2\mid n,n>0\end{cases}$$

其中 $f_n(h)$ 和 $\varphi_n(h)$ 都是 h 的整系数多项式.）

4. 设 p 为奇素数,则丢番图方程

$$(x+y\sqrt{-1})^p+(x-y\sqrt{-1})^p=2$$

在 $2\mid y$ 时仅有整数解 $x=1,y=0$.

2.5　二次剩余法

二次剩余法是解丢番图方程中最有力的初等方法之一,它的主要手段是对丢番图方程取模 $M(2\nmid M>1)$,然后利用 Jacobi 符号的互反律来制造矛盾. 这种方法的依据是,如果 $y^2=f(x_1,\cdots,x_s)$ 有解,那么对任意奇数模 $M(M>1)$,同余式

$$y^2\equiv f(x_1,\cdots,x_s)(\bmod\ M)$$

必有解,在 $(M,y)=1$ 时推出 Jacobi 符号

$$\left(\frac{f(x_1,\cdots,x_s)}{M}\right)=1$$

如果我们能选择 M 使得

$$\left(\frac{f(x_1,\cdots,x_s)}{M}\right)=-1$$

那么推出方程 $y^2 = f(x_1,\cdots,x_s)$ 无解.

这种方法的关键是根据 $f(x_1,\cdots,x_s)$ 的特点选择 $M = g(x_1,\cdots,x_s) > 1, 2 \nmid M$ 来计算 Jacobi 符号 $\left(\frac{f(x_1,\cdots,x_s)}{g(x_1,\cdots,x_s)}\right)$. 例如,对于 $A(n) = \frac{x^n - y^n}{x-y}, x \neq y$, $(x,y) = 1$ 且 $x > 0, y > 0$,我们有下述例子.

例 1 设 m,n 都是大于 2 的正奇数,$(m,n) = 1$,则:

① 若 $x + y \equiv 0(\mathrm{mod}\ 4)$,则 $\left(\frac{A(m)}{A(n)}\right) = 1$.

② 若 $xy \equiv 0(\mathrm{mod}\ 4)$,则 $\left(\frac{A(m)}{A(n)}\right) = 1$.

证 不妨设 $m > n \geqslant 3$,由于 $x + y \equiv 0(\mathrm{mod}\ 4)$ 或 $xy \equiv 0(\mathrm{mod}\ 4)$,故在 $2 \nmid t$ 时
$$A(t) = x^{t-1} + x^{t-2}y + \cdots + xy^{t-2} + y^{t-1} \equiv 1(\mathrm{mod}\ 4)$$
对于 $m > n$,必有正奇数 $r < n$ 使得
$$m = 2kn + r \ \text{或}\ m = 2kn - r$$
如果 $m = 2kn + r$,由于 $x^n - y^n = (x-y)A(n)$,我们得到

$$A(m) = \frac{x^{2kn+r} - y^{2kn+r}}{x-y} =$$

$$\frac{((x-y)A(n) + y^n)^{2k}x^r - y^{2kn+r}}{x-y} \equiv$$

$$y^{2kn}A(r)(\mathrm{mod}\ A(n))$$

由于 $(A(m),A(n)) = A((m,n)) = A(1) = 1$,故上式给出

$$\left(\frac{A(m)}{A(n)}\right) = \left(\frac{A(r)}{A(n)}\right)$$

如果 $m = 2kn - r$，由于

$$A(m) = x^{n-r}A(n(2k-1)) + y^{m-n}A(n) - y^{m-n}x^{n-r}A(r)$$

注意到 $A(n) \mid A(n(2k-1)), A(n) \equiv 1 (\bmod 4)$ 及 $m - n$ 和 $n - r$ 都是偶数，上式给出

$$\left(\frac{A(m)}{A(n)}\right) = \left(\frac{-y^{m-n}x^{n-r}A(r)}{A(n)}\right) = \left(\frac{A(r)}{A(n)}\right)$$

这就证明当 $m = 2kn + \varepsilon r (\varepsilon = \pm 1)$ 时

$$\left(\frac{A(m)}{A(n)}\right) = \left(\frac{A(r)}{A(n)}\right)$$

故对于 n, r，有

$$n = 2k_1 r + \varepsilon_1 r_1 \quad (0 < r_1 < r)$$
$$r = 2k_2 r_1 + \varepsilon_2 r_2 \quad (0 < r_2 < r_1)$$
$$\vdots$$
$$r_{s-1} = 2k_{s+1} r_s + \varepsilon_{s+1} r_{s+1} \quad (0 < r_{s+1} < r_s)$$
$$r_s = k_{s+2} r_{s+1}$$

其中，$\varepsilon_i \in \{-1, 1\}(i = 1, 2, \cdots, s+1), 2 \nmid r_i (i = 1, 2, \cdots, s+1)$ 且由 $(m, n) = 1$ 知 $r_{s+1} = 1$，我们有

$$\left(\frac{A(m)}{A(n)}\right) = \left(\frac{A(r)}{A(n)}\right) = \left(\frac{A(n)}{A(r)}\right) = \left(\frac{A(r_1)}{A(r)}\right) = \left(\frac{A(r)}{A(r_1)}\right) =$$
$$\left(\frac{A(r_2)}{A(r_1)}\right) = \cdots = \left(\frac{A(r_{s+1})}{A(r_s)}\right) = \left(\frac{A(1)}{A(r_s)}\right) =$$
$$\left(\frac{1}{A(r_s)}\right) = 1$$

证毕. 由例 1 可以推出：

例 2　设 p 是奇素数，则丢番图方程

$$y^2 = p\frac{x_1^p - x_2^p}{x_1 - x_2} \quad ((x_1, x_2) = 1) \tag{1}$$

在 $x_1 + x_2 \equiv 0 (\bmod 4)$ 或 $x_1 x_2 \equiv 0 (\bmod 4)$ 时无整数解.

证　记 $A(p) = \dfrac{x_1^p - x_2^p}{x_1 - x_2}$，则由例 1 知，在

$$x_1 + x_2 \equiv 0 \pmod 4 \text{ 或 } x_1 x_2 \equiv 0 \pmod 4$$

时，对任意奇素数 $q \neq p$，均有 $\left(\dfrac{A(p)}{A(q)}\right) = 1$，于是，我们

可选 q 满足 $\left(\dfrac{q}{p}\right) = -1$. 如果方程(1)有整数解，则必有

$$y^2 \equiv pA(p) \pmod{A(q)}$$

此给出

$$1 = \left(\frac{pA(p)}{A(q)}\right) = \left(\frac{p}{A(q)}\right)\left(\frac{A(p)}{A(q)}\right) = \left(\frac{p}{A(q)}\right) = \left(\frac{A(q)}{p}\right)$$

由于(1)给出 $p \mid y$，故设 $y = py_1$，由方程(1)得出

$$p(x_1 - x_2)y_1^2 = x_1^p - x_2^p$$

取模 p 知 $x_1 \equiv x_2 \pmod p$，故

$$A(q) = \frac{x_1^q - x_2^q}{x_1 - x_2} = x_1^{q-1} + x_1^{q-2}x_2 + \cdots + x_1 x_2^{q-2} + x_2^{q-1} \equiv$$
$$qx_1^{q-1} \pmod p$$

所以

$$1 = \left(\frac{A(q)}{p}\right) = \left(\frac{qx_1^{q-1}}{p}\right) = \left(\frac{q}{p}\right) = -1$$

这是不可能的. 证毕.

对于 $A(n)$，例 1 给出 $xy \equiv 0, 3 \pmod 4$ 的情形.
当 $xy \equiv 1 \pmod 4$ 时，还可证明下面的结论.

例 3　设 m, n 都是正奇数，$(m, n) = 1, n > 1$，如果

$xy \equiv 1 \pmod 4$，那么 $\left(\dfrac{A(m)}{A(n)}\right) = \left(\dfrac{m}{n}\right)$.

证　对 m 使用归纳法. $m = 1$ 时，结论显然成立，
现设小于 m 时结论成立，在 m 时，如果 $m > n$，那么存
在正奇数 $r < n$ 使得 $m = 2kn + r$ 或 $m = 2kn - r$.

如果 $m = 2kn + r$，那么由例 1 的证明显然有

$$\left(\frac{A(m)}{A(n)}\right) = \left(\frac{A(r)}{A(n)}\right)$$

故由归纳假设及 $r < n < m$ 知,上式给出

$$\left(\frac{A(m)}{A(n)}\right) = \left(\frac{r}{n}\right) = \left(\frac{m}{n}\right)$$

如果 $m = 2kn - r$,那么由例 1 的证明知

$$A(m) \equiv -y^{m-n} x^{n-r} A(r) (\bmod A(n))$$

又在 $xy \equiv 1 (\bmod 4)$ 时易知

$$A(n) \equiv n (\bmod 4)$$

故由 $m - n, n - r$ 均为偶数和归纳假设知

$$\left(\frac{A(m)}{A(n)}\right) = \left(\frac{-y^{m-n} x^{n-r} A(r)}{A(n)}\right) = (-1)^{\frac{A(n)-1}{2}} \left(\frac{A(r)}{A(n)}\right) =$$

$$(-1)^{\frac{n-1}{2}} \left(\frac{r}{n}\right) = \left(\frac{-r}{n}\right) = \left(\frac{m}{n}\right)$$

如果 $m < n$,那么由前面已经证明的结论知

$$\left(\frac{A(m)}{A(n)}\right) = (-1)^{\frac{A(m)-1}{2} \cdot \frac{A(n)-1}{2}} \left(\frac{A(n)}{A(m)}\right) =$$

$$(-1)^{\frac{m-1}{2} \cdot \frac{n-1}{2}} \left(\frac{n}{m}\right) = \left(\frac{m}{n}\right)$$

证毕.

利用例 3 立即推出 Fermat 方程偶指数的第一情形成立,即有下面的例 4.

例 4　设 p 是奇素数,则丢番图方程

$$x^{2p} + y^{2p} = z^{2p} \quad ((x, y) = 1) \tag{2}$$

在 $2p \nmid xyz$ 时无整数解.

证　由方程(2)知 x, y 一奇一偶.不妨设 x 为偶数,则 y, z 为奇数.现改写方程(2)为

$$x^{2p} = (z^2 - y^2) \cdot \frac{z^{2p} - y^{2p}}{z^2 - y^2} \tag{3}$$

由于 $\left(z^2 - y^2, \dfrac{z^{2p} - y^{2p}}{z^2 - y^2}\right) = 1$ 或 p,且如果是后者已有

$2p \mid x$，与 $2p \nmid xyz$ 不符，故 $\left(z^2 - y^2, \dfrac{z^{2p} - y^{2p}}{z^2 - y^2} \right) = 1$，于是方程(3)给出

$$\frac{z^{2p} - y^{2p}}{z^2 - y^2} = (x_1^p)^2 \tag{4}$$

这里 $x_1 \mid x$. 由于 z, y 均为奇数，故

$$z^2 \cdot y^2 \equiv 1 (\bmod 4)$$

因此，由例 3 知对任意 $q \neq p$，方程(4)均推出

$$\left(\frac{p}{q} \right) = 1$$

而这是不可能的. 因为 p 是素数，所以存在某些奇素数 q 使得 $\left(\dfrac{p}{q} \right) = -1$. 证毕.

对例 4 的进一步推广，可以得到：

例 5 设 $D > 0$，D 无平方因子且不被 $2mp + 1$ 形素数整除. 若丢番图方程

$$x^p - y^p = Dz^2 \quad ((x, y) = 1) \tag{5}$$

有整数解，则在 $2 \mid z$ 时必有 $p \mid z$，$2 \nmid z$ 时必有 $p \nmid z$.

二次剩余法是柯召[1] 首先用来研究并解决 Catalan 方程 $x^2 - 1 = y^p$（p 为奇素数）的一种初等方法，后来在 1977 年 G. Terjanian[2] 利用这种方法得到了上述例 4 的结论，曹珍富[3] 证明了上面的例 1，例 2 和例 5. 这种方法我们在后面 2.7 节中还将看到，在与递推序列的性质联合使用时可以解决更为广泛的丢番图问题. 例如，1983 年，A. Rotkiewicz[4] 把上述 $A(n)$ 换为 Lehmer 数 P_n 也得出了类似的结果. 设

$$P_n(\alpha, \beta) = \begin{cases} \dfrac{\alpha^n - \beta^n}{\alpha - \beta}, & \text{当 } 2 \nmid n \text{ 时} \\[3mm] \dfrac{\alpha^n - \beta^n}{\alpha^2 - \beta^2}, & \text{当 } 2 \mid n \text{ 时} \end{cases}$$

其中，α,β 是方程 $z^2-\sqrt{L}z+M=0$ 的两个根，$L>0$ 和 M 均为整数. 则有如下的结果：

例 6　设 $2\nmid mn,K=L-4M>0$，则有：

① 若 $4\mid L,M\equiv 1(\bmod\ 4)$，$\left(\dfrac{L}{M}\right)=1$ 或 $4\mid M$，$L\equiv 3(\bmod\ 4)$，$\left(\dfrac{M}{L}\right)=1$，则 $\left(\dfrac{P_n}{P_m}\right)=\left(\dfrac{n}{m}\right)$；

② 若 $4\mid L,M\equiv 3(\bmod\ 4)$，$\left(\dfrac{L}{M}\right)=1$ 或 $4\mid M$，$L\equiv 1(\bmod\ 4)$，$\left(\dfrac{M}{L}\right)=1$，则 $\left(\dfrac{P_n}{P_m}\right)=1$；

③ 若 $2\parallel M,L\equiv 1(\bmod\ 4)$，$\left(\dfrac{M}{L}\right)=1$，则 $\left(\dfrac{P_n}{P_m}\right)=$

$(-1)^\lambda$，这里 λ 是把 $\dfrac{n}{m}$ 写成连分数的项数，即 $\dfrac{n}{m}=$

$$\cfrac{1}{a_1+\cfrac{1}{a_2+\cfrac{1}{\ddots\cfrac{}{a_\lambda}}}},a_\lambda>1.$$

为了把例 6 更好地应用到丢番图方程中去，A. Rotkiewicz 还提出了如下的问题：

设 $n>3,n\neq 9$ 是一个给定的奇数，问是否存在奇数 m 使得 $\left(\dfrac{m}{n}\right)=(-1)^\lambda$ 和 $\dfrac{n}{m}=\cfrac{1}{a_1+\cfrac{1}{a_2+\cfrac{1}{\ddots\cfrac{}{a_\lambda}}}},a_\lambda>$

1？ 这个问题在 1985 年已由曹珍富[5] 给出了肯定的回答.

习题

1. 证明 Catalan 方程 $x^2-1=y^p$($p>3$ 是素数) 在 $p\mid x$ 时无正整数解.

2. 证明丢番图方程 $3^{2n-1}+2y^2=n(2y)^2+1$ 除 $n=1,y=1$ 外无其他的正整数解.

3. 设 p 为奇素数, 如果丢番图方程 $x^p+1=2y^p$ 有 $xy\neq 0$ 的整数解, 那么有 $2\nmid y$ 且 $p\mid y-1$.

4. 如果 $n\equiv 0,1(\bmod 4)$, 那么方程 $\binom{n}{2}=y^k,k>2$ 无整数解.

2.6　Pell 方程法

通常所说的 Pell 方程是指形如 $x^2-Dy^2=\pm 1$ 的二元二次丢番图方程, 这里 $D>0$, 且不是平方数. 所谓 Pell 方程法就是把所求问题化为 Pell 方程的形式, 利用 Pell 方程的结果来制造矛盾. 一般说来, 利用 Pell 方程的解法, 可以求出一个丢番图方程(只要能化为 Pell 方程的形式)的全部解.

下面我们首先列出 Pell 方程的主要结果(它们的证明放在后面章节中); 其次, 利用 Pell 方程来解决一些丢番图方程的问题. 以下恒设 $D>0$ 且不是平方数.

Ⅰ. Pell 方程
$$x^2-Dy^2=1 \tag{1}$$
有无限多组正整数解. 设 $x=x_0,y=y_0$ 是 Pell 方程(1)的所有正整数解 x,y 中使 $x+y\sqrt{D}$ 为最小的一组正整数解(称 $x_0+y_0\sqrt{D}$ 为 Pell 方程(1)的基本解), 则

Pell 方程(1) 的全部正整数解由

$$x + y\sqrt{D} = (x_0 + y_0\sqrt{D})^n$$

表出,其中 n 是任意正整数.

Ⅱ. Pell 方程

$$x^2 - Dy^2 = -1 \qquad\qquad (2)$$

不是对任意 D 都有解的. 例如 D 含有 $4k+3$ 形的素因子时 Pell 方程(2) 显然无解. 但是,如果 Pell 方程(2) 有解,设 $a + b\sqrt{D}$ 是它的基本解($a>0,b>0$),那么 Pell 方程(2) 的全部正整数解可表为

$$x + y\sqrt{D} = (a + b\sqrt{D})^{2n+1}$$

其中 n 是非负整数.

　　与 Pell 方程直接发生关系的还有一些方程,这些方程在利用 Pell 方程解其他丢番图方程时,也显示了重要作用.

Ⅲ. 方程

$$x^2 - Dy^2 = 4 \qquad\qquad (3)$$

有无限多组解. 设 $c + d\sqrt{D}$ 为方程(3) 的基本解($c > 0,d > 0$),则方程(3) 的全部正整数解由

$$\frac{x + y\sqrt{D}}{2} = \left(\frac{c + d\sqrt{D}}{2}\right)^n$$

表出,其中 n 是任意正整数.

Ⅳ. 方程

$$x^2 - Dy^2 = -4 \qquad\qquad (4)$$

如果有解,设 $e + f\sqrt{D}$ 是方程(4) 的基本解($e > 0,$ $f > 0$),那么方程(4) 的全部正整数解由

$$\frac{x + y\sqrt{D}}{2} = \left(\frac{e + f\sqrt{D}}{2}\right)^{2n+1}$$

表出,其中 n 是非负整数.

在利用 Pell 方程解题时,用到的事实主要是方程 (1)～(4) 的基本解之间的关系. 对此,我们有:

Ⅴ. 设 $\varepsilon = x_0 + y_0 \sqrt{D}$,$\delta = a + b\sqrt{D}$,$\alpha = \dfrac{c + d\sqrt{D}}{2}$,

$\beta = \dfrac{e + f\sqrt{D}}{2}$,则有

$$\varepsilon = \delta^2 = \begin{cases} \alpha, & \text{当 } c \equiv d \equiv 0 (\bmod 2) \\ \alpha^3, & \text{当 } c \equiv d \equiv 1 (\bmod 2) \end{cases}$$

$$\delta = \begin{cases} \beta, & \text{当 } e \equiv f \equiv 0 (\bmod 2) \\ \beta^3, & \text{当 } e \equiv f \equiv 1 (\bmod 2) \end{cases}$$

Ⅵ. 如果方程 $x^2 - Dy^2 = 2\eta (\eta = \pm 1)$ 有整数解,可设 $\lambda_\eta = g + h\sqrt{D}$ 为其基本解,那么在 $D > 2$ 时,有

$$\varepsilon = \frac{1}{2} \lambda_\eta^2, \bar{\varepsilon} = \frac{1}{2} \bar{\lambda}_\eta^2 \quad (\bar{\lambda}_\eta = g - h\sqrt{D})$$

且方程的全部正整数解可表为 $x + y\sqrt{D} = \dfrac{\lambda_\eta^{2n+1}}{2^n}$,$n \geqslant 0$.

现在我们举若干例子,用以说明 Pell 方程法的应用.

例 1 设 D 满足 $X^2 - DY^2 = -4$ 有奇数解 X, Y,则丢番图方程

$$4x^4 - Dy^2 = -1 \tag{5}$$

除 $D = 5, x = y = 1$,$D = 13, x = 3, y = 5$ 和 $D = 325$,$x = 3, y = 1$ 外,无其他的正整数解.

证 利用 Pell 方程 (2) 的结果可知,如果方程 (5) 有正整数解,那么方程 (5) 给出

$$2x^2 + y\sqrt{D} = (a + b\sqrt{D})^{2n+1} \quad (n \geqslant 0) \tag{6}$$

50

现由 $X^2 - DY^2 = -4$ 有奇数解知，$X^2 - DY^2 = -4$ 的基本解 $e + f\sqrt{D}$ 满足 $e \equiv f \equiv 1 \pmod 2$，故由 V 知 $a + b\sqrt{D} = \beta^3$，于是式（6）给出

$$2x^2 + y\sqrt{D} = \beta^{3(2n+1)} \quad (n \geqslant 0)$$

如果令 $\bar{\beta} = \dfrac{e - f\sqrt{D}}{2}$，$\beta\bar{\beta} = -1$，那么上式给出

$$
\begin{aligned}
(2x)^2 &= \beta^{3(2n+1)} + \bar{\beta}^{3(2n+1)} = \\
&\quad (\beta^{2n+1} + \bar{\beta}^{2n+1})(\beta^{2(2n+1)} + \bar{\beta}^{2(2n+1)} + 1) \\
&\quad (n \geqslant 0)
\end{aligned}
\tag{7}
$$

因为对任意整数 $m \geqslant 0$，$\beta^m + \bar{\beta}^m$ 都是整数，且

$$(\beta^{2n+1} + \bar{\beta}^{2n+1}, \beta^{2(2n+1)} + \bar{\beta}^{2(2n+1)} + 1) = 1 \text{ 或 } 3$$

故式（7）给出

$$
\beta^{2n+1} + \bar{\beta}^{2n+1} = s^2, \beta^{2(2n+1)} + \bar{\beta}^{2(2n+1)} + 1 = t^2
$$
$$
2x = st
\tag{8}
$$

或

$$
\beta^{2n+1} + \bar{\beta}^{2n+1} = 3s^2, \beta^{2(2n+1)} + \bar{\beta}^{2(2n+1)} + 1 = 3t^2
$$
$$
2x = 3st
\tag{9}
$$

其中，$s > 0, t > 0$ 且 $(s, t) = 1$. 因为

$$\beta^{2(2n+1)} + \bar{\beta}^{2(2n+1)} + 1 = (\beta^{2n+1} + \bar{\beta}^{2n+1})^2 + 3$$

故在式（8）时，有 $s^4 + 3 = t^2$，此给出 $(t - s^2)(t + s^2) = 3$，故 $t - s^2 = 1, t + s^2 = 3$，于是 $t = 2, s = 1$. 从 $2x = st$ 知 $x = 1$，代入方程（5）知 $D = 5, y = 1$，显然 $D = 5$ 时满足 $X^2 - DY^2 = -4$ 有奇数解. 而在式（9）时有

$$(3s^2)^2 + 3 = 3t^2 \text{ 即 } t^2 - 3s^4 = 1 \tag{10}$$

W. Ljunggren[6] 曾证明，丢番图方程

$$x^2 - Dy^4 = 1$$

最多只有两组正整数解，现在已知方程（10）有两组正整数解 $t = 2, s = 1$ 和 $t = 7, s = 2$，故方程（10）仅有这两

组正整数解,所以由 $2x=3st$ 知,在 $t=2,s=1$ 时 $x=3$,代入方程(5)得 $D=13,y=5$ 或 $D=325,y=1$,当 $D=13$ 或 325 时,方程 $X^2-DY^2=-4$ 显然有奇数解.在 $t=7,s=2$ 时,由 $2x=3st$ 知 $x=21$,代入方程(5)得 $Dy^2=37\times5^2\times29^2$,而 $X^2-37Y^2=-4$ 没有奇数解,故此时不可能.证毕.

例 2 设 D 满足 $X^2-DY^2=2\eta(\eta=\pm1)$ 有整数解,则丢番图方程

$$x^4-Dy^2=1 \tag{11}$$

除 $D=6,x=7,y=20$ 外,无其他的正整数解.

证 在 $D=2$ 时,方程(11)显然无正整数解(参见 2.2 节的例 2). 现设 $D>2$,如果方程(11)有正整数解,则必有

$$x^2+y\sqrt{D}=(x_0+y_0\sqrt{D})^n \quad (n>0)$$

其中 $x_0+y_0\sqrt{D}$ 为 Pell 方程 $x^2-Dy^2=1$ 的基本解. 由 Ⅵ 知,上式给出

$$x^2=\frac{\varepsilon^n+\bar{\varepsilon}^n}{2}=\frac{\lambda_\eta^{2n}+\bar{\lambda}_\eta^{2n}}{2^{n+1}}$$

由此推出

$$x^2+\eta^n=\frac{\lambda_\eta^{2n}+\bar{\lambda}_\eta^{2n}+2(\lambda_\eta\bar{\lambda}_\eta)^n}{2^{n+1}}=\frac{(\lambda_\eta^n+\bar{\lambda}_\eta^n)^2}{2^{n+1}} \tag{12}$$

如果 $2\nmid n$,那么式(12)给出

$$x^2+\eta^n=\left(\frac{\lambda_\eta^n+\bar{\lambda}_\eta^n}{2^{\frac{n+1}{2}}}\right)^2$$

由此得出 $x=0$ 或 1,代入方程(11)知,均非方程(11)的正整数解.

如果 $2\mid n$,设 $n=2m,m>0$,那么式(12)给出

$$x^2+1=2s^2 \tag{13}$$

其中

$$s=\frac{\lambda_\eta^{2m}+\bar\lambda_\eta^{2m}}{2^{m+1}}=\frac{(\lambda_\eta^m+\bar\lambda_\eta^m)^2}{2^{m+1}}-\eta^m=\begin{cases}t^2-\eta,\text{当 }2\nmid m\\2t^2-1,\text{当 }2\mid m\end{cases}$$

如果 $s=t^2-\eta$，那么在 $\eta=1$ 时，我们有

$$s\equiv 0,3(\text{mod }4)$$

这和式(13)矛盾. 于是 $\eta=-1$. 现在，式(13)又是一个 Pell 方程，它的基本解是 $\rho=1+\sqrt2$，设 $\bar\rho=1-\sqrt2$，则由式(13)得

$$s=\frac{\rho^{2k+1}-\bar\rho^{2k+1}}{2\sqrt2}=t^2+1\quad(k\geqslant0)$$

由此可得

$$t^2=\frac{\rho^{2k+1}-\bar\rho^{2k+1}-(\rho-\bar\rho)}{2\sqrt2}=$$

$$\begin{cases}(\rho^{2l+1}+\bar\rho^{2l+1})\left(\frac{\rho^{2l}-\bar\rho^{2l}}{2\sqrt2}\right),\text{当 }k=2l\\(\rho^{2l+1}+\bar\rho^{2l+1})\left(\frac{\rho^{2l+2}-\bar\rho^{2l+2}}{2\sqrt2}\right),\text{当 }k=2l+1\end{cases}$$

$$(14)$$

因为

$$\frac{\rho^{2l+1}+\bar\rho^{2l+1}}{2}=\frac{\rho^{2l}+\bar\rho^{2l}}{2}+2\cdot\frac{\rho^{2l}-\bar\rho^{2l}}{2\sqrt2}$$

$$\frac{\rho^{2l+2}-\bar\rho^{2l+2}}{2\sqrt2}=\frac{\rho^{2l+1}-\bar\rho^{2l+1}}{2\sqrt2}+\frac{\rho^{2l+1}+\bar\rho^{2l+1}}{2}$$

故

$$\left(\rho^{2l+1}+\bar\rho^{2l+1},\frac{\rho^{2l}-\bar\rho^{2l}}{2\sqrt2}\right)=2$$

$$\left(\rho^{2l+1}+\bar\rho^{2l+1},\frac{\rho^{2l+2}-\bar\rho^{2l+2}}{2\sqrt2}\right)=2$$

于是由式(14)可得

$$\rho^{2l+1} + \bar{\rho}^{2l+1} = 2t_1^2 \qquad (15)$$

所以存在整数 $u = \dfrac{\rho^{2l+1} - \bar{\rho}^{2l+1}}{2\sqrt{2}}$，满足

$$t_1^4 - 2u^2 = (-1)^{2l+1} = -1$$

此由 2.3 节的例 3 知仅有 $t_1^2 = 1$，故由式(15)推出 $l = 0$。由式(14)推出 $t^2 = 0$ 或 4，从而 $s = 1$ 或 5，推出 $x = 1$ 或 7。由方程(11)知 $y = 0$ 或 20，故此时仅有正整数解 $D = 6, x = 7, y = 20$。

如果 $s = 2t^2 - 1$，那么重复前面作法可知

$$2t^2 = \begin{cases} (\rho^{2l+1} + \bar{\rho}^{2l+1})\left(\dfrac{\rho^{2l} - \bar{\rho}^{2l}}{2\sqrt{2}}\right), & \text{当 } k = 2l \\[3mm] (\rho^{2l+1} + \bar{\rho}^{2l+1})\left(\dfrac{\rho^{2l+2} - \bar{\rho}^{2l+2}}{2\sqrt{2}}\right), & \text{当 } k = 2l+1 \end{cases}$$

由此仍推出式(15)，从而 $l = 0$，故 $t^2 = 0$ 或 2，此不可能。证毕。

例 1 和例 2 都是可以直接利用 Pell 方程求解的，而有些丢番图方程表面上并不能一下子看出可以使用 Pell 方程，这些方程的求解在未发现可以使用 Pell 方程以前，往往用初等方法很难解决。

例 3 设 p 是奇素数，则丢番图方程

$$x^2 - 1 = y^p \qquad (16)$$

如有正整数解，必有 $2 \mid y, p \mid x$。

证 首先 $2 \mid y$ 是显然的，因为 $2 \nmid y$ 时有 $2 \mid x$，方程(16)显然不能成立(参见 2.2 节)，现在来证明 $p \mid x$。设 $p \nmid x$，则由方程(16)整理得

$$(y+1)\frac{y^p + 1}{y + 1} = x^2$$

由 $p \nmid x$ 知 $\left(y+1, \dfrac{y^p+1}{y+1}\right)=1$，所以上式给出

$$y+1=x_1^2, 2 \nmid x_1, x_1 \mid x \quad (x_1 > 1)$$

把 $y=x_1^2-1$ 代入方程（16）得

$$x^2-(x_1^2-1)\left[(x_1^2-1)^{\frac{p-1}{2}}\right]^2=1 \qquad (17)$$

由于 Pell 方程 $x^2-(x_1^2-1)y^2=1$ 的基本解是 $\varepsilon=x_1+\sqrt{x_1^2-1}$，故式（17）给出

$$(x_1^2-1)^{\frac{p-1}{2}}=\frac{\varepsilon^n-\bar{\varepsilon}^n}{2\sqrt{x_1^2-1}}=$$

$$\binom{n}{1}x_1^{n-1}+\binom{n}{3}x_1^{n-3}(\sqrt{x_1^2-1})^2+\cdots+$$

$$\binom{n}{2m+1}x_1^{n-(2m+1)}(\sqrt{x_1^2-1})^{2m} \qquad (18)$$

其中，$n=2m+1$ 或 $n=2m+2, m \geqslant 0$. 在 $n=2m+2$ 时，对式（18）取模 x_1 给出 $(-1)^{\frac{p-1}{2}} \equiv 0 (\bmod x_1)$，这不可能. 而在 $n=2m+1$ 时，由于 $2 \nmid x_1$，故式（18）的左边为偶数，但右端是奇数，也不可能. 证毕.

例 3 的结论，对于彻底解决方程（16），起了重要作用.

例 4　设 p 和 $q=p+2$ 都是素数，则丢番图方程

$$q^m=p^n+2 \qquad (19)$$

仅有正整数解 $m=n=1$.

证　显然，除 $m=n=1$ 外，可设 $m>1, n>1$. 如果 $2 \mid n$，那么在 $p=3$ 时 $q=5$，故对方程（19）取模 5 知无解；而在 $p \neq 3$ 时，由 $2 \mid n$ 知 $3 \mid p^n+2$，方程（19）给出 $q=3$，与 $q=p+2$ 不符. 如果 $2 \nmid n, 2 \mid m$，那么由 2.4 节的例 3 知方程（19）无解. 现设 $2 \nmid mn$，如果方程（19）有解，那么有

$$\left(\frac{(p+2)^m+p^n}{2}\right)^2-p(p+2)\left((p+2)^{\frac{m-1}{2}}p^{\frac{n-1}{2}}\right)^2=1$$

$$(20)$$

显然，Pell 方程 $x^2-p(p+2)y^2=1$ 的基本解是 $\varepsilon=p+1+\sqrt{p(p+2)}$，令 $\bar{\varepsilon}=p+1-\sqrt{p(p+2)}$，则式 (20) 给出

$$(p+2)^{\frac{m-1}{2}}p^{\frac{n-1}{2}}=\frac{\varepsilon^t-\bar{\varepsilon}^t}{\varepsilon-\bar{\varepsilon}}\quad(t>0)\qquad(21)$$

由于 $2\mid t$ 时 $\dfrac{\varepsilon^t-\bar{\varepsilon}^t}{\varepsilon-\bar{\varepsilon}}$ 是偶数，故式 (21) 给出 $2\nmid t$，于是

$$\frac{\varepsilon^t-\bar{\varepsilon}^t}{\varepsilon-\bar{\varepsilon}}=\binom{t}{1}(p+1)^{t-1}+$$

$$\binom{t}{3}(p+1)^{t-3}\left(\sqrt{p(p+2)}\right)^2+\cdots+$$

$$\binom{t}{t-2}(p+1)^2\left(\sqrt{p(p+2)}\right)^{t-3}+$$

$$\left(\sqrt{p(p+2)}\right)^{t-1}$$

给出

$$\frac{\varepsilon^t-\bar{\varepsilon}^t}{\varepsilon-\bar{\varepsilon}}\equiv t(\bmod\ p(p+2))\qquad(22)$$

由 $m>1,n>1$ 及式 (21) 知，上式给出 $p(p+2)\mid t$，设 $t=p(p+2)t_1$，则式 (21) 给出

$$(p+2)^{\frac{m-1}{2}}p^{\frac{n-1}{2}}=\frac{(\varepsilon^{pt_1})^{p+2}-(\bar{\varepsilon}^{pt_1})^{p+2}}{\varepsilon^{pt_1}-\bar{\varepsilon}^{pt_1}}\cdot\frac{\varepsilon^{pt_1}-\bar{\varepsilon}^{pt_1}}{\varepsilon-\bar{\varepsilon}}$$

$$(23)$$

我们来证明，对任意正整数 a_1 和奇素数 $q=p+2$，都有

$$\left(\frac{\varepsilon^{qa_1}-\bar{\varepsilon}^{qa_1}}{\varepsilon^{a_1}-\bar{\varepsilon}^{a_1}},\frac{\varepsilon^{a_1}-\bar{\varepsilon}^{a_1}}{\varepsilon-\bar{\varepsilon}}\right)=1\ \text{或}\ q\qquad(24)$$

这是因为,设 $\varepsilon^{a_1} = u + v\sqrt{D}$ $(D = pq = p(p+2))$,则 $\overline{\varepsilon}^{a_1} = u - v\sqrt{D}$,$v = \dfrac{\varepsilon^{a_1} - \overline{\varepsilon}^{a_1}}{\varepsilon - \overline{\varepsilon}}$,我们有

$$\frac{\varepsilon^{q_1} - \overline{\varepsilon}^{q_1}}{\varepsilon^{a_1} - \overline{\varepsilon}^{a_1}} = \binom{q}{1} u^{q-1} + \binom{q}{3} u^{q-3} (v\sqrt{D})^2 + \cdots + (v\sqrt{D})^{q-1}$$

由此即得式(24),而且由此看出 $q \parallel \dfrac{\varepsilon^{q_1} - \overline{\varepsilon}^{q_1}}{\varepsilon^{a_1} - \overline{\varepsilon}^{a_1}}$. 另外,

注意到 $p \mid \dfrac{\varepsilon^{pt_1} - \overline{\varepsilon}^{pt_1}}{\varepsilon - \overline{\varepsilon}}$,由式(23) 得出

$$\frac{(\varepsilon^{pt_1})^{p+2} - (\overline{\varepsilon}^{pt_1})^{p+2}}{\varepsilon^{pt_1} - \overline{\varepsilon}^{pt_1}} = p + 2$$

$$\frac{\varepsilon^{pt_1} - \overline{\varepsilon}^{pt_1}}{\varepsilon - \overline{\varepsilon}} = p^{\frac{n-1}{2}}, \frac{m-1}{2} = 1 \qquad (25)$$

或

$$\frac{(\varepsilon^{pt_1})^{p+2} - (\overline{\varepsilon}^{pt_1})^{p+2}}{\varepsilon^{pt_1} - \overline{\varepsilon}^{pt_1}} = p + 2$$

$$\frac{\varepsilon^{pt_1} - \overline{\varepsilon}^{pt_1}}{\varepsilon - \overline{\varepsilon}} = p^{\frac{n-1}{2}} \cdot (p+2)^{\frac{m-1}{2}-1} \qquad (26)$$

但 $\dfrac{(\varepsilon^{pt_1})^{p+2} - (\overline{\varepsilon}^{pt_1})^{p+2}}{\varepsilon^{pt_1} - \overline{\varepsilon}^{pt_1}} > p + 2$,故式(25)(26) 均不成立. 证毕.

方程(19) 称为 Hall 方程,它是从组合数学的差集理论中提出来的[7]. 例 4 解决了它的一个重要情形.

从上面的例题我们看到,利用 Pell 方程可以干净利落地解决一些丢番图方程问题. 有时,为了需要,还可以用来构造一些丢番图方程的无穷多组解. 例如,方程 $z^2 + 1 = x^3 + y^3$ 有无穷多组整数解. 这是因为,若令 $x = 1 + \omega, y = 1 - \omega$,则由 $z^2 + 1 = x^3 + y^3$ 得出 Pell 方程 $z^2 - 6\omega^2 = 1$. Gauss 曾利用推广的 Pell 方程

$x^2 - Dy^2 = c$(此方程如果有解,便有无穷多组解)证明了:设 $D = b^2 - 4ac > 0$,D 不是平方数,$\Delta = 4acf + bde - ae^2 - cd^2 - fb^2 \neq 0$,且设方程 $ax^2 + bxy + cy^2 + dx + ey + f = 0$ 有一组整数解,则该方程有无穷多组整数解. 利用类似的方法,还可解决 1970 年 S. W. Golomb 提出的一系列幂数问题.

把 Pell 方程的方法用于求解 Catalan 方程(16)以及著名的 Hall 方程(19),获得了一些重要结果,而且证明过程简洁明快[7-8]. 可以相信,Pell 方程法在其他的一些丢番图方程上能够继续产生作用.

习题

1. 如果 $u^2 - Dv^2 = -1$ 有整数解,那么丢番图方程 $x^4 - Dy^2 = 1$ 的正整数解 x, y 不满足

$$x^2 = \frac{\varepsilon^{2n} + \bar{\varepsilon}^{2n}}{2} \quad (n > 0)$$

这里 ε 是 Pell 方程 $x^2 - Dy^2 = 1$ 的基本解.

2. 设方程 $u^2 - Dv^2 = 2\eta(\eta = \pm 1)$ 有整数解,则丢番图方程 $x^6 - Dy^2 = 1$ 除 $D = 7, x = 2, y = 3$ 外,无其他的正整数解.

3. 设 p 是奇素数,如果丢番图方程 $x^p - 1 = 2y^2$ 有解,那么除 $p = 5, x = 3, y = 11$ 外,必有 $p \mid y$.

4. 设 $2 \nmid mn$,且 Pell 方程 $x^2 - pqy^2 = 1$ 的基本解是 $x_0 + y_0\sqrt{pq}$,则 Hall 方程

$$q^m = p^n + 2 \quad (p, q \text{ 是素数}, m > 1, n > 1)$$

有解的充要条件是 $x_0 = q^m - 1, y_0 = p^{\frac{n-1}{2}} q^{\frac{m-1}{2}}$.

5. 设 $2 \nmid mn$,p, q 均是奇素数,则丢番图方程

$$\frac{q^n - 1}{q - 1} = p^m \quad (n > 3, m > 1)$$

有解的充要条件是 Pell 方程 $x^2 - Dy^2 = 1$ 的基本解为
$q^n + (q-1)p^m + 2p^{\frac{m-1}{2}} \cdot q^{\frac{n-1}{2}}\sqrt{D}$，这里 $D = pq(q-1)$.

6. 我们称正整数 m 为幂数，如果对 m 的任一素因子 p，有 $p^2 \mid m$. 1970 年，S. W. Golomb[9] 猜想：形如 $2(2a+1)(a \geqslant 0)$ 的数不是两个幂数之差. 请否定这个猜想.

2.7　递推序列法

递推序列法是通过讨论递推序列的数论性质（主要是同余性质），然后利用各种手法（例如二次剩余法）来制造矛盾. 在初等方法中，递推序列法显得特别困难. 这个困难主要表现在：① 针对一个丢番图方程，怎样把它转化为递推序列问题？② 如何根据方程的类型，研究递推序列的数论性质？研究哪些数论性质？③ 选择怎样的手法来制造矛盾？一般说来，即使 ① ~ ③ 都有明确的思路，但要真正实现还有许多特殊的技巧.

例 1　丢番图方程 $x^2 - 27y^4 = -2$ 仅有正整数解 $x = 5, y = 1$.

证　先来解方程
$$V^2 - 3U^2 = -2$$
由 2.6 节中的 Ⅵ，这个方程的全部正整数解可表为
$$V_n + U_n\sqrt{3} = \frac{\lambda^{2n+1}}{2^n} \quad (n \geqslant 0, \lambda = 1 + \sqrt{3})$$
令 $\bar{\lambda} = 1 - \sqrt{3}$，则上式给出

$$U_n = \frac{\lambda^{2n+1} - \bar{\lambda}^{2n+1}}{2^n(\lambda - \bar{\lambda})} \quad (n \geqslant 0)$$

于是,若方程 $x^2 - 27y^4 = -2$ 有正整数解,则必有

$$3y^2 = U_n \quad (n \geqslant 0) \tag{1}$$

容易验证 U_n 是递推序列

$$U_{n+2} = 4U_{n+1} - U_n, U_0 = 1, U_1 = 3 \tag{2}$$

的解. 现在我们来讨论 U_n 的一些数论性质. 记

$$\xi_r = \frac{\lambda^r - \bar{\lambda}^r}{\lambda - \bar{\lambda}}, \eta_r = \frac{\lambda^r + \bar{\lambda}^r}{\lambda + \bar{\lambda}} \quad (r \geqslant 0)$$

则有

$$U_n = \frac{\xi_{2n+1}}{2^n} \tag{3}$$

$$\xi_{2r} = 2\xi_r \eta_r \tag{4}$$

$$\eta_{2r} = 2\eta_r^2 + (-1)^{r+1}2^r = 6\xi_r^2 + (-1)^r 2^r \tag{5}$$

$$\eta_{m+n} = \eta_m \eta_n + 3\xi_m \xi_n \tag{6}$$

$$\xi_{m+n} = \eta_m \xi_n + \eta_n \xi_m \tag{7}$$

由式(3)~(7)可推出

$$U_{n+r} \equiv (-1)^{r+1} U_n (\bmod \eta_r 2^{-s}) \tag{8}$$

$$U_{n+2r} \equiv U_n (\bmod \eta_r 2^{-s}) \tag{9}$$

其中 $s = s(r) \geqslant 0$. 为了便于讨论,一方面,从递推序列(2)能够得出表 1 和 2. 另一方面,从式(8),如果 $n = rk + r_0, 0 \leqslant r_0 < r$,那么在 $2 \nmid r$ 时有

$$U_n \equiv (-1)^{r+1} U_{n-r} = U_{n-r} \equiv \cdots \equiv$$
$$U_{r_0} (\bmod \eta_r \cdot 2^{-s})$$

而在 $2 \mid r$ 时有

$$U_n \equiv \pm U_{r_0} (\bmod \eta_r \cdot 2^{-s})$$

利用式(9),如果 $n = 2kr + r_0, 0 \leqslant r_0 < r$,那么有

$$U_n \equiv U_{r_0} (\bmod \eta_r \cdot 2^{-s})$$

现在我们来讨论方程(1)的解.

表 1

n	0	1	2	3	4	5	6	7
U_n	1	3	11	41	153	571	2 131	7 953

表 2

t	2	3	4	6	8	12
η_t	$2 \cdot 2$	$2 \cdot 5$	$2^2 \cdot 7$	$2^4 \cdot 13$	$2^4 \cdot 97$	$2^6 \cdot 7 \cdot 193$

① 在 $n \equiv 0,2 (\bmod 3)$ 时,式(1)不成立.我们有
$$U_n \equiv U_0, U_2 (\bmod \eta_3 \cdot 2^{-1})$$
从表 1 和 2 知 $U_0 = 1, U_2 = 11, \eta_3 \cdot 2^{-1} = 5$,此时如果方程(1)有解,那么有
$$(3y)^2 \equiv 3, 3 \times 11 (\bmod 5)$$
但 $\left(\dfrac{3}{5}\right) = \left(\dfrac{3 \times 11}{5}\right) = -1$,矛盾.

② 在 $n \equiv 0,2,5,7 (\bmod 8)$ 时,式(1)不成立.因为
$$U_n \equiv U_0, U_2, U_5, U_7 (\bmod \eta_4 \cdot 2^{-2})$$
而从表 1 和 2 知
$$\left(\frac{3U_n}{\eta_4 \cdot 2^{-2}}\right) = \left(\frac{3}{7}\right) = \left(\frac{3 \times 11}{7}\right) =$$
$$\left(\frac{3 \times 571}{7}\right) = \left(\frac{3 \times 7\ 953}{7}\right) = -1$$
故式(1)不成立.

③ 在 $n \equiv 3,4 (\bmod 8)$ 时,式(1)不成立.因为
$$U_n \equiv \pm U_3, \pm U_4 (\bmod \eta_8 \cdot 2^{-4})$$
而
$$\left(\frac{3U_n}{\eta_8 \cdot 2^{-4}}\right) = \left(\frac{\pm 3 \times 41}{97}\right) = \left(\frac{\pm 3 \times 153}{97}\right) = -1$$

④ 在 $n \equiv 22 (\bmod 24)$ 时,式(1)不成立.

这时可设
$$n = -2 + 3 \cdot 2^t + 6 \cdot 2^t \cdot r \quad (r \geqslant 0, t \geqslant 3)$$

由式(8)得
$$U_n \equiv \pm U_{-2+3 \cdot 2^t} (\bmod \eta_{6 \cdot 2^t} \cdot 2^{-3} \cdot 2^t)$$

因为
$$U_{-2+3 \cdot 2^t} = \frac{\xi_{6 \cdot 2^t - 3}}{2^{3 \cdot 2^t - 2}} = \frac{\eta_{6 \cdot 2^t} \xi_{-3} + \eta_{-3} \xi_{6 \cdot 2^t}}{2^{3 \cdot 2^t - 2}} \equiv$$

$$5 \cdot \frac{\xi_{6 \cdot 2^t}}{2^{3 \cdot 2^t}} (\bmod \eta_{6 \cdot 2^t} \cdot 2^{-3 \cdot 2^t})$$

故这种情形将在下面的 ⑤ 中得到处理.

⑤ 在 $n \equiv 1 (\bmod 24)$ 且 $n \neq 1$ 时,式(1)不成立.

此时不妨设 $n = 1 + 3 \cdot 2^t + 6 \cdot 2^t \cdot r, r \geqslant 0, t \geqslant 3$,
于是有
$$U_n \equiv \pm U_{1+3 \cdot 2^t} (\bmod \eta_{6 \cdot 2^t} \cdot 2^{-3 \cdot 2^t})$$

因为
$$U_{1+3 \cdot 2^t} = \frac{\xi_{6 \cdot 2^t + 3}}{2^{3 \cdot 2^t}} = \frac{\eta_{6 \cdot 2^t} \xi_3 + \eta_3 \xi_{6 \cdot 2^t}}{2^{3 \cdot 2^t + 1}} \equiv$$

$$5 \cdot \frac{\xi_{6 \cdot 2^t}}{2^{3 \cdot 2^t}} (\bmod \eta_{6 \cdot 2^t} \cdot 2^{-3 \cdot 2^t})$$

而令
$$\theta_t = \frac{\xi_2 t}{2^{2^{t-1}}}, \phi_t = \frac{\eta_2 t}{2^{2^{t-1}}}$$

可得
$$\phi_{t+1} = 2\phi_t^2 - 1 = 6\theta_t^2 + 1 = \phi_t^2 + 3\theta_t^2$$

$$\theta_{t+1} = 2\theta_t \phi_t$$

$$\phi_t^2 = 3\theta_t^2 + 1$$

$$\frac{\eta_{6 \cdot 2^t}}{2^{3 \cdot 2^t}} = \phi_{t+1}(4\phi_{t+1}^2 - 3)$$

$$\frac{\xi_{6 \cdot 2^t}}{2^{3 \cdot 2^t}} = \theta_{t+1}(4\phi_{t+1}^2 - 1)$$

故

$$U_{1+3 \cdot 2^t} \equiv \pm 5\theta_{t+1}(4\phi_{t+1}^2 - 1)(\bmod \phi_{t+1}(4\phi_{t+1}^2 - 3))$$

即有

$$U_{1+3 \cdot 2^t} \equiv \mp 5\theta_{t+1}(\bmod \phi_{t+1})$$

由于 $\phi_1 = \dfrac{\eta_2}{2} = 2, \phi_2 = 2\phi_1^2 - 1 = 7$, 故在 $t \geqslant 3$ 时用归纳法可推出

$$\phi_t \equiv 1(\bmod 3), \phi_t \equiv 2(\bmod 5), \phi_t = 1(\bmod 8)$$

于是, 如果方程(1)有解, 必有

$$1 = \left(\frac{3U_{1+3 \cdot 2^t}}{\phi_{t+1}}\right) = \left(\frac{3}{\phi_{t+1}}\right)\left(\frac{\mp 5\theta_{t+1}}{\phi_{t+1}}\right) =$$

$$\left(\frac{3}{\phi_{t+1}}\right)\left(\frac{5}{\phi_{t+1}}\right)\left(\frac{\theta_{t+1}}{\phi_{t+1}}\right) =$$

$$\left(\frac{\phi_{t+1}}{3}\right)\left(\frac{\phi_{t+1}}{5}\right)\left(\frac{2\theta_t \phi_t}{\phi_t^2 + 3\theta_t^2}\right) =$$

$$\left(\frac{1}{3}\right)\left(\frac{2}{5}\right)\left(\frac{3}{\phi_t}\right) = -1$$

这是一个矛盾.

综合 ① ~ ⑤ 可知, 若式(1)成立, 则 $n = 1, y = 1$, 故推出丢番图方程 $x^2 - 27y^4 = -2$ 仅有正整数解 $x = 5, y = 1$, 证毕.

利用以上类似的方法, 还可证明: 丢番图方程

$$x(x+1)(x+2)(x+3) = 3y(y+1)(y+2)(y+3) \tag{10}$$

仅有正整数解 $x = 3, y = 2$ 和 $x = 7, y = 5$. 这是因为, 如果令 $X = 2x + 3, Y = 2y + 3$, 那么方程(10)化为

$$\left(\frac{X^2 - 5}{4}\right)^2 - 3\left(\frac{Y^2 - 5}{4}\right)^2 = -2$$

63

例 2　丢番图方程

$$(x^2 - 2y^2)^2 - 2y^4 = -1 \tag{11}$$

仅有正整数解 $x = 1, y = 1$.

证　由 Pell 方程的结果，方程(11) 给出

$$|x^2 - 2y^2| + y^2\sqrt{2} = \delta^{2n+1} \quad (n \geqslant 0) \tag{12}$$

其中 $\delta = 1 + \sqrt{2}$ 为 Pell 方程 $x^2 - 2y^2 = -1$ 的基本解.

令 $\bar{\delta} = 1 - \sqrt{2}$，则由式(12) 得出

$$|x^2 - 2y^2| = \frac{\delta^{2n+1} + \bar{\delta}^{2n+1}}{2}, \quad y^2 = \frac{\delta^{2n+1} - \bar{\delta}^{2n+1}}{2\sqrt{2}} \tag{13}$$

令

$$x_r = \frac{\delta^r + \bar{\delta}^r}{2}, \quad y_r = \frac{\delta^r - \bar{\delta}^r}{2\sqrt{2}} \quad (r > 0)$$

则有如下的递推序列

$$x_{r+1} = 2x_r + x_{r-1}, \quad x_0 = 1, \quad x_1 = 1 \tag{14}$$

现由式(13) 知

$$x^2 - 2y^2 = \varepsilon x_{2n+1}, \quad y^2 = y_{2n+1}, \quad \varepsilon = \pm 1$$

由此推出

$$x^2 = \varepsilon x_{2n+1} + 2y_{2n+1}, \quad \varepsilon = \pm 1 \tag{15}$$

当 $\varepsilon = 1$ 时，由 $x_{r+1} = x_r + 2y_r$ 知

$$x^2 = x_{2n+1} + 2y_{2n+1} = x_{2n+2}$$

故

$$x^2 = x_{2(n+1)} = \frac{\delta^{2(n+1)} + \bar{\delta}^{2(n+1)}}{2} =$$

$$4\left(\frac{\delta^{n+1} - \bar{\delta}^{n+1}}{2\sqrt{2}}\right)^2 + (-1)^{n+1}$$

此给出 $x = 1$，从而 $y = 1$.

当 $\varepsilon = -1$ 时，由于

$$x_{-r} = (-1)^r x_r, \quad y_{-r} = (-1)^{r-1} y_r$$

故式(15) 给出

$$x^2 = -x_{2n+1} + 2y_{2n+1} = x_{2(-n)-1} \vdash 2y_{2(-n)-1} = x_{2l}$$

其中 $l = -n$. 与前类似仍得 $x = 1$. 证毕.

　　丢番图方程 $x^2 + 1 = 2y^4$ 的初等解法是一个困难的问题. 例 2 只解决这个方程的一个特殊情形. 我们看到, 如果方程 $x^2 + 1 = 2y^4$ 有解, 那么有

$$y^2 = y_{2n+1} \tag{16}$$

而 y_{2n+1} 适合递推序列

$$y_{r+1} = 2y_r + y_{r-1}, y_0 = 0, y_1 = 1$$

对这个递推序列取模 16 得出

$$\underbrace{0,1,2,5,12,13,6,9,8,9,10,13,4,5,14,1}\underbrace{0,1,\cdots}$$

$$\tag{17}$$

由方程 (16) 成立可推出 $n \equiv 0,3,4,7 \pmod 8$, 即 $n \equiv 0,3 \pmod 4$. 我们相信, 利用递推序列的方法, 可以彻底解决方程 (16), 但将需要一些特殊的技巧.

　　由上面的例题可以看出, 许多利用递推序列法解决的丢番图方程, 都可以用 Pell 方程的结果将其转化为递推序列. 然而, 还有一些丢番图方程是利用代数数论和其他方法后才转化为递推序列的. 这在第 3 章将作部分介绍, 更多的则放在以后的各章内介绍.

　　现在我们来讨论一些递推序列表平方数等的问题.

　　对于 Fibonacci 序列

$$F_{n+2} = F_{n+1} + F_n$$
$$F_0 = 0, F_1 = 1 \tag{18}$$

容易知道

$$F_n = \frac{\alpha^n - \bar{\alpha}^n}{\sqrt{5}} \quad (n \geqslant 0)$$

其中，$\alpha = \dfrac{1+\sqrt{5}}{2}$，$\bar{\alpha} = \dfrac{1-\sqrt{5}}{2}$. 与序列(18)相伴还有序列(也称 Fibonacci 序列)

$$Q_{n+2} = Q_{n+1} + Q_n, Q_0 = 2, Q_1 = 1 \qquad (19)$$

其中

$$Q_n = \alpha^n + \bar{\alpha}^n \quad (n \geqslant 0)$$

例 3　$F_n = x^2 \Leftrightarrow n = 0,1,2$；$F_n = 2x^2 \Leftrightarrow n = 0,3,6$；$Q_n = x^2 \Leftrightarrow n = 1,3$；$Q_n = 2x^2 \Leftrightarrow n = 0,6$.

证　先研究 F_n 和 Q_n 的一些数论性质.

① 对 Q_n 取模 4 得到一个周期为 6 的序列

$$\underbrace{2,1,3,0,3,3},\underbrace{2,1},\cdots$$

故仅当 $n \equiv 0,3 \pmod 6$，即 $n \equiv 0 \pmod 3$ 时，$Q_n \equiv 0 \pmod 2$；当 $n \equiv \pm 2 \pmod 6$ 时，$Q_n \equiv 3 \pmod 4$. 对 Q_n 取模 3 可以得出一个周期为 8 的序列

$$\underbrace{2,1,0,1,1,2,0,2},\underbrace{2,1},\cdots$$

故仅当 $n \equiv 2,6 \pmod 8$，即 $n \equiv 2 \pmod 4$ 时 $Q_n \equiv 0 \pmod 3$.

② F_n 和 Q_n 满足

$$Q_n^2 - 5F_n^2 = 4(-1)^n$$

由 ① 知，当 $n \equiv 0 \pmod 3$ 时，$Q_n \equiv 0 \pmod 2$，故上式给出 $F_n \equiv 0 \pmod 2$；当 $n \not\equiv 0 \pmod 3$ 时，$Q_n \not\equiv 0 \pmod 2$，故 $F_n \not\equiv 0 \pmod 2$. 于是

$$(F_n, Q_n) = 1 \Leftrightarrow n \not\equiv 0 \pmod 3$$
$$(F_n, Q_n) = 2 \Leftrightarrow n \equiv 0 \pmod 3$$

③ 直接验证如下的关系

$$2F_{m+n} = F_m Q_n + F_n Q_m$$
$$2Q_{m+n} = 5F_m F_n + Q_m Q_n$$

$$Q_{2m} = Q_m^2 + 2(-1)^{m-1}$$
$$F_{2m} = F_m Q_m$$

④ 设 $k \equiv \pm 2 \pmod 6$，则有

$$Q_{n+2kt} \equiv (-1)^t Q_n \pmod{Q_k} \quad (t > 0)$$
$$F_{n+2kt} \equiv (-1)^t F_n \pmod{Q_k} \quad (t > 0)$$

这两式的证明与例 1 中的递推序列类似.

下面我们只证明 $Q_n = x^2 \Leftrightarrow n = 1, 3$，其他的情形由 ① ～ ④ 均不难得到，作为习题由读者完成.

设 $Q_n = x^2$，若 $n \equiv 0 \pmod 2$，设 $n = 2m$，则有

$$Q_{2m} = Q_m^2 + 2(-1)^{m-1} = x^2$$

而这显然不成立.

现在考虑 $n \equiv 1 \pmod 2$. 设 $n \equiv c \pmod 4$，$c = 1$ 或 3.

如果 $n > 3$，可设 $n = c + 2 \cdot 3^r k$，$r \geqslant 0$ 且 $k \equiv \pm 2 \pmod 6$. 于是，由 ④ 知

$$Q_n = Q_{c+2 \cdot 3^r k} \equiv (-1)^{3^r} Q_c \equiv -Q_c \pmod{Q_k}$$

序列 (19) 给出 $Q_1 = 1$，$Q_3 = 4$，故由 $Q_k \equiv 3 \pmod 4$ 知

$$\left(\frac{Q_n}{Q_k}\right) = \left(\frac{-Q_c}{Q_k}\right) = -1$$

这就给出 $Q_n = x^2$ 在 $n > 3$ 时不成立. 于是 $n = 1, 3$. 又知 $Q_1 = 1$，$Q_3 = 4$ 均是平方数，故知 $Q_n = x^2 \Leftrightarrow n = 1, 3$. 证毕.

一方面，有一些丢番图方程可以化为递推序列来解；另一方面，丢番图方程的解也可以用来研究递推序列. 例如，丢番图方程 $x^4 - Dy^2 = 1$ 的结果可在递推序列

$$x_{n+2} = 2a x_{n+1} - x_n, \quad x_0 = 1, \quad x_1 = a > 1 \quad (20)$$

中得到应用(递推序列(20)称为 Pell 序列). 设 $a^2-1=Db^2$, $D>0$ 无平方因子,则序列(20)的解是

$$x_n=\frac{\varepsilon^n+\bar{\varepsilon}^n}{2},\varepsilon=a+b\sqrt{D},\bar{\varepsilon}=a-b\sqrt{D}$$

如果方程 $x^4-Dy^2=1$ 有解,那么有

$$x^2=x_n$$

举一个例子. 我们在 2.6 节的例 2 中证明了丢番图方程 $x^4-6y^2=1$ 仅有正整数解 $x=7,y=20$. 由此可推出 Pell 序列

$$x_{n+2}=10x_{n+1}-x_n,x_0=1,x_1=5$$

中,除 $x_0=1,x_2=49$ 外,无其他的平方数.

还有一些递推序列是比较复杂的. 为了说明这个问题,我们一般地看一下递推序列

$$x_{n+2}=Lx_{n+1}+Mx_n,x_0=a,x_1=b \qquad (21)$$

这里 L,M,a 和 b 均是给定的整数. 我们知道序列(21)的解是

$$x_n=A_1\alpha^n+A_2\bar{\alpha}^n \quad n\geqslant 0$$

其中,$\alpha,\bar{\alpha}$ 是方程 $z^2-Lz-M=0$ 的两个根,而 A_1,A_2 由 $x_0=a,x_1=b$ 定出. 对一元二次方程 $z^2-Lz-M=0$,其根的判别式为 $\Delta=L^2+4M$,若 $\Delta\geqslant 0$,则序列(21)的各项容易判断正负,这时可用上述方法或二次剩余法研究 x_n 是否是 x^2 或 nx^2. 但是,若 $\Delta<0$,则序列(21)中的各项是正是负也难以确定. 这时,即使求出 $x_n=\pm c$(c 为给定的常数)的全部解 n 也非常困难. 我们这里给出一个处理方法,它是 W. Johnson[10] 用来解决著名的 Ramanujan 方程 $x^2+7=2^n$ 时获得的. 这个方法在代数数论方法中也常用到.

例 4 对于递推序列

$$x_{n+2} = x_{n+1} - 2x_n, x_1 = x_2 = 1 \qquad (22)$$

我们有 $x_n = \pm 1 (n \geqslant 1) \Leftrightarrow n = 1, 2, 3, 5$ 和 13.

证　由序列(22)可知

$$x_n = \frac{\omega^n - \overline{\omega}^n}{\omega - \overline{\omega}} \quad (n \geqslant 1) \qquad (23)$$

这里 $\omega = \dfrac{1 + \sqrt{-7}}{2}, \overline{\omega} = \dfrac{1 - \sqrt{-7}}{2}, \omega + \overline{\omega} = 1$ 和 $\omega \overline{\omega} = 2$.

令 y_n 适合

$$y_n + x_n \omega = \omega^n \qquad (24)$$

则将式(23)代入(24)知 $y_n = -2x_{n-1}$，因此 x_n, y_n 均是整数. 由于

$$y_{n+1} + x_{n+1} \omega = \omega^{n+1} = (y_n + x_n \omega)\omega =$$
$$y_n \omega + x_n \omega (1 - \overline{\omega}) =$$
$$(y_n + x_n)\omega - 2x_n$$

故

$$y_{n+1} = -2x_n, x_{n+1} = y_n + x_n \qquad (25)$$

于是

$$\omega^n = y_n + x_n \omega = (x_{n+1} - x_n) + x_n \omega = x_{n+1} - x_n \overline{\omega}$$

故　$\omega^{nk} = x_{n+1}^k + \sum_{j=1}^{k} (-1)^j \binom{k}{j} x_{n+1}^{k-j} x_n^j \overline{\omega}^j \quad (k \geqslant 1)$

由此两端乘以 ω，得

$$\omega^{nk+1} = x_{n+1}^k \omega - 2k x_{n+1}^{k-1} x_n +$$
$$2x_n^2 \sum_{j=2}^{k} (-1)^j \binom{k}{j} x_{n+1}^{k-j} x_n^{j-2} \overline{\omega}^{j-1} \quad (k \geqslant 2)$$
$$\qquad (26)$$

因为由式(23)及(25)知

$$\overline{\omega}^n = \omega^n - (\omega - \overline{\omega}) x_n = y_n + x_n \omega - (2\omega - 1) x_n =$$
$$y_n + x_n - x_n \omega = x_{n+1} - x_n \omega$$

故式（26）给出

$$y_{nk+1} + x_{nk+1}\omega = x_{n+1}^k \omega - 2kx_{n+1}^{k-1}x_n +$$
$$2x_n^2 \sum_{j=2}^{k} (-1)^j \binom{k}{j} x_{n+1}^{k-j} x_n^{j-2} \cdot$$
$$(x_j - x_{j-1}\omega) \quad (k \geqslant 2)$$

由此即得

$$x_{nk+1} = x_{n+1}^k - 2x_n^2 \sum_{j=2}^{k} (-1)^j \binom{k}{j} x_{n+1}^{k-j} x_n^{j-2} x_{j-1} \quad (k \geqslant 2)$$

$$(27)$$

现在对序列（22）所示的递推序列 $\{x_n\}$ 取模 16 得出周期序列

$$1, 1, 15, \underbrace{13, 15, 5, 7,}_{} \underbrace{13, 15,}_{} \cdots$$

故 $x_n = 1 \Leftrightarrow n = 1, 2$；并且，如果 $x_n = -1$，那么 $n = 3$ 或 $n = 4k+1, k \geqslant 1$. $n = 3$ 时，由序列（22）知 $x_3 = -1$. 假设 $x_{4k+1} = -1, k \geqslant 1$. 如果 $k = 1$，易知 $x_5 = -1$；如果 $k \geqslant 2$，那么由式（27）知

$$-1 = x_{4k+1} = x_5^k - 2x_4^2 \sum_{j=2}^{k} (-1)^j \binom{k}{j} x_5^{k-j} x_4^{j-2} x_{j-1}$$

$$(28)$$

因为 $x_4 = -3$（从序列（22）直接推得），$x_5 = -1$，所以对式（28）取模 3 得 $-1 \equiv (-1)^k \pmod 3$，此给出 $2 \nmid k, x_5^k = -1$，故式（28）即为

$$\sum_{j=2}^{k} (-1)^j \binom{k}{j} 3^{j-2} x_{j-1} = 0 \quad (k > 1, 2 \nmid k) \quad (29)$$

由于 $k = 3$ 时，式（29）成立，这时 $x_{13} = -1$，故考虑 $k \geqslant 5$. 在式（29）中除去 $k(k-1)$，则得

$$\frac{1}{2} - \frac{k-2}{2} + \sum_{j=4}^{k} (-1)^j \binom{k-2}{j-2} \frac{3^{j-2}}{j(j-1)} x_{j-1} = 0$$

$$(30)$$

在 $j \geqslant 4$ 时,把 $\dfrac{3^{j-2}}{j(j-1)}$ 化为既约分数时,分子被 3 整除. 故式(30)推出 $3 \mid k$.

把 k 换为 $3k, 2 \nmid k$. 假设 $x_{12k+1} = -1$,除去 $k=1$,$x_{13} = -1$,可设 $k \geqslant 3$,于是从式(27)可得

$$-1 = x_{12k+1} = x_{13}^{k} - 2x_{12}^{2} \sum_{j=2}^{k} (-1)^j \binom{k}{j} x_{13}^{k-j} x_{12}^{j-2} x_{j-1}$$

由 $x_{13} = -1, x_{12} = 45$ 知,上式即为

$$\sum_{j=2}^{k} \binom{k}{j} 45^{j-2} x_{j-1} = 0 \qquad (31)$$

两端除去 $k(k-1)$,则得

$$\frac{1}{2} + \sum_{j=3}^{k} \binom{k-2}{j-2} \frac{45^{j-2}}{j(j-1)} x_{j-1} = 0 \quad (k \geqslant 3)$$

$$(32)$$

但在 $j \geqslant 3$ 时,把 $\dfrac{45^{j-2}}{j(j-1)}$ 化为既约分数时,分子被 5 整除,故式(32)推出 $5 \mid 1$ 的矛盾结果. 这就证明了 $x_n = \pm 1 (n \geqslant 1) \Leftrightarrow n = 1, 2, 3, 5$ 和 13. 证毕.

例 4 的方法可以用来处理更多的丢番图问题. 例如,可用来处理推广的 Ramanujan 方程

$$x^2 + 7^y = 2^x$$

和

$$x^2 + D = p^z \quad (p \nmid D > 0, p \text{ 为奇素数})$$

等.

在证明例 4 中,对式(29)和(31)的处理,实际是比较素数幂法的一种变形. 例如对式(29),如果 $3 \nmid k$,设 $3^u \parallel k-1$,那么 u 是式(29)左端的最高方幂,与右端为 0 矛盾. 对式(31),如果设 $5^u \parallel k(k-1)$,那么左端含 5 的最高方幂为 u,仍与右端为 0 矛盾.

利用递推序列法可以解决一些比较困难的问题，尽管处理的方法常常需要一些特殊的技巧，且证明过程也比较麻烦，但它仍不失为一个得力的初等方法.

习题

1.证明丢番图方程 $x^2 + 2 = 3^n$ 仅有正整数解 $x = 1, n = 1$ 和 $x = 5, n = 3$.

2.设 p 是素数，$e \geqslant 0$，则丢番图方程
$$(2^e p y^2 - 1)^2 + 1 = 2z^2$$
仅有正整数解 $z = 1, 5$ 和 $p = 2$.

3.证明丢番图方程
$$x(x+1)(x+2)(x+3) = 2y(y+1)(y+2)(y+3)$$
仅有正整数解 $x = 5, y = 4$.

4.证明丢番图方程 $3x^4 - 2y^2 = 1$ 仅有正整数解 $x = y = 1$ 和 $x = 3, y = 11$.

5.证明丢番图方程 $x(x+1)(2x+1) = 6y^2$ 仅有正整数解 $x = 1, y = 1$ 和 $x = 24, y = 70$.

6.证明丢番图方程 $(2y^2 - 3)^2 = x^2(3x^2 - 2)$ 仅有正整数解 $x = y = 1$ 和 $x = y = 3$.

7.证明丢番图方程 $x^2 - 3y^4 = 1$ 仅有正整数解 $x = 2, y = 1$ 和 $x = 7, y = 2$.

2.8 其他的一些初等方法

Ⅰ.不等式法

在前面我们已经介绍了解丢番图方程的七种初等方法，它们都是用来制造等式不成立的基本工具.这里等式不成立即"不等"，与通常意义上的"不等"是有一

定区别的. 例如, 在比较素数幂法中, 由于等式 $f=g$ 两端所含 p 的最高方幂不等, 从而推出 $f \neq g$. 因此对 $f-g$, 我们没有得出一个固定的符号. 作为证明丢番图方程无解的一个方法 (或思路), 判断何时 $f-g>0$ 或 $f-g<0$ 是必需的. 例如, 柯召[11] 利用这种方法 (我们称为不等式法) 证明了 Catalan 方程

$$x^q = y^p + 1 \quad (p > 2 \text{ 和 } q \text{ 均是素数}) \qquad (1)$$

有正整数解的充要条件是:

① $y+1 = p^{q-1} x_1^q$, $\dfrac{y^p+1}{y+1} = px_2^q$, $x = p^s x_1 x_2$, 这里 x_1, x_2 和 s 都是正整数, $(x_1, x_2) = 1$ 且 $p \nmid x_1 x_2$.

② $x-1 = q^{tp-1} y_1^p$, $\dfrac{x^q-1}{x-1} = qy_2^p$, $y = q^t y_1 y_2$, 这里 y_1, y_2 和 t 都是正整数, $(y_1, y_2) = 1$ 且 $q \nmid y_1 y_2$.

下面我们举两个例子以说明不等式法的使用.

例 1　丢番图方程

$$\sum_{j=1}^{x} j^y = \left(\frac{x(x+1)}{2} \right)^y \qquad (2)$$

除 $x=1$ 或 $y=1$ 外, 无其他的正整数解.

证　除 $x=1$ 或 $y=1$ 是方程 (2) 的解外, 可设 $x>1, y>1$, 我们首先来证明: 对于任给 k 个正数 x_1, $x_2, \cdots, x_k$, 在 $k>1, n>1$ 时

$$x_1^n + \cdots + x_k^n < (x_1 + \cdots + x_k)^n \qquad (3)$$

用归纳法. $k=2$ 时, 由 $n>1$ 知, $(x_1+x_2)^n = x_1^n + \cdots + x_2^n > x_1^n + x_2^n$. 设不等式 (3) 成立, 则有

$$x_1^n + \cdots + x_k^n + x_{k+1}^n < (x_1 + \cdots + x_k)^n + x_{k+1}^n <$$
$$(x_1 + \cdots + x_k + x_{k+1})^n$$

这就证明了不等式 (3). 利用不等式 (3), 注意到 $1+$

$2+\cdots+x=\dfrac{x(x+1)}{2}$ 立得

$$\sum_{j=1}^{x} j^y < \left(\frac{x(x+1)}{2}\right)^y \quad （当 x>1, y>1）$$

这就证明了例 1.

例 2 丢番图方程

$$x^2 - 1 = y^p \quad （p>3 \text{ 是素数}） \tag{4}$$

没有正整数解.

证 在 2.6 节的例 3 中我们已知, 方程 (4) 有解时必有 $2\mid y, p\mid x$. 因为 $2\nmid x, (x-1, x+1)=2$, 故方程 (4) 给出

$$x+1 = 2^{p-1} y_1^p, \quad x-1 = 2y_2^p \tag{5}$$

或

$$x+1 = 2y_2^p, \quad x-1 = 2^{p-1} y_1^p \tag{6}$$

这里 $y = 2y_1 y_2, 2\nmid y_2$, 且 $(y_1, y_2)=1$. 在式 (5) 时, 我们有 $y_2^p = 2^{p-2} y_1^p - 1$, 由此整理得

$$(y_2^2)^p + (2y_1)^p = (y_2^p + 2)^2 = \left(\frac{x+3}{2}\right)^2 \tag{7}$$

由于 $p\mid x, p>3$, 故 $p\nmid \dfrac{x+3}{2}$. 因此

$$\left(y_2^2 + 2y_1, \frac{(y_2^2)^p + (2y_1)^p}{y_2^2 + 2y_1}\right) = 1$$

由式 (7) 得出

$$y_2^2 + 2y_1 = h^2 \tag{8}$$

由此整理得

$$(hy_2)^2 + y_1^2 = (y_2^2 + y_1)^2 \tag{9}$$

因为 $(y_1, y_2)=1$, 所以 $(hy_2, y_1)=1$. 注意到 $2\nmid y_2$, 由式 (8) 推出 $2\nmid h, 2\mid y_1$, 所以由方程 $x^2 + y^2 = z^2$, $(x, y)=1$ 的结果 (参见 2.2 节的例 1) 知, 式 (9) 给出

$hy_2 = a^2 - b^2, y_1 = 2ab, y_2^2 + y_1 = a^2 + b^2 \quad (a > b > 0)$

于是知 $(a - b)^2 = (y_2^2 + y_1) - y_1 = y_2^2$，得 $y_2 = a - b$. 由

$$y_1 - y_2 = 2ab - (a - b) = a(2b - 1) + b > 0$$

得 $y_1 > y_2$. 但由式 (5) 知 $y_2^p = 2^{p-2} y_1^p - 1 > y_1^p (p > 3)$，这不可能.

对于式 (6)，消去 x 可得

$$(y_2^2)^p - (2y_1)^p = (y_2^2 - 2)^2 = \left(\frac{x - 3}{2}\right)^2$$

由此知

$$y_2^2 - 2y_1 = h^2, h \mid \frac{x - 3}{2}$$

于是 $(hy_2)^2 + y_1^2 = (y_2^2 - y_1)^2$，此给出 (注意，上式给出 $y_2^2 - y_1 > 0$)

$hy_2 = a^2 - b^2, y_1 = 2ab, y_2^2 - y_1 = a^2 + b^2 \quad (a > b > 0)$

由此求出 $y_2 = a + b$，故

$$y_1 - y_2 = 2ab - (a + b) =$$
$$(a - 1)(b - 1) + (ab - 1) > 0$$

而由

$$y_2^p = 2^{p-2} y_1^p + 1 > y_1^p$$

知，仍不可能. 证毕.

由上面的例题可知，不等式法就是利用各种方法把问题展开，然后出其不意地比较某两个数 (或式子) 的大小.

Ⅱ. 利用整函数的某些性质解丢番图方程

整函数是指这样的函数：变元取整数时，函数值也是整数. 例如，整系数多项式为整函数，$\binom{x}{r}$ 也是整函数，这里

$$\binom{x}{r} = \frac{x(x-1)\cdots(x-r+1)}{r!}$$

现在我们给出函数 $A(n) = \dfrac{x^n - y^n}{x - y}$，$(x,y)=1$ 的一些结果.

例 3 设 p 是奇素数，则 $A(p)$ 至少含有一个 $2mp+1$ 形的素因子.

证 显然 $2 \nmid A(p)$，设 $q \mid A(p)$，由 $(x-y, A(p))=1$ 或 p 知，除 $q=p$ 外 $q \nmid x-y$. 现在我们证明，如果 $q=p$，那么在 $A(p)$ 中除 p 外，至少含有一个另外的素因子. 这是因为

$$A(p) = x^{p-1} + x^{p-2}y + \cdots + xy^{p-2} + y^{p-1} > p$$

于是可设 $q \nmid x-y$，$q \mid A(p)$. 我们来证明 q 是 $2mp+1$ 形的素数. 显然 $q \nmid xy$，取 $z \equiv xy^{q-2} \pmod{q}$，则

$$z^p - 1 \equiv (xy^{q-2})^p - (y^{q-1})^p \equiv$$
$$(y^p)^{q-2}(x^p - y^p) \equiv 0 \pmod{q}$$

设 g 是模 q 的一个元根，令 $z \equiv g^l \pmod{q}$，则有

$$z^p - 1 \equiv g^{pl} - 1 \equiv 0 \pmod{q}$$

因此 $(q-1) \mid pl$. 如果 $p \nmid q-1$，则 $(q-1) \mid l$，设 $l = (q-1)l_1$，那么

$$z \equiv g^l \equiv g^{(q-1)l_1} \equiv 1 \pmod{q}$$

但

$$z - 1 \equiv xy^{q-2} - y^{q-1} \equiv y^{q-2}(x-y) \not\equiv 0 \pmod{q}$$

矛盾. 于是 $p \mid q-1$，从而 q 是 $2mp+1$ 形的素数. 证毕.

利用例 3，结合二次剩余法，可以证明 2.5 节的例 5. 现在给出例 3 的一个推论.

例 4 设 D 不含 $2mp+1$ 形的素因子，则丢番图方程

$$x^p - y^p = D, (x, y) = 1 \qquad (10)$$

无正整数解.

证　假设方程(10)有正整数解,则有

$$(x - y)\left(\frac{x^p - y^p}{x - y}\right) = (x - y)A(p) = D$$

由例 3 知,$A(p)$ 至少含有一个 $2mp+1$ 形素因子 q,故上式给出 $q \mid D$,这与 D 的假设矛盾.证毕.

在 1904 年,Birkhoff 和 Vandiver 曾证明一个推广例 3 的结果,即有:设 $n > 6$,则 $A(n)$ 至少含有一个 $mn+1$ 形的素因子.后来,在 1913 年 Carmichael 把 $A(n)$ 换为 Lucas 序列 $u_n = \dfrac{\alpha^n - \beta^n}{\alpha - \beta}$($\alpha, \beta$ 为 $x^2 - Rx + S = 0$ 的两个根,$(R, S) = 1$)也得到了类似的结果. 1974 年,Achinzel 对一般的代数整数也得到了类似的结果.这些结果,正如例 3 在解丢番图方程中的应用(例 4)一样,都可以用来解相应的丢番图方程.

有趣的是,1981 年 M. Newman[12] 利用一个整函数的不可约性,给出了丢番图方程

$$x^{\frac{1}{m}} + y^{\frac{1}{n}} = z^{\frac{1}{r}} \qquad (m, n \text{ 和 } r \text{ 均是正整数}) \qquad (11)$$

的全部正整数解.

例 5　设 $a = p_1^{\alpha_1} \cdots p_s^{\alpha_s}, s \geqslant 1, \alpha_i \neq 0$ 且 p_i 是不同的素数($i = 1, \cdots, s$),则

$$f(x) = x^n - a$$

在有理数域上不可约的充要条件是 $(n, v(a)) = 1$. 这里 $v(a) = (\alpha_1, \cdots, \alpha_s)$.

证　由于 $v(a) = (\alpha_1, \cdots, \alpha_s)$,故可写 $a = b^{v(a)}$. 如果 $f(x)$ 在 Q 上不可约,设 $d = (n, v(a)), n = dn_1, v(a) = dv_1$,那么有

$$f(x) = x^n - b^{v(a)} = x^{dn_1} - b^{dv_1} =$$

$$(x^{n_1} - b^{v_1}) \frac{(x^{n_1})^d - (b^{v_1})^d}{x^{n_1} - b^{v_1}}$$

此在 $d > 1$ 时与 $f(x)$ 在 Q 上不可约矛盾. 故 $d = 1$.

现设 $d = 1$, 如果 $f(x)$ 可约, 可设

$$f(x) = f_1(x) f_2(x)$$

其中 $f_1(x)$ 为首项系数等于 1 的 $k(1 \leqslant k \leqslant n)$ 次有理系数多项式. 设 η 是 n 次单位原根, 则

$$x^n - a = \prod_{i=1}^{n} (x - \eta^i a^{\frac{1}{n}})$$

不妨设

$$f_1(x) = \prod_{j=1}^{k} (x - \eta^{i_j} a^{\frac{1}{n}}) \quad (1 \leqslant i_1 \leqslant i_2 < \cdots < i_k < n)$$

因为 $\prod_{j=1}^{k} (\eta^{i_j} a^{\frac{1}{n}})$ 是有理数, 故 $\pm a^{\frac{k}{n}}$ 为有理数, 即

$$a^{\frac{k}{n}} = \prod_{i=1}^{s} p_i^{\alpha_i \frac{k}{n}} \in \mathbf{Q}$$

所以 $\alpha_i \cdot \dfrac{k}{n} \equiv 0 (\bmod\ 1)(i = 1, \cdots, s)$. 因此 $v(a) = (\alpha_1, \cdots, \alpha_s) = \sum_{i=1}^{s} t_i \alpha_i$, 故有 $v(a) \cdot \dfrac{k}{n} \equiv 0 (\bmod\ 1)$, 由 $d = (n, v(a)) = 1$ 知 $\dfrac{k}{n} \equiv 0 (\bmod\ 1)$. 此给出 $k \geqslant n$, 与 $k < n$ 矛盾. 证毕.

利用例 5, M. Newman 证明了方程 (11) 的全部正整数解可由

$$x = t^{\frac{m}{d}} a^m, y = t^{\frac{n}{d}} b^n, z = t^{\frac{r}{d}} (a + b)^r$$

表出, 这里 $(m, n, r) = d, a, b, t$ 是任意正整数且 $(a, b) = 1$.

78

应该指出,在 1979 年戴宗铎、冯绪宁和于坤瑞[13]曾用代数数论的方法给出了方程 $x^{\frac{1}{n}} + y^{\frac{1}{n}} = z^{\frac{1}{n}}$ $(n > 1)$ 的全部正整数解;同时,他们证明了方程

$$x^{\frac{m_1}{n_1}} + y^{\frac{m_2}{n_2}} = z^{\frac{m_3}{n_3}}$$

$((m_i, n_i) = 1$ 且 $m_i > 0, n_i > 0, i = 1, 2, 3)$

有正整数解等价于方程

$$x^{d_1} + y^{d_2} = z^{d_3}$$

有正整数解,这里 $d_1 = (m_1, [m_2, m_3]), d_2 = (m_2, [m_3, m_1])$ 和 $d_3 = (m_3, [m_1, m_2])$.

Ⅲ. 构造的方法

构造一个丢番图方程的解有很多用处. 例如,P. Erdös 在 20 世纪 30 年代末曾经猜想:丢番图方程

$$x^x y^y = z^z \quad x > 1, y > 1, z > 1 \qquad (12)$$

无整数解. 1940 年柯召构造出方程(12)的无穷多组解,这就否定了 P. Erdös 的这个猜想. 1964 年,柯召和孙琦[14]进一步构造出丢番图方程

$$\prod_{i=1}^{k} x_i^{x_i} = z^z, k \geqslant 2, x_i > 1 \quad (i = 1, \cdots, k) \quad (13)$$

的无穷多组解. 即有:

例 6　方程(13)有无穷多组整数解

$$x_1 = k^{k^n(k^{n+1}-2n-k)+2n}(k^n - 1)^{2(k^n-1)}$$

$$x_2 = k^{k^n(k^{n+1}-2n-k)}(k^n - 1)^{2(k^n-1)+2}$$

$$x_3 = \cdots = x_k = k^{k^n(k^{n+1}-2n-k)+n}(k^n - 1)^{2(k^n-1)+1}$$

$$z = k^{k^n(k^{n+1}-2n-k)+n+1}(k^n - 1)^{2(k^n-1)+1}$$

其中,$k = 2$ 时,$n > 1$;$k \geqslant 3$ 时,$n > 0$.

证　设 $(x_1, \cdots, x_k, z) = d$,令

$$x_i = dt_i, z = du \quad (i = 1, \cdots, k)$$

代入方程(13) 得

$$d^{\sum\limits_{i=1}^{k} t_i - u} \prod_{i=1}^{k} t_i^{t_i} \mid u^u \tag{14}$$

如果能找到满足

$$\sum_{i=1}^{k} t_i - u = 1, \prod_{i=1}^{k} t_i^{t_i} \mid u^u \tag{15}$$

的 $t_i (i=1,\cdots,k)$ 和 u,那么由式(14)解出 d,给出方程(13)的解. 为此,令

$$t_1 = k^{2n}, t_2 = (k^n - 1)^2, t_3 = \cdots = t_k = (k^n - 1)k^n$$
$$u = k^{n+1}(k^n - 1)$$

则

$$\sum_{i=1}^{k} t_i - u = k^{2n} + (k^n - 1)^2 + (k-2)(k^n - 1)k^n - $$
$$k^{n+1}(k^n - 1) = 1$$

又

$$\frac{u^u}{\prod\limits_{i=1}^{k} t_i^{t_i}} = $$

$$\frac{k^{(n+1)k^{n+1}(k^n-1)} \cdot (k^n - 1)^{k^{n+1}(k^n-1)}}{k^{2nk^{2n}}(k^n - 1)^{(2k^n-1)^2}((k^n - 1)^{(k^n-1)k^n} \cdot k^{n(k^n-1)k^n})^{k-2}} = $$
$$k^h (k^n - 1)^l$$

这里

$$h = (n+1)k^{n+1}(k^n - 1) - 2nk^{2n} - n(k-2)(k^n - 1)k^n = $$
$$k^n(k^{n+1} - k - 2n)$$
$$l = k^{n+1}(k^n - 1) - 2(k^n - 1)^2 - (k-2)(k^n - 1)k^n = $$
$$2(k^n - 1)$$

显然在 $k > 2, n > 0$ 或 $k = 2, n > 1$ 时有 $h > 0, l > 0$. 故由式(14)给出

$$d = k^h (k^n - 1)^l = k^{k^n(k^{n+1} - k - 2n)} \cdot (k^n - 1)^{2(k^n-1)}$$

于是知例 6 成立.

　　这个例子中,主要困难是构造满足式(15) 的 t_i $(i=1,\cdots,k)$ 和 u. 对于 $k\geqslant3$,还可构造满足式(15) 的另外一些解. 但是,在 $k=2$ 或 $k=3$ 时,方程(13) 是否存在 z 为奇数的解(简称奇数解)? 我们猜想:$k=2$ 时不存在奇数解;而 $k=3$ 时,一定存在奇数解. 看来有希望用构造的方法,给出方程(13) 在 $k=3$ 时的一些奇数解.

　　对于丢番图方程

$$\frac{1}{x}+\frac{1}{y}+\frac{1}{z}+\frac{1}{w}+\frac{1}{xyzw}=0 \tag{16}$$

L. J. Mordell 曾经问,方程(16) 的整数解怎样? 最近,本书作者[15] 给出了一个解答. 首先根据正负号的讨论,可把方程(16) 化为如下三个求正整数解的方程

$$\frac{1}{x}=\frac{1}{y_1}+\frac{1}{z_1}+\frac{1}{w_1}+\frac{1}{xy_1z_1w_1} \tag{17}$$

$$\frac{1}{x}+\frac{1}{y}+\frac{1}{xyz_1w_1}=\frac{1}{z_1}+\frac{1}{w_1} \tag{18}$$

和

$$\frac{1}{x}+\frac{1}{y}+\frac{1}{z}=\frac{1}{w_1}+\frac{1}{xyzw_1} \tag{19}$$

然后,分别给出(17) ～ (19) 的全部正整数解表达式. 如,方程(17) 的全部正整数解可表为

$$x=n,y_1=n+k,z_1=n+\frac{n^2+t}{k}$$

$$w_1=\frac{1}{t}\left[n(n+k)\left(n+\frac{n^2+t}{k}\right)+1\right] \tag{20}$$

其中,n,k,t 为正整数,满足:

　　① $n^2+t\equiv0(\bmod k)$.

②$n(n+k)\left(n+\dfrac{n^2+t}{k}\right)+1 \equiv 0(\bmod t).$

③$(n,k)=(k,t)=(n,t)=1.$

由此看出,要给出方程(17)的正整数解,必须构造同时满足 ①～③ 的正整数 n,k 和 t. 显然在 $t=1$ 或 $k=1$ 时,满足 ①～③ 的正整数 n,k,t 是容易构造的. 现在考虑 $k>1,t>1$. 由 ①～③ 可证:

例 7 在 $2\mid n$ 或 $2\nmid k$ 时,①～③ 给出 $k \equiv t \equiv 1(\bmod 4)$ 且 $\left(\dfrac{k}{t}\right)=1$.

证 在 $2\mid n$ 时,由 ② 知 $2\nmid t$,从而 ① 给出 $2\nmid k$. 于是 ① 及 ③ 给出

$$\left(\frac{-t}{k}\right)=1 \tag{21}$$

现由 ② 及 ③ 得

$$(n(n+k))^2+k \equiv 0(\bmod t)$$

故

$$\left(\frac{-k}{t}\right)=1 \tag{22}$$

由式(21)和(22)得

$$1=\left(\frac{-t}{k}\right)\left(\frac{-k}{t}\right)=(-1)^{\frac{k-1}{2}+\frac{t-1}{2}}\left(\frac{t}{k}\right)\left(\frac{k}{t}\right)=$$
$$(-1)^{\frac{k-1}{2}+\frac{t-1}{2}+\frac{k-1}{2}\cdot\frac{t-1}{2}}$$

即有

$$\frac{k-1}{2}+\frac{t-1}{2}+\frac{k-1}{2}\cdot\frac{t-1}{2} \equiv 0(\bmod 2)$$

由此推出 $k \equiv t \equiv 1(\bmod 4)$,且由式(22)知 $\left(\dfrac{k}{t}\right)=1$.

在 $2\nmid k$ 时,如果 $2\mid n$,那么与前同理可证;如果 $2\nmid n$,那么由于 $2\mid(n+k)$,从 ② 知 $2\nmid t$,仍与前同理

可证. 证毕.

例 7 为我们构造方程(17)的解提供了一个依据.

例如, 可取 $t=5, k=41$, 由 ①② 解出
$$n \equiv 6, 88, 158 \pmod{205}$$

以 $n=205n_1+6$ 为例代入方程(17)的解(20)中, 得到
$$x=205n_1+6$$
$$y_1=205n_1+47$$
$$z_1=1\,025n_1^2+265n_1+7$$
$$w_1=8\,615\,125n_1^4+4\,454\,650n_1^3+692\,490n_1^2+$$
$$30\,157n_1+395$$

应该注意到, 丢番图方程(17)与丢番图方程

$$\frac{1}{x_1}+\cdots+\frac{1}{x_s}+\frac{1}{x_1\cdots x_s}=1 \quad (1<x_1<\cdots<x_s) \tag{23}$$

密切相关. 例如, 已知方程(23)在 $s=t$ 时的一组解 $x_1^{(0)},\cdots,x_t^{(0)}$, 令 $A=x_1^{(0)}\cdots x_t^{(0)}$, 则求 $s>t$ 时的解可用如下的方法: 把 $x_1=x_1^{(0)},\cdots,x_t=x_t^{(0)}$ 代入方程(23)得到

$$\frac{1}{x_{t+1}}+\cdots+\frac{1}{x_{t+l}}+\frac{1}{Ax_{t+1}\cdots x_{t+l}}=\frac{1}{A} \tag{24}$$

其中 $t+l=s$. 故可利用方程(17)的解来构造方程(24)的解. 曹珍富等[16] 利用电子计算机算出了方程(23)在 $s=7$ 时的全部解, 共 26 组. 由这些解出发, 可由方程(17)的解构造方程(23)在 $s>7$ 时的解.

习题

1. 证明丢番图方程 $x^n+1=y^{n+1}$ 没有 $n\geqslant 2$, $(x, n+1)=1$ 的正整数解.

2. 证明丢番图方程

$$x^2 = \frac{y^n + 1}{y + 1} \quad (2 \nmid n > 1)$$

无 $|y| > 2^{n-2}$ 的整数解.

3. 设 $\Omega(s)$ 表示方程(23)解的个数,证明:在 $s \geqslant 4$ 时,$0 < \Omega(s) < \Omega(s+1)$.

4. 在 $k > 1, t > 1$ 时,构造方程(17)另外的一些解.

参考资料

[1]柯召,四川大学学报(自然科学版),1(1962),1-6.

[2]Terjanian,G.,C. R. Acad. Sci. Paris,285(1977),973-975.

[3]曹珍富,东北数学,2(1986),219-227.

[4]Rotkiewicz,A.,Acta Arith.,42(1983),163-187.

[5]曹珍富,数学研究与评论,2(1987),319-320,318.

[6] Ljunggren, W., Skr. Norske Vid.-Akad. Oslo I, Mat.-Naturv. K1. 1936, No. 12.

[7]曹珍富,自然杂志,6(1985),476-477.

[8]曹珍富,西南师范大学学报(自然科学版),2(1987),16-19.

[9]Golomb,S. W.,Amer. Math. Monthly,77(1970),848-852.

[10]Johnson,W.,Amer. Math. Monthly,94(1987),59-62.

[11]柯召,四川大学学报(自然科学版),2(1963),1-7.

[12]Newman,M.,J. Number Theory,13(1981),495-498.

[13]戴宗铎,冯绪宁,于坤瑞,科学通报,10(1979),438-442.

[14]柯召,孙琦,四川大学学报(自然科学版),2(1964),5-9.

[15]曹珍富,数学杂志,3(1987),245-250.

[16]Cao,Z. F.(曹珍富)等,J. Number Theory,27(1987),206-211.

解丢番图方程的高等方法

我们知道,有些丢番图方程的求解是非常困难的(例如 Fermat 大定理等).人们为了解决这些丢番图方程,创立了许多数学方法,例如代数数论方法,p-adic 方法和丢番图逼近方法等,这些方法大大丰富了数论的内容,同时也为我们求解更广泛的丢番图方程提供了有力的工具.

3.1 代数数论方法(Ⅰ)

所谓代数数论方法,就是把所给丢番图方程放在代数数域中考虑,通过代数整环性质的讨论,使问题得到简化或展开.有些整环的唯一分解定理不成立,需要引进理想数的概念,把丢番图方程放到理想整环中去考虑.利用这种方法,可以把丢番图方程化为若干容易处理的或有熟知结果的方程.但是,仅用代数数论常常是不够的.

一般情况下，是用代数数论的知识把方程展开或简化，综合运用其他方法（一般是初等方法）处理这些展开或简化后的方程.

为了便于我们说明这种方法，下面列出在解丢番图方程时经常用到的代数数论的一些基本概念和结果. 以下常设 **Q** 和 **Z** 分别是有理数域和有理整环.

I. 如果 θ 是一个 **Q** 上系数为有理数的 $n(n>0)$ 次不可约多项式的根，那么称 θ 为 n 次代数数；如果 θ 为一个首项系数为 1，其余系数为有理整数（为了与下面的代数整数区别，称通常的整数为有理整数）的 n 次不可约多项式的根，那么称 θ 为 n 次代数整数.

设 θ 是一个 n 次代数整数，则所有形如

$$\alpha = a_1 + a_2\theta + \cdots + a_n\theta^{n-1} \quad (a_i \in \mathbf{Q}, i=1,\cdots,n)$$

$$(1)$$

的数组成一个域，称为 θ 添加到 **Q** 上得到的 n 次代数数域，记为 $Q(\theta)$. 熟知，$Q(\theta)$ 中的整数构成一环，称为 n 次的代数整环 $Z[\theta]$. 若 $\omega_1,\cdots,\omega_n \in Z[\theta]$，且 $Z[\theta]$ 中任一整数 ω 都可表为

$$\omega = a_1\omega_1 + \cdots + a_n\omega_n \quad (a_i \in \mathbf{Z}, i=1,\cdots,n) \quad (2)$$

则称 $\omega_1,\cdots,\omega_n$ 是 $Q(\theta)$ 的整底（如果把 $Z[\theta]$ 和 **Z** 分别换为 $Q(\theta)$ 和 **Q**，那么 $\omega_1,\cdots,\omega_n$ 称为 $Q(\theta)$ 的基底）.

记 $\theta = \theta^{(1)}$，令 $\theta^{(2)},\cdots,\theta^{(n)}$ 为 θ 所适合的 n 次不可约多项式的其他 $n-1$ 个根，则称

$$\alpha^{(i)} = a_1 + a_2\theta^{(i)} + \cdots + a_n(\theta^{(i)})^{n-1} \quad (i=2,\cdots,n)$$

为式(1)中 α 的共轭数. 令 $\alpha = \alpha^{(1)}$，则称

$$N(\alpha) = \alpha^{(1)}\cdots\alpha^{(n)}$$

为 α 的范数(Norm). 若 $N(\alpha) = \pm 1$，则称 α 为 $Q(\theta)$ 的单位数. Dirichlet 对单位数曾证明了一个一般性的

定理：假设 $\theta^{(1)}(=\theta),\theta^{(2)},\cdots,\theta^{(n)}$ 中有 r_1 个实数，r_2 对共轭复数 $(r_1+2r_2=n)$，则在 $Q(\theta)$ 的所有单位数中可取出 $r=r_1+r_2-1$ 个数 $\varepsilon_1,\cdots,\varepsilon_r$，使 $Q(\theta)$ 中任一单位数 ε 可表为

$$\varepsilon=\rho\varepsilon_1^{t_1}\cdots\varepsilon_r^{t_r}\quad(t_i\in\mathbf{Z},i=1,\cdots,r)$$

其中 ρ 是 $Q(\theta)$ 中的一个单位根. 我们称 Dirichlet 定理中的 $\varepsilon_1,\cdots,\varepsilon_r$ 为 $Q(\theta)$ 的基本单位数.

Ⅱ. 二次域是经常用到的. 设 $D\neq1$ 且 $D\in\mathbf{Z}$ 无平方因子，则 $Q(\sqrt{D})$ 经过所有的二次域，故不失一般性可设 $Q(\sqrt{D})$ 为二次域.

当 $D\equiv2,3(\mathrm{mod}\ 4)$ 时，$1,\sqrt{D}$ 是 $Q(\sqrt{D})$ 的一组整底；

当 $D\equiv1(\mathrm{mod}\ 4)$ 时，$1,\dfrac{1+\sqrt{D}}{2}$ 是 $Q(\sqrt{D})$ 的一组整底.

$Q(\sqrt{D})$ 的单位数与 Pell 方程有关. 设 $x+y\omega\left(\omega=\sqrt{D}\ \text{或}\ \dfrac{1+\sqrt{D}}{2}\right)$ 为 $Q(\sqrt{D})$ 的单位数，$x+y\bar{\omega}$ 为 $x+y\omega$ 的共轭数，则由

$$N(x+y\omega)=(x+y\omega)(x+y\bar{\omega})=$$

$$\begin{cases}(x+\dfrac{y}{2})^2-D\dfrac{y^2}{4},\text{当}\ D\equiv1(\mathrm{mod}\ 4)\\[2mm]x^2-Dy^2,\text{当}\ D\equiv2,3(\mathrm{mod}\ 4)\end{cases}$$

知，求出 Pell 方程

$$(2x+y)^2-Dy^2=\pm4$$

和

$$x^2-Dy^2=\pm1$$

的全部解可给出二次域 $Q(\sqrt{D})$ 的全部单位数. 我们有：

在 $D < 0$ 时，$Q(\sqrt{-1})$ 有四个单位数

$$\pm 1, \pm i$$

$Q(\sqrt{-3})$ 有六个单位数

$$\pm 1, \pm \frac{1+\sqrt{-3}}{2}, \pm \frac{1-\sqrt{-3}}{2}$$

除这两种情形外，$Q(\sqrt{D})$ 都仅有单位数 ± 1. 在 $D > 0$ 时，$Q(\sqrt{D})$ 中必存在基本单位数 η，使得 $Q(\sqrt{D})$ 的一切单位数皆可表为

$$\pm \eta^n \quad (n \in \mathbf{Z})$$

Ⅲ. 与有理整环 $\mathbf{Z}$ 类似的，可在代数整环 $Z[\theta]$ 上定义整除、素数等概念，从而研究 $Z[\theta]$ 上的唯一分解定理.

设 $\alpha, \beta \in Z[\theta]$，若 $\gamma \in Z[\theta]$ 使 $\alpha = \beta\gamma$，则称 β 整除 α（也称 β 是 α 的因子），记为 $\beta \mid \alpha$；否则称 β 不整除 α，记为 $\beta \nmid \alpha$. 若 α, β 仅相差一个单位因子，则称 α 与 β 相结合. 如果 α 除了单位数和与 α 相结合的整数，不被 $Z[\theta]$ 中其他整数整除，那么 α 称为 $Z[\theta]$ 或 $Q(\theta)$ 中的素数.

很明显，任一非单位整数都可以写成若干素数的乘积（这个过程称为分解）. 例如在 $Z[\sqrt{-5}]$ 中，我们有

$$6 = 2 \times 3 = (1 + \sqrt{-5})(1 - \sqrt{-5})$$

而 $2, 3, 1 + \sqrt{-5}$ 和 $1 - \sqrt{-5}$ 都是 $Z[\sqrt{-5}]$ 中的素数. 由这个例子可以看出，代数整环 $Z[\theta]$ 中的整数分解一般是不唯一的. 但在许多丢番图方程的研究中，为了使问题得到展开，常常需要把所研究的问题放在整数唯一分解的整环中考虑，这就是当初 Kummer 引进

理想数的原因.

设 $\alpha_1,\cdots,\alpha_s \in Z[\theta]$,则由所有形如

$$\eta_1\alpha_1 + \cdots + \eta_s\alpha_s, \eta_i \in Z[\theta] \quad (i=1,\cdots,s)$$

的数组成的集称为由 $\alpha_1,\cdots,\alpha_s$ 生成的理想数,以 $[\alpha_1,\cdots,\alpha_s]$ 表之.仅由一个代数整数 α 生成的理想数 $[\alpha]$ 称为主理想数.$[1]$ 和 $[0]$ 分别称为单位理想数和零理想数.

设 $A=[\alpha_1,\cdots,\alpha_s],B=[\beta_1,\cdots,\beta_t]$,定义

$$AB = [\alpha_1\beta_1,\cdots,\alpha_1\beta_t,\cdots,\alpha_s\beta_1,\cdots,\alpha_s\beta_t]$$

如果理想数 A 除单位理想数 $[1]$ 和本身以外,不能分解出其他因子(或说不被其他理想数整除),那么 A 称为素理想数.显然,任一理想数都可以分解为素理想数的乘积.可以证明,如果不计次序,理想数分解为素理想数的乘积是唯一的.

Ⅳ. 设 $\alpha \in Z[\theta]$,理想数 $A \mid [\alpha]$ 也记为 $A \mid \alpha$ 或 $\alpha \in A$.若 $A \mid \alpha-\beta,\alpha,\beta \in Z[\theta]$,则称 α,β 对模 A 同余,记为 $\alpha \equiv \beta \pmod{A}$.利用同余关系,可以将 $Z(\theta)$ 中的所有数进行模 A 分类,其类数记为 $N(A)$,称为理想数 A 的范数($N(A)$ 显然有限).易知:

① 设 $\alpha \in Z[\theta]$,则 $N([\alpha]) = \mid N(\alpha) \mid$.

② $N(AB) = N(A)N(B)$.

③ 设 P 为素理想数,$\alpha \in Z[\theta]$,则

$$\alpha^{N(P)} \equiv \alpha \pmod{P}$$

现在我们考虑有理素数 p 在二次域 $Q(\sqrt{D})$ 中的分解.设 $P,\overline{P}$ 为素理想数,则:

① $[p] = P \Leftrightarrow \left(\dfrac{\Delta}{P}\right) = -1$.

② $[p] = P\overline{P},P \neq \overline{P},N(P) = N(\overline{P}) = p \Leftrightarrow \left(\dfrac{\Delta}{p}\right) = 1$.

③$[p] = P^2, N(P) = p \Leftrightarrow \left(\dfrac{\Delta}{p}\right) = 0.$

这里

$$\Delta = \begin{cases} D, & \text{当 } D \equiv 1 \pmod 4 \\ 4D, & \text{当 } D \equiv 2,3 \pmod 4 \end{cases}$$

称为 $Q(\sqrt{D})$ 的基数, $\left(\dfrac{\Delta}{p}\right)$ 表示 Kronecker 符号.

V. 下面介绍在解丢番图方程时经常用到的结果.

设 A, B 是 $Q(\theta)$ 上的理想数, 如果存在 $\alpha, \beta \in Z[\theta]$ 使得

$$[\alpha]A = [\beta]B$$

那么称 A, B 同属一个理想数类, 记为 $A \sim B$. 由此关系可将 $Q(\theta)$ 上的全体理想数分类, 其类数 h 是一个有限正整数, 称为 $Q(\theta)$ 的理想类数(简称 $Q(\theta)$ 的类数). 我们有: 任给 $Q(\theta)$ 中的理想数 A, 总有 $\alpha \in Z[\theta]$ 使得

$$A^h = [\alpha]$$

由此立即推出: 如果 $(l, h) = 1$, A^l 是一个主理想数, 那么 A 是一个主理想数.

这个结果是我们解丢番图方程

$$xy = cz^l, \quad (x, y) = 1 \tag{3}$$

的主要依据, 这里 $x, y, z \in Z[\theta]$ 是变元, $c \in Z[\theta]$ 是给定的.

例 1 设 $Q(\theta)$ 中的理想类数为 h, $(l, h) = 1$, 则丢番图方程(3)在 $Z[\theta]$ 上的全部解可表为

$$x = \xi_1 c_1 \alpha^l, \quad y = \xi_2 c_2 \beta^l, \quad z = \xi_3 \alpha\beta \tag{4}$$

这里 $\xi_1 \xi_2 = \xi_3{}^l$, $c_1 c_2 = c$, 且 ξ_1, ξ_2, ξ_3 是 $Q(\theta)$ 中的单位数, $c_1, c_2, \alpha, \beta \in Z[\theta]$, $(c_1, c_2) = (\alpha, \beta) = 1$.

证 为了使方程(3)得到展开, 我们把方程(3)化为理想数方程

$$[x][y] = [c][z]^l$$

由理想数的唯一分解定理（Ⅲ）知，上式给出

$$[x] = [c_1]A^l, [y] = [c_2]B^l, [z] = AB \qquad (5)$$

这里 $[c] = [c_1][c_2], (c_1, c_2) = 1$. 由 $(h, l) = 1$ 知，A, B 均是 $Q(\theta)$ 上的主理想数（参看 Ⅴ）. 设 $A = [\alpha], B = [\beta], \alpha, \beta \in Z[\theta]$，则式（5）给出

$$[x] = [c_1 \alpha^l], [y] = [c_2 \beta^l], [Z] = [\alpha\beta]$$

由此即得方程（3）的解（4），证毕.

例 1 的结果是我们利用代数数论解丢番图方程的一般思路. 在一些特殊的问题中，常常只用到二次域 $Q(\sqrt{D})$ 的情形. 设 $h(D)$ 表示 $Q(\sqrt{D})$ 中的理想类数，则在 $D < 0$ 时 $h(D) = 1 \Leftrightarrow D = -1, -2, -3, -7, -11, -19, -43, -67, -163$. 下面我们举几个在二次域 $Q(\sqrt{D})(h(D) = 1)$ 中考虑的丢番图方程的例子，以说明代数数论方法的应用.

例 2　设 $n > 1$，则丢番图方程

$$1 + x^2 = y^n \qquad (6)$$

没有正整数解.

证　显然 n 不能为偶数，所以不妨设 n 为奇素数，由方程（6），显然

$$y \equiv 1 \pmod 2, x \equiv 0 \pmod 2$$

现把方程（6）化为 $Q(\sqrt{-1})$ 中的方程

$$(1 + x\sqrt{-1})(1 - x\sqrt{-1}) = y^n$$

设 $d = (1 + x\sqrt{-1}, 1 - x\sqrt{-1})$，则 $d \mid 2, d \mid 1 + x\sqrt{-1}$，推出 $d \mid 1$，故 $d = 1$. 由于 $h(-1) = 1$，所以由例 1 的结果知，上式给出

$$1 + x\sqrt{-1} = \xi_1(u + v\sqrt{-1})^n, y = u^2 + v^2 \qquad (7)$$

91

这里 ξ_1 为 $Q(\sqrt{-1})$ 中的单位数. 由 Ⅱ 知, $Q(\sqrt{-1})$ 的单位数有 $\pm 1, \pm i$. 显然, 当 $\xi_1 = \pm 1$ 时可归并到式(7)右端的括号内; 又由于当 $n \equiv 1 \pmod 4$ 时 $i = i^n$, 当 $n \equiv 3 \pmod 4$ 时 $i = (-i)^n$, 故 $\xi_1 = \pm i$ 仍可归并到式(7)右端的括号内. 这样, 不失一般性可设 $\xi_1 = 1$, 由式(7)利用二项式定理展开, 得出

$$1 = \frac{(u + v\sqrt{-1})^n + (u - v\sqrt{-1})^n}{2} =$$

$$\sum_{0 \leqslant j \leqslant \frac{n-1}{2}} \binom{n}{2j} u^{n-2j} (v\sqrt{-1})^{2j} \tag{8}$$

由此知 $u \mid 1$, 所以 $u = \pm 1$.

如果 $u = -1$, 那么式(8)给出

$$-2 = \sum_{1 \leqslant j \leqslant \frac{n-1}{2}} \binom{n}{2j} (v\sqrt{-1})^{2j}$$

由于 n 是奇素数, $n \mid \binom{n}{2j} \left(1 \leqslant j \leqslant \frac{n-1}{2}\right)$, 故上式推出 $n \mid 2$, 这不可能.

如果 $u = 1$, 那么式(8)给出

$$0 = \sum_{1 \leqslant j \leqslant \frac{n-1}{2}} \binom{n}{2j} (v\sqrt{-1})^{2j} \tag{9}$$

由 $y = u^2 + v^2, 2 \nmid y$ 知 $2 \mid v$. 故用比较素数幂法(见第 2 章 2.4 节)知, 式(9)给出 $v = 0$, 从而 $y = 1, x = 0$, 非方程(6)的正整数解. 证毕.

例3 证明丢番图方程

$$y^3 = 4^z + x^2, \quad (x, y) = 1 \tag{10}$$

仅有正整数解 $(x, y, z) = (11, 5, 1)$.

证 如果方程(10)有正整数解, 那么显然, $2 \nmid x$,

$y \equiv 1 \pmod 4$. 由方程(10) 得

$$(2^z + x\sqrt{-1})(2^z - x\sqrt{-1}) = y^3$$

因为 $2 \nmid x$,所以上式给出

$$2^z + x\sqrt{-1} = (u + v\sqrt{-1})^3, y = u^2 + v^2$$

由此即知

$$2^z = u(u^2 - 3v^2)$$

由 $y \equiv 1 \pmod 4$ 知 u, v 一奇一偶,因此上式给出

$$u = \pm 2^z, u^2 - 3v^2 = \pm 1$$

此即

$$2^{2z} - 3v^2 = 1$$

对此取模 8 知,$z = 1, v^2 = 1$,给出 $y = 5, x = 11$,即得方程(10) 仅有正整数解

$$(x, y, z) = (11, 5, 1)$$

证毕.

例 4　丢番图方程

$$x^2 + 7 = 2^y \tag{11}$$

仅有正整数解

$$(x, y) = (1, 3), (3, 4), (5, 5), (11, 7), (181, 15)$$

证　显然方程(11) 给出 $y \geqslant 3$. 我们在二次域 $Q(\sqrt{-7})$ 中考虑方程(11). 由于 $Q(\sqrt{-7})$ 有一组整底 $1, \dfrac{1 + \sqrt{-7}}{2}$(见 Ⅱ),故 $Q(\sqrt{-7})$ 中的整数皆具有 $\dfrac{u + v\sqrt{-7}}{2}$ 的形式,这里 $u \equiv v \pmod 2$. 于是把方程(11) 改写为 $Q(\sqrt{-7})$ 中整数所满足的方程

$$\left(\frac{x + \sqrt{-7}}{2}\right)\left(\frac{x - \sqrt{-7}}{2}\right) = 2^n, y = n + 2 \tag{12}$$

我们来证明 $\left(\dfrac{x+\sqrt{-7}}{2}, \dfrac{x-\sqrt{-7}}{2}\right)=1.$ 设

$$d=\left(\frac{x+\sqrt{-7}}{2}, \frac{x-\sqrt{-7}}{2}\right)$$

则

$$d \mid \frac{x+\sqrt{-7}}{2} - \frac{x-\sqrt{-7}}{2} = \sqrt{-7}$$

由于 $\sqrt{-7}$ 是 $Q(\sqrt{-7})$ 中的素数,故 $d=1$ 或 $\sqrt{-7}$. 如果 $d=\sqrt{-7}$,那么由

$$d \mid \frac{x+\sqrt{-7}}{2} + \frac{x-\sqrt{-7}}{2} = x$$

知 $7=N(\sqrt{-7}) \mid x^2$,得出 $7 \mid x$,而这由方程(11)知,显然不可能. 于是 $d=1$. 这样,由 $h(-7)=1$ 知,方程(12)给出

$$\pm \frac{x+\sqrt{-7}}{2} = \omega^n \text{ 或 } \pm \frac{x-\sqrt{-7}}{2} = \omega^n \qquad (13)$$

其中,$\omega = \dfrac{1+\sqrt{-7}}{2}$. 令 $\bar{\omega} = \dfrac{1-\sqrt{-7}}{2}$,$b_n = \dfrac{\omega^n - \bar{\omega}^n}{\omega - \bar{\omega}}$,则由于式(13)给出

$$\pm \left(\frac{x-1}{2} + \omega\right) = \omega^n \text{ 或 } \pm \left(\frac{x+1}{2} - \omega\right) = \omega^n$$

知 $b_n = \pm 1$. 而我们在第 2 章 2.7 节的例 4 中证明了

$$b_n = \pm 1 \Leftrightarrow n = 1,2,3,5 \text{ 和 } 13$$

故方程(11)仅有正整数解 $(x,y)=(1,3),(3,4),(5,5),(11,7),(181,15).$ 证毕.

例 5 设 $D(\neq 1)$ 无平方因子,p 为奇素数且 $p \nmid D$. 如果丢番图方程

$$x^2 - Dy^2 = p^z, \quad (x,y)=1 \qquad (14)$$

有正整数解,可设 (x_0, y_0, z_0) 是方程(14)的正整数解

中使 z 为最小的一组解（称为最小解），那么方程(14)的全部解可表为

$$x + y\sqrt{D} = \varepsilon(x_0 + y_0\sqrt{D})^t \text{ 或 } \varepsilon(x_0 - y_0\sqrt{D})^t$$

$$z = z_0 t \quad (0 < t \in \mathbf{Z}, \varepsilon \text{ 为 } Q(\sqrt{D}) \text{ 的任意单位数})$$

证　在二次域 $Q(\sqrt{D})$ 中分解方程(14) 得

$$(x + y\sqrt{D})(x - y\sqrt{D}) = p^z \tag{15}$$

因为 $(x, y) = 1$，p 为奇素数且 $p \nmid d$，故易知 $(x + y\sqrt{D}$，$x - y\sqrt{D}) = 1$. 又因为假设方程(14)有解，故有 $\left(\dfrac{D}{p}\right) =$ 1. 因此，由 Ⅳ 知 $[p]$ 在 $Q(\sqrt{D})$ 中可分解为 $[p] = P\overline{P}$，$P \neq \overline{P}$ 且 $N(P) = N(\overline{P}) = p$. 现把方程(15) 改写成理想数方程，得出

$$[x + y\sqrt{D}][x - y\sqrt{D}] = [p]^z = P^z \overline{P}^z \tag{16}$$

故由理想数的唯一分解定理知，式(16) 给出

$$[x + y\sqrt{D}] = P^z \text{ 或} [x + y\sqrt{D}] = \overline{P}^z \tag{17}$$

这就有 P^z 或 $\overline{P}^z$ 是一个主理想数. 由假设知 $P^{z_0} = [x_0 + y_0\sqrt{D}]$ 或 $[x_0 - y_0\sqrt{D}]$，写 $z = tz_0 + r, 0 \leqslant r < z_0$，则 P^r 是一个主理想数. 故由 z_0 的最小性知 $r = 0$，于是 $z = tz_0$，且式(17) 化为

$$[x + y\sqrt{D}] = [x_0 + y_0\sqrt{D}]^t \text{ 或} [x_0 - y_0\sqrt{D}]^t$$

由此即得方程(14)的解. 证毕.

　　显然，在例 5 中，如果 $D < 0, D \neq -1, -3$，那么 $Q(\sqrt{D})$ 中的单位数为 ± 1，故 $\varepsilon = \pm 1$；如果 $D > 0$，$D \neq 1$，那么 $Q(\sqrt{D})$ 中的单位数为 $\pm \eta^n, n \in \mathbf{Z}, \eta$ 为 $Q(\sqrt{D})$ 的基本单位数，故 $\varepsilon = \pm \eta^n$.

　　例 5 的结果（当 $D < 0$）在许多丢番图方程的研究

中都有应用,例如,曹珍富给出它对 Hall 方程 $p^m - q^n = 2$,Hugh Edgar 方程 $\dfrac{p^x - 1}{p - 1} = q^y$ 和 $p^m - q^n = 2^h$(这里 p,q 均表示素数)的应用(参见第 9 章 9.1 节和第 8 章 8.3 节),得出了一系列的结果(见资料[1] 和[3]).

利用代数数论方法,还可以处理一般的丢番图方程

$$x^2 - Dy^4 = k \quad (D > 0 \text{ 非平方数}) \qquad (18)$$

和

$$x^4 - Dy^2 = k \quad (D > 0 \text{ 非平方数}) \qquad (19)$$

(参阅第 7 章 7.4 节).例如,对方程(18),可设 $D = e^2 d$,$d > 1$ 无平方因子.在二次域 $Q(\sqrt{d})$ 中,令

$$(a,b) = \begin{cases} (x, ey^2), & \text{当 } d \equiv 2,3 \pmod 4 \\ (x - ey^2, 2ey^2), & \text{当 } d \equiv 1 \pmod 4 \end{cases}$$

则

$$N(a + b\omega) = k \qquad (20)$$

这里

$$\omega = \begin{cases} \sqrt{d}, & \text{当 } d \equiv 2,3 \pmod 4 \\ \dfrac{1 + \sqrt{d}}{2}, & \text{当 } d \equiv 1 \pmod 4 \end{cases}$$

于是,在 $Z[\omega]$ 中,我们可以找到一个有限子集 K 和一个单位数 ε,使得

$$N(\eta) = k, \eta \in K \text{ 和 } N(\varepsilon) = 1$$

所以式(20)推出

$$a + b\omega = \pm \eta \varepsilon^n \quad (\text{对某些 } \eta \in K, n \in \mathbf{Z}) \quad (21)$$

设 $n = 2m + j, j \in \{0,1\}$,令

$$\eta \varepsilon^j = s + t\omega, \varepsilon^m = u + v\omega \quad (s,t,u,v \in \mathbf{Z})$$

则由式(21)给出

$$a + b\omega - \perp \eta \varepsilon^{j} \cdot \varepsilon^{2m} = \pm(s + t\omega)(u + v\omega)^2$$

由此推出：

① 当 $d \equiv 2,3 \pmod 4$ 时，我们有

$$\pm ey^2 = tu^2 + 2suv + tdv^2$$

② 当 $d \equiv 1 \pmod 4$ 时，我们有

$$\pm 2ey^2 = tu^2 + 2(s+t)uv + \left(s + \frac{d+3}{4} \cdot t\right)v^2$$

这就使方程(18)得到了展开.

习题

1. 证明丢番图方程

$$x^2 + 7^y = 2^z$$

仅有正整数解 $(x,y,z) = (1,1,3),(3,1,4),(5,1,5),$
$(11,1,7),(181,1,15)$ 和 $(13,3,9)$.

2. 设 $D > 2$，$Q(\sqrt{-D})$ 的类数 h 满足 $(n,h) = 1$，则丢番图方程

$$x^n - Dy^2 = 1 \quad n > 2$$

如有正整数解，必有 $2 \mid x$.

3. 证明丢番图方程

$$x^2 + 2 = y^n \quad n > 2$$

仅有正整数解 $x = 5, y = 3, n = 3$.

4. 证明 $x^2 + 11 = 4y^5$ 仅有正整数解 $x = 31, y = 3$.

5. 设 $D \neq 1$ 无平方因子，$Q(\sqrt{D})$ 的类数不被 3 整除，且 $Q(\sqrt{D})$ 的素数没有一个整除 $2m$，则丢番图方程 $y^2 - Dm^2 = x^3$ 给出 $\pm y + m\sqrt{D} = \mu a^3$，这里 a 是 $Q(\sqrt{Q})$ 中的整数且 μ 是 $Q(\sqrt{D})$ 的基本单位或 1.

3.2   代数数论方法(Ⅱ)

在 3.1 节中我们讨论了把丢番图方程放到代数整环中研究的一些方法,这个方法的实质是利用代数数论的一些知识把丢番图方程化成若干容易处理的方程.这一节,我们将利用域 $Q(\sqrt{-3})$ 中代数整数的性质,引进三次剩余特征的概念,利用三次剩余的一些结果来解某些含有 $x^3 + y^3$ 形的丢番图方程.相应地,引进 l 次剩余特征可以解某些高次的丢番图方程.

Ⅰ.设 $\omega = \dfrac{-1+\sqrt{-3}}{2}, \omega^2 + \omega + 1 = 0$,由二次域 $Q(\sqrt{-3})$ 的知识知,$Q(\sqrt{-3})$ 中的全体整数组成的整环 $Z[\sqrt{-3}] = Z[\omega]$,这里 $Z[\omega]$ 称为 Eisenstein 环,由下式定义

$$Z[\omega] = \{a + b\omega \mid a, b \in \mathbf{Z}\}$$

在域 $Q(\sqrt{-3})$ 中,整数为 $a + b\omega, a, b \in \mathbf{Z}$,单位数为 $\pm \omega^n (n = 0, 1, 2)$,素数为:

① 有理素数 $q \equiv -1 \pmod 3$ 是素数.

② 若有理素数 $p \equiv 1 \pmod 3$,则 $p = N(\pi) = \pi\pi' = a^2 - ab + b^2$ 的因子 $\pi = a + b\omega, \pi' = a + b\omega^2$ 均为素数.

③$\lambda = 1 - \omega$ 为素数,这里 $\lambda^2 = -3\omega$.

设 $\pi \in Z[\omega]$ 是素数,$N(\pi) \neq 3, \pi \nmid \alpha \in Z[\omega]$,则 $N(\pi) \equiv 1 \pmod 3, \alpha^{N(\pi)-1} \equiv 1 \pmod \pi$,由此推出存在唯一的 $t = 0, 1$ 或 2,使得

$$\alpha^{\frac{N(\pi)-1}{3}} \equiv \omega^{t}(\bmod \pi) \tag{1}$$

于是,定义 α 对模 π 的三次剩余特征为

$$\left(\frac{\alpha}{\pi}\right)_{3} = \omega^{t}$$

其中 t 满足式(1). 现在我们引进本原数的概念. 如果 $x \equiv -1(\bmod 3), y \equiv 0(\bmod 3)$,那么称 $x+y\omega$ 为本原数. 很显然,任给整数 $a+b\omega \in Z[\omega]$,均可写成 $\pm\omega^{n} \cdot \lambda^{m}$ 与一个本原数的乘积. 因此,任意 $\alpha \in Z[\omega]$,均可分解为

$$\alpha = (-1)^{u}\omega^{v}\lambda^{w}\pi_{1}^{a_{1}}\cdots\pi_{s}^{a_{s}}$$

其中,$u, v, w, a_{j}(j=1,\cdots,s)$ 均为非负整数,$\lambda = 1-\omega$, $\pi_{j}(j=1,\cdots,s)$ 是本原素数. 由此可见,计算 $\left(\frac{\alpha}{\pi}\right)_{3}$ 归结为计算 $\left(\frac{-1}{\pi}\right)_{3}, \left(\frac{\omega}{\pi}\right)_{3}, \left(\frac{1-\omega}{\pi}\right)_{3}$,和 $\left(\frac{\pi_{j}}{\pi}\right)_{3}$. 在 $\pi \nmid \alpha$ 时,我们有

$$\left(\frac{-1}{\pi}\right)_{3} = 1, \left(\frac{\pi_{j}}{\pi}\right)_{3} = \left(\frac{\pi}{\pi_{j}}\right)_{3}$$

设 $\pi = a+b\omega, a = 3m-1, b = 3n$,则有

$$\left(\frac{\omega}{\pi}\right)_{3} = \omega^{m+n}, \left(\frac{1-\omega}{\pi}\right)_{3} = \omega^{2m}$$

因为在 $\pi \nmid \alpha\beta$ 时,易知 $\left(\frac{\alpha\beta}{\pi}\right)_{3} = \left(\frac{\alpha}{\pi}\right)_{3}\left(\frac{\beta}{\pi}\right)_{3}$,故由 $(1-\omega)^{2} = -3\omega$ 有

$$\omega^{4m} = \left(\frac{1-\omega}{\pi}\right)_{3}^{2} = \left(\frac{-3\omega}{\pi}\right)_{3} = \left(\frac{3}{\pi}\right)_{3}\omega^{m+n}$$

注意到 $\omega^{3} = 1$,我们得到

$$\left(\frac{3}{\pi}\right)_{3} = \omega^{2n}$$

由于

$$\left(\frac{\pi}{2}\right)_{3} = \left(\frac{2}{\pi}\right)_{3}$$

故容易推出 $\left(\dfrac{2}{\pi}\right)_3 = 1 \Leftrightarrow \pi \equiv a \pmod 6$. 下面我们利用三次剩余特征来解若干丢番图方程.

例 1　丢番图方程

$$x^3 + y^3 + 2z^3 = 1 \qquad (2)$$

若有整数解,则 $6 \mid x$ 或 $6 \mid y$.

证　对方程(2)取模 9 知 $3 \mid xy$,不妨设 $3 \mid y$,此时 $x \equiv \pm 1 \pmod 3$. 在 $Z[\omega]$ 中,方程(2)可改写为

$$(x+y)(x+\omega y)(x+\omega^2 y) + 2z^3 = 1 \qquad (3)$$

由于 $x + y\omega$ 可分解为

$$x + y\omega = \pm \pi_1 \cdots \pi_t$$

其中 $\pi_j(j=1,\cdots,t)$ 均为本原素数,且 $N(\pi_j) \neq 3(j = 1,\cdots,t)$,故式(3)给出

$$(2z)^3 \equiv 4 \pmod{\pi_j} \quad (j=1,\cdots,t)$$

所以　　$1 = \left(\dfrac{4}{\pi_j}\right)_3 = \left(\dfrac{2}{\pi_j}\right)_3^2 \quad (j=1,\cdots,t)$

故得出 $\pi_j \equiv a_j \pmod 6, a_j \in \mathbf{Z}(j=1,\cdots,t)$,所以

$$x + y\omega \equiv \pm a_1 \cdots a_t \pmod 6$$

由此推出 $6 \mid y$. 同理,若 $3 \mid x$,则推出 $6 \mid x$. 证毕.

例 2　丢番图方程

$$x^3 + y^3 + z^3 = 3 \qquad (4)$$

若有正整数解,则 $x \equiv y \equiv z \pmod 9$.

证　对方程(4)取模 9 知

$$x \equiv y \equiv z \equiv 1 \pmod 3$$

改写方程(4)为

$$(x+y)(x+\omega y)(x+\omega^2 y) + z^3 = 3 \qquad (5)$$

由于 $\omega(x+\omega y) \equiv 2 \pmod 3$,故 $x + \omega y$ 可分解为

$$x + \omega y = \pm \omega^2 \pi_1 \cdots \pi_t$$

其中 $\pi_j(j=1,\cdots,t)$ 是本原素数. 所以方程(5)给出

$$z^3 \equiv 3 (\bmod \pi_j) \quad (j = 1, \cdots, t)$$

由于方程(4)给出 $3 \nmid x^3 + y^3$,故 $\pi_j \nmid 3 (j = 1, \cdots, t)$,上式给出

$$1 = \left(\frac{3}{\pi_j}\right)_3 = \omega^{2n_j} \quad (j = 1, \cdots, t)$$

这里设 $\pi_j = 3m_j - 1 + 3n_j\omega (j = 1, \cdots, t)$. 由此即得

$$n_j \equiv 0 (\bmod 3) \quad (j = 1, \cdots, t)$$

$$\pi_j \equiv 3m_j - 1 (\bmod 9) \quad (j = 1, \cdots, t)$$

于是

$$\omega(x + \omega y) \equiv \pm (3m_1 - 1) \cdots (3m_t - 1) (\bmod 9)$$

即

$$-y + (x - y)\omega \equiv \pm (3m_1 - 1) \cdots (3m_t - 1) (\bmod 9)$$

所以 $x \equiv y (\bmod 9)$. 同理可证 $y \equiv z (\bmod 9)$. 证毕.

　　方程(4) 现在已知有四个解 $(x, y, z) = (1, 1, 1)$, $(4, 4, -5)$, $(4, -5, 4)$ 和 $(-5, 4, 4)$, 它们显然都满足 $x \equiv y \equiv z (\bmod 9)$, 但方程(4)是否还有别的解? 这是一个困难的未解决问题.

　　例 3　设 $p \equiv 2, 5 (\bmod 9)$ 是素数, 则丢番图方程

$$x^3 + y^3 = pz^3 \quad (z \neq 0) \tag{6}$$

在 $Z[\omega]$ 中除 $p = 2, x^3 = y^3 = z^3$ 外, 无其他的解.

　　证　若方程(6)有解, 不妨设 $(x, y) = 1$, 且 x, y, z 是方程(6)的所有解中使 $N(xyz)$ 为最小的一组解. 在 $Z[\omega]$ 中, 方程(6)可分解为

$$(x + y)(x + y\omega)(x + y\omega^2) = pz^3 \tag{7}$$

令 $\alpha = x + y, \beta = x\omega + y\omega^2, \gamma = x\omega^2 + \omega y$, 则

$$\delta = (\alpha, \beta, \gamma) = 1, 1 - \omega \text{ 或 } 1 - \omega^2$$

所以由方程(7)得出

$$\frac{\alpha}{\delta} \cdot \frac{\beta}{\delta} \cdot \frac{\gamma}{\delta} = p\left(\frac{z}{\delta}\right)^3 \tag{8}$$

由于易知 $\dfrac{\alpha}{\delta}$，$\dfrac{\beta}{\delta}$，$\dfrac{\gamma}{\delta}$ 两两互素，故不失一般性设 $p \mid \dfrac{\gamma}{\delta}$，式(8) 给出

$$\frac{\alpha}{\delta} = \varepsilon_1 x_1^3, \frac{\beta}{\delta} = \varepsilon_2 y_1^3, \frac{\gamma}{\delta} = p\varepsilon_3 z_1^3$$

这里 $\varepsilon_1, \varepsilon_2, \varepsilon_3$ 是 $Z[\omega]$ 中的单位数，$\varepsilon_1 \varepsilon_2 \varepsilon_3 = 1$，且 $x_1 y_1 z_1 = \dfrac{z}{\delta} \neq 0$. 由于 $\alpha + \beta + \gamma = (x + y) + (x\omega + y\omega^2) + (x\omega^2 + \omega y) = 0$，故得

$$\varepsilon_1 x_1^3 + \varepsilon_2 y_1^3 + p\varepsilon_3 z_1^3 = 0 \quad (\varepsilon_1 \varepsilon_2 \varepsilon_3 = 1) \quad (9)$$

由于 $\left(\dfrac{\varepsilon_1}{p}\right)_3 = \left(\dfrac{-\varepsilon_2}{p}\right)_3 = \left(\dfrac{\varepsilon_2}{p}\right)_3$，故 $\varepsilon_1 = \pm \varepsilon_2$，所以式 (9) 给出

$$x_1^3 \pm y_1^3 = p\eta z_1^3 \quad (\eta = \mp 1)$$

即得出 $x_1, \pm y_1, \mp z_1$ 为方程(6) 的解. 故

$$N(xyz) \leqslant N(x_1 y_1 z_1) = N\left(\frac{z}{\delta}\right)$$

由此得出 $N(\delta x y) \leqslant 1$，所以 $N(\delta x y) = 1, \delta, x, y$ 均是单位数，即 $x^3 = \pm 1, y^3 = \pm 1$. 由 x, y 的假设推知，方程 (6) 在 $p > 2$ 时 $z = 0$，这不可能；在 $p = 2$ 时仅有 $x^3 = y^3 = z^3$. 证毕.

由例 3 立即推出：设 $p \equiv 2, 5 \pmod 9$ 是素数，则丢番图方程

$$x^3 + y^3 = pz^3 \quad (z \neq 0)$$

除 $p = 2, x = y = z$ 外，无其他的整数解.

利用 $Q(\sqrt{-3})$ 中整数的一些性质还可以解一些形如

$$ax^3 + by^3 + cz^3 - dxyz = 0 \quad (10)$$

的丢番图方程. 令 $X = ax^3, Y = by^3, Z = cz^3, W = xyz$，

则方程(10)可化为求如下两个方程的公解

$$X + Y + Z = dW \tag{11}$$

$$XYZ = eW^3 \tag{12}$$

求方程(10)的有理数解与求其整数解是等价的,但求方程(11)和(12)的有理数公解,却是特别的困难,即使对于 $W = 1$ 也是如此.

在 $Q\sqrt{-1}$ 中,可以引入四次剩余特征的概念,利用四次剩余特征也可解一些丢番图方程. 由于这个概念在解丢番图方程时,常常是只用到 $\left(\dfrac{2}{p}\right)_4$($p \equiv 1(\bmod 4)$ 为有理素数)的结果,或等价于直接取正整数模,而这些在第 2 章的 2.1 节中已经介绍过了,故这里从略.

Ⅱ. 设 m 是一个正整数,D_m 表示 m 次分圆域 $Q(\xi_m)$($\xi_m = \mathrm{e}^{\frac{2\pi i}{m}}$)中的整数环. P 是一个不包含 m 的素理想,则对 $\alpha \in D_m$,定义 m 次剩余符号 $\left(\dfrac{\alpha}{P}\right)_m$ 为:

① $\left(\dfrac{\alpha}{P}\right)_m = 0$,当 $\alpha \in P$.

② 如果 $\alpha \notin P$,那么 $\left(\dfrac{\alpha}{P}\right)_m$ 是一个 m 次的单位根,满足

$$\left(\frac{\alpha}{P}\right)_m \equiv \alpha^{\frac{N(P)-1}{m}} \pmod{P}$$

这里 $N(P) = \left|\dfrac{D_m}{P}\right|$,$|A|$ 表示集 A 的元素个数.

根据这个定义,我们有如下结果:

① 设 P 是不包含 m 的素理想,则 $\left(\dfrac{\xi_m}{P}\right)_m = \xi_m^{\frac{N(P)-1}{m}}$.

为了介绍 Eisenstein 互反律,下面设 l 是一个奇素

数,在 D_l 中,我们有 $[l]=[1-\xi_l]^{l-1}$,并且 $[1-\xi_l]$ 是一个次数为 1 的素理想. 与三次剩余一样,引进本原数的概念是重要的. 一个非零元 $\alpha \in D_l$ 被称为本原数,如果 α 与 l 互素,且 $\alpha \equiv a (\mathrm{mod}\ (1-\xi_l)^2)$,这里 $a \in \mathbf{Z}$.

② 设 l 是一个奇素数,$\alpha \in \mathbf{Z}$ 与 l 互素,且 $\alpha \in D_l$ 是一个本原数. 若 α 与 a 互素,则有

$$\left(\frac{\alpha}{a}\right)_l = \left(\frac{a}{\alpha}\right)_l$$

现在我们利用 Eisenstein 互反律 ② 来解 Fermat 方程

$$x^l + y^l + z^l = 0 \quad (l \text{ 是奇素数}, (x,y,z)=1) \tag{13}$$

我们知道,1909 年 A. Wieferich[15] 曾得到关于方程(13) 的一个重要结果:若方程(13) 有非零整数解,$l \nmid xyz$,则 $2^{l-1} \equiv 1 (\mathrm{mod}\ l^2)$. 1912 年,Furtwängler 改进了 Wieferich 的结果,证明了下面的例题.

例4 若方程(13)有非零整数解,$l \nmid yz$,则对 y 的任一个素因子 p 有 $p^{l-1} \equiv 1(\mathrm{mod}\ l^2)$.

证 由方程(13)得

$$(x+y)(x+\xi_l y)\cdots(x+\xi_l^{l-1}y) = (-z)^l \tag{14}$$

首先可证 $x+\xi_l^i y$ 与 $x+\xi_l^j y$(这里 $i \neq j, 0 \leqslant i, j < l$)在 D_l 中是互素的,因此方程(14)的左端给出的每一个理想 $[x+\xi_l^i y]$ 都是一个 l 次幂.

考虑 $\alpha = (x+y)^{l-2}(x+\xi_l y)$,显然有 $[\alpha]$ 是一个 l 次幂. 由于 $x+\xi_l y = x+y-y\lambda$,故 $\alpha = (x+y)^{l-1}-\lambda u$,这里 $u=(x+y)^{l-2}y$. 现在 $x^l+y^l+z^l \equiv x+y+z (\mathrm{mod}\ l)$,若 $l \mid x+y$,则 $l \mid z$,而这是不可能的. 因此 $l \nmid x+y$,给出 $(x+y)^{l-1} \equiv 1(\mathrm{mod}\ l)$,故 $\alpha \equiv 1-u\lambda(\mathrm{mod}\ \lambda^2)$. 对于 $\xi_l^{-u}\alpha$,

我们有 $\xi_l^{-u}\alpha = (1-\lambda)^{-u}\alpha \equiv (1+u\lambda)(1-u\lambda) \equiv$
$1(\bmod \lambda^2)$，因而 $\xi_l^{-u}\alpha$ 是本原数，故由 Eisenstein 互反律得

$$\left(\frac{p}{\xi_l^{-u}\alpha}\right)_l = \left(\frac{\xi_l^{-u}\alpha}{p}\right)_l = \left(\frac{\xi_l}{p}\right)_l^{-u}\left(\frac{\alpha}{p}\right)_l \quad (15)$$

因为理想 $[\xi_l^{-u}\alpha] = [\alpha]$ 是一个 l 次幂，因此式（15）$=1$，
又由 $p \mid y, \alpha \equiv (x+y)^{l-1}(\bmod p)$ 知

$$\left(\frac{\alpha}{p}\right)_l = \left(\frac{(x+y)^{l-1}}{p}\right)_l = \left(\frac{p}{(x+y)^{l-1}}\right)_l = 1$$

因此式（15）给出

$$\left(\frac{\xi_l}{p}\right)_l^u = 1$$

设 $pD_l = P_1 P_2 \cdots P_g$ 是 p 在 D_l 中的素数分解. 已知
$N(P_i) = p^f$ 且 $gf = l-1$（因为 $p \neq l, e=1$），故由 ①
知

$$\left(\frac{\xi_l}{p}\right)_l = \prod_{i=1}^{g}\left(\frac{\xi_l}{P_i}\right)_l = \prod_{i=1}^{g}\xi_l^{\frac{p^f-1}{l}} = \xi_l^{g\frac{p^f-1}{l}}$$

由 $\left(\dfrac{\xi_l}{p}\right)_l^u = 1$ 知，上式给出

$$1 = \xi_l^{ug\frac{p^f-1}{l}}$$

此即 $ug\dfrac{p^f-1}{l} \equiv 0(\bmod l)$. 因 $g \mid l-1$，故 $l \nmid g$. 又因 $u =$
$(x+y)^{l-2}y, l \nmid u$，故有 $\dfrac{p^f-1}{l} \equiv 0(\bmod l)$ 或 $p^f \equiv$
$1(\bmod l^2)$. 由于 $f \mid l-1$，故 $p^{l-1} \equiv 1(\bmod l^2)$. 证毕.

习题

1. 若丢番图方程 $x^3 + y^3 + z^3 = 2$ 有解，则必有 6 整
除 x, y, z 中的一个.

2. 若丢番图方程

$$x^3 + y^3 + z^3 = 9$$

有正整数解,则必有 9 整除 x,y,z 中的一个.

3. 在 $Z[\omega]$ 中,证明丢番图方程

$$x^3 + y^3 = 2pz^3 \quad (p \equiv 5(\bmod 18) \text{是素数},z \neq 0)$$

无解.

4. 在 $Z[\omega]$ 中,证明丢番图方程

$$x^3 + y^3 = z^3 \quad (xyz \neq 0)$$

无解.

5. 证明丢番图方程

$$x^3 + y^3 + z^3 = 6 \quad (2 \mid z)$$

的整数解满足 $x \equiv y(\bmod 18)$.

3.3 p - adic 方法

有一大类丢番图方程都可以化为

$$N(x_1\omega_1 + \cdots + x_n\omega_n) = a \qquad (1)$$

的形式,其中,$\omega_1,\cdots,\omega_n$ 是 n 次代数数域 $Q(\theta)$ 的整底,$N(\omega)$ 为 ω 的范数,a 为给定的有理整数.利用代数数论的知识(参阅 3.1 节),方程(1) 可以化为

$$x_1\omega_1^{(j)} + \cdots + x_n\omega_n^{(j)} = c^{(j)}\varepsilon^{(j)} \quad (j=1,\cdots,n)$$

$$(2)$$

这里 $\omega^{(j)}(j=2,\cdots,n)$ 表示 $\omega(=\omega^{(1)})$ 的共轭,$c^{(j)}$ 和 $\varepsilon^{(j)}$ 分别满足 $N(c^{(j)})=a$ 和 $N(\varepsilon^{(j)})=1$ 且 $c^{(j)}$ 只取有限个 $Q(\theta)$ 中的整数.由方程(2) 比较 $\omega_1^{(j)},\cdots,\omega_n^{(j)}$ 的系数可以得出若干等式,有一部分等式是

$$g_l(x_1,\cdots,x_n) = 0 \quad (l=1,\cdots,n-m)$$

其中 m 是一给定正整数,g_l 是关于 $x_1,\cdots,x_n$ 的有理系数多项式.然后利用 p - adic 数的性质可以给出方程的

全部解.

　　为了说明这个方法,我们引进 p-adic 数域 Q_p 和 p-adic 整数环 Z_p 的概念,这里的 p 表示素数.

　　我们首先引进 p-adic 赋值的概念. 在有理数域 **Q** 上,$x \in$ **Q**,所谓 p-adic 赋值 $|x|_p$ 定义为

$$|x|_p = \begin{cases} 0, \text{当 } x = 0 \\ p^{-\alpha}, \text{当 } x = p^{\alpha}\dfrac{x_1}{x_2}, (x_1, x_2) = 1 \text{ 且 } p \nmid x_1 x_2 \end{cases}$$

显然,p-adic 赋值有如下的性质:

　　① $|x|_p \geqslant 0$,且 $|x|_p = 0 \Leftrightarrow x = 0$.

　　② $|x_1 x_2|_p = |x_1|_p |x_2|_p$.

　　③ $|x_1 \pm x_2|_p \leqslant |x_1|_p + |x_2|_p$.

　　最后一条性质还可以加强为

　　　$|x_1 \pm x_2|_p \leqslant \max(|x_1|_p, |x_2|_p)$

　　一个 **Q** 上的 p-adic 收敛序列 $\{x_n\}$

$$x_1, x_2, \cdots, x_n, \cdots$$

这里 $x_n \in$ **Q**,定义:对任给的 $\varepsilon > 0$,存在 $L(\varepsilon)$ 使得当 $m, n > L(\varepsilon)$ 时,有

$$|x_m - x_n|_p < \varepsilon$$

成立. 若上式换为 $|x_n - a|_p < \varepsilon$,则称 p-adic 收敛序列 $\{x_n\}$ 收敛于 $a(a \in$ **Q**$)$. 若两个 p-adic 收敛序列 $\{x_n\}$ 和 $\{y_n\}$ 之差 $\{x_n - y_n\}$ 收敛于 0,则称 $\{x_n\}$ 和 $\{y_n\}$ 属于一类. 由所有 p-adic 收敛序列的所有不同类构成的集合称为 p-adic 数系,称 p-adic 数系中的每一个 p-adic 序列所对应的 p-adic 幂级数为一个 p-adic 数. 所有 p-adic 数构成一域,称为 p-adic 域. 显然,对任意 $x \in Q_p$,则 x 有以下的形式

$$x = p^{-m}(a_0 + a_1 p + a_2 p^2 + \cdots)$$

$$(0 \leqslant a_i < p(i=0,1,\cdots), m \geqslant 0)$$

其中幂级数可以是有限的或无限的. 如果 $|x|_p \leqslant 1$, 那么 x 称为 Q_p 中的整数(p-adic 整数), 全体 p-adic 整数构成一环, 称为 p-adic 整环 Z_p. Z_p 中可逆元素称为 p-adic 单位.

幂级数的收敛性判断是十分简单的. 因为级数 $\sum a_n$ 收敛 $\Leftrightarrow |a_n|_p \to 0$. 于是可知, 如果 $|a_n|_p \to 0$, 那么 $f(x) = \sum_{n=0}^{\infty} a_n x^n$ 在 $|x|_p \leqslant 1$ 时收敛. 指数和对数函数的展开式为

$$e^x = 1 + x + \frac{x^2}{2!} + \cdots + \frac{x^n}{n!} + \cdots \quad \left(|x|_p < \frac{1}{p-1}\right)$$

$$\log(1+x) = x - \frac{x^2}{2} + \cdots + \frac{(-1)^{n-1} x^n}{n} + \cdots$$

$$(|x|_p < 1)$$

以上讨论的情况可以把 **Q** 换为一般的代数数域 $Q(\theta)$. 若 ε 是 $Q(\theta)$ 的单位, 则存在有理整数 a 满足

$$\varepsilon^a \equiv \begin{cases} 1(\bmod p), \text{当 } p \text{ 为奇素数} \\ 1(\bmod 4), \text{当 } p = 2 \end{cases}$$

令 $\varepsilon^a = 1 + p\xi$, 由于 $|p\xi|_p < 1$, 故

$$\log \varepsilon^a = p\xi - \frac{(p\xi)^2}{2} + \cdots + \frac{(-1)^{n-1}(p\xi)^n}{n} + \cdots$$

因此对任意 p-adic 整数 x, 我们可将

$$\varepsilon^{xa} = e^{x \log \varepsilon^a}$$

展开为系数属于 $Q(\theta)$ 的幂级数. 由于对任意 u, 可写 $u = av + b, 0 \leqslant b < a$, 故我们可以将 ε^u 展开为系数属于 $Q(\theta)$ 的幂级数.

下面我们通过若干实例来说明 p-adic 方法在解形如方程(1)(或可化为方程(1))的丢番图方程中的

应用.

例1　设 $d > 1$ 是一个给定的整数,则丢番图方程
$$x^3 + dy^3 = 1 \quad (xy \neq 0) \tag{3}$$
最多有一组整数解.

证　假设方程(3)有两组不同的整数解 (x_1, y_1), (x_2, y_2), $x_i y_i \neq 0 (i = 1, 2)$. 令 $\theta = \sqrt[3]{d}$, 则 $\varepsilon_1 = x_1 + y_1 \theta$ 和 $\varepsilon_2 = x_2 + y_2 \theta$ 都是域 $Q(\theta)$ 中的单位数, 且 $N(\varepsilon_1) = N(\varepsilon_2) = 1$. 由于 $Q(\theta)$ 中仅有一个基本单位数, 故存在有理整数 u_1, u_2 使得
$$\varepsilon_1^{u_1} = \varepsilon_2^{u_2} \tag{4}$$
由于 $\varepsilon_1, \varepsilon_2$ 均不是域 $Q(\theta)$ 中的单位根, 故若 $u_2 \equiv 0 (\bmod 3)$, 则由式(4)推出 $u_1 \equiv 0 (\bmod 3)$. 因此, 我们可设 $u_2 \not\equiv 0 (\bmod 3)$, 于是式(4)可化为
$$\varepsilon_1^u = \varepsilon_2 \tag{5}$$
其中 $u = \dfrac{u_1}{u_2}$ 是 $3 - \text{adic}$ 整数. 首先假设 $y_1 \equiv 0 (\bmod 3)$, 此时 $x_1 \not\equiv 0 (\bmod 3)$, 改写式(5)为
$$x_1^u \left(1 + \frac{y_1}{x_1} \theta\right)^u = \varepsilon_2$$
展开 $\left(1 + \dfrac{y_1}{x_1} \theta\right)^u$ 为幂级数, 比较 θ^2 的系数, 注意到右边 θ^2 的系数为 0 得
$$\binom{u}{2} \left(\frac{y_1}{x_1}\right)^2 + \binom{u}{5} \left(\frac{y_1}{x_1}\right)^5 d + \binom{u}{8} \left(\frac{y_1}{x_1}\right)^8 d^2 + \cdots = 0$$
在 $u \neq 0, 1$ 时, 上式中除去 $2 \binom{u}{2} \left(\dfrac{y_1}{x_1}\right)^2$ 得
$$\frac{1}{2} + \binom{u-2}{3} \frac{d}{4 \times 5} \left(\frac{y_1}{x_1}\right)^3 + \binom{u-2}{6} \frac{d^2}{7 \times 8} \left(\frac{y_1}{x_1}\right)^6 + \cdots = 0$$
因为 $y_1 \equiv 0 (\bmod 3)$, 对此取模 3 知不可能. 而 $u = 0, 1$

时分别给出 $\varepsilon_2 = 1$ 和 $\varepsilon_2 = \varepsilon_1$，这些都不合假设. 现在假设 $y_1 \not\equiv 0 \pmod 3$，因为

$$\varepsilon_1^3 = x_1^3 + 3x_1^2 y_1 \theta + 3x_1 y_1^2 \theta^2 + y_1^3 \theta^3 =$$
$$1 + 3x_1^2 y_1 \theta + 3x_1 y_1^2 \theta^2 = 1 + 3\xi$$

所以可令 $u = 3v + u_0, u_0 = 0, 1, 2$，于是对式(5)取模 3 得

$$\varepsilon_1^{u_0} \equiv \varepsilon_2 \pmod 3 \tag{6}$$

如果 $u_0 = 2$，因为 $\varepsilon_1^2 = x_1^2 + 2x_1 y_1 \theta + y_1^2 \theta^2$，所以，由式 (6) 比较系数推出 $y_1 \equiv 0 \pmod 3$，与此时假设 $y_1 \not\equiv 0 \pmod 3$ 矛盾. 如果 $u_0 = 0$，那么 $u = 3v$，式(5)给出

$$(1 + 3\xi)^v = x_2 + y_2 \theta$$

即

$$\sum_{t=0}^{\infty} 3^t \xi^t \binom{v}{t} = x_2 + y_2 \theta$$

由 $\xi = x_1^2 y_1 \theta + 3x_1 y_1^2 \theta^2$ 知，比较上式两端 θ^2 的系数，且令 ξ^t 中 θ^2 的系数为 b_t，则上式给出

$$\sum_{t=0}^{\infty} 3^t b_t \binom{v}{t} = 0$$

即

$$3x_1 y_1^2 v + 3^2 x_1^4 y_1^2 \binom{v}{2} + \cdots = 0$$

除去 $3x_1 y_1^2$ 得

$$v + 3B_2 \binom{v}{2} + 3^2 B_3 \binom{v}{3} + \cdots = 0 \tag{7}$$

这里 $B_i (i = 2, 3, \cdots)$ 是关于 x_1, y_1 的整系数多项式. 如果 $v \neq 0$，可设 $|v|_3 = \dfrac{1}{3^\lambda}, \lambda \geqslant 0$，那么由

$$3^{t-1} B_t \binom{v}{t} = 3^{t-1} \frac{v B_t}{t} \binom{v-1}{t-1} \quad (t \geqslant 2)$$

及 $\dfrac{3^{t-2}}{t}$ 是一个 3 - adic 整数知，式(7)除 $|v|_3 = \dfrac{1}{3^\lambda}$ 外，

其他各项均有

$$\left| 3^{t-1} B_t \binom{v}{t} \right|_3 = \frac{1}{3^{\lambda'}} \quad (t \geqslant 2)$$

且 $\lambda' > \lambda$. 故式(7)给出 $v = 0$, 从而 $\varepsilon_2 = 1$, 仍不可能.

最后考虑 $u_0 = 1$, 此时 $u = 3v + 1$, 由式(5)得

$$(x_1 + y_1 \theta) \sum_{t=0}^{\infty} 3^t \xi^t \binom{v}{t} = x_2 + y_2 \theta$$

以 b_t 和 c_t 分别表示 ξ^t 中 θ^2 和 θ 的系数, 则比较上式中 θ^2 的系数得

$$x_1 \sum_{t=0}^{\infty} 3^t b_t \binom{v}{t} + y_1 \sum_{t=0}^{\infty} 3^t c_t \binom{v}{t} = 0$$

除去 $3x_1^2 y_1^2$ 得

$$2v + 3c_1 \binom{v}{2} + 3^2 c_2 \binom{v}{3} + \cdots = 0$$

这里 $c_i (i = 1, 2, \cdots)$ 是关于 x_1, y_1 的整系数多项式. 由此仍推出 $v = 0$, 从而 $u = 1, \varepsilon_1 = \varepsilon_2$, 不符合假设. 证毕.

由例 1 可推出 $x^3 + (k^3 - 1)y^3 = 1$ 仅有整数解 $x = 1, y = 0$ 和 $x = k, y = -1$.

例 2　丢番图方程

$$x^3 + 3xy^2 - 3y^3 = 1 \tag{8}$$

仅有整数解 $(x, y) = (1, 0)$ 和 $(1, 1)$.

证　设 θ 满足方程 $\theta^3 + 3\theta - 3 = 0$, 则三次域 $Q(\theta)$ 的整底是 $1, \theta, \theta^2$, 基本单位数是 $\varepsilon = 1 - \theta, N(\varepsilon) = 1$, 故方程(8)可化为 $N(x - y\theta) = 1$. 由此即得

$$x - y\theta = \varepsilon^u \quad (u \in \mathbf{Z}) \tag{9}$$

由于 $\varepsilon^3 = (1 - \theta)^3 = 1 - 3\theta + 3\theta^2 - \theta^3 = 1 + 3(\theta^2 - 1)$, 令 $\xi = \theta^2 - 1$, 则 $\varepsilon^3 = 1 + 3\xi$, 于是在 $u \equiv 2 \pmod{3}$ 时, 式(9)给出

$$x - y\theta \equiv \varepsilon^2 = \theta^2 - 2\theta + 1 (\mathrm{mod}\ 3)$$

比较 θ^2 的系数知 $0 \equiv 1(\mathrm{mod}\ 3)$,这不可能. 因此可设 $u = 3v$ 或 $u = 3v + 1$.

在 $u = 3v$ 时,式(9) 给出

$$x - y\theta = (1 + 3\xi)^v = \sum_{t=0}^{\infty} 3^t \xi^t \binom{v}{t} \tag{10}$$

在 $u = 3v + 1$ 时,式(9) 给出

$$x - y\theta = (1 - \theta)\sum_{t=0}^{\infty} 3^t \xi^t \binom{v}{t} \tag{11}$$

故比较 θ^2 的系数知式(10) 和(11) 均给出 $v = 0$(参见例 1 的处理),于是 $u = 0, 1$,由式(9) 给出 $x = 1, y = 0$ 和 $x = 1, y - 1$. 证毕.

利用 p - adic 方法可以处理更多的二元三次式方程的整数解,例如丢番图方程

$$x^3 - 3xy^2 - y^3 = 1$$

仅有整数解 $(x, y) = (1, 0), (0, -1), (-1, 1), (1, -3), (-3, 2)$ 和 $(2, 1)$. 有些二元三次式方程有很多的解,因此处理起来相当麻烦. 例如丢番图方程

$$x^3 + ax^2y - (a + 1)xy^2 + y^3 = 1$$

有解 $x = 1, y = 0; x = 0, y = 1; x = 1, y = 1; x = 1, y = a; x = -a - 1, y = 1.$ 当 $a = 3$ 时,除上述五组解外,还有四组解 $x = -1, y = -2; x = -2, y = -3; x = 9, y = 13$ 和 $x = -5, y = -14.$ 但我们不知道它们是否是当 $a = 3$ 时的全部解.

我们看到,p - adic 方法实际是根据代数数论知识把研究的问题化为方程(1) 的形式,根据单位数的性质建立等式,然后比较素数 p 的方幂. 因此,p - adic 方法是初等方法中比较素数幂法的进一步深化.

例 3　设 $\omega = \dfrac{1+\sqrt{-7}}{2}, \bar{\omega} = \dfrac{1-\sqrt{-7}}{2}$，则

$$\frac{\omega^x - \bar{\omega}^x}{\omega - \bar{\omega}} = -1$$

仅有正整数解 $x = 3,5$ 和 13.

证　显然 $2 \nmid x$，由 $\dfrac{\omega^x - \bar{\omega}^x}{\omega - \bar{\omega}} = -1$ 展开得

$$-2^{x-1} = \binom{x}{1} - \binom{x}{3}7 + \binom{x}{5}7^2 + \cdots$$

故得

$$-2^{x-1} \equiv x \pmod 7$$

此给出 $x \equiv 3,5,13 \pmod{42}$. 下面只要证明不能有 $x \equiv x_1 \pmod{42}, x_1 \notin \{3,5,13\}$ 满足

$$\frac{\omega^x - \bar{\omega}^x}{\omega - \bar{\omega}} = \frac{\omega^{x_1} - \bar{\omega}^{x_1}}{\omega - \bar{\omega}} = -1$$

为此设 $7^{\lambda} \parallel (x - x_1), \lambda > 0$，则

$$\omega^x = \omega^{x_1} \omega^{x-x_1} = \omega^{x_1} \left(\frac{1}{2}\right)^{x-x_1} (1 + \sqrt{-7})^{x-x_1}$$

即

$$2^{x-x_1} \omega^x = \omega^{x_1} (1 + \sqrt{-7})^{x-x_1} \tag{12}$$

因为 $x - x_1 \equiv 0 \pmod 6$，所以

$$2^{x-x_1} \equiv 1 \pmod{7^{\lambda+1}}$$

而

$$(1 + \sqrt{-7})^{x-x_1} =$$

$$1 + \binom{x-x_1}{1}\sqrt{-7} + \binom{x-x_1}{2}(\sqrt{-7})^2 + \cdots \equiv$$

$$1 + (x-x_1)\sqrt{-7} \pmod{7^{\lambda+1}}$$

故式（12）给出

$$\omega^x \equiv \omega^{x_1}(1+(x-x_1)\sqrt{-7})(\mathrm{mod}\ 7^{\lambda+1})$$

又

$$\omega^{x_1} \equiv \frac{1+x_1\sqrt{-7}}{2^{x_1}}(\mathrm{mod}\ 7),x-x_1 \equiv 0(\mathrm{mod}\ 7^\lambda)$$

故得

$$\omega^x \equiv \omega^{x_1}+\frac{(x-x_1)\sqrt{-7}}{2^{x_1}}(\mathrm{mod}\ 7^{\lambda+1}) \qquad (13)$$

同理

$$\overline{\omega}^x \equiv \overline{\omega}^{x_1}-\frac{(x-x_1)\sqrt{-7}}{2^{x_1}}(\mathrm{mod}\ 7^{\lambda+1}) \qquad (14)$$

由(13)(14)两式相减得

$$\omega^x-\overline{\omega}^x \equiv \omega^{x_1}-\overline{\omega}^{x_1}+2\cdot\frac{(x-x_1)\sqrt{-7}}{2^{x_1}}(\mathrm{mod}\ 7^{\lambda+1})$$

由于 $\omega^x-\overline{\omega}^x=\omega^{x_1}-\overline{\omega}^{x_1}$,故上式推出 $7^{\lambda+1}\mid(x-x_1)$.
这与假设 $7^\lambda \parallel (x-x_1)$ 矛盾. 于是 $x=3,5,13$. 证毕.

下面我们用 $p-\mathrm{adic}$ 方法证明一个熟知的结果.

例 4　丢番图方程
$$x^4-2y^4=1 \qquad (15)$$
仅有整数解 $x=\pm1,y=0$.

证　显然,方程(15)给出 $y \equiv 0(\mathrm{mod}\ 2)$,以 $2y$ 代
y,方程(15)给出
$$x^4-32y^4=1 \qquad (16)$$
由于四次域 $Q(\theta)(\theta=\sqrt[4]{2})$ 中的基本单位是 $1+\theta$ 和 $1+$
θ^2,而方程(16)给出 $N(x+2y\theta)=1$,故存在有理整数
u,v 使得
$$\pm(x+2y\theta)=(1+\theta)^u(1+\theta^2)^v \qquad (17)$$
取模 2 得

114

$$x \equiv \left[1 + \binom{u}{1} \theta + \binom{u}{2} \theta^2 + \cdots \right] \left[1 + \binom{v}{1} \theta^2 + \right.$$
$$\left. \binom{v}{2} \theta^4 + \cdots \right] (\bmod 2)$$

由此推出 $u \equiv 0 (\bmod 2)$.

现在展开式(17)的右端,并比较 θ^2, θ^3 的系数可得

$$\binom{u}{2} + v + 2 \left[\binom{u}{6} + \binom{u}{4} v + \binom{u}{2} \binom{v}{2} + \binom{v}{3} \right] + 2^2 (\cdots) = 0$$

$$(18)$$

$$\binom{u}{3} + uv + 2 \left[\binom{u}{7} + \binom{u}{5} v + \binom{u}{3} \binom{v}{2} + u \binom{v}{3} \right] + 2^2 (\cdots) = 0$$

$$(19)$$

由式(19)减去式(18)乘 u 得

$$-\frac{(u+1)u(u-1)}{3} + 2 \left\{ \binom{u}{7} - u \binom{u}{6} + \left[\binom{u}{5} - u \binom{u}{4} \right] v + \right.$$
$$\left. \left[\binom{u}{3} - u \binom{u}{2} \right] \binom{v}{2} \right\} + 2^2 (\cdots) = 0 \qquad (20)$$

若 $u \neq 0$,则由于 $u \equiv 0 (\bmod 2)$,可设 $2^\lambda \parallel u, \lambda \geqslant 1$,于是由

$$\binom{u}{2n+1} = \frac{u}{2n+1} \binom{u-1}{2n} \equiv 0 (\bmod 2^\lambda)$$

知式(20)推出 $2^{\lambda+1} \mid u$,这不可能. 这就证明了 $u = 0$,所以式(18)给出

$$v + 2 \binom{v}{3} + 2^2 \binom{v}{5} + \cdots = 0$$

与前同理,若 $v \neq 0$,设 $2^\lambda \parallel v$,则由于 $2^\lambda \mid \binom{v}{2n+1}$ 知,

上式给出 $2^{\lambda+1} \mid v$，故 $v=0$. 这样式(17)就给出 $x=\pm 1$，$y=0$. 证毕.

例 4 告诉我们怎样处理域 $Q(\theta)$ 中有两个基本单位数的情形.

习题

1. 用 p-adic 方法证明丢番图方程 $x^4-8y^4=1$ 仅有整数解 $x=\pm 1,y=0$.

2. 证明丢番图方程 $x^3+2y^2=1$ 仅有正整数解 $x=1,y=0;x=-1,y=\pm 1$ 和 $x=-23,y=\pm 78$.

3. 证明丢番图方程 $x^3-1=7y^2$ 仅有整数解 $x=1$，$y=0;x=2,y=\pm 1;x=4,y=\pm 3$ 和 $x=22,y=\pm 39$.

4. 证明丢番图方程 $x^3+x^2y-2xy^2-y^3=1$ 仅有整数解 $x=1,y=0;x=0,y=-1;x=-1,y=1;x=-1,y=-1;x=2,y=-1;x=-1,y=2;x=5,y=4;x=4,y=-9$ 和 $x=-9,y=5$.

5. 证明丢番图方程 $x^3-4xy^2+2y^3=1$ 仅有整数解 $x=-1,y=-1;x=1,y=0;x=1,y=2;x=-5,y=-3$ 和 $x=-31,y=14$.

(提示：设 θ 满足 $\theta^3-4\theta+2=0$，在三次域 $Q(\theta)$ 中，由于 $Q(\theta)$ 的整底为 $1,\theta,\theta^2$，基本单位数为 $1-\theta,1-2\theta$，故原方程可化为 $\pm(x-y\theta)=(1-\theta)^u(1-2\theta)^v$，然后用例 4 的方法证明仅有 $u=1,v=0;u=0,v=1;u=0,v=0;u=5,v=-2$ 和 $u=8,v=1$.)

3.4　丢番图逼近方法

丢番图逼近的成果被用来求解丢番图方程是十分

自然的. 因为丢番图逼近的主要研究任务是确定有理数逼近一个实数的精度,因此可利用丢番图逼近的成果来证明丢番图方程的解数有限或无限,也可以定出丢番图方程解的范围,再使用计算方法给出方程的全部整数解.

下面我们列出丢番图逼近的一些结果,这些结果都在解丢番图方程中发挥了重要作用.

Ⅰ. 有理数逼近代数数有过一些工作. 一个简单的结果是 Dirichlet 定理:设 θ 是一个无理数,则有无穷多对整数 $x,y > 0$ 适合不等式

$$\left|\frac{x}{y} - \theta\right| < \frac{1}{y^2}$$

假设 θ 是一个 $n > 1$ 次实的代数数,1909 年 Thue 证明了对任给的 $\varepsilon > 0$,当 $\mu = \frac{1}{2}n + 1$ 时,满足不等式

$$\left|\frac{x}{y} - \theta\right| < \frac{1}{y^{\mu+\varepsilon}} \tag{1}$$

的整数 $x,y > 0$ 仅有有限组. 后来,Siegel 和 Dyson 又分别把式(1)中的 μ 改进为 $\mu = \min_{1 \leqslant s \leqslant n-1}\left(s + \frac{n}{s+1}\right)$ 和 $\mu = \sqrt{2n}$. 显然,这些改进都与代数数 θ 的次数有关. 1955 年,Roth 得到了突破性的结果,他的结果与 θ 的次数无关. Roth[4] 证明了:对任给的 $\varepsilon > 0$,满足不等式

$$\left|\frac{x}{y} - \theta\right| < \frac{1}{y^{2+\varepsilon}}$$

的整数 x,y 只有有限组. 由 Dirichlet 定理知,Roth 的这一结果已不能再改进了. Roth 的这一重要结果获得了 1958 年国际数学家大会的菲尔兹奖.

Ⅱ. 1966 年前后,Baker[5] 证明了一个十分重要的定理:设 $\alpha_1,\cdots,\alpha_n$ 是 $n>1$ 个非零代数数,$\alpha_i(i=1,\cdots,n)$ 的次数和高分别不超过 $d\geqslant 4$ 和 $h\geqslant 4$. 如果存在整数 $b_1,\cdots,b_n$ 满足

$$0<\mid b_1\log\alpha_1+\cdots+b_n\log\alpha_n\mid<e^{-\delta H}$$

这里 $0<\delta\leqslant 1,H=\max(\mid b_1\mid,\cdots,\mid b_n\mid)$,那么

$$H<(4^{n^2}\delta^{-1}d^{2n}\log h)^{(2n+1)^2}$$

这里所谓代数数 α 的次数 d 和高 h,是指 α 所适合的整系数不可约多项式 $a_m x^m+\cdots+a_1 x+a_0(a_m\neq 0)$ 的次数 m 和系数 $\mid a_j\mid(j=0,1,\cdots,m)$ 的最大值,即 $h=\max(\mid a_0\mid,\mid a_1\mid,\cdots,\mid a_m\mid)$.

利用 Baker 定理可以给出一类丢番图方程解的范围. 对于仅有有限个解的丢番图方程,有希望给出它们解的上界. 而给出了上界,便存在一个有效的计算方法给出全部解,因而使用 Baker 定理的方法又称为"有效方法". Baker 因为这项出色的工作,获得了 1970 年国际数学家大会的菲尔兹奖.

Ⅲ. 我们引进函数

$$F(\alpha,\beta,\gamma,z)=1+\frac{\alpha\cdot\beta}{1\cdot\gamma}z+\frac{\alpha(\alpha+1)\cdot\beta(\beta+1)}{1\cdot 2\cdot\gamma(\gamma+1)}z^2+\cdots$$

易知该函数右端的幂级数在 $\mid z\mid<1$ 或 $z=1,\gamma-\alpha-\beta>0$ 时是收敛的,而且它满足微分方程

$$z(z-1)F''+[(\alpha+\beta+1)z-\gamma]F'+\alpha\beta F=0$$

设 n_1,n_2 是正整数,$n=n_1+n_2,n_2\geqslant n_1$. 令

$$G(z)=F(-\frac{1}{2}-n_2,-n_1,-n,z)$$

$$H(z)=F(\frac{1}{2}-n_1,-n_2,-n,z)$$

以及

118

$$E(z) = \frac{F\left(n_2+1, n_1+\frac{1}{2}, n+2, z\right)}{F\left(n_2+1, n_1+\frac{1}{2}, n+2, 1\right)}$$

则 Beukers[6] 证明了 $G(z)$ 和 $H(z)$ 是次数分别为 n_1，n_2 的多项式，且 $G(z) - H(z)\sqrt{1-z} = z^{n+1}G(1)E(z)$．从而推出：

① $\mid G(z) - H(z)\sqrt{1-z} \mid < G(1) \mid z \mid^{n+1}$，$\mid z \mid < 1$．

② $G(1) < G(z) < G(0) = 1, 0 < z < 1$．

③ $G(1) = \binom{n}{n_1}^{-1} \prod_{m=1}^{n_1}\left(1 - \frac{1}{2m}\right)$．

④ $\binom{n}{n_1}G(z) = \sum_{k=0}^{n_1}\binom{n_2+\frac{1}{2}}{k}\binom{n-k}{n_2}(-z)^k$．

⑤ $\binom{n}{n_1}H(z) = \sum_{k=0}^{n_2}\binom{n_1-\frac{1}{2}}{k}\binom{n-k}{n_1}(-z)^k$．

⑥ 设

$$G^*(z) = F\left(-\frac{1}{2}-(n_2+1), -(n_1+1), -(n+2), z\right)$$

$$H^*(z) = F\left(\frac{1}{2}-(n_1+1), -(n_2+1), -(n+2), z\right)$$

则有

$$G^*(z)H(z) - H^*(z)G(z) = cz^{n+1}$$

这里 $c \neq 0$ 是常数．

利用 ① ～ ⑥ 条可以证明丢番图逼近中的一些结果．例如 1981 年，Beukers[6] 证明了以下定理：设 $m \in \mathbf{Z}$，则对所有整数 x，均有

$$\left|\frac{x}{2^m} - \sqrt{2}\right| > 2^{-1.8m-43.9}$$

现在我们利用 I ~ III 来解决几种不同类型的丢番图方程.

例 1 设

$$n \geqslant 3, f(x,y) = a_0 x^n + a_1 x^{n-1} y + \cdots + a_n y^n$$

为不可约齐次多项式. 若 $g(x,y) = \sum\limits_{r+s \leqslant n-3} b_{rs} x^r y^s$ 为一次数最多为 $n-3$ 的有理系数多项式, 则丢番图方程

$$f(x,y) = g(x,y) \tag{2}$$

最多只有有限组整数解 x, y.

证 由于 x, y 的对称位置, 不妨设 $|x| \leqslant |y|$. 如果 $y = 0$, 那么由

$$|x| \leqslant |y| = 0$$

知 $x = 0$. 现在可设 $y > 0$(因为 $y < 0$ 可将负号并入系数中去), 令 $\alpha_1, \cdots, \alpha_n$ 为方程 $f(x,1) = 0$ 的 n 个根, 记 $G = \max\limits_{r+s \leqslant n-3} |b_{rs}|$, 则由式(1)得

$$|a_0 (x - \alpha_1 y) \cdots (x - \alpha_n y)| \leqslant$$
$$G(1 + 2y + \cdots + (n-2) y^{n-3}) \leqslant$$
$$n^2 G y^{n-3} \tag{3}$$

故存在一个 $j(1 \leqslant j \leqslant n)$, 使得

$$|x - \alpha_j y| < c y^{1-\frac{3}{n}}$$

这里 $c = \left(\dfrac{n^2 G}{|a_0|}\right)^{\frac{1}{n}}$ 为正常数. 因为 $f(x,1)$ 为不可约多项式, 故 $\alpha_1, \cdots, \alpha_n$ 中任两个都不同, 因此对于 $1 \leqslant i \neq j \leqslant n$, 有 $|\alpha_i - \alpha_j| > c_1 > 0$, 所以在 $i \neq j$ 时存在正常数 $c_2 < c_1$, 当 $y > \left(\dfrac{c}{c_1 - c_2}\right)^{\frac{n}{3}}$ 时有

$$|x - \alpha_i y| = |(\alpha_j - \alpha_i) y + (x - \alpha_j y)| >$$

$$c_1 y - c y^{1-\frac{3}{n}} > c_2 y$$

故

$$\prod_{1 \leqslant i \neq j \leqslant n} | x - \alpha_i y | > (c_2 y)^{n-1} \qquad (4)$$

由式(3)和(4)得出

$$| x - \alpha_j y | < \frac{c_3}{y^2} \qquad (5)$$

此处 $c_3 = \dfrac{c^n}{c_2^{n-1}}$ 为一正常数. 现在由式(5)即得

$$\left| \frac{x}{y} - \alpha_j \right| < \frac{c_3}{y^3} < \frac{1}{y^{2+\varepsilon}} \quad (1 > \varepsilon > 0)$$

由 I 中的 Roth 定理知,适合此式的 $x, y > 0$ 只有有限组,这就证明了例 1. 证毕.

很自然的,例 1 中的 $n = 2$ 时结果如何? 由 I 中的 Dirichlet 定理可推出,如果方程

$$ax^2 + bxy + cy^2 + dx + ey + f = 0$$

有解,那么必有无穷多组解(这里,$b^2 - 4ac > 0$ 且为非平方数).

在例 1 中,利用 Baker 的有效方法,可以定出解的上界,参阅第 8 章.

例 2　设 Pell 方程 $x^2 - Dy^2 = 1$ 和 $x^2 - D_1 y^2 = 1$ 的基本解分别为 $\beta = x_0 + y_0 \sqrt{D}$ 和 $\beta_1 = x_1 + y_1 \sqrt{D_1}$, 则 Pell 方程组

$$x^2 - Dy^2 = 1, y^2 - D_1 z^2 = 1 \qquad (6)$$

的整数解满足

$$| y | < M^{2^{1470} N^{49}}$$

这里 $M = \max(\beta, \beta_1), N = \log \max(2x_0, 2x_1, D)$.

证　我们用 II 中的 Baker 定理来证明. 设 x, y, z 是方程(6)的整数解,则有

$$|y| = \frac{\beta^n - \bar{\beta}^n}{2\sqrt{D}} = \frac{\beta_1^m + \bar{\beta}_1^m}{2} \quad (m \geqslant 0, n \geqslant 0) \quad (7)$$

这里 $\bar{\beta} = x_0 - y_0\sqrt{D}$, $\bar{\beta}_1 = x_1 - y_1\sqrt{D_1}$ 且 $\beta\bar{\beta} = \beta_1\bar{\beta}_1 = 1$. 令

$$P = \frac{\beta^n}{2\sqrt{D}} , Q = \frac{\beta_1^m}{2}$$

则 $P^{-1} = 2\sqrt{D}\,\bar{\beta}^n , Q^{-1} = 2\,\bar{\beta}_1^m$. 于是式(7)给出

$$P - P^{-1} \cdot \frac{1}{4D} = Q + Q^{-1} \cdot \frac{1}{4} \qquad (8)$$

因为 $P^{-1} > 0, Q^{-1} > 0$，故式(8)给出 $P > Q$，从而 $P^{-1} < Q^{-1}$，于是由 $Q^{-1} < 1$ 知

$$P = P^{-1} \cdot \frac{1}{4D} + Q + Q^{-1} \cdot \frac{1}{4} <$$

$$Q^{-1} \cdot \frac{1}{4D} + Q + Q^{-1} \cdot \frac{1}{4} =$$

$$Q + Q^{-1} \cdot \frac{D+1}{4D} <$$

$$Q + \frac{D+1}{4D}$$

故

$$Q > P - \frac{D+1}{4D} \qquad (9)$$

假设 $n \geqslant 3$，则

$$P = \frac{\beta^n}{2\sqrt{D}} \geqslant \frac{(1+\sqrt{D})^3}{2\sqrt{D}} = \frac{1}{2\sqrt{D}} + \frac{3}{2} + \frac{3}{2}\sqrt{D} + \frac{D}{2} >$$

$$\frac{1}{2}\left(\frac{1}{\sqrt{D}} + 1\right) + \frac{D}{2}\left(\frac{1}{\sqrt{D}} + 1\right) =$$

$$\frac{D+1}{2}\left(\frac{1}{\sqrt{D}} + 1\right) >$$

122

$$\frac{D+1}{2} \cdot \frac{D+1}{4D} \tag{10}$$

因此由式（9）和（10）得出

$$Q^{-1} < \left(P - \frac{D+1}{4D}\right)^{-1} < P^{-1} \cdot \frac{D+1}{D-1} \tag{11}$$

再从式（8）和（11）知

$$P - Q = P^{-1} \cdot \frac{1}{4D} + Q^{-1} \cdot \frac{1}{4} < P^{-1} \cdot \left(\frac{1}{4D} + \frac{D+1}{4(D-1)}\right)$$

因此，当 $j \geqslant 3$ 时

$$\frac{(P-Q)^j}{jP^j} < \frac{(P-Q)^2}{2^{j-1}P^2}$$

现在

$$0 < \log \frac{P}{Q} = \log \frac{1}{1 - \frac{P-Q}{P}} =$$

$$\frac{P-Q}{P} + \frac{(P-Q)^2}{2P^2} + \sum_{j=3}^{\infty} \frac{(P-Q)^i}{jP^j} <$$

$$\frac{P-Q}{P} + \frac{(P-Q)^2}{2P^2} \sum_{j=1}^{\infty} \frac{1}{2^{j-1}} =$$

$$\frac{P-Q}{P} + \frac{(P-Q)^2}{P^2} <$$

$$P^{-2} \cdot \left(\frac{1}{4D} + \frac{D+1}{4(D-1)}\right) +$$

$$P^{-4} \cdot \left(\frac{1}{4D} + \frac{D+1}{4(D-1)}\right)^2 <$$

$$P^{-2} \cdot \left(\frac{1}{4D} + \frac{D+1}{4(D-1)}\right)\left[1 + \frac{16D(D^2 + 2D - 1)}{(D-1)(D+1)^4}\right]$$

故把 $P = \dfrac{\beta^n}{2\sqrt{D}}, Q = \dfrac{\beta_1^m}{2}$ 代入上式得

$$0 < n\log \beta - \log \sqrt{D} - m\log \beta_1 <$$

123

$$D\left(\frac{1}{D}+\frac{D+1}{D-1}\right)\left[1+\frac{16D(D^2+2D-1)}{(D-1)(D+1)^4}\right]\beta^{-2n}$$

$$(12)$$

如果 $n \geqslant m$，那么式(12)右端小于 e^{-n}，故由 Ⅱ 中的 Baker 定理知

$$n \leqslant [4^9 \cdot 4^6 \log \max(2x_0, 2x_1, D)]^{49} = 2^{1\,470}N^{49}$$

如果 $n < m$，那么由 $P > Q$，我们有

$$D\beta^{-2n} < \beta_1^{-2m}$$

因此式(12)右端小于 e^{-m}，故由 Baker 定理知

$$m < 2^{1\,470}N^{49}$$

于是，从式(7)知

$$|y| < (\max(\beta, \beta_1))^{\max(m,n)} < M^{2^{1\,470} \cdot N^{49}}$$

证毕.

由例 2 知，Pell 方程组(6)最多仅有有限组整数解. 对于某些给定值的 D, D_1，利用 Baker 的有效方法加上一些计算可以给出方程(6)的全部整数解.

例 3 Pell 方程组

$$x^2 - 2y^2 = 1, \quad y^2 - 3z^2 = 1 \qquad (13)$$

仅有整数解 $x = \pm 3, y = \pm 2, z = \pm 1$.

证 由于方程(13)中两个 Pell 方程的基本解分别为 $\beta = 3 + 2\sqrt{2}, \beta_1 = 2 + \sqrt{3}$，故由例 2 知

$$|y| < (3 + 2\sqrt{2})^{2^{1\,470} \cdot (\log 6)^{49}} < 5^{10^{460}}$$

这个界虽然很大，但 Grinetead[7] 提出了一个用计算机处理的办法. 由方程(13)解出

$$|y| = \frac{\beta^n - \bar{\beta}^n}{2\sqrt{2}} = \frac{\beta_1^m + \bar{\beta}_1^m}{2} \quad (m \geqslant 0, n \geqslant 0) \ (14)$$

假设式(14)成立，则 Grinetead 验证了小于 1 095 的所有素数 p，发现式(14)均给出 $n \equiv 1 \pmod{p}$，于是

$$n \equiv 1 (\bmod \prod_{p<1\,095} p)$$

由此知 $n=1$ 或 $n > \prod\limits_{p<1\,095} p$,但由于

$$\prod_{p<1\,095} p > 10^{460}$$

故在 $n > \prod\limits_{p<1\,095} p$ 时式(14)给出

$$|y| > 5^{10^{460}}$$

因此只能 $n=1$,从而 $|y| = \dfrac{\beta - \overline{\beta}}{2\sqrt{2}} = 2$,于是给出方程

(13)仅有整数解 $x = \pm 3, y = \pm 2, z = \pm 1$. 证毕.

例 4　设 $D \neq 0 \in \mathbf{Z}$,如果丢番图方程

$$x^2 - D = 2^n \tag{15}$$

有正整数解,那么 $n < 435 + \dfrac{10\log|D|}{\log 2}$.

证　如果 n 为偶数,那么方程(15)给出

$$|D| = |x^2 - 2^n| = |x - 2^{\frac{n}{2}}| \cdot |x + 2^{\frac{n}{2}}| > 2^{\frac{n}{2}}$$

故 $n < \dfrac{2\log|D|}{\log 2}$,即结论成立.

现设 $2 \nmid n, n = 2m+1$,则由 Ⅲ 中的 Beukers 定理知

$$\left| \frac{x}{2^m} - \sqrt{2} \right| > 2^{-1.8m - 43.9}$$

故

$$\left| \frac{x}{2^{\frac{n}{2}}} - 1 \right| > 2^{-0.9n - 43.5} \tag{16}$$

现由方程(15)推出 $\left| \dfrac{x}{2^{\frac{n}{2}}} - 1 \right| < |D| 2^{-n}$,故结合式

(16)得出 $n < 435 + \dfrac{10\log|D|}{\log 2}$. 证毕.

最后指出,利用 I～III 中的结果可以给出许多著名问题的解答.对于 III,由于从 ①～⑥ 可以推出一系列丢番图不等式,故可用来解更为广泛的丢番图方程.

习题

1. 利用 Thue 定理证明:设 $n \geqslant 3$,$f(x,y)$ 是 n 次不可约的齐次多项式,则 $f(x,y) = a$(a 为常数)仅有有限组解.

2. 利用 Roth 定理证明:设 p,q 是不同的奇素数,则在 $p > 2(q-1)$ 或 $q > 2(p-1)$ 时,Catalan 方程
$$x^p - y^q = 1$$
最多仅有有限组整数解 x,y.

3. 如果丢番图方程 $y^2 = x^3 + k$,$k \neq 0$ 有整数解 x,y,那么必有
$$\max(|x|,|y|) \leqslant \exp(10^{10}|k|10^4)$$

4. 利用 Beukers 定理,证明丢番图方程 $x^2 + 7 = 2^n$ 仅有正整数解 $(x,n) = (1,3)$,$(3,4)$,$(5,5)$,$(11,7)$,$(181,15)$.

5. 设 q 是一个素数幂,$2 \nmid m \geqslant 5$.如果丢番图方程 $x^2 = 4q^m + 4q^2 + 1$ 有整数解,那么 $q < 40$.

3.5　其他的一些高等方法

本节我们介绍解析数论和丢番图几何的成果在解一些丢番图方程时的应用.我们知道,解析数论和丢番图几何的成果异常丰富,它们研究的对象都是丢番图方程,只是解析数论研究丢番图方程解的个数的估计,而丢番图几何研究丢番图方程上解的定性或定量性

质.这一节,我们不可能涉及这两个重要分支的较为全面的结果,我们只想说明一下,这两个分支中的一些结果(有些结果直接就是关于丢番图方程的)可以给出丢番图问题的一些解答.

在解析数论中,我们熟知筛法中的一个结果[8]:设 m 是自然数,a_i,b_i 满足 $(a_i,b_i)=1(i=1,\cdots,m)$. 又设

$$E=\prod_{i=1}^{m}a_i\prod_{1\leqslant r<s\leqslant m}(a_rb_s-a_sb_r)\neq 0,1<y\leqslant x(x,y 均$$

为实数). 如果 P 是某些素数的集合,且有 $\delta>0$,$A>0$ 使得

$$\sum_{\substack{p<y\\p\in P}}\frac{1}{p}\geqslant \delta\log\log y-A$$

那么

$$\#\{n\mid x-y<n\leqslant x,$$
$$(a_in+b_i,P)=1(i=1,\cdots,m)\}\ll$$
$$\prod_{\substack{p\mid E\\p\in P}}\left(1-\frac{1}{p}\right)^{\rho(p)-m}\cdot\frac{y}{(\log y)^{\delta m}} \tag{1}$$

且包含在 $\ll$ 中的常数仅与 m 和 A 有关.其中 $\rho(p)$ 表示

$$\prod_{i=1}^{m}(a_in+b_i)\equiv 0(\bmod\ p)$$

的解数,而 $(a_in+b_i,P)=1$ 表示 a_in+b_i 与 P 中的每一素数互素,而 $\#\{\ \}$ 表示集合 $\{\ \}$ 中的元素个数.

利用这个结果,我们来证明下面的例题.

例 1　设 $S(N)$ 表示不超过 N 且使方程

$$\frac{4}{n}=\frac{1}{x}+\frac{1}{y}+\frac{1}{z} \tag{2}$$

没有正整数解的那些 n 的个数,则有

$$S(N) \ll \frac{N}{(\log N)^2}$$

证　容易验证,当 $n = (4k-1)v$ 时有

$$\frac{4}{n} = \frac{1}{kv} + \frac{1}{n(k+1)} + \frac{1}{nk(k+1)}$$

当 $n+1 = (4k-1)v$ 时有

$$\frac{4}{n} = \frac{1}{kv} + \frac{1}{nk} + \frac{1}{nkv}$$

当 $n+4 = (4k-1)v$ 时有

$$\frac{4}{n} = \frac{1}{kv-1} + \frac{1}{nk} + \frac{1}{nk(kv-1)}$$

当 $4n+1 = (4k-1)v$ 时有

$$\frac{4}{n} = \frac{1}{nk} + \frac{1}{k(kv-n)} + \frac{1}{n(kv-n)}$$

故取

$$P = \{p \mid p \equiv -1(\bmod 4)\}, y = x, m = 4$$

$$\prod_{i=1}^{4} (a_i n + b_i) = n(n+1)(n+4)(4n+1)$$

得

$$E = 4 \times 3^3 \times 5 \neq 0, \rho(3) = 2$$

$$\prod_{\substack{p \mid E \\ p \in P}} \left(1 - \frac{1}{p}\right)^{\rho(p) - m} = \left(\frac{2}{3}\right)^{-2}$$

由 Mertens 的结果(看资料[8])知

$$\sum_{\substack{p < x \\ p \equiv l(\bmod k)}} \frac{1}{p} = \frac{1}{\varphi(k)} \log \log x + O_k(1) \quad ((l,k) = 1)$$

故取 $k = 4, l = -1$,知

$$\sum_{\substack{p < x \\ p \in P}} \frac{1}{p} \geqslant \frac{1}{2} \log \log x - A$$

所以可取 $\delta = \dfrac{1}{2}$，由式（1）得出

$$S(x) \ll \frac{x}{(\log x)^2}$$

证毕.

Erdös 曾经猜测，对大于 1 的每个正整数 n，方程（2）均有正整数解. 而例 1 的结论说明，对"几乎所有"的 n，Erdös 的这个猜测都成立. 例 1 的这个十分简短的证明是杨训乾[9]得到的，对于这个问题的进一步推广，即对于方程

$$\sum_{i=0}^{k} \frac{1}{x_i} = \frac{a}{n} \quad （a \text{ 是给定的正整数}） \quad （3）$$

设 $E_{a,k}(N)$ 表示不超过 N 且使方程（3）没有正整数解的那些 n 的个数，则单墫[10]用解析数论的方法证明了

$$E_{a,k}(N) \ll N\exp(-c(\log N)^{1-\frac{1}{k+1}})$$

且包含在 $\ll$ 中的常数依赖于 a 和 k.

例 2　Catalan 方程

$$x^m - y^n = 1 \quad （m > 1, n > 1） \quad （4）$$

在 $m \geqslant 2\sqrt{xy}$，$n \geqslant 2\sqrt{xy}$ 时无正整数解.

证　由于方程（4）在 $2 \mid mn$ 时仅有正整数解 $m = 2, x = 3, n = 3, y = 2$（参见 Mordell 的书[11]或第 8 章 8.3 节），故例 2 的结论成立. 现在设 $2 \nmid mn$，由方程（4）整理得

$$(x^m + y^n)^2 - xy(2x^{\frac{m-1}{2}} y^{\frac{n-1}{2}})^2 = 1 \quad （5）$$

显然 $xy > 0$ 且不是平方数. 设 Pell 方程 $\xi^2 - xy\eta^2 = 1$ 的基本解为 $\varepsilon = \xi_0 + \eta_0\sqrt{xy}$，则方程（5）给出

$$x^m + y^n = \frac{\varepsilon^k + \bar{\varepsilon}^k}{2} = 2x^m - 1 = 2y^n + 1 \quad （6）$$

和

$$2x^{\frac{m-1}{2}}y^{\frac{n-1}{2}} = \frac{\varepsilon^k - \bar{\varepsilon}^k}{2\sqrt{xy}} \quad (k > 0) \qquad (7)$$

如果 $2 \mid k$，那么由方程（6）得

$$2x^m - 1 = 2\left(\frac{\varepsilon^{\frac{k}{2}} + \bar{\varepsilon}^{\frac{k}{2}}}{2}\right)^2 - 1$$

这给出 $x = x_1^2, \dfrac{\varepsilon^{\frac{k}{2}} + \bar{\varepsilon}^{\frac{k}{2}}}{2} = x_1^m$，代入方程（7）可得

$$x_1^{m-1}y^{\frac{n-1}{2}} = x_1^m \cdot \frac{\varepsilon^{\frac{k}{2}} - \bar{\varepsilon}^{\frac{k}{2}}}{2\sqrt{xy}}$$

此给出 $x_1 \mid y^{\frac{n-1}{2}}$. 由于 $(x_1, y) = 1$，故 $x_1 = 1$，从而 $x = 1$，$y = 0$，非方程（4）的正整数解.

如果 $2 \nmid k, k > 1$，可设 $p \mid k, p$ 为 k 的任一个奇素数因子. 令

$$k = pl, a_l + b_l\sqrt{xy} = \varepsilon^l$$

则方程（7）给出

$$2x^{\frac{m-1}{2}}y^{\frac{n-1}{2}} = \frac{(\varepsilon^l)^p - (\bar{\varepsilon}^l)^p}{\varepsilon^l - \bar{\varepsilon}^l} \cdot \frac{\varepsilon^l - \bar{\varepsilon}^l}{2\sqrt{xy}} = \frac{(\varepsilon^l)^p - (\bar{\varepsilon}^l)^p}{\varepsilon^l - \bar{\varepsilon}^l} \cdot b_l$$

$$(8)$$

如果 $p \nmid xy$，那么 $\left(\dfrac{(\varepsilon^l)^p - (\bar{\varepsilon}^l)^p}{\varepsilon^l - \bar{\varepsilon}^l}, xy\right) = 1$，且 $2 \nmid$

$\dfrac{(\varepsilon^l)^p - (\bar{\varepsilon}^l)^p}{\varepsilon^l - \bar{\varepsilon}^l}$，故方程（8）给出

$$\frac{(\varepsilon^l)^p - (\bar{\varepsilon}^l)^p}{\varepsilon^l - \bar{\varepsilon}^l} = 1$$

而这显然不可能.

现在考虑 $p \mid xy$. 此时，在 $p > 3$ 时有

$p \left\| \dfrac{(\varepsilon^l)^p - (\bar{\varepsilon}^l)^p}{\varepsilon^l - \bar{\varepsilon}^l}, \dfrac{(\varepsilon^l)^p - (\bar{\varepsilon}^l)^p}{p(\varepsilon^l - \bar{\varepsilon}^l)} \equiv 1 (\bmod 2xy)\right.$，所以

方程(8) 给出

$$\frac{(\varepsilon^l)^p - (\overline{\varepsilon}^l)^p}{\varepsilon^l - \overline{\varepsilon}^l} = p$$

此仍不可能. 而对于 $p=3$, 可设 $3 \nmid b_l$, $3 \mid xy$, 且方程 (8) 可化为

$$2x^{\frac{m-1}{2}} y^{\frac{n-1}{2}} = (3a_l^2 + b_l^2 xy)b_l \tag{9}$$

由 $a_l^2 - xyb_l^2 = 1$, 设 $3^a \parallel x$ 或 $3^a \parallel y$, $\alpha \geqslant 1$, 则方程(9) 给出 $3a_l^2 + b_l^2 xy = 3^\lambda$, $\lambda = \alpha \cdot \dfrac{m-1}{2}$ 或 $\alpha \cdot \dfrac{n-1}{2}$, 故知

$$4a_l^2 - 1 = 3^\lambda$$

由此得 $a_l = 1$, 所以 $l = 0$. 但由 $l = 0$ 代入方程(9) 知 $xy = 0$, 与 $xy > 0$ 矛盾.

以上证明了 $k > 1$ 时方程(6) 和(7) 不成立, 所以

$$x^m + y^n + 2x^{\frac{m-1}{2}} y^{\frac{n-1}{2}} \sqrt{xy} = \xi_0 + \eta_0 \sqrt{xy} \tag{10}$$

现由解析数论中的 Schur 定理(参见资料[12]) 知

$$\xi_0 + \eta_0 \sqrt{xy} < (xy)^{\sqrt{xy}}$$

故由方程(10) 知

$$x^m + y^n + 2x^{\frac{m}{2}} y^{\frac{n}{2}} < (xy)^{\sqrt{xy}}$$

因此, 设 $\lambda = \min(m, n)$, 可有

$$(xy)^{\frac{\lambda}{2}} < x^{\frac{m}{2}} y^{\frac{n}{2}} < x^m + y^n + 2x^{\frac{m}{2}} y^{\frac{n}{2}} < (xy)^{\sqrt{xy}}$$

即 $\lambda < 2\sqrt{xy}$, 这与 $m \geqslant 2\sqrt{xy}$, $n \geqslant 2\sqrt{xy}$ 矛盾. 证毕.

这个例子的证明, 只用到了解析数论中的 Schur 定理和 Pell 方程方法, 但收到了意想不到的结果. 另外, 从这个证明可见, 对给定的正整数 a, b, 方程

$$a^x - b^y = 1 \quad (x > 1, y > 1)$$

的解最多只有一组, 且 x, y 中必有一个小于 $2\sqrt{ab}$.

例 2 所示的方法是属于曹珍富的. 其一般步骤:

① 把欲求解的方程化为 Pell 方程；

② 利用 Pell 方程的解的性质,把欲求解的方程化为与 Pell 方程基本解间的关系；

③ 利用解析数论中关于基本解的估计定出解的不等关系或解的上界.

利用这种方法,曹珍富[13] 还求解了方程

$$\frac{x^m - 1}{x - 1} = y^n \quad (m > 2, n > 1)$$

解析数论在解丢番图方程中的应用还有许多例子. 1985 年,Adleman 和 Heath-Brown[14] 证明了有无穷多个素数 p 使 Fermat 大定理第一情形成立,即他们证明了:设 p 是奇素数,$s(N)$ 表示不超过 N 且使方程 $x^p + y^p = z^p$ 没有 $p \nmid xyz$ 的整数解的那些 p 的个数,则 $s(N) \gg N^{0.6687}$. 后来,Heath-Brown[15] 对一般的 Fermat 方程

$$x^n + y^n = z^n \quad (n \geqslant 3) \tag{11}$$

证明了对"几乎所有"的 n,方程(11)均无整数解. 设 $H(N)$ 是不超过 N 且使方程(11)有整数解的那些 n 的个数,则 Heath-Brown 证明了 $H(N) = o(N)$(当 $N \to \infty$),即对任给的 $\varepsilon > 0$,存在 N_ε,当 $N \geqslant N_\varepsilon$ 时 $H(N) \leqslant \varepsilon N$.

Heath-Brown 的这些重要结果都是基于 Faltings 关于丢番图几何的一个重要结果. 1983 年,Faltings[16] 证明了著名的 Mordell 猜想,即"亏格"大于或等于 2 的有理曲线上最多仅有有限个有理点. 设 $f(x, y) = x^n + y^n - 1$,则 $f(x, y)$ 的亏格 $g = \frac{(n-1)(n-2)}{2}$,故由 Faltings 的结果可推出,在 $n \geqslant 4$ 时,$x^n + y^n = 1$ 最多仅有有限个有理解. 于是推出方程

132

(11) 若有解(不妨设$(x,y)=1$),则仅有有限组.这是对 Fermat 猜想的重大突破.

由于介绍丢番图几何的成果需要其他许多专门的知识,这超出了本书的范围.有兴趣的读者可参阅 Lang 的书[2].

参 考 资 料

[1]曹珍富,自然杂志,9(1986),720.

[2]Lang,S.,Fundamentals of Diophantine Geometry,Springer-Verlag,1983.

[3]曹珍富,王笃正,科学通报,14(1987),1043-1046.

[4]Cassels,J. W. S.,An Introduction to Diophantine Approximation,Camb. Univ. Press,1957,或[12],533-548.

[5]Baker,A.,Mathematika,15(1968),204-216.

[6]Beukers,F.,Acta Arithmetica,38(1981),389-410.

[7]Grinetead,Math. Comp.,32(1978),936-940.

[8]Halberstem,H. and Richert,H. F.,Sieve Methods,Academic Press,1974.

[9]杨训乾,四川大学学报(自然科学版),3(1981),101-103.

[10]单墫,数学年刊,B 辑,2(1986),213-220.

[11]Mordell,L. J.,Diophantine Equations,Academic Press,London and New York,1969,301-304.

[12]华罗庚,数论导引,第十二章,科学出版社,北京,1979,363.

[13]曹珍富,关于丢番图方程$\frac{x^m-1}{x-1}=y^n$,在 1988 年 9 月山东大学纪念闵嗣鹤教授学术报告会上的报告.

[14]Adleman,L. M. and Heath-Brown,D. R.,Invent. Math.,79(1985),409-416.

[15]Heath-Brown,D. R.,Bull. London Math. Soc.,17(1985),15-16. MR86a:11011.

[16]Faltings,G.,Invent. Math.,73(1983),349-366.

一次丢番图方程

第 4 章

在前面我们全面地介绍了解丢番图方程的方法.从本章开始,我们将利用这些方法介绍各种不同类型的丢番图方程的解法和结果,并且对与丢番图方程有关的问题也尽量给以阐述.

一次丢番图方程是最基本的.本章将从二元、三元的一次丢番图方程入手,导出一般的一次丢番图方程的不同解法,最后给出整系数线性型的 Frobenius 问题的研究情况.

4.1　二元、三元的一次丢番图方程

设 $s \geqslant 2, s$ 元一次丢番图方程是指

$$a_1 x_1 + \cdots + a_s x_s = n$$

这里 $a_i \neq 0 (i=1, \cdots, s)$ 和 n 都是给定的整数.本节我们给出 $s=2$ 和 $s=3$ 的全部整数解表达式.

定理 1　若二元一次丢番图方程

$$a_1 x_1 + a_2 x_2 = n \qquad (1)$$

有整数解 $x_1^{(0)}, x_2^{(0)}$，则方程(1)的全部整数解可表为

$$x_1 = x_1^{(0)} + \frac{a_2}{d} t, \ x_2 = x_2^{(0)} - \frac{a_1}{d} t \quad (t \in \mathbf{Z}) \quad (2)$$

这里 $d = (a_1, a_2)$.

证　把式(2)代入方程(1)验证知，如果 $x_1^{(0)}, x_2^{(0)}$ 是方程(1)的解，那么式(2)对任意 $t \in \mathbf{Z}$ 均是方程(1)的解.

现设 x_1, x_2 为方程(1)的一组整数解，我们来证明它必能表为式(2)的形状. 由

$$a_1 x_1 + a_2 x_2 = a_1 x_1^{(0)} + a_2 x_2^{(0)} = n$$

可得

$$a_1 (x_1 - x_1^{(0)}) + a_2 (x_2 - x_2^{(0)}) = 0 \qquad (3)$$

由于 $\left(\dfrac{a_1}{d}, \dfrac{a_2}{d}\right) = 1$，故式(3)给出 $\dfrac{a_2}{d} \,\Big|\, x_1 - x_1^{(0)}$，可设 $x_1 - x_1^{(0)} = \dfrac{a_2}{d} t$，$t \in \mathbf{Z}$，于是式(3)给出

$$x_1 = x_1^{(0)} + \frac{a_2}{d} t, \ x_2 = x_2^{(0)} - \frac{a_1}{d} t \quad (t \in \mathbf{Z})$$

证毕.

现在我们给出方程(1)有整数解的充要条件. 这样就彻底解决了方程(1).

定理 2　方程(1)有整数解的充要条件是 $(a_1, a_2) \mid n$.

证　方程(1)有整数解显然给出 $(a_1, a_2) \mid n$. 现设 $(a_1, a_2) \mid n$，我们来证明方程(1)必有整数解. 此时不失一般性可设 $(a_1, a_2) = 1$，$a_1 > 0$，若 $a_1 = 1$，则方程(1)显然有解 $x_1 = n - a_2 x_2$. 若 $a_1 > 1$，则可设 $a_2 =$

135

$k_1 a_1 + r_1, 0 < r_1 < a_1, (r_1, a_1) = 1$，方程(1)给出

$$x_1 = -k_1 x_2 + \frac{-r_1 x_2 + n}{a_1} = -k_1 x_2 + x_3$$

这里 $a_1 x_3 + r_1 x_2 = n, (r_1, a_1) = 1$. 由此可知，对于

$$a_1 = k_2 r_1 + r_2, 0 < r_2 < r_1, (r_2, r_1) = 1$$
$$r_1 = k_3 r_2 + r_3, 0 < r_3 < r_2, (r_2, r_3) = 1$$
$$\vdots$$
$$r_{s-1} = k_{s+1} r_s + r_{s+1}, r_{s+1} = 0, r_s = 1$$

分别得出

$$x_2 = -k_2 x_3 + x_4, r_1 x_4 + r_2 x_3 = n$$
$$x_3 = -k_3 x_4 + x_5, r_2 x_5 + r_3 x_4 = n$$
$$\vdots$$
$$x_s = -k_s x_{s+1} + x_{s+2}, r_{s-1} x_{s+2} + r_s x_{s+1} = n$$

由于 $r_s = 1$，后一式解出含有参数 x_{s+2}（令 $x_{s+2} = t$）的 x_s, x_{s+1}，不断回代，最后得出方程(1)含参数 t 的解. 证毕.

定理 2 的证明是构造性的，它告诉我们在方程(1)有解时怎样求其全部解.

对于三元一次丢番图方程

$$a_1 x_1 + a_2 x_2 + a_3 x_3 = n \qquad (4)$$

结果如何呢？我们在下节将证明方程(4)有解的充要条件是 $(a_1, a_2, a_3) \mid n$. 而在 $(a_1, a_2, a_3) \mid n$ 时方程(4)的解可由方程(1)的解推出. 我们有下面的定理.

定理 3　设 $(a_1, a_2, a_3) = 1, (a_1, a_2) = d$，则方程(4)的全部解可表为

$$x_1 = x_1^{(0)} + \frac{a_2}{d} t_1 - u_1 a_3 t_2$$

$$x_2 = x_2^{(0)} - \frac{a_1}{d} t_1 - u_2 a_3 t_2, x_3 = x_3^{(0)} + d t_2 \quad (t_1, t_2 \in \mathbf{Z})$$

$$(5)$$

其中，$x_1^{(0)}, x_2^{(0)}, x_3^{(0)}$ 是方程(4)的任一组解，u_1, u_2 满足方程 $\dfrac{a_1}{d} u_1 + \dfrac{a_2}{d} u_2 = 1$.

证　经验证知，只要证明方程(4)的全部解可表为式(5). 设 x_1, x_2, x_3 是方程(4)的任一组解，由

$$a_1 x_1^{(0)} + a_2 x_2^{(0)} + a_3 x_3^{(0)} = a_1 x_1 + a_2 x_2 + a_3 x_3 = n$$

可得

$$a_1(x_1 - x_1^{(0)}) + a_2(x_2 - x_2^{(0)}) = -a_3(x_3 - x_3^{(0)})$$

$$(6)$$

由 $(a_1, a_2) = d$ 及 $(d, a_3) = 1$ 知 $d \mid x_3 - x_3^{(0)}$，故有整数 t_2 使得 $x_3 - x_3^{(0)} = d t_2$，代入式(6) 得

$$\frac{a_1}{d}(x_1 - x_1^{(0)}) + \frac{a_2}{d}(x_2 - x_2^{(0)}) = -a_3 t_2 \qquad (7)$$

根据 $\dfrac{a_1}{d} u_1 + \dfrac{a_2}{d} u_2 = 1$ 知，方程 $\dfrac{a_1}{d} u + \dfrac{a_2}{d} v = -a_3 t_2$ 有一组解 $u = -u_1 a_3 t_2$，$v = -u_2 a_3 t_2$，故由定理 1，式(7)的全部解可表为

$$x_1 - x_1^{(0)} = -u_1 a_3 t_2 + \frac{a_2}{d} t_1$$

$$x_2 - x_2^{(0)} = -u_2 a_3 t_2 - \frac{a_1}{d} t_1$$

这里 $t_1 \in \mathbf{Z}$. 这就得出方程(4)的解均可表为式(5)的形状. 证毕.

4.2　$s \geqslant 2$ 元一次丢番图方程

很自然地，二元、三元一次丢番图方程的结果是否

可推广到一般的 $s \geqslant 2$ 元一次丢番图方程

$$a_1 x_1 + \cdots + a_s x_s = n \qquad (1)$$

上去？这里 $a_i \neq 0 (i = 1, \cdots, s)$ 和 n 都是给定的整数. 我们将证明一些类似的结果.

定理 1 方程(1)有解的充要条件是 $(a_1, \cdots, a_s) \mid n$.

证 如方程(1)有解，显然有 $(a_1, \cdots, a_s) \mid n$. 现设 $(a_1, \cdots, a_s) \mid n$，来证明方程(1)有解. 设 $(a_1, \cdots, a_s) = d_s$，首先对 $s \geqslant 2$ 用归纳法证明必存在整数 $y_1, \cdots, y_s$ 使得

$$a_1 y_1 + \cdots + a_s y_s = d_s \qquad (2)$$

$s-2$ 时结论显然成立(见 4.1 节的定理 1)，设 s 时结论成立，则在 $s+1$ 时，有

$$\begin{aligned}
d_{s+1} &= (a_1, \cdots, a_s, a_{s+1}) = (d_s, a_{s+1}) = \\
&\quad d\lambda + a_{s+1} y_{s+1} = \\
&\quad a_1(\lambda y_1) + \cdots + a_s(\lambda y_s) + a_{s+1} y_{s+1}
\end{aligned}$$

这就证明了式(2)成立. 于是，在 $d_s \mid n$ 时，在式(2)两端乘以 $\dfrac{n}{d_s}$，得出

$$a_1\left(\frac{n}{d_s} y_1\right) + \cdots + a_s\left(\frac{n}{d_s} y_s\right) = n$$

即方程(1)有解 $x_i = \dfrac{n}{d_s} y_i (i = 1, \cdots, s)$. 证毕.

现在的问题是，方程(1)有解时，怎样求出全部解？正如三元的情形一样，它也可以化为若干二元的情形来解决. 设

$$(a_1, a_2) = d_2, (d_2, a_3) = d_3, \cdots, (d_{s-1}, a_s) = d_s(=d)$$

则方程(1)可化为

$$a_1 x_1 + a_2 x_2 = d_2 y_2$$

$$d_2 y_2 + a_3 x_3 = d_3 y_3$$

$$\vdots$$

$$d_{s-2} y_{s-2} + a_{s-1} x_{s-1} = d_{s-1} y_{s-1}$$

$$d_{s-1} y_{s-1} + a_s x_s = n$$

然后由后一式解出 y_{s-1}, x_s，将 y_{s-1} 代入上一式解出 y_{s-2}, x_{s-1}，再将 y_{s-2} 代入上式，不断做下去，直至解出 x_1, x_2．这样便得出方程（1）的全部解，而且由于每解一个二元一次丢番图方程增加一个整数参数，故方程（1）的全部解中一定含有 $s-1$ 个整数参数．

除这种逐次求出方程（1）的全部解外，是否存在一个表达式，给出方程（1）的全部解？1984 年，徐肇玉和曹珍富[1]证明了下面的定理．

定理 2　设 $x_1 = x_1^{(0)}, \cdots, x_s = x_s^{(0)}$ 是方程（1）的任一组整数解，则存在 $t(1 \leqslant t \leqslant s)$ 使得方程（1）的全部整数解可表为

$$x_i = x_i^{(0)} + D \frac{m_i}{n_i}[n_1, \cdots, n_{t-1}, n_{t+1}, \cdots, n_s]$$

$$(i = 1, \cdots, s, D \in \mathbf{Z}) \qquad (3)$$

其中，$m_i, n_i \in \mathbf{Z}(1 \leqslant i \leqslant s)$ 满足以下条件：

①$(m_i, n_i) = 1, n_i \neq 0(i = 1, \cdots, s)$．

②$\dfrac{m_t}{n_t} = 1$，且 $\dfrac{m_{t-1}}{n_{t-1}} = -\dfrac{1}{a_{t-1}} \displaystyle\sum_{\substack{1 \leqslant i \leqslant s \\ i \neq t-1}} a_i \dfrac{m_i}{n_i}$．

这里约定 $t = 1$ 时 $m_{t-1} = m_s, n_{t-1} = n_s$．

证　容易验证，式（3）确为方程（1）的解．现证方程（1）的任一解均可表为式（3）．为此，令 $x_i = x_i^{(0)} + y_i(i = 1, \cdots, s)$，代入方程（1）得

$$a_1 y_1 + \cdots + a_s y_s = 0 \qquad (4)$$

设 $y_i = D z_i(i = 1, \cdots, s), D \in \mathbf{Z}$ 且 $(z_1, \cdots, z_s) = 1$．在

$D=0$ 时,显然推出式(3);在 $D \neq 0$ 时,式(4)化为

$$a_1 z_1 + \cdots + a_s z_s = 0, (z_1, \cdots, z_s) = 1 \qquad (5)$$

由式(5)知,必存在 $t(1 \leqslant t \leqslant s)$, $z_t \neq 0$. 于是取 $\dfrac{z_i}{z_t} = \dfrac{m_i}{n_i}$, $(m_i, n_i) = 1$ 且 $n_i \neq 0$ $(i=1, \cdots, s)$, 满足 $\sum\limits_{i=1}^{s} a_i \dfrac{m_i}{n_i} = 0$. 由 $(z_1, \cdots, z_s) = 1$ 知 $z_t = [n_1, \cdots, n_{t-1}, n_{t+1}, \cdots, n_s]$. 于是由 $x_i = x_i^{(0)} + y_i = x_i^{(0)} + D z_i = x_i^{(0)} + D \dfrac{m_i}{n_i} z_t$ 即知, 方程(1)推出式(3).证毕.

由定理 2 可以十分方便地求出方程(1)含一个参数的解,例如对方程

$$2x_1 + 5x_2 + 7x_3 + 3x_4 = 10 \qquad (6)$$

显然它有一组解 $(5,0,0,0)$. 若取 $\dfrac{m_1}{n_1} = \dfrac{5}{6}$, $\dfrac{m_2}{n_2} = \dfrac{3}{4}$, 则

$$\frac{m_3}{n_3} = -\frac{1}{7}\left(\frac{2 \times 5}{6} + \frac{5 \times 3}{4} + 3\right) = -\frac{101}{84}$$

而 $(6,5) = (4,3) = (84, -101) = 1$, $[6, 4, 84] = 84$, 故 (6) 有整数解

$$x_1 = 5 + 70D, x_2 = 63D, x_3 = 101D, x_4 = 84D \quad (D \in \mathbf{Z})$$

1985 年,凌露娜[2]利用整数矩阵的初等变换给出了一个求方程(1)的解的方法.所谓整数矩阵的初等变换是指:

① 非零整数乘矩阵的某一行.

② 矩阵的某一行乘以 $c \in \mathbf{Z}$, 加到另一行.

③ 矩阵中的两行互换.

现在给出利用 ② 和 ③ 的初等变换求解方程(1)的结果.首先将方程(1)的 s 个系数排成一列,在这列的右边添加一个 s 阶单位矩阵,得到一个 $s \times (s+1)$ 的

整数矩阵

$$A = \begin{pmatrix} a_1 & 1 & 0 & \cdots & 0 \\ a_2 & 0 & 1 & \cdots & 0 \\ \vdots & \vdots & \vdots & & \vdots \\ a_s & 0 & 0 & \cdots & 1 \end{pmatrix}$$

然后对 A 施行 ② 和 ③ 的初等变换, 把 A 化为

$$A_1 = \begin{pmatrix} d & a_{11} & a_{12} & \cdots & a_{1s} \\ 0 & a_{21} & a_{22} & \cdots & a_{2s} \\ \vdots & \vdots & \vdots & & \vdots \\ 0 & a_{s1} & a_{s2} & \cdots & s_{ss} \end{pmatrix}$$

从 A_1 可证下面的定理.

定理 3 如果 $d \nmid n$, 那么方程(1)没有整数解; 如果 $d \mid n$, 那么方程(1)的全部解为

$$x_1 = a_{11} \frac{n}{d} + a_{21} t_2 + a_{31} t_3 + \cdots + a_{s1} t_s$$

$$x_2 = a_{12} \frac{n}{d} + a_{22} t_2 + a_{32} t_3 + \cdots + a_{s2} t_s$$

$$\vdots$$

$$x_s = a_{1s} \frac{n}{d} + a_{2s} t_2 + a_{3s} t_3 + \cdots + a_{ss} t_s$$

其中 $t_i (i = 2, \cdots, s) \in \mathbf{Z}$.

应该指出, 还可以用其他的一些方法给出方程(1)的全部解.

这些工作的动力主要是基于整数线性规化和整系数线性型问题的研究. 整系数线性型问题在合理下料等实际问题上有重要应用.

4.3　整系数线性型问题

求 $s \geqslant 2$ 元一次丢番图方程

$$a_1 x_1 + \cdots + a_s x_s = n \quad ((a_1, \cdots, a_s) = 1) \quad (1)$$

的非负整数解,只要在方程(1)的整数解中令 $x_i \geqslant 0$ $(i = 1, \cdots, s)$ 解出所含参数的范围就行了. 现在的问题是,任给一个正整数 n,不需要解方程(1),怎样知道方程(1)是否存在非负整数解? Frobenius 提出了一个所谓整系数线性型问题,即任给正整数 $u_i(i = 1, \cdots, s)$,$(a_1, \cdots, a_s) = 1$,求一个仅与 $a_i(i = 1, \cdots, s)$ 有关的整数 $g(a_1, \cdots, a_s)$,在 $n > g(a_1, \cdots, a_s)$ 时,方程(1)有非负整数解 $x_i(i = 1, \cdots, s)$,而在 $n = g(a_1, \cdots, a_s)$ 时方程(1)无非负整数解. 这里的 $g(a_1, \cdots, a_s)$ 称为整系数线性型的最大不可表数. 下面我们来介绍 $g(a_1, \cdots, a_s)$ 的求法.

定理 1　在 $s = 2$ 时,$g(a_1, a_2) = a_1 a_2 - a_1 - a_2$.

证　因为 $(a_1, a_2) = 1$,所以由 4.1 节知,在 $s = 2$ 时,方程(1)的全部解可表为

$$x_1 = x_1^{(0)} + a_2 t, x_2 = x_2^{(0)} - a_1 t \quad (t \in \mathbf{Z}) \quad (2)$$

这里 $x_1^{(0)}, x_2^{(0)}$ 为 $s = 2$ 时方程(1)的任一组解.

首先证明在 $n > a_1 a_2 - a_1 - a_2$ 时,式(2)可取 t 使 $x_1 \geqslant 0, x_2 \geqslant 0$. 因为 $x_2 = x_2^{(0)} - a_1 t$ 可写成 $x_2 = a_1 t' + \langle x_2^{(0)} \rangle < a_1$,所以可取 t 使得

$$0 \leqslant x_2 = x_2^{(0)} - a_1 t < a_1$$

即

$$0 \leqslant x_2^{(0)} - a_1 t \leqslant a_1 - 1$$

142

故由 $n > a_1a_2 - a_1 - a_2$ 知

$$x_1a_1 = n - (x_2^{(0)} - a_1t)a_2 >$$
$$a_1a_2 - a_1 - a_2 - (a_1-1)a_2 = -a_1$$

由此即得 $x_1 > -1$，从而 $x_1 \geqslant 0$. 这就证明在 $n > a_1a_2 - a_1 - a_2$ 时可取 t 使 $x_1 \geqslant 0, x_2 \geqslant 0$.

再证 $n = a_1a_2 - a_1 - a_2$ 时，方程(1)在 $s=2$ 时无非负整数解. 不然，可设有非负整数 x_1, x_2 适合

$$a_1x_1 + a_2x_2 = a_1a_2 - a_1 - a_2$$

由此知

$$a_1a_2 = a_1(x_1+1) + a_2(x_2+1) \tag{3}$$

因为 $(a_1, a_2) = 1$，所以 $a_1 \mid x_2 + 1, a_2 \mid x_1 + 1$，故 $x_2 + 1 \geqslant a_1, x_1 + 1 \geqslant a_2$，所以式(3)给出

$$a_1a_2 \geqslant a_1a_2 + a_2a_1$$

此由 a_1, a_2 是正整数知不可能. 证毕.

在 $s \geqslant 3$ 时，求 $g(a_1, \cdots, a_s)$ 是一个困难的问题. 1955 年柯召[3]首先讨论了 $s=3$ 的情形，证明了下面的定理.

定理 2　$g(a_1, a_2, a_3) \leqslant \dfrac{a_1a_2}{(a_1, a_2)} + a_3(a_1, a_2) - a_1 - a_2 - a_3$，且当 $n > \dfrac{a_1a_2}{(a_1, a_2)^2} - \dfrac{a_1}{(a_1, a_2)} - \dfrac{a_2}{(a_1, a_2)}$ 时有 $g(a_1, a_2, a_3) = \dfrac{a_1a_2}{(a_1, a_2)} + a_3(a_1, a_2) - a_1 - a_2 - a_3$，这里 a_1, a_2, a_3 可以轮换.

1956 年，陈重穆[4]把定理 2 推广到任意 $s \geqslant 3$ 上，即有下面的定理.

定理 3　设

$$d_i = (a_1, \cdots, a_i) \quad (i = 2, \cdots, s, d_1 = a_1)$$

及

$$G_i = \sum_{j=2}^{i} a_j \frac{d_{j-1}}{d_j} - \sum_{j=1}^{i} a_j \quad (i=2,\cdots,s)$$

则
$$g(a_1,\cdots,a_s) \leqslant G_s$$

且当 $a_j \dfrac{d_{j-1}}{d_j} > G_{j-1}(3 \leqslant j \leqslant s)$ 时,有 $g(a_1,\cdots,a_s) = G_s$.

1957 年,陆文端和吴昌玖[5] 证明了 $g(a_1,\cdots,a_s)=G_s$ 的充要条件是 $a_j \dfrac{d_{j-1}}{d_j}$ 可经线性型 f_{j-1} 表出 $(j=3,\cdots,s)$,这里 f_{j-1} 定义为下面的线性型

$$f_s = a_1 x_1 + \cdots + a_s x_s \quad (x_i \geqslant 0, i=1,\cdots,s)$$

其中,$a_1,\cdots,a_s$ 为正整数,$(a_1,\cdots,a_s)=1$.令

$$\lambda_i = (a_1,\cdots,a_{i-1},a_{i+1},\cdots,a_s) \quad (i=1,\cdots,s)$$

因为 $(a_1,\cdots,a_s)=1$,所以

$$(a_i,\lambda_i)=1 \quad (i=1,\cdots,s)$$
$$(\lambda_i,\lambda_j)=1 \quad (1 \leqslant i \neq j \leqslant s)$$

再令

$$a_i = b_i \lambda_1 \cdots \lambda_{i-1} \lambda_{i+1} \cdots \lambda_s \quad (i=1,\cdots,s)$$
$$D_i = (b_1,\cdots,b_i) \quad (i=1,\cdots,s)$$

则 $D_s = D_{s-1} = 1$ 及

$$d_i = (a_1,\cdots,a_i) = \lambda_{i+1} \cdots \lambda_s D_i \quad (i=1,\cdots,s)$$

记

$$\overline{G}_i = \sum_{j=2}^{i} b_j \frac{D_{j-1}}{D_j} - \sum_{j=1}^{i} b_j \quad (i=2,\cdots,s)$$

显然有 $\overline{G}_{s-1} = \overline{G}_s$.陆文端与吴昌玖证明了下面的定理.

定理 4 $g(a_1,\cdots,a_s) = g(b_1,\cdots,b_s)\lambda_1 \cdots \lambda_s + \sum_{i=1}^{s} a_i(\lambda_i - 1)$.

定理 5 一般的 $g(a_1,\cdots,a_s)$ 有形式

144

$$g(a_1,\cdots,a_s)=G_s-\sum_{i=1}^{s}a_i\lambda_i t_i \quad (t_i\geqslant 0, i=1,\cdots,s)$$

定理 6　线性型 f_s 不能表出的整数 L 都可以写成如下的形式

$$L=\sum_{i=2}^{s}a_i\frac{d_{i-1}}{d_i}-\sum_{i=1}^{s}a_i t_i=G_s-\sum_{i=1}^{s}a_i(t_i-1)$$

这里 $t_i\geqslant 1(i=1,\cdots,s)$.

后来,李培基[6]、尹文霖[7] 还给出了进一步的讨论,例如尹文霖证明了下面的定理.

定理 7　设 $d_{s-1}=(a_1,\cdots,a_{s-1})$, $M_{s-1}^{*}=\Big\{m\ \Big|$

$m=\sum_{i=1}^{s-1}\frac{a_i}{d_{s-1}}x_i$ 且 $x_i\geqslant 0(i=1,\cdots,s)\Big\}$, K 表示满足

$Ka_s\in M_{s-1}^{*}$ 的最小正整数,则

$$g(a_1,\cdots,a_s)=\max_{\substack{\bar n-ka_s\notin M_{s-1}^{*}\\ 0\leqslant k<K}}(d_{s-1}\bar n+a_s(d_{s-1}-1))$$

推论　$g(a_1,a_2,a_3)=\dfrac{a_1a_2}{(a_1,a_2)}-a_1-a_2-a_3-$

$(n^{*}-a_3)(a_1,a_2)$,其中 $n^{*}=\min\limits_{\substack{m+ka_3\in M_2^{*}\\ 0\leqslant k<K}}m$.

由定理 7 可以推出定理 4,5 和 6. 为了证明定理 7,除了使用前面的符号,我们引进以下的符号

$$M_j=\Big\{m\ \Big|\ m=\sum_{i=1}^{j}a_i x_i, x_i\geqslant 0(i=1,\cdots,j)\Big\}$$

$$\overline{M}_j=\{m\ |\ m\notin M_j, m\ \text{是整数}\}$$

$$M_j^{*}=\{m\ |\ md_j\in M_j\}$$

$$\overline{M}_j^{*}=\{m\ |\ md_j\notin M_j, m\ \text{是整数}\}$$

$$\overline{M}_j(r)=\Big\{m\ \Big|\ m\equiv\frac{a_j}{d_j}r(\mathrm{mod}\ d_{j-1}^{*}), m\in\overline{M}_j\Big\}$$

式中

$$d_{j-1}^* = \frac{d_{j-1}}{d_j}, 0 \leqslant r < d_{j-1}^* \quad (j=2,\cdots,s)$$

由于 $(d_{s-1}, a_s) = 1$，故

$$\overline{M}_s = \bigcup_{0 \leqslant r < d_{s-1}} \overline{M}_s(r) \tag{4}$$

显然还有

$$\overline{M}_s(r) \subseteq d_{s-1} \overline{M}_{s-1}^* + a_s r \tag{5}$$

式中数与集合相乘和相加，定义为：设 A 是集合，a 是数，则 $aA = \{m \mid m = an, n \in A\}, A + a = \{m \mid m = n + a, n \in A\}$. 令 K 表示满足条件

$$Ka_s \in M_{s-1}^*$$

的最小正整数. 设 $m > 0$，则存在唯一的 $r, 0 \leqslant r < d_{s-1}$，使 $m \equiv a_s r \pmod{d_{s-1}}$ 成立，令

$$m(r,k) = m - a_s r - k a_s d_{s-1} \quad (0 \leqslant k < K)$$

又设

$$P_j = \{p \mid p \in \overline{M}_j, p + a_i \in M_j (i=1,\cdots,j)\}$$
$$P_j^* = \{p \mid p d_j \in P_j\}$$

显然有

$$\overline{M}_s = P_s - n \quad (n \in M_s) \tag{6}$$

这里集合 A 与数 a 的减法定义为：$A - a = \{m \mid m = n - a, n \in A\}$.

引理 1 $m \in \overline{M}_s$ 的充要条件是 $m(r,k) \in \overline{M}_{s-1}$，$0 \leqslant k < K, 0 \leqslant r < d_{s-1}$.

证 设 $m \in \overline{M}_s$，由 $m = m(r,k) + a_s(r + kd_{s-1}) \equiv a_s r \pmod{d_{s-1}}$ 知，若存在 r, k 使 $m(r,k) \in M_{s-1}$，则 $m \in M_s$，与 $m \in \overline{M}_s$ 矛盾，故必要性得证.

现证充分性. 设 $m(r,k) \in \overline{M}_{s-1}, 0 \leqslant k < K, 0 \leqslant r < d_{s-1}$，如果 $m \in M_s$，那么

$$m = a_1 x_1 + \cdots + a_{s-1} x_{s-1} + a_n (R + tKd)$$

式中，$0 \leqslant R < Kd$，$t \geqslant 0$，$x_i \geqslant 0 (i = 1, \cdots, s-1)$. 按 K 的定义，存在某 r, k（$0 \leqslant r < d_{s-1}$，$0 \leqslant k < K$）使得

$$m = a_1 y_1 + \cdots + a_{s-1} y_{s-1} + a_s (r + kd)$$

此即 $m(r, k) \in M_{s-1}$，与假设矛盾. 证毕.

引理 2 P_s 中的数 p 必具有形式

$$p = d_{s-1} \bar{n} + a_s (d_{s-1} - 1) \tag{7}$$

其中 $\bar{n}$ 满足条件

$$\bar{n} - k a_s \in \overline{M}^*_{s-1} \quad (0 \leqslant k < K) \tag{8}$$

并且 $\overline{M}_s$ 中满足条件(8)且具有式(7)的形式的最大数 $p^* \in P_s$.

证 设 $p \in P_s$，由于 $P_s \subseteq \overline{M}_s$，故 $p \in \overline{M}_s$. 由引理 1 知

$$p = d_{s-1} \bar{n} + a_s r$$

这里 r 为满足 $p \equiv a_s r (\mod d_{s-1})$ 的最小非负整数，且

$$\bar{n} - k a_s = \frac{1}{d_{s-1}} p(r, k) \in \overline{M}^*_{s-1} \quad (0 \leqslant k < K)$$

故只要证 $r = d - 1$ 即可. 不然，令 $m = p + a_s$，则

$$m(r+1, k) = p(r, k) \in d_{s-1} \overline{M}^*_{s-1}$$

而由定义知 $\overline{M}_{s-1} = d_{s-1} \overline{M}^*_{s-1}$，故 $m(r+1, k) \in \overline{M}_{s-1}$，由引理 1 知 $m \in \overline{M}_s$，这与 $m = p + a_s \in P_s$ 矛盾. 这就证明了引理的前半部论断.

现设 $p^* \notin P_s$，则由式(6)知

$$p^* = p - m \quad (0 < m \in M_s, p \in P_s)$$

由引理的前半部论断知，p 适合条件(8)且具有形式 (7)，这就与最大性矛盾. 证毕.

定理 7 的证明 由前面的讨论，及引理知

$$g(a_1,\cdots,a_s)=\max_{m\in \overline{M}_s} m=\max_{p\in P_s} p=$$

$$\max_{\substack{\overline{n}-ka_s\in \overline{M}_{s-1}^* \\ 0\leqslant k<K}}(d_{s-1}\overline{n}+a_s(d_{s-1}-1))=$$

$$\max_{\substack{\overline{n}-ka_s\notin M_{s-1}^* \\ 0\leqslant k<K}}(d_{s-1}\overline{n}+a_s(d_{s-1}-1))$$

证毕. 至于推论的证明, 只要注意到条件(8)在代换 $\overline{n}=p_{s-1}-m$ 下对 m 而言有等价条件

$$p'_{s-1}-p_{s-1}+m+ka_s\in M_{s-1}^* \quad (0\leqslant k<K)$$

这里 p_{s-1}, p'_{s-1} 独立地取遍 P_{s-1}^* 中各元素.

例 求 $g(21,22,30)$.

解 取 $a_1=30, a_2=21, a_3=22$, 则 $(a_1,a_2)=3$. 又 K 是满足

$$22K\in M_2^*=\{m\mid 3m\in M_2\}$$

的最小正整数, 而

$$3\times 22=30x_1+21x_2 \quad (x_1\geqslant 0, x_2\geqslant 0)$$

无解, 故 $22\notin M_2^*$. 这样由

$$3\times(2\times 22)=3\times 30+2\times 21$$

知 $K=2$. 于是 $n^*=\min_{\substack{m+22k\in M_2^* \\ k=0,1}} m=20$, 所以

$$g(21,22,30)=$$

$$\frac{30\times 21}{3}-30-21-22-(20-22)\times 3=$$

$$210-73+6=143$$

关于线性型, 还有另外的一些研究. 例如, 1956 年 Roberts[8] 曾讨论了 $a_1,\cdots,a_s$ 成等差数列的情形, 证明了下面的定理.

定理 8 设 $a_j=a_1+jd(j=2,\cdots,s)$, 这里 $a_1\geqslant 2$, $d>0$, 则

$$g(a_1, \cdots, a_s) = \left[\frac{a_1 - 2}{s - 1}\right] a_1 + (a_1 - 1)d$$

1958 年, 吴昌玖[9] 给出了定理 8 的一个十分简短的证明, 并且顺便得出了线性型不能表出的正整数的个数.

1984 年, 万大庆和王西京[10] 发现, 以往所有关于 $g(a_1, \cdots, a_s)$ 的工作说明, 在 $s \geqslant 3$ 时, $g(a_1, \cdots, a_s)$ 都不是关于 a_1, a_2 的多项式 ($s = 2$ 时 $g(a_1, a_2) = a_1 a_2 - a_1 - a_2$ 是关于 a_1, a_2 的多项式). 一般的情况如何呢? 万大庆和王西京证明了下面的定理.

定理 9　在 $s \geqslant 3$ 时, 不存在多项式 $h(x_1, \cdots, x_s)$, 使得当正整数 $a_i (i = 1, \cdots, s)$ 两两互素时, $g(a_1, \cdots, a_s) = h(a_1, \cdots, a_s)$.

证　在正整数 $a_i (i = 1, \cdots, s)$ 两两互素时, 若存在多项式 h, 则 $h \neq 0$. 记 $h(x_1, \cdots, x_s)$ 关于 x_s 的次数是 n_s, $x_s^{n_s}$ 的系数是 $h_{s-1}(x_1, \cdots, x_{s-1})$ (显然 $h_{s-1} \neq 0$); $h_{s-1}(x_1, \cdots, x_{s-1})$ 关于 x_{s-1} 的次数是 n_{s-1}, $x_{s-1}^{n_{s-1}}$ 的系数是 $h_{s-2}(x_1, \cdots, x_{s-2})$; …. 如此可得到均不恒为 0 的一列多项式: $h_1(x), h_2(x_1, x_2), \cdots, h_{s-1}(x_1, \cdots, x_{s-1})$. 其中 $h_i(x_1, \cdots, x_i)$ 是 $h_{i+1}(x_1, \cdots, x_{i+1})$ 中 x_{i+1} 的最高次项的系数.

现取定 $a_1 > 0$, 使 $h_1(a_1) \neq 0$; 再取定 $a_2 > 0$, $(a_1, a_2) = 1$, 使 $h_2(a_1, a_2) \neq 0$; …. 这样可得到一列两两互素的正整数 $a_1, \cdots, a_s$, 使得 $h_{s-1}(a_1, \cdots, a_s) \neq 0$.

这样, 只要 $(x_s, a_1, \cdots, a_{s-1}) = 1, x_s > 0$, 就有 $g(a_1, \cdots, a_{s-1}, x_s) = h(a_1, \cdots, a_{s-1}, x_s)$. 从 $s \geqslant 3$ 得到

$$0 \leqslant g(a_1, \cdots, a_{s-1}, x_s) \leqslant g(a_1, a_2)$$

由此知 $h(a_1, \cdots, a_{s-1}, x_s)$ 有界 ($x_s \rightarrow \infty$), 推出

$h(x_1,\cdots,x_s)$ 与 x_s 无关.同理,$h(x_1,\cdots,x_s)$ 与任一变元都无关,即 $h(x_1,\cdots,x_s)$ 为常数.这是不可能的.证毕.

用类似的方法,还可证明:在 $s\geqslant 3$ 时,不存在有理分式 $E(x_1,\cdots,x_s)$,使 $g(a_1,\cdots,a_s)=E(a_1,\cdots,a_s)$.

最后,借用前面的符号和归纳法可得:若 $n\notin M_s$,则 $G_s-n\in M_s$.

参 考 资 料

[1]徐肇玉,曹珍富,哈尔滨工业大学学报,数学增刊(1984),142-150.

[2]凌露娜,华南师范大学学报(自然科学版),1(1985),66-71.

[3]柯召,四川大学学报(自然科学版),1(1955),1-4.

[4]陈重穆,四川大学学报(自然科学版),1956,No.1.

[5]陆文端,吴昌玖,四川大学学报(自然科学版),2(1957),151-171.

[6]李培基,四川大学学报(自然科学版),3(1959),43-50.

[7]尹文霖,高等学校自然科学学报(数学、力学、天文学版),试刊,1(1964),32-38.

[8]Roberts,J. B.,Proc. Amer. Math. Soc.,7(1956),465-469.

[9]吴昌玖,四川大学学报(自然科学版),1(1958),33-36.

[10]万大庆,王西京,数学汇刊,1(1984),76-78.

二次丢番图方程

本章讨论二次丢番图方程的解法.

5.1　一般的二元二次丢番图方程

一般的二元二次丢番图方程是指二次型方程

$$ax^2 + bxy + cy^2 + dx + ey + f = 0 \tag{1}$$

令 $D = b^2 - 4ac$,若 $D = 0$,则以 $4a$ 乘方程(1)得

$$(2ax + by)^2 + 4adx + 4aey + 4af = 0$$

令 $2ax + by = t$,上式化为

$$t^2 + 2dt + 2(2ae - bd)y + 4af = 0$$

于是

$$(t + d)^2 = 2(bd - 2ae)y + d^2 - 4af$$

此方程的求解等价于同余式 $(t + d)^2 \equiv d^2 - 4af \pmod{2(bd - 2ae)}$ 的求解,因此此时方程(1)的求解较易.

第 5 章

现设 $D \neq 0$，以 D^2 乘方程（1）得

$$aD^2x^2 + bD^2xy + cD^2y^2 + dD^2x + eD^2y + fD^2 = 0$$

令 $Dx = x' + 2cd - be$，$Dy = y' + 2ae - bd$ 代入上式得

$$a(x' + 2cd - be)^2 + b(x' + 2cd - be)(y' + 2ae - bd) +$$
$$c(y' + 2ae - bd)^2 + dD(x' + 2cd - be) +$$
$$eD(y' + 2ae - bd) + fD^2 = 0$$

即

$$ax'^2 + bx'y' + cy'^2 = D\Delta \qquad (2)$$

这里 $\Delta = 4acf + bde - ae^2 - cd^2 - fb^2$ 称为二次型方程（1）的判别式. 显然，如果 $a = 0$，式（2）化为 $y'(bx' + cy') = D\Delta$，故十分容易求解. 因此可设 $a \neq 0$，以 $4a$ 乘式（2）两端化为

$$(2ax' + by')^2 - Dy'^2 = 4aD\Delta$$

令 $X = 2ax' + by'$，$Y = y'$，$M = 4aD\Delta$，则上式化为

$$X^2 - DY^2 = M \qquad (3)$$

由此可见，求一般的二元二次丢番图方程，主要依赖于方程（3）的解决. 又，如果 D 是平方数或 $D \leqslant 0$，那么对给定的 M，方程（3）也容易解决，故以下设 $D > 0$ 且不是平方数.

如果方程（3）有解，显然 $M \neq 0$. 由第 3 章 3.1 节知，在二次域 $Q(\sqrt{D})$ 中，方程（3）可化为

$$X + Y\sqrt{D} = \pm \varepsilon^n \eta \quad (\eta \in K, n \in \mathbf{Z}) \qquad (4)$$

这里 ε 是 $Q(\sqrt{D})$ 的基本单位数，$N(\varepsilon) = 1$，$N(\eta) = M$，且 K 是 $Z[\sqrt{D}]$ 的一个有限子集. 显然对 $\forall \eta \in K$，式（4）均给出方程（3）的无穷多组解. 后面，我们将用初等方法给出 ε 和 K 的结构和求法.

5.2　Pell **方程** $x^2 - Dy^2 = 1$

现在我们来解决上节式(3)的一些特例,即给出 Pell 方程 $x^2 - Dy^2 = 1$ 的全部整数解(参阅第 2 章 2.6 节).

我们在第 3 章 3.4 节中曾经介绍过 Dirichlet 关于丢番图逼近的一个结果,即下面的引理.

引理　设 θ 是一个无理数,则有无穷多对整数 x, $y > 0$ 适合不等式

$$\left| \frac{x}{y} - \theta \right| < \frac{1}{y^2} \tag{1}$$

证　设任给正整数 $n > 1$,由 θ 为无理数知,当 y 取 $0, 1, \cdots, n$ 时,取 $x = [y\theta] + 1$([$\cdot$]表 $\cdot$ 的整数部分),则有

$$0 \leqslant x - y\theta < 1 \tag{2}$$

于是知,有 $n + 1$ 对 x, y 适合式(2).现把 $[0, 1)$ 分成 n 个区间 $\left[\frac{r}{n}, \frac{r+1}{n} \right)$ $(r = 0, 1, \cdots, n)$,则由抽屉原理知,必有整数对 x_1, y_1 和 x_2, y_2 使得 $x_1 - y_1\theta$ 和 $x_2 - y_2\theta$ 同属某一个区间 $\left[\frac{j}{n}, \frac{j+1}{n} \right)$ $(0 \leqslant j < n)$,于是

$$| (x_1 - y_1\theta) - (x_2 - y_2\theta) | < \frac{1}{n} \tag{3}$$

这里不失一般可设 $y_1 > y_2$.令 $x^{(1)} = x_1 - x_2$, $y^{(1)} = y_1 - y_2$,由 $y_1, y_2 \in \{0, 1, \cdots, n\}$ 及 $y_1 > y_2$ 知 $0 < y^{(1)} \leqslant n$,故由式(3)得

$$| x^{(1)} - y^{(1)}\theta | < \frac{1}{n} \leqslant \frac{1}{y^{(1)}}$$

由于 $|x^{(1)}-y^{(1)}\theta|>0$,故可取整数 $n_1>1$ 使得

$$\frac{1}{n_1}<|x^{(1)}-y^{(1)}\theta|\leqslant\frac{1}{y^{(1)}}$$

对 n_1 重复前面的作法可知,存在整数 $x^{(2)},y^{(2)}>0$ 使

$$|x^{(2)}-y^{(2)}\theta|<\frac{1}{n_1}\leqslant\frac{1}{y^{(2)}}$$

以上步骤可以一直作下去,得到

$$|x^{(1)}-y^{(1)}\theta|>\frac{1}{n_1}>|x^{(2)}-y^{(2)}\theta|>\cdots$$

即有无穷多组不同的整数对 $x^{(i)},y^{(i)}>0(i=1,2,\cdots)$
适合

$$|x-y\theta|<\frac{1}{y}\ \text{或}\ \left|\frac{x}{y}-\theta\right|<\frac{1}{y^2}$$

这就证明了引理. 证毕.

定理 1 设 $D>0$ 且不是平方数,则存在整数 M,
$0<|M|<1+2\sqrt{D}$,使得方程

$$x^2-Dy^2=M \tag{4}$$

有无穷多组整数解 $x,y>0$.

证 在式(1)中取 $\theta=\sqrt{D}$,则由引理知,存在无
穷多组整数 $x,y>0$ 使

$$\left|\frac{x}{y}-\sqrt{D}\right|<\frac{1}{y^2}$$

即

$$|x-y\sqrt{D}|<\frac{1}{y}$$

而

$$|x+y\sqrt{D}|=|x-y\sqrt{D}+2y\sqrt{D}|<\frac{1}{y}+2y\sqrt{D}$$

故存在无穷多组整数 $x,y>0$ 使

$$|x^2-Dy^2|<\frac{1}{y}\left(\frac{1}{y}+2y\sqrt{D}\right)=\frac{1}{y^2}+2\sqrt{D}\leqslant1+2\sqrt{D}$$

因为 $|M| < 1 + 2\sqrt{D}$ 的整数 M 仅有有限个,故对某 M,$|M| < 1 + 2\sqrt{D}$,方程(4)有无穷多组解.由于方程(4)给出 $M \neq 0$,故 $|M| > 0$.证毕.

定理 2　设 $D > 0$ 且不是平方数,则 Pell 方程
$$x^2 - Dy^2 = 1 \tag{5}$$
至少有一组正整数解.

证　由定理 1 知,方程(4)有无穷多组正整数解 x,y.因此方程(4)至少有两组不同的正整数解 (x_1,y_1) 和 (x_2,y_2) 满足
$$x_1 \equiv x_2 (\bmod |M|),\ y_1 \equiv y_2 (\bmod |M|)$$
由此推出
$$x_1 x_2 - Dy_1 y_2 \equiv x_1^2 - Dy_1^2 = M \equiv 0 (\bmod |M|)$$
$$x_1 y_2 - x_2 y_1 \equiv x_2 y_2 - x_2 y_2 = 0 (\bmod |M|)$$
而由
$$M^2 = (x_1^2 - Dy_1^2)(x_2^2 - Dy_2^2) =$$
$$(x_1 x_2 - Dy_1 y_2)^2 - D(x_1 y_2 - x_2 y_1)^2$$
知
$$\left(\frac{x_1 x_2 - Dy_1 y_2}{M}\right)^2 - D\left(\frac{x_1 y_2 - x_2 y_1}{M}\right)^2 = 1$$
这就给出方程(5)有非负整数解
$$x = \left|\frac{x_1 x_2 - Dy_1 y_2}{M}\right|,\ y = \left|\frac{x_1 y_2 - x_2 y_1}{M}\right|$$
下面只要证明 $\left|\dfrac{x_1 y_2 - x_2 y_1}{M}\right| \neq 0$,因为不然有 $x_1 y_2 = x_2 y_1$,故可设
$$\frac{x_1}{x_2} = \frac{y_1}{y_2} = t > 0$$
由 $x_1 = tx_2$,$y_1 = ty_2$ 代入方程(4)得
$$M = t^2 x_2^2 - Dt^2 y_2^2 = t^2 M$$

此推出 $t=1$，即 $x_1=x_2$，$y_1=y_2$，与 (x_1,y_1) 和 (x_2,y_2) 是方程 (4) 的不同解矛盾. 这就证明了定理 2. 证毕.

从定理 2，可设 x_0，y_0 是 Pell 方程 (5) 的所有正整数解 x，y 中使 $x+y\sqrt{D}$ 为最小的解. 称 (x_0,y_0) 为 Pell 方程 (5) 的最小解，或称 $x_0+y_0\sqrt{D}$ 为 Pell 方程 (5) 的基本解.

定理 3 设 $x_0+y_0\sqrt{D}$ 是 Pell 方程 (5) 的基本解，则方程 (5) 的全部整数解可表为

$$x+y\sqrt{D}=\pm(x_0+y_0\sqrt{D})^n \quad (n\in\mathbf{Z}) \qquad (6)$$

证 记 $\varepsilon=x_0+y_0\sqrt{D}$. $\bar{\varepsilon}=x_0-y_0\sqrt{D}$，$\varepsilon\bar{\varepsilon}=1$. 首先证明式 (6) 给出的 x，y 确为方程 (5) 的解. 因为由 $x+y\sqrt{D}=\pm\varepsilon^n$ 知 $x-y\sqrt{D}=\pm\bar{\varepsilon}^n$，故

$$x^2-Dy^2=(\varepsilon\bar{\varepsilon})^n=1$$

下面我们来证明方程 (5) 的任一组整数解均可表为式 (6). 由于 $\varepsilon^{-1}=\bar{\varepsilon}$，故只要证明方程 (5) 的任一组正整数解可表为

$$x+y\sqrt{D}=\varepsilon^n \quad (n>0) \qquad (7)$$

即可. 为此，可设方程 (5) 有正整数解 x，y 不能表为式 (7) 的形状，于是由 $x+y\sqrt{D}>\varepsilon$ 知，必有正整数 n 使得

$$\varepsilon^n<x+y\sqrt{D}<\varepsilon^{n+1}$$

两端乘以 $\bar{\varepsilon}^n$，则得出

$$1<(x+y\sqrt{D})\bar{\varepsilon}^n<\varepsilon \qquad (8)$$

可令 $u+v\sqrt{D}=(x+y\sqrt{D})\bar{\varepsilon}^n$，则 $u^2-Dv^2=1$，即 u，v 为方程 (5) 的一组解. 由式 (8) 知 $u+v\sqrt{D}>1$，故

$$0<u-v\sqrt{D}=\frac{1}{u+v\sqrt{D}}<1,$$ 所以 $u>0$. 又

156

$$2v\sqrt{D} = (u+v\sqrt{D})-(u-v\sqrt{D}) > 1-1 = 0$$

故 $v>0$. 这就证明 u,v 为方程(5)的一组正整数解,因此 $u+v\sqrt{D}>\varepsilon$,这与式(8)矛盾.证毕.

这个定理告诉我们,求方程(5)的全部整数解可归结为找它的一组最小解.求 Pell 方程(5)的最小解,是一件十分麻烦的事情.一般说来,令 $y=1,2,3,\cdots$,代入 $1+Dy^2$ 使它出现第一个平方数的那组值即为方程(5)的最小解.但用这种方法,有时的计算十分冗长,例如 Pell 方程 $x^2-1\ 141y^2=1$,当 $1\leqslant y\leqslant 10^{25}$ 时都无解,它的基本解 $x_0+y_0\sqrt{1\ 141}$ 中的

$$y_0 = 30\ 693\ 385\ 322\ 765\ 657\ 197\ 397\ 208$$

在一些问题的研究中,常常要确定 Pell 方程(5)的一组解是否是基本解.我们有下面的定理.

定理 4　设 x_1,y_1 是方程(5)的一组正整数解.如果

$$x_1 > \frac{1}{2}y_1^2 - 1 \tag{9}$$

那么 $x_1+y_1\sqrt{D}$ 是方程(5)的基本解.

证　如果 $y_1=1$,那么 $x_1+y_1\sqrt{D}$ 显然是方程(5)的基本解.现设 $y_1>1$,如果 $x_1+y_1\sqrt{D}$ 不是方程(5)的基本解,那么可令 $\varepsilon=x_0+y_0\sqrt{D}$ 是方程(5)的基本解,$1\leqslant y_0<y_1$,于是

$$x_0^2y_1^2-y_0^2x_1^2 = y_1^2(1+Dy_0^2)-y_0^2x_1^2 =$$
$$y_1^2-y_0^2(x_1^2-Dy_1^2) = y_1^2-y_0^2 > 0$$

由此得

$$x_0y_1+y_0x_1 = \xi, x_0y_1-y_0x_1 = \eta, y_1^2-y_0^2 = \xi\eta$$

其中,$\xi>0,\eta>0$.这样就有

$$x_1 = \frac{\xi - \eta}{2y_0} \leqslant \frac{y_1^2 - y_0^2 - 1}{2y_0} \leqslant \frac{1}{2} y_1^2 - 1$$

与式(9)矛盾.证毕.

推论　设 $s > 0, t > 0, D = s(st^2 + 2)$,则方程 $x^2 - Dy^2 = 1$ 的基本解 $x_0 + y_0 \sqrt{D} = 1 + st^2 + t\sqrt{D}$.

证　由于 $x_1 = 1 + st^2, y_1 = t$ 是方程 $x^2 - Dy^2 = 1$ 的正整数解,且满足 $x_1 > \frac{1}{2} y_1^2 - 1$,故由定理 4 知推论为真.证毕.

5.3 方程 $x^2 - Dy^2 = M$

设 $D > 0$ 且不是平方数,$M \neq 0$ 都是给定的整数,我们来解丢番图方程

$$x^2 - Dy^2 = M \tag{1}$$

以下都设方程(1)有解.如果 x_1, y_1 为方程(1)的一组解,那么为了方便,我们也称 $x_1 + y_1 \sqrt{D}$ 为方程(1)的一个解.再设 $s + t\sqrt{D}$ 是 Pell 方程

$$x^2 - Dy^2 = 1 \tag{2}$$

的任一解,则有

$$(x_1 + y_1 \sqrt{D})(s + t\sqrt{D}) = x_1 s + y_1 tD + (y_1 s + x_1 t)\sqrt{D}$$

且容易验证

$$(x_1 s + y_1 tD)^2 - D(y_1 s + x_1 t)^2 = M$$

这就得出 $(x_1 + y_1 \sqrt{D})(s + t\sqrt{D})$ 也是方程(1)的解.我们称这个解与 $x_1 + y_1 \sqrt{D}$ 相结合.设方程(1)的两个解 $x_1 + y_1 \sqrt{D}$ 和 $x_2 + y_2 \sqrt{D}$ 相结合(记为

$x_1 + y_1 \sqrt{D} \sim x_2 + y_2 \sqrt{D}$），显然有：

①$x_1 + y_1 \sqrt{D} \sim x_1 + y_1 \sqrt{D}$.

② 如果 $x_1 + y_1 \sqrt{D} \sim x_2 + y_2 \sqrt{D}$，那么 $x_2 + y_2 \sqrt{D} \sim x_1 + y_1 \sqrt{D}$.

③ 设 $x_3 + y_3 \sqrt{D}$ 也是方程（1）的解，且有 $x_1 + y_1 \sqrt{D} \sim x_2 + y_2 \sqrt{D}$，$x_2 + y_2 \sqrt{D} \sim x_3 + y_3 \sqrt{D}$，则 $x_1 + y_1 \sqrt{D} \sim x_3 + y_3 \sqrt{D}$.

由 ① ～ ③ 知，相结合"～"是等价关系（与同余关系类似），故如果方程（1）有解，可将方程（1）的全部解用相结合关系进行分类，每一类中的解彼此相结合，且不在同一类中的任两解均不相结合.

定理 1　方程（1）的两个解 $x_1 + y_1 \sqrt{D}$ 和 $x_2 + y_2 \sqrt{D}$ 同属某类 K 的充要条件是

$$x_1 x_2 - D y_1 y_2 \equiv 0 (\bmod \mid M \mid)$$
$$y_1 x_2 - x_1 y_2 \equiv 0 (\bmod \mid M \mid) \qquad (3)$$

证　设 $x_1 + y_1 \sqrt{D} \sim x_2 + y_2 \sqrt{D}$，则方程（2）存在解 $s + t\sqrt{D}$ 使得

$$x_1 + y_1 \sqrt{D} = (x_2 + y_2 \sqrt{D})(s + t\sqrt{D}) =$$
$$x_2 s + D y_2 t + (x_2 t + y_2 s) \sqrt{D}$$

故 $x_1 = x_2 s + D y_2 t, y_1 = x_2 t + y_2 s$. 由此解出

$$s = \frac{x_1 x_2 - D y_1 y_2}{x_2^2 - D y_2^2} = \frac{x_1 x_2 - D y_1 y_2}{M}$$

$$t = \frac{y_1 x_2 - x_1 y_2}{x_2^2 - D y_2^2} = \frac{y_1 x_2 - x_1 y_2}{M}$$

故式（3）成立.

由于上面推导步步可逆，故定理 1 得到证明. 证

159

毕.

由定理 1 知,设 $x_1 + y_1\sqrt{D}$ 是方程(1)的任一解,则 $-(x_1 + y_1\sqrt{D}) \sim x_1 + y_1\sqrt{D}$,$-(x_1 - y_1\sqrt{D}) \sim x_1 - y_1\sqrt{D}$. 设 K 和 $\overline{K}$ 是方程(1)的解的任意两个结合类,若任给 $x + y\sqrt{D} \in K$,都有 $x - y\sqrt{D} \in \overline{K}$,且反之亦然,则称 K 和 $\overline{K}$ 互为共轭类. 若 $K = \overline{K}$,则 K 称为歧类.

设 $u_0 + v_0\sqrt{D}$ 是某结合类 K 的基本解,它是按如下方式选择的:首先,当 K 不是歧类时,$u_0 + v_0\sqrt{D}$ 是 K 中所有 $v \geqslant 0$ 的解 $u + v\sqrt{D}$ 中使 v 最小的那组解. 由于 $-u_0 + v_0\sqrt{D} = -(u_0 - v_0\sqrt{D}) \in \overline{K}$,故 u_0 是唯一的;其次,当 K 是歧类时,v_0 的选择如前,而 u_0 选择含 v_0 的解 $u + v_0\sqrt{D}$ 中使得 $u \geqslant 0$ 的那个.

定理 2 设 K 是方程(1)解的任一结合类,$u_0 + v_0\sqrt{D}$ 是 K 的基本解. 再设 $x_0 + y_0\sqrt{D}$ 是方程(2)的基本解,则有

$$0 \leqslant v_0 \leqslant \begin{cases} \dfrac{y_0\sqrt{M}}{\sqrt{2(x_0+1)}}, & \text{当 } M > 0 \\[3mm] \dfrac{y_0\sqrt{-M}}{\sqrt{2(x_0-1)}}, & \text{当 } M < 0 \end{cases} \tag{4}$$

$$0 \leqslant |u_0| \leqslant \begin{cases} \sqrt{\dfrac{1}{2}(x_0+1)M}, & \text{当 } M > 0 \\[3mm] \sqrt{\dfrac{1}{2}(x_0-1)(-M)}, & \text{当 } M < 0 \end{cases} \tag{5}$$

证 这里只证 $M > 0$ 的情形($M < 0$ 类似可证). 由于式(4)和式(5)对 K 成立,可推出对 $\overline{K}$ 也成立,故

160

不失一般性可设 $u_0 > 0$. 由于

$$(u_0 + v_0 \sqrt{D})(x_0 - y_0 \sqrt{D}) \in K$$

$$(u_0 + v_0 \sqrt{D})(x_0 - y_0 \sqrt{D}) =$$

$$u_0 x_0 - D v_0 y_0 + (x_0 v_0 - y_0 u_0) \sqrt{D}$$

且有

$$u_0 x_0 - D v_0 y_0 = u_0 x_0 - \sqrt{(u_0^2 - M)(x_0^2 - 1)} > 0$$

故由 K 的基本解 $u_0 + v_0 \sqrt{D}$ 的定义易知

$$u_0 x_0 - D v_0 y_0 \geqslant u_0$$

由此知

$$u_0 (x_0 - 1) \geqslant D v_0 y_0 \tag{6}$$

两边平方得

$$u_0^2 (x_0 - 1)^2 \geqslant D^2 v_0^2 y_0^2 = (u_0^2 - M)(x_0^2 - 1)$$

由此解出 u_0^2 得

$$u_0^2 \leqslant \frac{1}{2}(x_0 + 1) M$$

即

$$u_0 \leqslant \sqrt{\frac{1}{2}(x_0 + 1) M}$$

另外从式(6)直接解出 v_0 得

$$v_0 \leqslant \frac{u_0(x_0 - 1)}{D y_0} = \frac{u_0(x_0 - 1) y_0}{D y_0^2} =$$

$$\frac{u_0 y_0}{x_0 + 1} \leqslant \frac{y_0 \sqrt{\dfrac{1}{2}(x_0 + 1) M}}{x_0 + 1} =$$

$$\frac{y_0 \sqrt{M}}{\sqrt{2(x_0 + 1)}}$$

证毕.

　　由定理 2 知方程(1)仅有有限个结合类,而且由式(4)和式(5)知,所有类的基本解可经有限步求出. 显然,如果满足式(4)和式(5)的 u_0, v_0 均不是方程(1)的解,那么方程(1)无解.

定理3 设 K 是方程(1)解的一个结合类,$u_0 + v_0 \sqrt{D}$ 是 K 的基本解,则方程(1)的属于 K 类的全部解可由

$$x + y\sqrt{D} = \pm(u_0 + v_0\sqrt{D})(x_0 + y_0\sqrt{D})^n \quad (n \in \mathbf{Z})$$

表出,其中 $x_0 + y_0\sqrt{D}$ 是 Pell 方程(2)的基本解.

证 显然,上式给出的 x, y 是方程(1)属于 K 类的解.现设方程(1)的任一解 $x + y\sqrt{D} \in K$,由定理 1 知

$$xu_0 - Dyv_0 \equiv 0 (\bmod \mid M \mid)$$
$$yu_0 - xv_0 \equiv 0 (\bmod \mid M \mid)$$

令 $X = \dfrac{xu_0 - Dyv_0}{M}, Y = \dfrac{yu_0 - xv_0}{M}$,则有 $X^2 - DY = 1$ 且

$$x + y\sqrt{D} = (u_0 + v_0\sqrt{D})(X + Y\sqrt{D})$$

故由 Pell 方程(2)的结果知

$$x + y\sqrt{D} = \pm(u_0 + v_0\sqrt{D})(x_0 + y_0\sqrt{D})^n \quad (n \in \mathbf{Z})$$

证毕.

对于方程(1),最后考虑几个特殊情形:$M = -1$,± 2 和 ± 4.

I. 当 $M = -1$ 时,方程(1)(也称为 Pell 方程)化为

$$x^2 - Dy^2 = -1 \qquad (7)$$

如果方程(7)有整数解,那么由定理 1 知,方程(7)仅有一个结合类.设 $u_0 + v_0\sqrt{D}$ 是基本解,由方程(7)知 $v_0 \neq 0, u_0 \neq 0$,故可设 $u_0 > 0, v_0 > 0$.此时 $u_0 + v_0\sqrt{D}$ 也称为方程(7)的基本解.

定理 4　如果 Pell 方程(7)有整数解,设 $\delta = u_0 + v_0\sqrt{D}$ 是基本解,那么方程(7)的全部整数解可表为

$$x + y\sqrt{D} = \pm\delta^{2n+1} \quad (n \in \mathbf{Z})$$

证　由定理 3 知,只要证明 δ^2 为 Pell 方程(2)的基本解 $x_0 + y_0\sqrt{D}$. 首先容易验证 δ^2 确为方程(2)的解,故 $\delta^2 \geqslant x_0 + y_0\sqrt{D}$. 其次,由定理 2 知

$$\delta^2 = (u_0 + v_0\sqrt{D})^2 \leqslant$$
$$\left(\frac{y_0\sqrt{D}}{\sqrt{2(x_0-1)}} + \sqrt{\frac{x_0-1}{2}}\right)^2 =$$
$$x_0 + y_0\sqrt{D}$$

因此 $\delta^2 = x_0 + y_0\sqrt{D}$. 证毕.

设 p 是奇素数,从 Pell 方程(2)出发,可证方程 $x^2 - py^2 = -1$(当 $p \equiv 1\,(\mathrm{mod}\,4)$)以及方程 $x^2 - 2py^2 = -1$(当 $p \equiv 5\,(\mathrm{mod}\,8)$)均有整数解.

但当 D 含有 $4k+3$ 形因子或 $D \equiv 0\,(\mathrm{mod}\,4)$ 时,方程(7)均没有整数解. 因此研究 D 取何值时,方程(7)有解或无解,是一件有意义的事情. 1978 年,Lienen[1] 证明了下面的定理.

定理 5　设 $p \equiv 1\,(\mathrm{mod}\,8)$ 是素数且

$$2p = r^2 + s^2, r \equiv \pm 3\,(\mathrm{mod}\,8), s \equiv \pm 3\,(\mathrm{mod}\,8)$$

则 Pell 方程(7)无解.

证　设此时方程(7)有解,由 $p \equiv 1\,(\mathrm{mod}\,8)$ 知,p 可唯一地表为 $p = a^2 + b^2, 0 < a < b$,而 $2p$ 可唯一表为 $2p = r^2 + s^2, 0 < r < s$. 现在 $2p = 2(a^2 + b^2) = (b-a)^2 + (b+a)^2$,故

$$r = b - a, s = b + a$$

在 $Q(\mathrm{i})$(这里 $\mathrm{i} = \sqrt{-1}$)中来考虑方程 $x^2 - 2py^2 =$

－1，有分解式

$$(x+\mathrm{i})(x-\mathrm{i})=(1-\mathrm{i})(1+\mathrm{i})(a+b\mathrm{i})(a-b\mathrm{i})y^2 \tag{8}$$

其中 $1\pm\mathrm{i}$，$a\pm b\mathrm{i}$ 均为 $Q(\mathrm{i})$ 的素数. 由于 $Q(\mathrm{i})$ 的单位数为 ±1，$\pm\mathrm{i}$，且 $(x+\mathrm{i},x-\mathrm{i})=1-\mathrm{i}$（或 $1+\mathrm{i}$，但 $1+\mathrm{i}$ 与 $1-\mathrm{i}$ 相结合），故式(8)给出

$$x+\mathrm{i}=(1\pm\mathrm{i})(a\pm b\mathrm{i})(c+d\mathrm{i})^2 \tag{9}$$

或

$$-\mathrm{i}x+1=(1\pm\mathrm{i})(a\pm b\mathrm{i})(c+d\mathrm{i})^2 \tag{10}$$

这里 $y=c^2+d^2$，c，d 一奇一偶. 由 $b-a\equiv\pm3\pmod 8$ 及 $b+a\equiv\pm3\pmod 8$ 易知，式(9)和式(10)展开后均不可能. 例如对式(9)中的一个情形 $x+\mathrm{i}=(1+\mathrm{i})(a+b\mathrm{i})(c+d\mathrm{i})^2$ 可化为

$$x+\mathrm{i}=(a-b)(c^2-d^2)-2(a+b)cd+$$
$$[(a+b)(c^2-d^2)+2(a-b)cd]\mathrm{i}$$

于是 $(a+b)(c^2-d^2)+2(a-b)cd=1$. 由 $b-a\equiv\pm3\pmod 8$ 及 $b+a\equiv\pm3\pmod 8$ 知

$$\pm3(c^2-d^2)\pm6cd\equiv1\pmod 8$$

由 c，d 一奇一偶知，此给出

$$\pm3\equiv1\pmod 8 \text{ 或 } \pm1\pm4\equiv1\pmod 8$$

而这不可能. 证毕.

对于 $D=p_1\cdots p_s$，$p_i(i=1,\cdots,s)$ 是不同的奇素数，我们有

定理 6　如果 $s=2$ 或 $2\nmid s$，$p_i\equiv1\pmod 4$（$i=1,\cdots,s$）且对任意的 $i\neq j$，$1\leqslant i,j\leqslant s$，都有 $\left(\dfrac{p_j}{p_i}\right)=-1$，那么方程(7)有整数解.

证　$s=1$ 是熟知的结果，下设 $s>1$，设 x_0+

164

$y_0 \sqrt{D}$ 是 Pell 方程(2)的基本解,则由 $x_0^2 - D y_0^2 = 1$ 知 $2 \nmid x_0 , 2 \mid y_0$,于是

$$\left(\frac{x_0 + 1}{2}\right)\left(\frac{x_0 - 1}{2}\right) = D\left(\frac{y_0}{2}\right)^2$$

故得出

$$\frac{x_0 + 1}{2} = D_1 u^2 , \frac{x_0 - 1}{2} = D_2 v^2 , y_0 = 2uv$$

这里 $D = D_1 D_2$. 由前两式推出

$$D_1 u^2 - D_2 v^2 = 1 \tag{11}$$

若 $D_1 = 1$,则 $u + v\sqrt{D}$ 是方程(2)的一组解,但 $v = \dfrac{y_0}{2u} < y_0$,与 $x_0 + y_0 \sqrt{D}$ 是方程(2)的基本解矛盾,故 $D_1 > 1$. 若 $D_2 = 1$,则方程(11)给出方程(7)有解. 现在证明 $D_1 > 1 , D_2 > 1$ 时方程(11)不成立.

当 $s = 2$ 时,由 $D_1 > 1 , D_2 > 1$ 知 D_1 , D_2 都是一个素数,由假设 $\left(\dfrac{p_2}{p_1}\right) = -1$ 知方程(11)不成立. 而在 $2 \nmid s , s > 1$ 时,D_1 和 D_2 中必有一个含有奇数个素因子,不妨设 $D_1 = p_{i_1} \cdots p_{i_t} , 2 \nmid t$,这里 $p_{i_j} \in \{p_1 , \cdots , p_s\} (j = 1 , \cdots , t)$. 由 $D_2 > 1$,设 $p \mid D_2 , p \in \{p_1 , \cdots , p_s\}$,则 $\left(\dfrac{p_{i_j}}{p}\right) = -1 (j = 1 , \cdots , t)$. 现对式(11)取模 p 得

$$(D_1 u)^2 \equiv D_1 (\bmod\ p)$$

此给出

$$1 = \left(\frac{D_1}{p}\right) = \prod_{j=1}^{t} \left(\frac{p_{i_j}}{p}\right) = (-1)^t = -1$$

这不可能,这就证明了定理 6. 证毕.

　　Ⅱ. $M = \pm 2$ 和 $M = \pm 4$,首先我们证明下面的定理.

定理 7 设 p 是素数,如果丢番图方程

$$x^2 - Dy^2 = \pm p \tag{12}$$

有解,那么当 $p \mid 2D$ 时有一个结合类;当 $p \nmid 2D$ 时有两个结合类.

证 ① 首先证明,方程(12)最多只有一个解 $u_0 + v_0 \sqrt{D}$, $u_0 \geqslant 0$ 满足式(4)和式(5). 为此,设方程(12)有两个不同的解 $u_0 + v_0 \sqrt{D}$ 和 $u_1 + v_1 \sqrt{D}$($u_0 \geqslant 0$, $u_1 \geqslant 0$)满足式(4)和式(5),因此 $v_0 \geqslant 0$, $v_1 \geqslant 0$. 由方程(12)知 $v_0 \neq 0$, $v_1 \neq 0$,故 $v_0 > 0$, $v_1 > 0$. 由

$$u_0^2 - Dv_0^2 = \pm p, \quad u_1^2 - Dv_1^2 = \pm p$$

消去 D,得 $u_0^2 v_1^2 - u_1^2 v_0^2 = \pm p(v_1^2 - v_0^2)$,故推出

$$u_0 v_1 - u_1 v_0 \equiv 0 \pmod{p} \tag{13}$$

或

$$u_0 v_1 + u_1 v_0 \equiv 0 \pmod{p} \tag{14}$$

另一方面,由

$$p^2 = (u_0^2 - Dv_0^2)(u_1^2 - Dv_1^2) = (u_0 u_1 - Dv_0 v_1)^2 - D(u_0 v_1 - u_1 v_0)^2 = (u_0 u_1 + Dv_0 v_1)^2 - D(u_0 v_1 + u_1 v_0)^2$$

知,式(13)和式(14)分别给出

$$\left(\frac{u_0 u_1 - Dv_0 v_1}{p}\right)^2 - D\left(\frac{u_0 v_1 - u_1 v_0}{p}\right)^2 = 1$$

$$\left(\frac{u_0 u_1 + Dv_0 v_1}{p}\right)^2 - D\left(\frac{u_0 v_1 + u_1 v_0}{p}\right)^2 = 1$$

如果 $u_0 v_1 \pm u_1 v_0 \neq 0$,那么有

$$\left|\frac{u_0 v_1 \pm u_1 v_0}{p}\right| \geqslant y_0 \tag{15}$$

这里 y_0 满足 $x_0 + y_0 \sqrt{D}$ 是 Pell 方程(2)的基本解. 但由 $u_0 \geqslant 0$, $u_1 \geqslant 0$, $v_0 > 0$, $v_1 > 0$ 及式(4)和式(5)得

166

$$|u_0 v_1 \pm u_1 v_0| \leqslant u_0 v_1 + u_1 v_0 < y_0 p$$

此与式(15)矛盾.

如果 $u_0 v_1 \pm u_1 v_0 = 0$,那么容易推出 $u_0 + v_0 \sqrt{D} = u_1 + v_1 \sqrt{D}$ 与假设不符.

② 设 $u_0 + v_0 \sqrt{D}$ 是结合类 K 的基本解,则 $-u_0 + v_0 \sqrt{D}$ 是 $\overline{K}$ 的基本解. 故由 ① 的结论知,方程(12)最多有两个结合类 K 和 $\overline{K}$. 现设 $u + v \sqrt{D} \in K$,则 $u - v \sqrt{D} \in \overline{K}$. 如果 $K = \overline{K}$,那么由定理 1 知 $u + v \sqrt{D} \sim u - v \sqrt{D}$ 的充要条件是

$$u^2 + v^2 D \equiv 0 \pmod{p}, 2uv \equiv 0 \pmod{p}$$

由于 $u^2 - Dv^2 = \pm p, p \nmid v$,故上式等价于

$$2D \equiv 0 \pmod{p}, 2u \equiv 0 \pmod{p}$$

此又等价于 $2D \equiv 0 \pmod{p}$,这就证明了定理 7. 证毕.

同样方法可证下面的定理.

定理 8　设 p 是奇素数,如果丢番图方程

$$x^2 - Dy^2 = \pm 2p$$

有解,那么当 $p \mid D$ 时有一个结合类;当 $p \nmid D$ 时有两个结合类.

由定理 7 知,方程

$$x^2 - Dy^2 = \pm 2 \qquad (16)$$

如果有解,那么仅有一个结合类. 设 $u_0 + v_0 \sqrt{D}$ 是方程(16)的基本解,令 $\dfrac{(u_0 + v_0 \sqrt{D})^2}{2} = u + v \sqrt{D}$,则 $u^2 - Dv^2 = 1$,故 $u + v \sqrt{D}$ 是方程(2)的解. 设方程(2)的基本解为 $x_0 + y_0 \sqrt{D}$,则由定理 2 知

$$u + v\sqrt{D} = \frac{(u_0 + v_0\sqrt{D})^2}{2} \leqslant x_0 + y_0\sqrt{D}$$

故在 $u > 0, v > 0$ 时 $u + v\sqrt{D} = x_0 + y_0\sqrt{D}$. 因此除 $x^2 - 2y^2 = -2$ 外，由定理 3 知，方程 (16) 的全部整数解可表为

$$x + y\sqrt{D} = \pm(u_0 + v_0\sqrt{D})\left[\frac{(u_0 + v_0\sqrt{D})^2}{2}\right]^n =$$

$$\pm \frac{(u_0 + v_0\sqrt{D})^{2n+1}}{2^n} \quad (n \in \mathbf{Z})$$

对于方程 $x^2 - Dy^2 = \pm 4$，类似地讨论可得出第 2 章 2.6 的 Ⅲ、Ⅳ 和 Ⅴ 的结论.

最后，对更为一般的二元二次丢番图方程

$$D_1 x^2 - D_2 y^2 = M \quad (D_1 > 0, D_2 > 0) \quad (17)$$

这里 D_1, D_2 以及 $D = D_1 D_2$ 均不是平方数. 如果方程 (17) 有解，那么方程 (17) 仅有有限个结合类. 设 $u_0\sqrt{D_1} + v_0\sqrt{D_2}$ 是某结合类 K 的基本解（这里概念的解释均同前），则方程 (17) 属于类 K 的全部解可表为

$$x\sqrt{D_1} + y\sqrt{D_2} = \pm(u_0\sqrt{D_1} + v_0\sqrt{D_2})(x_0 + y_0\sqrt{D})^n$$

$$(n \in \mathbf{Z})$$

这里 $x_0 + y_0\sqrt{D}$ 是 Pell 方程 $x^2 - Dy^2 = 1(D = D_1 D_2)$ 的基本解. 由于方程 (17) 可化为 $(D_1 x)^2 - Dy^2 = D_1 M$，故对方程 (17) 的讨论可归结到方程 (1) 上.

5.4　方程 $x^2 - Dy^2 = M$ 的应用

Ⅰ. Gauss 定理

首先证明 Gauss 对一般的二元二次丢番图方程的

一个结果.

定理 1 对于丢番图方程

$$ax^2 + bxy + cy^2 + dx + ey + f = 0 \qquad (1)$$

设 $D = b^2 - 4ac > 0$, D 不是平方数, $\Delta = 4acf + bde - ae^2 - cd^2 - fb^2 \neq 0$. 如果方程(1)有一组解, 那么必有无穷多组解.

证 由于 D 不是平方数, 故 $a \neq 0$, 不失一般可设 $a > 0$, 由 5.1 节知, 在变换

$$\begin{cases} X = 2aDx + bDy + dD \\ Y = Dy - 2ae + bd \end{cases} \qquad (2)$$

下, 方程(1)可化为

$$X^2 - DY^2 = M \qquad (3)$$

这里 $M = 4aD\Delta \neq 0$. 由于方程(1)有一组解, 设为 x_1, y_1, 则得到方程(3)的一组解

$$\begin{cases} X_1 = 2aDx_1 + bDy_1 + dD \\ Y_1 = Dy_1 - 2ae + bd \end{cases} \qquad (4)$$

因此, 由 5.3 节的定理 3 知, 方程(3)有无穷多组解. 现在我们来证明, 方程(3)存在无穷多组解通过变换(2)给出方程(1)的无穷多组解.

首先对 $2aD^2$, Pell 方程 $x^2 - Dy^2 = 1$ 存在无穷多个解 $T_1 + U_1\sqrt{D}$ 满足 $U_1 \equiv 0 \pmod{2aD^2}$. 这是因为对任意的 $d > 0$ 均使得方程 $x^2 - Dd^2y'^2 = 1$ 有无穷多组解 x, y'. 于是由 $U_1 \equiv 0 \pmod{2aD^2}$ 推出 $T_1^2 \equiv \pmod{2aD^2}$, 令 $T + U\sqrt{D} = (T_1 + U_1\sqrt{D})^2$, 则由

$$T + U\sqrt{D} = T_1^2 + U_1^2 D + 2T_1U_1\sqrt{D}$$

推出 $T \equiv 1(2 \bmod 2aD^2)$, $U \equiv 0 \pmod{2aD^2}$. 于是由 $x^2 - Dy^2 = 1$ 的无穷多组解 $T + U\sqrt{D}$ 得出方程(3)的

无穷多组解

$$X + Y\sqrt{D} = (X_1 + Y_1\sqrt{D})(T + U\sqrt{D}) \quad (5)$$

由式(5)解出

$$X = X_1 T + Y_1 UD, Y = X_1 U + Y_1 T$$

故由式(2)得

$$\begin{cases} X_1 T + Y_1 UD = 2aDx + bDy + dD \\ X_1 U + Y_1 T = Dy - 2ae + bd \end{cases} \quad (6)$$

我们来证明在 $T \equiv 1(\bmod 2aD^2), U \equiv 0(\bmod 2aD^2)$ 时,式(6)给出的 x, y 是整数. 为此对式(6)取模 $2aD^2$ 得

$$\begin{cases} X_1 \equiv 2aDx + bDy + dD(\bmod 2aD^2) \\ Y_1 \equiv Dy - 2ae + bd(\bmod 2aD^2) \end{cases} \quad (7)$$

把式(4)代入式(7)得

$$\begin{cases} 2aD(x - x_1) + bD(y - y_1) \equiv 0(\bmod 2aD^2) \\ D(y - y_1) \equiv 0(\bmod 2aD^2) \end{cases}$$

由此推出

$$y - y_1 \equiv 0(\bmod 2aD)$$

及

$$x - x_1 + bD\frac{y - y_1}{2aD} \equiv 0(\bmod D)$$

故由式(6)决定的 x, y 是整数. 于是,我们证明了,从方程(3)的无穷多组解

$$T \equiv 1(\bmod 2aD^2), U \equiv 0(\bmod 2aD^2)$$

通过变换(2)得到无穷多组方程(1)的解. 证毕.

Ⅱ. 幂数问题

方程 $x^2 - Dy^2 = M$ 的一些结果,还可以用来解决一些幂数问题. 所谓幂数 n 是指,如果素数 $p \mid n$,那么 $p^2 \mid n$. 1970 年 Golomb[2] 证明了:1,4 均可表为两个

互素幂数之差,且表法无限. 同时,Golomb 提出了如下两个问题和两个猜想.

① 是否存在 $4k-1,4k+1$ 形的连续奇幂数?

② 除 $12\,167=23^3$, $12\,168=2^3\times3^2\times13^2$ 外,是否还存在都不为平方数的连续奇幂数?

③ Golomb 猜想（Ⅰ）:6 不能表为两幂数之差.

④ Golomb 猜想（Ⅱ）:存在无穷多个形如 $2(2a+1)(a\geqslant0)$ 的数不能表为两幂数的差.

1972 年,Makowski[3] 证明了素数 $p\equiv1(\bmod\ 8)$ 可表示为两个互素幂数的差,并且表法无限. 1981 年,Sentance[4] 给出了无限多对形如 $4k+1,4k+3$ 的连续奇幂数. 1987 年,肖戎[5] 解决了 Golomb 提出的两个问题和猜想（Ⅰ）,即给出了问题 ① 和 ② 的肯定回答,否定了猜想（Ⅰ）. 后者因为他找到了 $6=5^4\times7^3-463^2$ 的反例.

现在,我们利用方程 $x^2-Dy^2=M$ 的解的性质,给出 Golomb 猜想（Ⅱ）的一个否定回答,即有下面的定理.

定理 2　形如 $2(2a+1)(a\geqslant1)$ 的数均可表示为两个互素幂数之差,且表法无限.

证　设 $2(2a+1)=2b,b>1$. 取 $k_0=\dfrac{(b-1)^2}{2}-1$,则有 $2\nmid k_0$, $(k_0,b)=1$. 令 $D=(b+k_0)^2-b^2=\left(\dfrac{b^2-3}{2}\right)^2-2>0$(因为 $b>1$),显然 D 非平方数,且 Pell 方程 $x^2-Dy^2=1$ 的基本解为 $\left(\dfrac{b^2-3}{2}\right)^2-1+\dfrac{b^2-3}{2}\sqrt{D}$. 由于方程 $x^2-Dy^2=b^2$ 有解 $b+k_0+\sqrt{D}$,

故在与 $b+k_0+\sqrt{D}$ 相结合的类中,方程 $x^2-Dy^2=b^2$ 的全部正整数解(见 5.3 节的定理 3)可表为

$$x_n+y_n\sqrt{D}=(b+k_0+\sqrt{D})(x_0+y_0\sqrt{D})^n \quad (n>0) \tag{8}$$

其中,$x_0=\left(\dfrac{b^2-3}{2}\right)^2-1, y_0=\dfrac{b^2-3}{2}$. 我们来证明,式(8)中存在无穷多个 n 满足 $2\mid x_n, (x_n,b)=1$ 且 $D\mid y_n$.

① 当 $n\equiv 0\pmod 2$ 时式(8)给出 $2\mid x_n$. 这是因为 $2\nmid bk_0$,对式(8)取模 2 知

$$x_n+y_n\sqrt{D}\equiv\sqrt{D}\pmod 2$$

故 $2\mid x_n$.

② 对任意 $n>0$,均有 $(x_n,b)=1$. 因为 $D\equiv k_0^2\pmod b$,故对 $x_0^2-Dy_0^2=1$ 取模 b 得

$$(x_0+k_0y)(x_0-k_0y)\equiv 1\pmod b \tag{9}$$

现对式(8)取模 b 得

$$x_n+y_n\sqrt{D}\equiv(k_0+\sqrt{D})(x_0+y_0k_0)^n\pmod b$$

注意到式(9)知,上式给出

$$(x_n,b)=(b,k_0(x_0+y_0k_0)^n)=(b,k_0)=1$$

③ 由存在正整数 n_1,凡 $n\equiv n_1\pmod D$ 都有 $D\mid y_n$. 这是因为对式(8)取模 D 得

$$x_n+y_n\sqrt{D}\equiv$$

$$(b+k_0+\sqrt{D})(x_0^n+nx_0^{n-1}y_0\sqrt{D})\pmod D\equiv$$

$$x_0^n(b+k_0)+x_0^{n-1}[x_0+ny_0(b+k_0)]\sqrt{D}\pmod D$$

由此知

$$y_n\equiv x_0^{n-1}[x_0+ny_0(b+k_0)]\pmod D \tag{10}$$

由于 $(y_0,D)=1, (b+k_0,D)=(b+k_0,bk_0)=1$,故关

于 n 的一次同余式 $x_0 + ny_0(b+k_0) \equiv 0 \pmod{D}$ 有解 $n_1, 0 < n_1 < D$. 于是对满足 $n \equiv n_1 \pmod{D}$ 的 n, 式(10)给出 $D \mid y_n$.

由①～③即知, 式(8)中有无穷多个 n 满足 $2 \mid x_n, (b, x_n) = 1$ 且 $D \mid y_n$. 对于这些 n, 令 $y_n = Dy'_n$, 则由 $x_n^2 - Dy_n^2 = b^2$ 知

$$(x_n + b)(x_n - b) = D(Dy'_n)^2 = D^3 y'^2_n \quad (11)$$

由 $2 \mid x_n, (b, x_n) = 1$ 知 $(x_n + b, x_n - b) = 1$, 故从式(11)知, 存在正整数 u, v_n, s, t_n 使得

$$x_n + b = u^3 v_n^2, x_n - b = s^3 t_n^2 \quad (12)$$

其中, $D = us, y'_n = v_n t_n$, 且 $(uv_n, st_n) = 1$. 由式(12)即知

$$2b = u^3 v_n^2 - s^3 t_n^2$$

这就表明了 $2b(b = 2a + 1 > 1)$ 可表为两个互素幂数之差, 且表法无限. 证毕.

定理 2 的证明是构造性的, 例如我们下面给出 6 表为无穷多组两个互素幂数之差的方法.

在定理 2 的证明中, 取 $b = 3$, 则 $k_0 = 1, D = 7$ 且 Pell 方程 $x^2 - 7y^2 = 1$ 的基本解 $x_0 + y_0\sqrt{7} = 8 + 3\sqrt{7}$. 由于方程 $x^2 - 7y^2 = 9$ 有解 $4 + \sqrt{7}$, 故在与 $4 + \sqrt{7}$ 相结合的类中, 方程 $x^2 - 7y^2 = 9$ 的全部正整数解可表为

$$x_n + y_n\sqrt{7} = (4 + \sqrt{7})(8 + 3\sqrt{7})^n \quad (n > 0)$$

现在求出满足 $2 \mid x_n, (x_n, 3) = 1$ 且 $7 \mid y_n$ 的 n. 由①～③知, 满足这些条件的 $n \equiv 0 \pmod{2}$ 且 $8 + n \cdot 3(3 + 1) \equiv 0 \pmod{7}$, 故 $n \equiv 4 \pmod{14}$, 于是

$$6 = u^3 v_n^2 - s^3 t_n^2 \quad (13)$$

这里 $us = 7, 7v_n t_n = y_n$. 例如取 $n = 4$, 则 $y_4 = 81\,025 = 7 \times 5^2 \times 463$. 故由 $us = 7, v_4 t_4 = 5^2 \times 463$ 知式(13)给

出

$$6 = 5^4 \times 7^3 - 463^2$$

对于 2 表为两幂数差的问题，从 Pell 方程 $x^2 - Dy^2 = 1$ 可十分容易地构造出来．例如，类似于定理 2 的证明，取 k_0 为任意的正奇数，$D = (k_0 + 1)^2 - 1$，则 Pell 方程 $x^2 - Dy^2 = 1$ 的全部正整数解可表为

$$x_n + y_n \sqrt{D} = (k_0 + 1 + \sqrt{D})^n$$

在 $n \equiv D (\bmod 2D)$ 时，上式给出 $2 \mid x_n$，$D \mid y_n$，故从 $x_n^2 - 1 = Dy_n^2 = D^3 y_n'^2$ 可推出 2 是无穷多个两幂数之差．

类似地可证[6]：任意正整数都可表为两互素幂数之差，且表法无限．

5.5　两个三元二次丢番图方程的公解

求两个三元二次丢番图方程的公解问题引人注目．所谓求两个三元二次丢番图方程的公解问题，是指求丢番图方程组

$$\begin{cases} x^2 - Dy^2 = k \\ y^2 - D_1 z^2 = m \end{cases} \tag{1}$$

的整数解，这里 D, D_1, k 和 m 都是给定的整数，$D > 0$，$D_1 > 0$ 都不是平方数．利用 Baker 有效方法，可以定出方程组 (1) 中 $|y|$ 的上界，因此方程 (1) 最多只有有限个解（参阅第 3 章 3.4 节）．

1941 年，Ljunggren[7] 证明了下面的定理．

定理 1　Pell 方程组

174

$$\begin{cases} x^2 - 2y^2 = 1 \\ y^2 - 3z^2 = 1 \end{cases}$$

仅有正整数解 $x = 3, y = 2, z = 1$.

我们在第 3 章的 3.4 节给出了定理 1 用 Baker 方法的证明. 1969 年, Baker 和 Davenport[8] 利用 Baker 方法证明了下面的定理.

定理 2　丢番图方程组

$$\begin{cases} y^2 - 3x^2 = -2 \\ z^2 - 8x^2 = -7 \end{cases}$$

仅有两组正整数解 $x = y = z = 1$ 和 $x = 11, y = 19, z = 31$.

1975 年, Kanagasabapathy 和 Ponnudurai[9] 用递推序列的方法给出了定理 2 的一个初等证明. 1980 年, Velupillai[10] 证明了下面的定理.

定理 3　丢番图方程组

$$\begin{cases} z^2 - 3y^2 = -2 \\ z^2 - 6x^2 = -5 \end{cases}$$

仅有正整数解 $x = y = z = 1$ 和 $x = 29, y = 41, z = 71$.

1983 年, 曹珍富[11] 用 Pell 方程的方法, 研究了较为一般的 Pell 方程组

$$\begin{cases} x^2 - 2y^2 = -1 \\ y^2 - Dz^2 = 1 \end{cases} \tag{2}$$

的正整数解, 并证明了下面的定理.

定理 4　设 $D = p_1 \cdots p_s, p_i (i = 1, \cdots, s)$ 是不同的奇素数, $1 \leqslant s \leqslant 5$ 则 Pell 方程组 (2) 除开 $s = 4$ 时, 仅有正整数解 $x = 239, y = 169, z = 4$ (当 $D = 3 \times 5 \times 7 \times 17 = 1\,785$) 和 $x = 1\,393, y = 985, z = 4$ (当 $D = 3 \times 17 \times 41 \times 29 = 60\,639$) 外, 无其他的正整数解.

证 由 $x^2 - 2y^2 = -1$ 解出

$$x = \frac{\delta^{2n+1} + \bar{\delta}^{2n+1}}{2} \quad (n > 0)$$

这里 $\delta = 1 + \sqrt{2}$, $\bar{\delta} = 1 - \sqrt{2}$. 记

$$\xi_n = \frac{\delta^n + \bar{\delta}^n}{2}, \eta_n = \frac{\delta^n - \bar{\delta}^n}{2\sqrt{2}}$$

则我们有

$$x + 1 = \xi_{2n+1} + 1 = \begin{cases} 2\xi_{2m}\xi_{2m+1}, \text{当 } n = 2m \\ 4\eta_{2m+2}\eta_{2m+1}, \text{当 } n = 2m+1 \end{cases}$$

$$x - 1 = \xi_{2n+1} - 1 = \begin{cases} 4\eta_{2m}\eta_{2m+1}, \text{当 } n = 2m \\ 2\xi_{2m+2}\xi_{2m+1}, \text{当 } n = 2m+1 \end{cases}$$

故从式(2)得出 $x^2 - 1 = 2Dz^2$, 从而知道

$$\xi_{(2m+1)\pm1} \cdot \xi_{2m+1} = D_1 z_1^2, \eta_{(2m+1)\pm1} \cdot \eta_{2m+1} = D_2 z_2^2 \tag{3}$$

这里 $D = D_1 D_2$, $z = 2z_1 z_2$. 由于

$$(\xi_{(2m+1)\pm1}, \xi_{2m+1}) = 1, (\eta_{(2m+1)\pm1}, \eta_{2m+1}) = 1$$

故式(3)给出

$$\xi_{(2m+1)\pm1} = ka^2, \xi_{2m+1} = lb^2, \eta_{(2m+1)\pm1} = ec^2, \eta_{2m+1} = fd^2 \tag{4}$$

这里 $D_1 = kl$, $z_1 = ab$; $D_2 = ef$, $z_2 = cd$. 由于

$$\xi_{(2m+1)\pm1}^2 - 2\eta_{(2m+1)\pm1}^2 = 1, \xi_{2m+1}^2 - 2\eta_{2m+1}^2 = -1$$

故式(4)给出

$$k^2 a^4 - 2e^2 c^4 = 1, l^2 b^4 - 2f^2 d^4 = -1 \tag{5}$$

由于 k, e, l, f 等于 1 时, 方程(5)分别化为方程 $X^4 - 2Y^2 = 1, X^2 - 2Y^4 = 1, X^4 - 2Y^2 = -1$ 和 $X^2 - 2Y^4 = -1$, 而这些方程都已经给出了全部解(见第 2 章 2.2 节, 2.3 节和 2.7 节), 故在 $1 \leqslant s \leqslant 3$ 时, 定理 4 得到了证明. 在 $s \geqslant 4$ 时, 设 $k > 1, e > 1, l > 1, f > 1$ 由式(5)

的第一式知

$$ka^2 \pm 1 = 4u^2, ka^2 \mp 1 = 2v^2, 2uv = ec^2 \qquad (6)$$

由式(6)的前两式知 $v^2 - 2u^2 = \mp 1$. 由 $2uv = ec^2$ 知 $2 \mid u$,故 $v^2 - 2u^2 = \mp 1$ 中的负号不可能. 于是式(6)给出

$$v^2 - 2u^2 = 1, 2uv = ec^2$$

由 $2uv = ec^2$,得 $u = 2e_1 u_1^2, v = e_2 v_1^2, c = u_1 v_1, e = e_1 e_2$,代入 $v^2 - 2u^2 = 1$,得

$$e_2^2 v_1^4 - 8e_1^2 u_1^4 = 1 \qquad (7)$$

由于 $e_1 = 1, e_2 = 1$ 上式分别化为 $X^2 - 8Y^4 = 1$ 及 $X^4 - 8Y^2 = 1$,而这些方程也已在第 2 章解决,故经过一些计算知,定理 4 成立.

下设 $e_1 > 1, e_2 > 1$,故由 $D = klef = kle_1 e_2 f$ 知 $s \geqslant 5$ 且在 $s = 5$ 时,可设 k, l, e_1, e_2, f 均是一个素数. 于是由式(7)得出

$$e_2 v_1^2 \pm 1 = 4u_2^2, e_2 v_1^2 \mp 1 = 2u_3^2, u_2 u_3 = e_1 u_1^2 \qquad (8)$$

由 $u_2 u_3 = e_1 u_1^2$,得 $u_2 = e_1 u_4^2, u_3 = u_5^2$ 或 $u_2 = u_4^2, u_3 = e_1 u_5^2$,故由式(8)的前两式得出

$$u_5^4 - 2(e_1 u_4^2)^2 = \mp 1 \text{ 或} (e_1 u_5^2)^2 - 2u_4^4 = \mp 1$$

而这些方程均已解决,用这些方程的解不断回代,最后得证定理 4 的论断. 证毕.

利用这种方法还可以考虑 $D = p_1 \cdots p_s$ 及 $D = 2p_1 \cdots p_s$,这里 $p_i (i = 1, \cdots, s)$ 是不同的奇素数的一般情形[11]. 由于式(2)给出 $x^2 + 1 = 2y^2, x^2 - 1 = 2Dz^2$,推出 $x^4 - 1 = D(2yz)^2$. 故式(2)的解可以应用到二元四次丢番图方程 $x^4 - Dy^2 = 1$ 上去(参阅第 7 章 7.1 节).

关于两个 Pell 方程的公解问题,1984 年 Mohanty 和 Ramasamy[12] 用递推序列的方法还证明了下面的

定理.

定理 5 Pell 方程组

$$\begin{cases} x^2 - 2y^2 = 1 \\ y^2 - 5z^2 = 4 \end{cases} \tag{9}$$

仅有 $x = \pm 3, y = \pm 2, z = 0$ 的整数解.

证 利用 Pell 方程的解知,方程 $x^2 - 2y^2 = 1$ 的全部解可表为

$$x_n + y_n \sqrt{2} = (3 + 2\sqrt{2})^n \quad (n \in \mathbf{Z})$$

由此得到一组关系式

$$x_{-n} = x_n, y_{-n} = -y_n \tag{10}$$

$$x_{n+r} = x_n x_r + 2 y_n y_r \tag{11}$$

$$y_{n+r} = x_n y_r + x_r y_n \tag{12}$$

$$x_{2n} = x_n^2 + 2 y_n^2 = 2 x_n^2 - 1 = 4 y_n^2 + 1 \tag{13}$$

$$y_{2n} = 2 x_n y_n \tag{14}$$

$$x_{5n} = x_n (16 x_n^4 - 20 x_n^2 + 5) \tag{15}$$

$$y_{5n} = y_n (16 x_n^4 - 12 x_n^2 + 1) \tag{16}$$

$$y_{n+2r} \equiv - y_n (\bmod x_r) \tag{17}$$

$$y_{n+2(r+1)} \equiv y_n (\bmod 2 x_r + 3 y_r) \tag{18}$$

$$y_{n+2(r+1)} \equiv - y_n (\bmod 3 x_r + 4 y_r) \tag{19}$$

通过计算可得表 1 中的数据.

现在,设式(9)存在整数解,令 $5z = \lambda$,则由

$$y_n^2 - 5z^2 = 4$$

得出

$$\lambda^2 = 5 y_n^2 - 20 \tag{20}$$

我们利用 $x^2 - 2y^2 = 1$ 的解的性质分五种情形来证明在 $n \neq \pm 1$ 时式(20)不成立.

表 1

n	x_n	y_n
0	1	0
1	3	2
2	17	12
3	99	70
4	577	408
5	3 363	2 378
6	19 601	13 860
7	114 243	80 782
8	665 857	470 832
9	3 880 899	2 744 210
10	22 619 537	15 994 428

① 从式(18)
$$y_{n+8} \equiv y_n (\bmod 2x_3 + 3y_3) \equiv$$
$$y_n (\bmod 408) \equiv y_n (\bmod 17)$$

如果 $n \equiv 0, 4 (\bmod 8)$,那么

$$y_n \equiv \begin{cases} y_0, \text{当 } n \equiv 0 (\bmod 8) \\ y_4, \text{当 } n \equiv 4 (\bmod 8) \end{cases} \equiv 0 (\bmod 17)$$

对式(20)取模 17 知

$$1 = \left(\frac{5y_n^2 - 20}{17}\right) = \left(\frac{-3}{17}\right) = \left(\frac{-1}{17}\right)\left(\frac{3}{17}\right) =$$
$$\left(\frac{17}{3}\right) = \left(\frac{2}{3}\right) = -1$$

这不可能. 若 $n \equiv \pm 2 (\bmod 8)$,则 $y_n \equiv y_{\pm 2} = \pm y_2 \equiv$ $\pm 12 (\bmod 17)$,故对式(20)取模 17 给出 $1 =$ $\left(\frac{5 \times 12^2 - 3}{17}\right) = \left(\frac{3}{17}\right) = -1$,也不可能. 这就证明了 $n \equiv 0 (\bmod 2)$ 时式(20)不成立.

② 利用式(12),$y_{n+5} = 2\ 378x_n + 3\ 363y_n \equiv$

$y_n (\bmod 41)$. 故在 $n \equiv \pm 2 (\bmod 5)$ 时，$y_n \equiv y_{\pm 2} = \pm 12 (\bmod 41)$，对式(20)取模 41 得

$$1 = \left(\frac{5y_n^2 - 20}{41}\right) = \left(\frac{5 \times 12^2 - 20}{41}\right) = \left(\frac{3}{41}\right) = -1$$

这不可能. 这就证明 $n \equiv \pm 2 (\bmod 5)$ 时式(20)不成立.

③ 利用式(19)

$$y_{n+20} \equiv -y_n (\bmod 3x_9 + 4y_9) \equiv$$
$$-y_n (\bmod 22\,619\,537) \equiv$$
$$-y_n (\bmod 241)$$

这给出 $y_{x+40} \equiv y_n (\bmod 241)$. 若 $n \equiv \pm 5 (\bmod 40)$，则 $y_n \equiv \mp 32 (\bmod 241)$，故对式(20)取模 241 得

$$1 = \left(\frac{5y_n^2 - 20}{241}\right) = \left(\frac{5 \times 32^2 - 20}{241}\right) = \left(\frac{39}{241}\right) = -1$$

这不可能.

若 $n \equiv \pm 9 (\bmod 40)$，则 $y_n \equiv \mp 57 (\bmod 241)$，因此式(20)给出

$$1 = \left(\frac{5y_n^2 - 20}{241}\right) = \left(\frac{5 \times 57^2 - 20}{241}\right) = \left(\frac{78}{241}\right) = -1$$

若 $n \equiv \pm 11 (\bmod 40)$，则 $y_n \equiv \mp 57 (\bmod 241)$；若 $n \equiv \pm 15 (\bmod 40)$，则 $y_n \equiv \mp 32 (\bmod 241)$，同前证明知，式(20)此时均不成立. 这就证明 $n \equiv \pm 5, \pm 9, \pm 11, \pm 15 (\bmod 40)$ 时方程(20)不成立.

由①②③知，除 $n \equiv 1, 19, 21, 39 (\bmod 40)$ 即 $n \equiv 1, 19 (\bmod 20)$ 外，其余情形方程(20)均不成立.

④ 如果 $n \equiv 1 (\bmod 20)$，$n \neq 1$，可设 $n = 1 + 5 \cdot 2^t (2h+1)$，$h \geqslant 0$ 和 $t \geqslant 2$. 令 $j = 2^t$，$t \geqslant 2$，我们有 $n = 5j + 1 + 2 \cdot 5j \cdot h$. 利用式(17)我们有
$$y_n \equiv (-1)^h y_{5j+1} (\bmod x_{5j}) \equiv (-1)^h x_1 y_{5j} (\bmod x_{5j}) \equiv$$

180

$$(-1)^h 3y_j(16x_j^4 - 12x_j^2 + 1)(\mathrm{mod}\ x_j(16x_j^4 - 20x_j^2 + 5))$$

故对式(20)取模 x_j 得

$$1 = \left(\frac{5(3y_j)^2 - 20}{x_j}\right) = \left(\frac{45y_j^2 - 20}{x_j}\right)$$

由于 $x_j^2 - 2y_j^2 = 1$,故 $-20 \equiv 40y_j^2 (\mathrm{mod}\ x_j)$. 因此上式给出

$$1 = \left(\frac{45y_j^2 + 40y_j^2}{x_j}\right) = \left(\frac{85}{x_j}\right) = \left(\frac{5}{x_j}\right)\left(\frac{17}{x_j}\right) \quad (21)$$

由归纳法,容易知道,对 $t \geqslant 1$,有

$$x_j \equiv 1(\mathrm{mod}\ 4), x_j \equiv 2(\mathrm{mod}\ 5)$$

且 $t = 2$ 时

$$x_j \equiv -1(\mathrm{mod}\ 17)$$

$t \geqslant 3$ 时

$$x_j \equiv 1(\mathrm{mod}\ 17)$$

故在 $t = 2$ 时,式(21)给出

$$1 = \left(\frac{x_j}{5}\right)\left(\frac{x_j}{17}\right) = \left(\frac{2}{5}\right)\left(\frac{-1}{17}\right) = -1$$

而在 $t \geqslant 3$,式(21)给出

$$1 = \left(\frac{2}{5}\right)\left(\frac{1}{17}\right) = -1$$

因此 $n \equiv 1(\mathrm{mod}\ 20), n \neq 1$ 时方程(20)不成立.

⑤ 若 $n \equiv 19(\mathrm{mod}\ 20)$,则 $n \equiv -1(\mathrm{mod}\ 20)$. 故注意到式(10),同 ④ 的证明可知 $n \neq -1$ 时方程(20)不成立.

由 ① ～ ⑤ 知,方程(20)有解推出 $n = \pm 1, y = \pm 2$,于是给出 $x = \pm 3, z = 0$. 证毕.

曹珍富[13-14] 发现,Pell 方程组(9)不用较麻烦的递推序列方法,而用 Pell 方程的技巧可给出一个非常简短的证明,而且此方法可适用于一般的 Pell 方程组

$$\begin{cases} x^2 - 2y^2 = 1 \\ y^2 - Dz^2 = 4 \end{cases} \quad (22)$$

我们有下面的定理.

定理 6 设 $p_1, \cdots, p_s$ 是不同的奇素数,则当 $D = p_1 \cdots p_s \equiv 1 \pmod 4$,$1 \leqslant s \leqslant 4$ 时方程组(22)仅有平凡解 $z = 0$.

定理 7 设 $p_1, \cdots, p_s$ 是不同的奇素数,则当 $D = 2p_1 \cdots p_s$,$1 \leqslant s \leqslant 4$ 时方程组(22)除开 $D = 34$ 仅有非平凡解 $z = \pm 12$ 外,均只有平凡解 $z = 0$.

下面给出定理 6 和 7 的证明思路. 由方程 $x^2 - 2y^2 = 1$ 可知 $y = \dfrac{\varepsilon^n - \bar{\varepsilon}^n}{2\sqrt{2}}$,$n \in \mathbf{Z}$,这里 $\varepsilon = 3 + 2\sqrt{2}$,$\bar{\varepsilon} = 3 - 2\sqrt{2}$. 把 $y = \dfrac{\varepsilon^n - \bar{\varepsilon}^n}{2\sqrt{2}}$ 代入 $y^2 - Dz^2 = 4$,可得

$$\left(\frac{\varepsilon^n - \bar{\varepsilon}^n}{2\sqrt{2}} - 2 \right) \left(\frac{\varepsilon^n - \bar{\varepsilon}^n}{2\sqrt{2}} + 2 \right) = Dz^2 \quad (23)$$

由于在 $D \equiv 1 \pmod 4$ 或 $D \equiv 0 \pmod 2$ 时,式(22)给出 $2 \parallel y$,故由 $y = \dfrac{\varepsilon^n - \bar{\varepsilon}^n}{2\sqrt{2}}$ 知 $2 \nmid n$. 令 $n = 2m + 1$,则式(23)给出

$$\frac{\varepsilon^{2m+1} - \bar{\varepsilon}^{2m+1}}{2\sqrt{2}} - 2 = 4D_1 z_1^2, \quad \frac{\varepsilon^{2m+1} - \bar{\varepsilon}^{2m+1}}{2\sqrt{2}} + 2 = 4D_2 z_2^2$$

$$(24)$$

这里 $D = D_1 D_2$,$z = 4z_1 z_2$. 由于

$$\frac{\varepsilon^{2m+1} - \bar{\varepsilon}^{2m+1}}{2\sqrt{2}} - 2 = (\varepsilon^{m+1} + \bar{\varepsilon}^{m+1}) \left(\frac{\varepsilon^m - \bar{\varepsilon}^m}{2\sqrt{2}} \right)$$

$$\frac{\varepsilon^{2m+1} - \bar{\varepsilon}^{2m+1}}{2\sqrt{2}} + 2 = (\varepsilon^m + \bar{\varepsilon}^m) \left(\frac{\varepsilon^{m+1} - \bar{\varepsilon}^{m+1}}{2\sqrt{2}} \right)$$

故式(24)可化为

$$\left(\frac{\varepsilon^{m+1}+\bar{\varepsilon}^{m+1}}{2}\right)\left(\frac{\varepsilon^{m}-\bar{\varepsilon}^{m}}{2\sqrt{2}}\right)=2D_1 z_1^2 \qquad (25)$$

$$\left(\frac{\varepsilon^{m}+\bar{\varepsilon}^{m}}{2}\right)\left(\frac{\varepsilon^{m+1}-\bar{\varepsilon}^{m+1}}{2\sqrt{2}}\right)=2D_2 z_2^2 \qquad (26)$$

由于 $\varepsilon=3+2\sqrt{2}=\rho^2$, $\rho=1+\sqrt{2}$, 故对任意 k, $\dfrac{\varepsilon^k-\bar{\varepsilon}^k}{2\sqrt{2}}$

可分解为 $2\left(\dfrac{\rho^k+\bar{\rho}^k}{2}\right)\left(\dfrac{\rho^k-\bar{\rho}^k}{2\sqrt{2}}\right)$, 故从式(25)和式(26)

经过一些讨论就可证明定理 6 和定理 7.

用这个方法,还可以解决式(22)中 $D=p_1\cdots$ $p_s(\equiv 1(\bmod 4))$ 或 $2p_1\cdots p_s$ 当 $s\leqslant 6$ 时的情形.

最后,我们给出 Ljunggren 对于丢番图方程组

$$\begin{cases} x^2+(x+1)^2=z \\ y^2+(y+1)^2=z^2 \end{cases} \qquad (27)$$

和

$$\begin{cases} \mid Mx^2-N\mid=z \\ z^2=My^2-N \end{cases} \qquad (28)$$

的结果,即有下面的定理.

定理 8[15]　丢番图方程组(27)仅有正整数解 $x=1$, $y=3$, $z=5$.

定理 9[16]　设 $N>1$, 则丢番图方程组(28)仅有非负整数解 $x=0$, $y=1$, $z=N$(当 $M=N(N+1)$)和 $x=2$, $y=4N+1$, $z=\mid 4M-N\mid$(当 $M=N(N+1)$ 或 $N=16M$).

在 Ljunggren 之前,Trost[17] 曾解决方程(28)当 $M=N(N+1)$, $N=D^2(D\neq 1)$ 时的特殊情形.

5.6　三元以上的二次丢番图方程

I. Legendre 方程及其应用

三元二次丢番图方程的最著名的例子是 Legendre 方程

$$ax^2 + by^2 + cz^2 = 0 \qquad (1)$$

这里 $abc \neq 0$, a, b, c 都无平方因子, 两两互素且符号不全一样. Legendre 证明了下面的定理.

定理 1　方程(1) 有不全为零的解的充要条件是: $-bc$, $-ac$, $-ab$ 分别是模 $|a|$, $|b|$, $|c|$ 的二次剩余.

这个定理的必要性易证. 设方程(1) 有一组不全为零的解 x, y, z, 则不妨设 $(x, y, z) = 1$. 于是, 若有素数 $p \mid a$, 必有 $p \nmid z$(否则由 $p \mid a$, $p \mid z$ 推出 $p \mid y$, 再由 $p \mid y$, $p \mid z$ 推出 $p \mid x$), 所以对式(1) 取模 $|a|$ 知

$$(bz^{-1}y)^2 \equiv -bc \pmod{|a|}$$

故 $-bc$ 是 $|a|$ 的二次剩余. 同理可证 $-ac$, $-ab$ 分别是模 $|b|$, $|c|$ 的二次剩余.

应该指出, 这个定理的充分性远不是显然的. 但由于介绍这个证明的书籍较多(可参看资料[18]), 故这里从略.

方程(1) 的一些特例, 如方程 $x^2 + y^2 = z^2$, $x^2 + py^2 = z^2$ 以及 $x^2 + y^2 = pz^2$(p 为素数) 等都可以给出它们的全部解. 我们在第 2 章的 2.2 节给出了方程 $x^2 + y^2 = z^2$ 及 $x^2 + 2y^2 = z^2$ 的全部解. 现在我们给出方程

$$x^2 + y^2 = 2z^2, (x,y) = 1 \qquad (2)$$

的全部正整数解. 由方程(2)显然

$$x \equiv y \equiv 1 (\bmod 2)$$

故除 $x = y$ 外, 可令 $x + y = 2u, x - y = 2v$, 这里 $u > 0$, $v > 0$. 于是 $x = u + v, y = u - v$. 代入方程(2)得

$$u^2 + v^2 = z^2$$

由于 $(x,y) = 1$, 故 $(u,v) = (x,y) = 1$. 所以上式给出

$$u = 2ab, v = a^2 - b^2, z = a^2 + b^2$$

(u, v 可交换) 这里 $a > b > 0, (a,b) = 1$ 且 a, b 一奇一偶. 于是得到方程(2)除 $x = y$ 外的全部正整数解为

$$x = 2ab + a^2 - b^2, y = | 2ab - a^2 + b^2 |, z = a^2 + b^2$$

(x, y 可交换) 这里 $a > b > 0, (a,b) = 1$ 且 a, b 一奇一偶.

　　Legendre 方程在组合数学中有其重要应用. 设 A 是 v 个元素 $a_1, \cdots, a_v$ 的集合(称为 v-集), $A_1, \cdots, A_v$ 是 A 的 v 个子集. 如果 $A_i (i = 1, \cdots, v)$ 满足条件:

　　① 每个 A_i 是 A 的 $k -$ 子集.

　　② 任给的 $i \neq j, A_i \bigcap A_j$ 是 A 的 $\lambda -$ 子集.

　　③ 整数 v, k, λ 满足 $0 < \lambda < k < v - 1$.

那么称子集 $A_1, \cdots, A_v$ 为 A 的一个 $(v, k, \lambda) -$ 组态(在统计学中, $(v, k, \lambda) -$ 组态称为对称平衡不完全区组设计).

　　从定义容易知道, v, k, λ 满足

$$k - \lambda = k^2 - \lambda v \qquad (3)$$

由组合数学[19] 知: 设 v, k, λ 是整数, 如果存在 $(v, k, \lambda) -$ 组态, 那么当 v 是偶数时, $k - \lambda$ 是平方数; 当 v 是奇数时, 丢番图方程

$$x^2 = (k - \lambda) y^2 + (-1)^{\frac{v-1}{2}} \lambda z^2 \qquad (4)$$

185

必有 x,y,z 不全为零的整数解.

定理 2 设 $2 \nmid v,(k,\lambda)=1$,如果存在 (v,k,λ) 一组态,那么 $(-1)^{\frac{v-1}{2}}\lambda$ 是 l 的二次剩余,这里 l 是 $k-\lambda$ 的无平方因子部分.

证 当 $2 \nmid v$ 时,存在 (v,k,λ)-组态的必要条件是方程 (4) 有一组 x,y,z 不全为零的整数解. 由于 $(k,\lambda)=1$,故 $(k-\lambda,\lambda)=1$. 设 $k-\lambda=l\xi^2,\lambda=d\eta^2$,这里 l,d 均为无平方因子的正整数,则由定理 1 知,方程 (4) 有一组不全为零的解推出 $l,(-1)^{\frac{v-1}{2}}d$ 分别是模 d,l 的二次剩余. 现在由式 (3) 知 $k^2=(k-\lambda)+\lambda v \equiv l\xi^2 \pmod{d}$,故由 $(d,k)=1$ 知 l 是模 d 的二次剩余. 于是推出 $(-1)^{\frac{v-1}{2}}d$ 是模 l 的二次剩余,即 $(-1)^{\frac{v-1}{2}}\lambda$ 是模 l 的二次剩余. 证毕.

这个定理的一个推论是给出不存在某些参数为 $v=n^2+n+1,k=n+1,\lambda=1$ 的 (v,k,λ) 一组态(此时的 (v,k,λ) 一组态称为 n 阶有限射影平面).

推论 设 $n \equiv 1 \pmod 4$ 或 $n \equiv 2 \pmod 4$,且 n 的无平方因子部分至少有一个素因子是 $4k+3$ 形的,则参数为 $v=n^2+n+1,k=n+1,\lambda=1$ 的 (v,k,λ) 一组态不存在.

证 在 $n \equiv 1 \pmod 4$ 或 $n \equiv 2 \pmod 4$ 时,$\frac{v-1}{2}$ 是奇数. 故由定理 2 知 -1 是模 l 的二次剩余,这里 l 是 $k-\lambda=n$ 的无平方因子部分. 但由假设至少存在素数 $p \equiv 3 \pmod 4$,$p \mid l$,而 $\left(\dfrac{-1}{p}\right)=-1$,故不存在参数为 $v=n^2+n+1,k=n+1,\lambda=1$ 的 (v,k,λ) 一组态.

Ⅱ. 丢番图方程 $ax^2 + by^2 + cz^2 = n$

现在我们来讨论 Legendre 方程的推广形式

$$ax^2 + by^2 + cz^2 = n \quad (n \neq 0) \tag{5}$$

裴定一[26] 给出了方程 (5) 的解的个数表达式. 对于 a, b, c 的一些特殊值, 我们还有以下熟知的结果.

定理 3　设 $(a, b, c) = (1, 1, 1)$, 则当 $n = 4^\lambda(8\mu + 7), \lambda \geqslant 0, \mu \geqslant 0$ 时方程 (5) 无解; 而当 n 不具有形式 $4^\lambda(8\mu + 7)$ 时方程 (5) 有解.

当 $(a, b, c) = (1, 1, -1)$ 时, Erdös 曾提出一个问题: 是否对充分大的正整数 n, 都有整数 x, y, z 存在, 使得

$$n = x^2 + y^2 - z^2 \quad (x^2 \leqslant n, y^2 \leqslant n, z^2 \leqslant n) \tag{6}$$

这个问题至今也未解决. 但是, 柯召[20] 曾得出一系列有趣的结果. 例如他证明了 "几乎所有" 的正整数 n 都满足式 (6), 即有下面的定理.

定理 4　设 $A(N)$ 是小于 N 且不能表为式 (6) 的形状的正整数 n 的个数, 则有

$$A(N) = O\left(\frac{N}{\log N}\right)$$

曹珍富发现, 这个结果可以改进为 $A(N) = O\left(\frac{\sqrt{N}}{\log N}\right)$.

证　设　　$a^2 \leqslant n = a^2 + b < (a + 1)^2$

如果 $4 \mid b$, 设 $b = 4m$, 那么有

$$n = a^2 + (m + 1)^2 - (m - 1)^2$$

且显然 $a^2 \leqslant n, (m + 1)^2 \leqslant n, (m - 1)^2 \leqslant n$. 如果 $2 \nmid b$, 设 $b = 2m + 1$, 那么有

$$n = a^2 + (m + 1)^2 - m^2, a^2 \leqslant n, (m + 1)^2 \leqslant n, m^2 \leqslant n$$

如果 $a \geqslant 4, b = 4m + 2$ 且有正整数 k, l 存在, 使得

$$2a + 4m + 1 = kl \quad (k > 1, l > 1)$$

那么有

$$n = (a-1)^2 + \left(\frac{k+l}{2}\right)^2 - \left(\frac{k-l}{2}\right)^2$$

从 $3k \leqslant lk = 2a + 4m + 1$ 知

$$k - 3 \leqslant \frac{2a + 4m + 1}{3k}(k-3) = (2a + 4m + 1)\left(\frac{1}{3} - \frac{1}{k}\right)$$

所以有

$$k + \frac{2a + 4m + 1}{k} \leqslant 3 + \frac{2a + 4m + 1}{3}$$

故在 $a \geqslant 4$ 时得出

$$\left(\frac{k+l}{2}\right)^2 = \left[\frac{1}{2}\left(k + \frac{2a + 4m + 1}{k}\right)\right]^2 \leqslant$$
$$\left[\frac{1}{2}\left(3 + \frac{2a + 4m + 1}{3}\right)\right]^2 =$$
$$\left[\frac{1}{3}(a + 2m + 5)\right]^2 \leqslant n$$

因此在 $a \geqslant 4$ 时只有

$$n = a^2 + 4m + 2, 1 \leqslant 2m + 1 \leqslant a \tag{7}$$

而且

$$2a + 4m + 1 = p \text{ 为素数} \tag{8}$$

时,才有可能不适合式(6),于是得到

$$A(N) \leqslant \sum_{a=1}^{[\sqrt{N}]} \sum_{2a+4m+1=p} 1 \leqslant \sum_{a=1}^{[\sqrt{N}]} [\pi(4a) - \pi(2a)] =$$
$$\pi(4[\sqrt{N}]) - 1 \tag{9}$$

这里 $\pi(x)$ 表示不超过 x 的素数个数. 由初等数论中熟

知的结论:$\pi(n) < 12\dfrac{n}{\log n}$(当 $n > 1$)知,式(9)给出

$$A(N) \leqslant 12\frac{4[\sqrt{N}]}{\log 4[\sqrt{N}]} = O\left(\frac{\sqrt{N}}{\log N}\right)$$

证毕.

柯召同时还讨论了 n 适合式(7),式(8)时表为式(6)的形状的可能性.

定理 5　如果存在奇数 $t > 1$ 使得整数 m 适合

$$\frac{a}{t} - \frac{1}{2} \geqslant m \geqslant \frac{a}{t+1} - \frac{1}{2} + \frac{1}{t^2+1}$$

那么式(7)中的数 n 可表为式(6)的形状.

定理 6　式(7)中数能表为式(6)的形状的充要条件是:存在整数 s 和 b_s 使得

$$a + \sqrt{(a-2s-1)^2 - 4m - 2} \geqslant b_s \geqslant$$
$$a - \sqrt{(a-2s-1)^2 - 4m - 2}$$
$$0 \leqslant s < \frac{a-1-\sqrt{4m+2}}{2}$$

且　$2(2s+1)a + 4m + 2 - (2s+1)^2 = b_s c_s$
这里 c_s 是正整数.

推论　$n = a^2 + 2$ 能表为式(6)的形状的充要条件是存在整数 $u \geqslant 1, v \geqslant 1, \dfrac{a-2}{2} \geqslant s \geqslant 0$ 使得 $2(2s+1)a + 2 - (2s+1)^2 = (1+2s+2u)(1+2s+2v)$.

此外,柯召通过计算发现,在 $n \leqslant 10^4$ 时有 76 个数不能表为式(6)的形状.其中最小的一个是 3,最大的一个是 6 563.柯召猜测:

"充分大的正整数都能表为式(6)的形状.6 563 很可能是不能表为式(6)的最大整数."

即使对于 $a^2 + 2$,要证明 a 充分大时,$a^2 + 2$ 均为表为式(6)的形状亦很困难.

Ⅲ.最后,对于四元二次型

$$f = f(x, y, z, w) = x^2 + bcy^2 + caz^2 + abw^2 \tag{10}$$

如果
$$f_1 = f(x_1, y_1, z_1, w_1) = x_1^2 + bcy_1^2 + caz_1^2 + abw_1^2$$
那么
$$f_2 = ff_1 = f(x_2, y_2, z_2, w_2)$$
这里
$$x_2 = xx_1 - (bcyy_1 + cazz_1 + abww_1)$$
$$y_2 = yx_1 + xy_1 + a(zw_1 - wz_1)$$
$$z_2 = zx_1 + xz_1 + b(wy_1 - yw_1)$$
$$w_2 = wx_1 + xw_1 + c(yz_1 - zy_1)$$
因此,如果 f 能表示 m 和 n,那么 f 也能表示 mn.

定理 7 如果同余式
$$cX^2 + bY^2 + a \equiv 0 (\mod n)$$
对于 X, Y 有解,那么方程
$$f(x, y, z, w) = mn, \ |m| \leqslant \sqrt{2\lceil abc \rceil}$$
有一组不全为零的整数解.

作为式(10)的一个特殊情形($a = b = c = 1$),Lagrange 早已证明:任一正整数都可表为四个数的平方和,即有下面的定理.

定理 8 对任一正整数 n,方程
$$x^2 + y^2 + z^2 + w^2 = n$$
都有整数解 x, y, z 和 w.

5.7 一些与二次丢番图方程有关的问题和结果

关于二次丢番图方程有一些有趣的问题和结果,有些问题直到现在也没有得到解决.

Ⅰ. Ankeny, Artin 和 Chowla 曾经提出如下的猜

想：设 $p \equiv 1 \pmod 4$ 是一个素数，且有整数 x, y 使
$$x^2 - py^2 = -4$$
如果 Y 是 y 的最小正值，那么 $Y \not\equiv 0 \pmod p$.

Goldberg 证明了猜想在 $p < 2\,000$，且
$$p \equiv 5 \pmod 8 \text{ 或 } p < 100\,000, p \equiv 1 \pmod 8$$
时是正确的. Mordell[21] 和 Chowla 分别证明了当
$$p \equiv 5 \pmod 8 \text{ 和 } p \equiv 1 \pmod 8$$
时，$Y \not\equiv 0 \pmod p$ 的充要条件是
$$B_{\frac{p-1}{4}} \not\equiv 0 \pmod p$$
这里 B_n 是 Bernouilli 数，由下式定义

$$\frac{t}{e^t - 1} = 1 - \frac{t}{2} + \sum_{n=1}^{\infty} (-1)^{n+1} \frac{B_n t^{2n}}{(2n)!} \qquad (1)$$

由 Bernouilli 数与丢番图方程的特殊关系（Bernouilli 数与 Fermat 大定理关系最为密切），故它引起了许多人的关注. 我们定义序列 b_n 如下

$$b_0 = 1, (m+1)b_m = -\sum_{k=0}^{m-1} \binom{m+1}{k} b_k \quad (m \geqslant 1) \tag{2}$$

则有下面的定理.

定理 1　对所有 $n \geqslant 1$，均有 $b_{2n+1} = 0$ 和 $b_{2n} = (-1)^{n+1} B_n$.

证　由于 $\dfrac{t}{e^t - 1}$ 展成幂级数为

$$\frac{t}{e^t - 1} = \sum_{m=0}^{\infty} \frac{b'_m t^m}{m!} \tag{3}$$

故
$$t = \sum_{n=1}^{\infty} \frac{t^n}{n!} \sum_{m=0}^{\infty} b'_m \frac{t^m}{m!}$$

比较 t^{m+1} 的系数给出 $b'_0 = 1$（对 $m = 0$）和

$$\sum_{k=0}^{m} \binom{m+1}{k} b'_k = 0$$

由此即推出 $b'_m = b_m (m \geqslant 0)$. 又由式(2)知 $b_1 = -\dfrac{1}{2}$,

$b_{2n+1} = 0 (n \geqslant 1)$,故式(3)即为

$$\frac{t}{e^t - 1} = 1 - \frac{t}{2} + \sum_{n=1}^{\infty} \frac{b_{2n} t^{2n}}{(2n)!}$$

由此与式(1)比较得 $b_{2n} = (-1)^{n+1} B_n$. 证毕.

利用式(2)的递推关系,很容易给出前面一些 Bernouilli 数 B_n. 例如,由式(2)得

$$1 + 2b_1 = 0$$
$$1 + 3b_1 + 3b_2 = 0$$
$$1 + 4b_1 + 6b_2 + 4b_3 = 0$$
$$1 + 5b_1 + 10b_2 + 10b_3 + 5b_4 = 0$$
$$\vdots$$

由此解出 $b_1 = -\dfrac{1}{2}, b_2 = \dfrac{1}{6}, b_4 = -\dfrac{1}{30}, b_6 = \dfrac{1}{42}, \cdots$,故 $B_n (n \geqslant 1)$ 有如下的序列

$$\frac{1}{6}, \frac{1}{30}, \frac{1}{42}, \cdots$$

注意:$B_n \equiv a \pmod{p}$ 定义为:设 $B_n = \dfrac{U_n}{V_n}$,则 $V_n^{-1} U_n \equiv a \pmod{p}$. 关于 Bernouilli 数在第 8 章中还将用到.

另一个猜想:设 $p \equiv 3 \pmod 4$ 是素数,且有

$$x^2 - py^2 = 1 \quad (x, y \in \mathbf{Z})$$

如果 $\overline{Y}$ 是 y 的最小正值,那么 $\overline{Y} \not\equiv 0 \pmod p$.

Goldberg 证明了 $p < 18\,000$ 时猜想是正确的,Mordell[22] 证明了 $\overline{Y} \not\equiv 0 \pmod p$ 的充要条件是

$$E_{\frac{p-3}{4}} \not\equiv 0 \pmod p$$

这里 E_n 是 Euler 数,由下式定义

$$\text{Sect} = \sum_{n=0}^{\infty} \frac{E_n t^{2n}}{(2n)!}$$

Ⅱ. Greseenzo[23] 在 1975 年提出了如下问题:是否存在无穷多对素数 p,q 适合

$$p^2 - 2q^2 = -1? \tag{4}$$

类似的,我们可以提出如下问题:是否存在无穷多对素数 p,q 适合

$$p^2 - 5q^2 = -4? \tag{5}$$

这是两个没有解决的问题. 1986 年,屈明华[24] 对方程 (4) 证明了:

在 $p,q < 10^{15}$ 时,仅有三对素数 p,q 适合方程 (4),即 $(p,q) = (7,5)$,$(41,29)$ 和 $(63\ 018\ 038\ 201,$ $44\ 560\ 482\ 149)$. 同时,他还证明了如下的几个结果:

定理 2 设 $q \equiv 1(\bmod 8)$ 是素数,如果 $q = u^2 + 2v^2$,$8 \nmid v$,那么对任意素数 p,方程(4) 不成立.

定理 3 若 $p = u^2 + 2v^2 \equiv 9(\bmod 16)$ 是素数,$8 \mid v$,则对任意素数 q,方程(4) 不成立;若 $p = c^2 + 128d^2 \equiv 17(\bmod 32)$ 是素数,这时 p 也可表成 $p = a^2 + 64b^2$,则在 $b + d \equiv 1(\bmod 2)$ 时,对任意素数 q,方程(4) 均不成立.

定理 4 设 $f \equiv -1(\bmod 4)$,$f > 11$ 是素数. 如果:

① $p = 2f + 1$ 是素数,那么对任意素数 q,方程(4) 不成立.

② $q = 2f - 1$ 是素数,那么对任意素数 p,方程(4) 不成立.

定理 5 设 $f \equiv 1(\bmod 4)$,$f > 11$ 是素数. 如果:

①$q = 6f - 1$ 是素数,那么对任意素数 p,方程(4) 不成立.

②$p = 6f + 1$ 是素数,那么对任意素数 q,方程(4) 不成立.

对于方程(5),目前还没有什么工作,估计是很难回答的.但对于方程 $p^2 - 2q^2 = 1$ 和 $p^2 - 5q^2 = 4$(这里 p,q 均为素数)却十分容易.例如取模 3 即可分别得出仅有唯一解 $(p,q) = (3,2)$ 和 $(p,q) = (7,3)$. Cassels[25] 曾得出了一个有趣的定理.

定理6 设 P 是素数的一个有限集,Π(是素因子)$\in P$ 的全体正整数的集.再设 $F > 0, E \neq 0$ 是整数,且 E 的素因子 $\notin P$,则二次丢番图方程

$$X^2 - FY^2 = E \quad (X \in \mathbf{Z}, Y \in \Pi)$$

仅有有限组解 X,Y.

这个定理在证明高次丢番图方程仅有有限个解时,也是一个得力的工具.

参 考 资 料

[1]Lienen,V. H. ,J. Number Theory,10(1978),10-15.

[2]Golomb,S. W. ,Amer. Math. Monthly,77(1970),848-852.

[3]Makowski,A. ,Amer. Math. Monthly,79(1972),761.

[4]Sentance,W. A. ,Amer. Math. Monthly,88(1981),272-274.

[5]肖戍,数学研究与评论,3(1987),408-410.

[6]袁平之,关于 Golomb 猜想(已投《数学研究与评论》).

[7]Ljunggren,W. ,Norsk Mat. Tidsskr. ,23(1941),132-138.

[8]Baker, A. and Davenport, H. , Quart. J. Math. Oxford, 20 (1969),129-137.

[9]Kanagasabapathy,P. and Ponnudurai,T. , Quart. J. Math. Oxford,26(1975),275-278.

[10] Veluppillai, M., The Fibonacci sequence, Collect. Manuscr., 18th anniv. Vol., The Fibonacci Asscc., 1980, 71-75.

[11] 曹珍富, 数学杂志, 3(1983), 227-235.

[12] Mohanty, S. P. and Ramasamy, A. M. S., J. Number Theory, 18(1984), 356-359.

[13] 曹珍富, 科学通报, 6(1986), 476.

[14] 曹珍富, 孙显奕, 太原机械学院学报, 1986, No. 2.

[15] Ljunggren, W., Norsk Mat. Tidsskr., 26(1944), 3-8.

[16] Ljunggren, W., Norsk Vid. Selsk. Forh., Trondhjem, 15 (1942), 67-70.

[17] Trost, E., Vierteljsehr. Naturforsch. Ges. Zürich 85 Beiblatt (Festschrift Rudolf Fueter), 1940, 138-142.

[18] 柯召, 孙琦, 谈谈不定方程, 上海教育出版社(1980), 41-44.

[19] Ryser, H. J., Combinatorial Mathematics, 1963. 中译本: 组合数学(李乔译), 科学出版社(1983), 85 页.

[20] 柯召, 四川大学学报(自然科学版), 6(1959), 1-10.

[21] Mordell, L. J., Acta Arith., 6(1960), 137-144.

[22] Mordell, L. J., J. London Math. Soc., 36(1961), 282-288.

[23] Grescenzo, P., Advance Math., 17(1975), 25-29.

[24] 屈明华, 四川大学学报(自然科学版), 2(1986), 1-9.

[25] Cassels, J. W. S., Ark. Mat., 4(1961), 231-233.

[26] 裴定一, 科学通报, 24(1982), 1476-1478.

三次丢番图方程

解三次丢番图方程是一个十分困难的问题,即使对于方程 $y^2 = x^3 + k(k$ 给定）也是如此. 然而,在丢番图分析,代数数论和编码理论等领域中要用到不少类型的三次丢番图方程的结果,这就迫使我们来研究三次丢番图方程的一些基本类型的解法.

6.1 方程 $ey^2 = ax^3 + bx^2 + cx + d, a \neq 0$

给定整数 a,b,c,d 和 e（这里 $a \neq 0$），我们来研究方程

$$ey^2 = ax^3 + bx^2 + cx + d \quad (1)$$

的整数解. 以 $81e$ 乘式(1) 的两端,记 $y_1 = 9ey, x_1 = 3x$,则式(1) 化为

$$y_1^2 = (3ae)x_1^3 + (9be)x_1^2 + (27ce)x_1 + (81de)$$

196

令 $t=6aey_1$，$s=3aex_1+3be$，则上式又化为

$$t^2=g_1s^3-g_2s-g_3 \qquad (2)$$

其中，$g_1=4$，$g_2=108e^2(b^2-3ac)$ 和 $g_3=108e^3(b^3-27a^2d-3b)$. 在式(2)的两端同乘 g_1^2 得

$$u^2=v^3-\lambda v-\eta \qquad (3)$$

这里 $u=g_1t$，$v=g_1s$ 是变元，$\lambda=g_1g_2$ 和 $\eta=g_1^2g_3$ 是给定的. 这样，以下不失一般可仅讨论方程(3)的解，且设 λ,η 不能同时为零.

I. 先看 $\lambda=0$. 此时方程(3)化为著名的 Mordell 方程

$$u^2=v^3-\eta \quad (\eta\neq 0) \qquad (4)$$

Baker[1] 用他的有效方法证明了方程(4)的所有整数解 u,v 均满足

$$\max(|u|,|v|)<\exp(10^{10}|\eta|10^4)$$

这里 $\exp(*)=e^*$. 后来，Stark 在 1973 年又 改进了 Baker 的结果，得到下面的定理.

定理 1　方程(4)的所有整数解 u,v 均满足

$$\max(|u|,|v|)<\exp(c|\eta|^{1+\varepsilon})$$

这里对 $\forall\varepsilon>0$，$c=c(\varepsilon)$ 是可以有效确定的.

这个定理虽然给出了方程(4)解的绝对值上界，但对给定 η 给出方程(4)的全部解仍有困难. 正因为如此，对具体 η 给出方程(4)的全部解就成为一件重要的事情.

利用简单同余法，可以得到方程(4)无解的一些简单结果，例如，设：

① $\eta=4a^2-(4b-1)^3$，a 不含 $4k+3$ 形的素因子，或

② $\eta=(2a+1)^2-(4b+2)^3$，$2a+1$ 不含 $4k+3$ 形

的素因子,或

③ $\eta = a^3 + 2b^2$, $a \equiv 4, 6 \pmod 8$, $b \equiv 1 \pmod 2$ 且 b 不含 $8k + 5$ 和 $8k + 7$ 形的素因子,或

④ $\eta = a^3 - 2b^2$, $a \equiv 2, 4 \pmod 8$, $b \equiv 1 \pmod 2$ 且 b 不含 $8k \pm 3$ 形的素因子,或

⑤ $\eta = a^3 - 3b^2$, $a \equiv 1 \pmod 4$, $b \equiv \pm 2 \pmod 6$ 且 b 不含 $12k \pm 5$ 形的素因子,则方程 (4) 均无整数解.

现在给出在 ③ 和 ⑤ 时方程 (4) 无整数解的证明 (其余类似可证). 在 ③ 时,由假设知 $\eta \equiv 2 \pmod 8$. 因此如果方程 (4) 有解,那么给出 $2 \nmid uv$. 于是对方程 (4) 取模 8 得 $1 \equiv v - 2 \pmod 8$,即 $v \equiv 3 \pmod 8$,这样就有 $v - a \equiv 7, 5 \pmod 8$. 于是对方程 (4) 取模 $v - a$ 得 (注意 $\eta = a^3 + 2b^2$)

$$u^2 \equiv -2b^2 \pmod{v - a} \qquad (5)$$

由于 $v - a \equiv 5, 7 \pmod 8$,故必有素数

$$p \equiv 5, 7 \pmod 8$$

使得 $p \mid v - a$. 由 b 不含 $8k + 5$ 或 $8k + 7$ 形素因子知, $p \nmid b$. 于是式 (5) 给出

$$1 = \left(\frac{-2b^2}{p} \right) = \left(\frac{-1}{p} \right) \left(\frac{2}{p} \right) = -1$$

这不可能.

在 ⑤ 时,由于 $\eta = a^3 - 3b^2 \equiv a \pmod 3$,故方程 (4) 给出

$$v \equiv a, a + 1 \pmod 3$$

如果 $v \equiv a \pmod 3$,那么 $v^3 \equiv a^3 \pmod 9$,方程 (4) 推出 $u^2 \equiv 3b^2 \equiv 3 \pmod 9$,此不可能. 如果

$$v \equiv a + 1 \pmod 3$$

那么

$$v^2 + av + a^2 \equiv 1(\bmod 3)$$

又由 $\eta = a^3 - 3b^2 \equiv 1(\bmod 4)$ 知,式(4)给出

$$v \equiv 1(\bmod 4)$$

故

$$v^2 + av + a^2 \equiv 3(\bmod 4)$$

从而

$$v^2 + av + a^2 \equiv 7(\bmod 12)$$

故对式(4)取模 $v^2 + av + a^2$ 得

$$u^2 = 3b^2 + v^3 - a^3 \equiv 3b^2(\bmod v^2 + av + a^2) \quad (6)$$

由 $v^2 + av + a^2 \equiv 7(\bmod 12)$ 知,必有素数 $p \equiv \pm 5(\bmod 12)$ 满足 $p \mid v^2 + av + a^2$,且由 b 不含 $12k \pm 5$ 形的素因子知 $p \nmid b$. 于是式(6)给出

$$1 = \left(\frac{3b^2}{p}\right) = \left(\frac{3}{p}\right) = -1$$

这也不可能.

按照以上思路,可以用简单同余法证明较为一般的结论.例如对 $\eta = a^3 - kb^2$,方程(4)化为

$$u^2 - kb^2 = v^3 - a^3 \qquad (7)$$

通过对 a, b 和 k 的一些假设条件,使得 $v - a$ 或 $v^2 + av + a^2$ 含有某奇素因子 p, $p \nmid b$, $\left(\dfrac{k}{p}\right) = -1$,则对这些假设条件而言,式(7)无整数解.Mordell[2] 证明了下面的定理.

定理 2　设 $\eta = k^3 a^3 - kb^2$,这里 a, b, k 满足以下三个条件:

①$a \equiv 3(\bmod 4)$,$b \equiv 0(\bmod 2)$.

②$k \equiv 3(\bmod 4)$ 无平方因子,$(k, b) = 1$,且当 $k \equiv 2(\bmod 3)$ 时,$b \not\equiv 0(\bmod 3)$.

③a 和 b 没有共同的素因子 p 满足 $\left(\dfrac{k}{p}\right)=-1$,则方程(4)无整数解 u,v.

有些形如方程(4)的方程是有整数解的.例如早在 1621 年,Bachet 就发现方程 $u^2=v^3-2$ 有整数解 $u=\pm 5,v=3$.Fermat 曾要求证明这也是仅有的整数解.后来,Euler 给出了一个错误的证明(参阅资料 [3]).下面我们将看到,Fermat 要求证明的结论利用代数数论方法能够十分容易地证明,而且更一般地有下面的定理.

定理 3 设 $\eta>1$ 无平方因子,$\eta\equiv 2$ 或 $1\pmod 4$. 若二次域 $Q(\sqrt{-\eta})$ 的类数不被 3 整除,则方程(4)有整数解的充分必要条件是 η 具有 $3t^2\pm 1$ 的形状.并且若 $\eta=3t^2\pm 1$,则方程(4)仅有解为 $u=\pm t(t^2-3\eta)$,$v=t^2+\eta$.

证 显然,$\eta=3t^2\pm 1$ 时,方程(4)有解

$$u=\pm t(t^2-3\eta),v=t^2+\eta$$

下面我们证明若方程(4)有解,则 η 具有 $3t^2\pm 1$ 的形状,且当 $\eta=3t^2\pm 1$ 时方程(4)仅有解

$$v=t^2+\eta,u=\pm t(t^2-3\eta)$$

为此,我们在二次域 $Q(\sqrt{-\eta})$ 中来考虑方程(4).

若方程(4)有解,则 $v\equiv 1\pmod 2$ 且 $(v,\eta)=1$.由方程(4)得理想数方程

$$[u+\sqrt{-\eta}][u-\sqrt{-\eta}]=[v]^3 \tag{8}$$

由于 $\eta\equiv 2$ 或 $1\pmod 4$,故 $-\eta\equiv 2,3\pmod 4$,因此 $Q(\sqrt{-\eta})$ 中的整数为 $t+s\sqrt{-\eta}(t,s\in\mathbf{Z})$,单位数为 ± 1.现在证明 $([u+\sqrt{-\eta}],[u-\sqrt{-\eta}])=[1]$.不然

若有素理想 $P \mid ([u + \sqrt{-\eta}\,], [u - \sqrt{-\eta}\,])$，则 $P \mid 2\sqrt{-\eta}\,, P \mid v$. 因此 $N(P) \mid 4\eta$，且 $N(P) \mid v^2$，而这不可能. 故由式(8)给出

$$[u + \sqrt{-\eta}\,] = A^3 \qquad\qquad (9)$$

这里 A 是 $Q(\sqrt{-\eta}\,)$ 的某些理想数. 因为二次域 $Q(\sqrt{-\eta}\,)$ 的类数不被 3 整除，因此 A 是一主理想数，故式(9)给出

$$u + \sqrt{-\eta} = \pm (t + s\sqrt{-\eta}\,)^3$$
$$v = N(A) = t^2 + \eta s^2$$

由此得出

$$1 = \pm s(3t^2 - \eta s^2), u = \pm t(t^2 - 3\eta s^2), v = t^2 + \eta s^2$$

故由第一式给出 $s = \pm 1$，因此 $\eta = 3t^2 \pm 1, u = \pm t(t^2 - 3\eta), v = t^2 + \eta$. 证毕.

在定理 3 中取 $\eta = 2, 13$ 时，由于

$$h(-2) = 1, h(-13) = 2$$

故得下面的推论.

推论　方程 $u^2 = v^3 - 2$ 仅有整数解 $u = \pm 5, v = 3$；方程 $u^2 = v^3 - 13$ 仅有整数解 $u = \pm 70, v = 17$.

定理 4　设 $-\eta > 1, \eta$ 无平方因子，$\eta \equiv 2$ 或 $1(\bmod 4)$，二次域 $Q(\sqrt{-\eta}\,)$ 的类数不被 3 除尽. 再设 $x^2 + \eta y^2 = 1$ 的基本解为 $\varepsilon = x_0 + y_0\sqrt{-\eta}$，则方程(4)有整数解推出

$$x_0(3a^2 b - \eta b^3) \pm y_0(a^3 - 3\eta ab^2) = 1 \qquad (10)$$

这里 a, b 是某些整数.

证　改写方程(4)为 $Q(\sqrt{-\eta}\,)$ 中理想数方程

$$[u + \sqrt{-\eta}\,][u - \sqrt{-\eta}\,] = [v]^3$$

由定理 3 的证明可得

$$\left[u+\sqrt{-\eta}\,\right]=A^3$$

由于 $Q(\sqrt{-\eta})$ 的类数不被 3 除尽,故上式给出 A 是一个主理想. 于是知

$$u+\sqrt{-\eta}=\rho^n(t+s\sqrt{-\eta})^3 \quad (n=0,\pm 1) \quad (11)$$
$$v=t^2+\eta s^2$$

其中 ρ 是 $Q(\sqrt{-\eta})$ 中的基本单位数. 这里不妨取 $\rho=\varepsilon=x_0+y_0\sqrt{-\eta}$,如果 $N(\rho)=-1$,那么 $\rho^2=\varepsilon$,$\rho=\dfrac{\rho^3}{\varepsilon}$,而 ρ^3 可以并入括号,于是式(11)给出

$$u+\sqrt{-\eta}=\varepsilon^n(t+s\sqrt{-\eta})^3 \quad (n=0,\pm 1) \quad (12)$$

当 $n=0$ 时,式(12)给出 $\eta=3t^2\pm 1$,但 $-\eta>1$,故不可能. 而 $n=\pm 1$ 时,式(12)给出式(10). 证毕.

推论 1 设 $\eta<0$,$Q(\sqrt{-\eta})$ 的类数不被 3 除尽 $\eta\equiv 2$ 或 $1(\bmod 4)$,且设 $x^2+\eta y^2=1$ 的基本解为 $\varepsilon=x_0+y_0\sqrt{-\eta}$,则当 $\eta\equiv-4(\bmod 9)$,$y_0\equiv 0(\bmod 9)$ 或 $\eta\equiv 2(\bmod 9)$,$y_0\equiv\pm 3(\bmod 9)$ 时,方程(4)无整数解.

证 由定理 4 利用简单同余法即得.

由推论可推出当 $\eta=-7,-34,-58,-70$ 等时方程(4)均无整数解.

现在我们考虑二次域 $Q(\sqrt{-\eta})$ 的类数 $h(-\eta)\equiv 0(\bmod 3)$ 的情形. 设 $\eta\equiv 2$ 或 $1(\bmod 4)$,η 无平方因子,且 $h(-\eta)\equiv 0(\bmod 3)$. 由定理 3 的证明知 $(u+\sqrt{-\eta},u-\sqrt{-\eta})=1$,故方程(4)给出

$$\left[u+\sqrt{-\eta}\,\right]=A^3,\quad \left[u-\sqrt{-\eta}\,\right]=B^3,\quad [v]=AB$$

设 C 是 A 的逆类中的理想(即 $AC = [a+b\sqrt{-\eta}]$ 为主理想数),则

$$C^3[u+\sqrt{-\eta}] = (AC)^3 = [a+b\sqrt{-\eta}]^3$$

这里 a,b 是有理整数. 由此可知

$$C^3 = [p+q\sqrt{-\eta}], p^2+\eta q^2 = N(C)^3 = n^3$$

这里 p,q 是有理整数. 于是有理想数方程

$$n^3[u+\sqrt{-\eta}] = \rho[p-q\sqrt{-\eta}][a+b\sqrt{-\eta}]^3$$

$$(13)$$

这里 ρ 是 $Q(\sqrt{-\eta})$ 中的单位. 若 $\eta > 0$,则 ρ 可取 1;若 $\eta < 0$,则 $\rho = 1, \varepsilon, \varepsilon^{-1}$,这里 $\varepsilon = x_0 + y_0\sqrt{-\eta}$ 是 Pell 方程 $x^2 + \eta y^2 = 1$ 的基本解. 至于 n 的取值,当 C 是一个主理想数时,可取 $n=1$;当 C 是一个素理想数时,n 将是一个素数. 于是,方程(13) 可化为关于 X,Y 的三次方程

$$a_1X^3 + 3a_2X^2Y + 3a_3XY^2 + a_4Y^3 = a_5^3 \quad (14)$$

利用简单同余法可证明在某些条件下,方程(14) 无整数解.

对于 $\eta > 0, \eta \equiv -1 \pmod 8, \eta \neq 7$ 和 $h(-\eta) = 3$ 的情形,我们有下面的定理.

定理 5　设 $\eta > 0, \eta \equiv -1 \pmod 8, \eta \neq 7$ 且 η 无平方因子. 再设 $h(-\eta) = 3$,则方程(4) 无 $2 \mid v$ 的整数解.

证　在 $\eta > 0, \eta \equiv -1 \pmod 8$ 时,$Q(\sqrt{-\eta})$ 的整底是 $1, \omega$(这里 $\omega = \dfrac{1+\sqrt{-\eta}}{2}$). 我们有 2 的理想数分解为

$$[2] = [2, 1+\omega][2, 1+\omega'] = AB$$

这里 ω' 是 ω 的共轭. 由于对整数 a,b 有

$$2 \neq (a + b\omega)(a + b\omega')$$

（这是因为 $2 = (a + b\omega)(a + b\omega')$ 推出 $8 = (2a + b)^2 + \eta b^2$，而 $\eta \neq 7$，故 $8 \neq (2a+b)^2 + \eta b^2$），故 A, B 均不是主理想数. 如果方程(4)有 $2 \mid v$ 的整数解，那么由 $A \neq B$ 知 $(u + \sqrt{-\eta}, u - \sqrt{-\eta}) = 2$. 于是由方程(4)给出

$$[u + \sqrt{-\eta}] = [2]AD^3$$

因为 D^3 是主理想数，而 A 不是主理想数，故上式不成立. 证毕.

推论 2 设 $\eta = a^2 + b^3 > 0, b \not\equiv 1 \pmod 4, a$ 无 $4k+3$ 形的素因子. 且设 $\eta \equiv -1 \pmod 8, \eta$ 无平方因子和 $h(-\eta) = 3$，则方程(4)无整数解.

证 由定理 5 知，只要证明方程(4)无 $2 \nmid v$ 的整数解. 在 $2 \nmid v$ 时，由于 $\eta \equiv -1 \pmod 8$，所以 $v \equiv 3 \pmod 4$. 现把式(4)改写为

$$u^2 + a^2 = v^3 - b^3 = (v - b)(v^2 + vb + b^2) \quad (15)$$

由于 $b \equiv 2, 3 \pmod 4$ 时

$$v^2 + vb + b^2 \equiv 3 \pmod 4$$

$b \equiv 0 \pmod 4$ 时

$$v - b \equiv 3 \pmod 4$$

故在 $b \not\equiv 1 \pmod 4$ 时，式(15)不成立. 证毕.

利用三次剩余特征也可以研究方程(4)的无解性. 例如利用 $\left(\dfrac{2}{p}\right)_3 = 1 \Leftrightarrow p = r^2 + 27s^2$；$\left(\dfrac{3}{p}\right)_3 = 1 \Leftrightarrow 4p = r^2 + 243s^2$，Hall[4] 证明了下面的定理.

定理 6 设

$$\eta = -2a^3 + 3b^2, ab \neq 0$$

$$a \not\equiv 1 (\mathrm{mod}\ 3), b \not\equiv 0 (\mathrm{mod}\ 3)$$

且当 $b \equiv 0 (\mathrm{mod}\ 2)$ 时，$a \equiv 1 (\mathrm{mod}\ 2)$. 如果 2 是奇素数 $p \equiv 1 (\mathrm{mod}\ 3)$ 的三次剩余，$p \mid a$，那么方程（4）无整数解.

定理 7　设

$$\eta = -4a^3 + 3b^2, ab \ne 0$$
$$a \equiv 0,2 (\mathrm{mod}\ 6), b \equiv \pm 1 (\mathrm{mod}\ 6)$$

且 a 没有 $3k+1$ 形的素因子，则方程（4）没有整数解.

定理 8　设

$$\eta = -3a^3 + 3b^2, a^3 - b^2 \not\equiv 0 (\mathrm{mod}\ 3)$$

且 $b, b \pm (1+\eta)$ 中的每一个均不被 3 整除，或被 3 整除但不被 9 整除，则方程（4）无整数解.

还有一些形如方程（4）的丢番图方程. 解决起来是很难的. 例如，下面两个定理的证明都用到 Baker 的有效方法，且计算也较为复杂.

定理 9[5]　丢番图方程 $y^2 + 28 = x^3$ 仅有整数解 $(x,y) = (4, \pm 6), (8, \pm 22)$ 和 $(37, \pm 225)$.

定理 10[6]　丢番图方程 $y^2 + 999 = x^3$ 仅有正整数解 $(x,y) = (10, \pm 1), (12, \pm 27), (40, \pm 251), (147, \pm 1\ 782), (174, \pm 2\ 295)$ 和 $(22\ 480, \pm 3\ 370\ 501)$.

定理 10 完整地回答了 Stolarsky[7] 的一个问题. 下面我们来证明，除 $x=147, y = \pm 1\ 782$ 外，方程 $y^2 + 999 = x^3$ 可化为

$$X^3 - 4XY^2 + 2Y^3 = 1 \tag{16}$$

为此我们要用到 Hemer[8] 的一个结果.

定理 11　设 $K = kf^2$，k 无平方因子，且 (f, x^3) 无三次方因子. 如果 $2f$ 含有 r 个不同素因子 $p_i (i=1,\cdots,r)$，在 $Q(\sqrt{k})$ 中 $p_i = P_i P'_i$，且 $Q(\sqrt{k})$ 的类数 $h(k) \not\equiv$

$0(\bmod 3)$，那么方程 $y^2 - kf^2 = x^3$ 的所有整数解可由下式得到

$$\prod_{i=1}^{r} p_i^{q_i} (\pm y + f\sqrt{k}) = \prod_{i=1}^{r} P_i^{h_i} A^3 = \rho B A^3$$

这里 $h_i = 0$ 或使 $P_i^{h_i}$ 是一个主理想数的最小正整数，且考虑所有这些值的组合. 当 $h_i = 0$ 时，我们令 $q_i = 0$；当 $h_i > 0$（因此 $h \not\equiv 0(\bmod 3)$）时，如果 $h_i \equiv 1(\bmod 3)$，那么令 $q_i = h_i - 2$，且如果 $h_i \equiv 2(\bmod 3)$，那么 $q_i = h_i - 1$. 这里 A 是 $Q(\sqrt{k})$ 中的整数. 如果 $k > 0$，那么 $\rho = 1, \varepsilon, \varepsilon^{-1}$，这里 ε 是 $Q(\sqrt{k})$ 的基本单位. 如果 $k < 0$ 且 $k \neq 3$，那么 $\rho = 1$，而 $k = 3$，则 $\rho = 1$ 或 $\dfrac{1 + \sqrt{-3}}{2}$.

现在，对方程 $y^2 + 999 = x^3$，有

$$K = -999 = -111 \times 3^2$$

故 $f = 3, k = -111$. 因为

$$-111 \equiv 1(\bmod 8)$$

在 $Q(\sqrt{-111})$ 中有 $[2] = P_2 P'_2$. 由于 $Q(\sqrt{-111})$ 的类数 $h(-111) = 8$，且

$$2^8 = \left(\frac{5 + 3\sqrt{-11}}{2} \right) \left(\frac{5 - 3\sqrt{-111}}{2} \right)$$

是 2 分解为两个主理想乘积的最小幂. 因此，由定理 11 知，方程 $y^2 + 999 = x^3$ 给出如下的两种情形

$$\pm y + 3\sqrt{-111} = \left(\frac{a + b\sqrt{-111}}{2} \right)^3 \quad (17)$$

$$128(y + 3\sqrt{-111}) = \left(\frac{5 + 3\sqrt{-111}}{2} \right) \left(\frac{a + b\sqrt{-111}}{2} \right)^3$$

$$(18)$$

在式(17)时，给出

$$a^2 b - 37 b^3 = 8$$

推出　　　　　　　$a = 12, b = -2$

故给出 $x = 147, y = \pm 1\ 782$. 而式(18)推出

$$a^3 + 5a^2 b - 333ab^2 - 185b^3 = 2\ 048$$

令 $a = X + Y, b = Y$,则

$$X^3 + 8X^2 Y - 320XY^2 - 512Y^3 = 2\ 048$$

由此知 $X \equiv 0 (\bmod 8)$. X 用 $8X$ 换,则有

$$X^3 + X^2 Y - 5XY^2 - Y^3 = 4$$

X 用 $X + Y$ 换,Y 用 X 换,则上式给出

$$-4X^3 + 4XY^2 + Y^3 = 4$$

由此推出 $Y \equiv 0 (\bmod 2)$. 故用 $-X$ 换 X,$2Y$ 换 Y,上式
即为方程(16). Steiner 用了十分冗长且不是初等的方
法证明了方程(16)仅有整数解$(X, Y) = (-1, -1)$,
$(1, 0)$,$(1, 1)$,$(-5, -3)$ 和 $(-31, 14)$. 此外,
Ljunggren[9] 还证明了方程 $y^2 + 7 = x^3$ 仅有整数解$(x,$
$y) = (2, \pm 1)$ 和 $(32, \pm 181)$;方程 $y^2 - 15 = x^3$ 仅有整
数解$(x, y) = (1, \pm 4)$. Nagell[10] 证明了 $y^2 = x^3 + 17$
有 8 个整数解

$(x, y) = (-1, 4), (-2, 3), (2, 5), (4, 9), (8, 23),$
　　　　$(43, 282), (52, 375), (5\ 234, 378\ 661)$

London 和 Finkelstein[11] 完全解决了 $\eta = 18, 25, 100$
的情形. 这样由定理 9 便知 $| \eta | \leqslant 100$ 全部得到解
决[9],还有一些结果见资料[12].

　　Ⅱ. 现在设方程(3)中 $\lambda \neq 0$.

　　定理 12　设方程(3)右端不可能分解为$(Au +$
$B)^2 (Cu + D)$ 的形状,则方程(3)最多只有有限个解.

　　但是,要求出方程(3)的全部解来,即使对于给定
系数的情形也是十分困难的. 例如,Lucas 曾经问:方

程

$$6y^2 = x(x+1)(2x+1) \qquad (19)$$

是否仅有整数解 $(x,y) = (0,0),(-1,0),(1,\pm 1)$, $(24,\pm 70)$？过了很长时间才由 Watson[13] 在 1919 年利用椭圆函数给出了肯定的回答. 1952 年, Ljunggren[14] 利用四次扩域中的 Pell 方程又给出了一个证明. Mordell 问：能否给出一个初等的证明？1985 年，马德刚[15]，徐肇玉和曹珍富[16] 分别独立地解决了这个问题，他们用初等的方法证明了下面的定理.

定理 13 丢番图方程(19)仅有整数解 $(x,y) = (0,0),(-1,0),(1,\pm 1)$ 和 $(24,\pm 70)$.

证 除开 $(x,y) = (0,0),(-1,0)$ 外. 只要证明方程(19)仅有正整数解 $(x,y) = (1,1)$ 和 $(24,70)$. 由于 $(x(x+1),2x+1) = 1$，故方程(19)给出

$$x(x+1) = 2y_1^2, 2x+1 = 3y_2^2, y = y_1 y_2 \quad (20)$$

或

$$x(x+1) = 6y_1^2, 2x+1 = y_2^2, y = y_1 y_2 \quad (21)$$

由式(21)给出 $y_2^4 - 6(2y_1)^2 = 1$. 熟知，此方程仅有正整数解 $y_1 = 10, y_2 = 7$ (参阅第 7 章)，故给出方程(19)的正整数解 $x = 24, y = 70$. 现在我们用递推序列方法证明式(20)仅有正整数解 $x = 1, y = 1$. 由式(20)的第二式显然 $x \neq 2y_3^2$，于是式(20)给出

$$x = y_3^2, x+1 = 2y_4^2, 2x+1 = 3y_2^2$$

而这些方程给出丢番图方程组

$$\begin{cases} 2y_3^2 - 3y_2^2 = -1 \\ 4y_4^2 - 3y_2^2 = 1 \end{cases} \qquad (22)$$

由方程组(22)的第二个方程可得

$$(6y_2^2 + 1)^2 - 3(4y_2 y_4)^2 = 1$$

利用 Pell 方程的解法(参见第 5 章),有

$$6y_2^2 + 1 + 4y_2 y_4 \sqrt{3} = (2 + \sqrt{3})^n \quad (n \geqslant 0) \quad (23)$$

令 $U_n + V_n \sqrt{3} = (2 + \sqrt{3})^n$, $\varepsilon = 2 + \sqrt{3}$, $\bar{\varepsilon} = 2 - \sqrt{3}$, 则式 (23) 给出

$$6y_2^2 + 1 = U_n = \frac{\varepsilon^n + \bar{\varepsilon}^n}{2} \quad (n \geqslant 0)$$

于是由方程组(22)的第一个方程得 $4y_3^2 = 6y_2^2 - 2 = U_n - 3$, 即

$$4y_3^2 = U_n - 3 \tag{24}$$

下面通过对 U_n, V_n 的一些性质的讨论,证明方程(24) 仅有解 $y_3^2 = 1$. 首先直接验证可有如下的关系

$$U_{n+m} = U_n U_m + 3V_n V_m$$

$$V_{n+m} = U_m V_n + V_m U_n$$

$$U_{-n} = U_n$$

$$V_{-n} = -V_n$$

$$U_{2n} = U_n^2 + 3V_n^2 = 2U_n^2 - 1 = 6V_n^2 + 1$$

$$V_{2n} = 2U_n V_n$$

由此可推出

$$U_{n+2r} \equiv U_n (\mathrm{mod}\, V_r)$$

$$U_{n+2r} \equiv -U_n (\mathrm{mod}\, U_r)$$

进而有

$$U_{n+2rt} \equiv U_n (\mathrm{mod}\, V_r)$$

$$U_{n+2rt} \equiv (-1)^t U_n (\mathrm{mod}\, U_r) \tag{25}$$

由 $\varepsilon = 2 + \sqrt{3}$ 可得递推序列

$$U_{n+2} = 4U_{n+1} - U_n$$

$$V_{n+2} = 4V_{n+1} - V_n \tag{26}$$

且经简单计算有表 1.

Diophantus 方程

表 1

n	0	1	2	3	4	5	6	10
U_n	1	2	7	26	97	362	1 351	262 087
V_n	0	1	4	15	56	209	780	151 316
$U_n(\bmod 5)$	1	2	2	1	2	2	1	2
$U_n(\bmod 8)$	1	2	-1	2	1	2	-1	
$U_n(\bmod 3)$	1	-1	1	-1	1	-1	1	
$V_n(\bmod 8)$	0	1	4	-1	0	1	4	

现在,我们分 6 种情况来讨论:

① 若 $n \equiv 1(\bmod 2)$,则方程(24)不成立. 这是因为在 $n \equiv 1(\bmod 2)$ 时,$U_n \equiv 0(\bmod 2)$.

② 若 $n \equiv 0(\bmod 20)$,则方程(24)不成立. $n=0$ 时方程(24)显然不成立. 设 $n \neq 0, n = 2 \times 5 \times 2^t k, t \geqslant 1$,$2 \nmid k$,则由式(25)知 $U_n \equiv U_0(\bmod U_5)$. 故若方程(24)成立推出

$$4y_3^2 \equiv U_0 - 3 \equiv -2(\bmod U_5)$$

但 $181 \mid U_5, 181 \equiv 5(\bmod 8)$,因此上式给出 $1 = \left(\dfrac{-2}{181}\right) = \left(\dfrac{2}{181}\right) = -1$ 的矛盾结果.

③ 若 $n \equiv \pm 2(\bmod 20), n \neq 2$,则方程(24)不成立. 不然,可写

$$n = \pm 2 + 20s = \pm 2 + 2 \cdot k \cdot 5l$$

这里 $k = 2^t, t \geqslant 1, 2 \nmid l$. 于是方程(25)给出 $U_n \equiv -U_{\pm 2}(\bmod U_k)$,方程(24)给出

$$4y_3^2 \equiv -U_{\pm 2} - 3 \equiv -10(\bmod U_k) \qquad (27)$$

若 $t > 1$,则 $k = 2^t \equiv 0(\bmod 4)$. 由表 1 及式(26)知 $U_k \equiv 1(\bmod 8)$,故由式(27)并注意表 1 知

$$1 = \left(\dfrac{-10}{U_k}\right) = \left(\dfrac{5}{U_k}\right) = \left(\dfrac{U_k}{5}\right) = -1$$

210

这不可能.

若 $t=1$,则 $n=\pm2+2\cdot10\cdot l,2\nmid l$. 先看 $n=2+2\cdot10\cdot l$,此时 $U_n=6V_{1+10l}^2+1\equiv1(\bmod\ V_{1+10l})$,而 $1+10l\equiv3(\bmod\ 4)$,由表 1 及式(26)知 $V_{1+10l}\equiv-1(\bmod\ 8)$. 直接对方程(24)取模 V_{1+10l} 得

$$4y_3^2\equiv1-3=-2(\bmod\ V_{1+10l})$$

此给出 $1=\left(\dfrac{-2}{V_{1+10l}}\right)=-1$ 的矛盾结果.

再看 $n=-2+2\cdot10\cdot l$,此时

$$U_n\equiv-U_2(\bmod\ U_{2l})$$

由 $2l\equiv2(\bmod\ 4)$ 知 $U_{2l}\equiv-1(\bmod\ 8)$,故方程(24)给出

$$4y_3^2\equiv-U_2-3=-10(\bmod\ U_{2l})$$

故得

$$1=\left(\frac{-10}{U_{2l}}\right)=-\left(\frac{5}{U_{2l}}\right)=-\left(\frac{U_{2l}}{5}\right)\tag{28}$$

由表 1 及式(26),若 $l\equiv0(\bmod\ 3)$,则 $\left(\dfrac{U_{2l}}{5}\right)=1$,与式(28)矛盾.

若 $l\equiv1(\bmod\ 3)$,则 $U_n=U_{-2+2-10l}=U_{3t}$. 因为 $U_{3t}\equiv1(\bmod\ 5)$,故对方程(24)取模 5 知无解.

若 $l\equiv2(\bmod\ 3)$,令 $l=3s+2$,则 $n=-2+2\cdot10\cdot(3s+2)=2+4(15s+9)=2+2\cdot k\cdot a,2\nmid a,k=2^t$. 由于 $2\nmid l$,故推出 $t>1$,因此与式(27)类似讨论知方程(24)此时不成立.

④ 若 $n\equiv\pm4,\pm8(\bmod\ 20)$,则方程(24)不成立. 这是因为 $n\equiv0(\bmod\ 4)$ 时 $U_n\equiv1(\bmod\ 8)$,故对方程(24)取模 8 知无解.

⑤ 若 $n\equiv\pm6(\bmod\ 20)$,则方程(24)不成立. 不

然，令 $n = \pm 6 + 20 \cdot l$，则有 $U_n \equiv \pm U_6 \pmod{U_{10}}$，于是方程(24)给出

$$4y_3^2 \equiv \pm U_6 - 3 = \begin{cases} 4 \times 337 \\ -2 \times 677 \end{cases} \pmod{U_{10}}$$

但从表 1 知 $U_{10} = 262\,087$，故容易验算 $\left(\dfrac{4 \times 337}{U_{10}}\right) = \left(\dfrac{-2 \times 677}{U_{10}}\right) = -1$.

⑥(f) 若 $n \equiv 10 \pmod{20}$，则方程(24)不成立. 首先 $n = 10$ 不成立，所以设 $n = 10 + 20l = 2(5 + 10l)$，$l \neq 0$. 若 $l \equiv 1 \pmod 2$，则 $5 + 10l \equiv 3 \pmod 4$，故 $V_{5+10l} \equiv -1 \pmod 8$. 所以方程(24)给出

$$4y_3^2 = (6V_{5+10l}^2 + 1) - 3 \equiv -2 \pmod{V_{5+10l}}$$

此不可能.

若 $l \equiv 0 \pmod 2$，设 $l = 2k$，则 $n = 10 + 40k = 2 + 8(1 + 5k) = 2 + 2 \cdot 2^s \cdot a$，$2 \nmid a$，$s \geqslant 2$. 于是 $U_n \equiv -U_2 \pmod{U_{2^s}}$，方程(24)给出

$$4y_3^2 \equiv -U_2 - 3 = -10 \pmod{U_{2^s}}$$

但由于 $s > 1$，故由式(27)的处理知，这是不可能的.

由 ① ~ ⑥ 知，方程(24)成立仅当 $n = 2$，给出 $y_3^2 = 1$. 于是知方程组(22)仅有正整数解 $y_2 = 1, y_3 = 1, y_4 = 1$，给出方程(19)的正整数解 $x = 1, y = 1$. 证毕.

1963 年，Mordell[17] 证明了下面的定理.

定理 14 方程

$$y(y+1) = x(x+1)(x+2) \tag{29}$$

仅有整数解 $x = -1, -2, 0, 1, 5$.

由于方程组(29)在分别用 x, y 代 $2x + 2, 2y + 1$ 后，可化为

$$2y^2 = x^3 - 4x + 2 \tag{30}$$

故只要证明方程(30)仅有整数解 $x=0,-2,2,4$ 和 12.设 θ 是满足 $\theta^3-4\theta+2=0$ 的实数,在三次域 $Q(\theta)$ 中,我们有:

①整数是 $a+b\theta+c\theta^2$,这里 $a,b,c\in\mathbf{Z}$.

②有两个基本单位数 $\varepsilon=\theta-1,\eta=2\theta-1$.

③由于 $Q(\theta)$ 的理想类数为 1,故 $Q(\theta)$ 中整数唯一分解定理成立.

注意到 $2=\xi\theta^2$,这里 ξ 是一个单位数且 θ 是 $Q(\theta)$ 中的素数.于是方程(30)可化为

$$(x-\theta)(x^2+\theta x+\theta^2-4)=\xi\theta^3y^2$$

从而

$$x-\theta=\pm\theta(4\theta-3)^n\varepsilon^l\eta^m(a+b\theta+c\theta^2)^2 \quad (31)$$

这里 $n\geqslant0,l,m$ 是整数.对式(31)讨论可给出方程(30)仅有整数解 $x=0,-2,2,4,12$.

此外,Avanesov[18] 证明了 Sierpinski 的一个猜想,即下面的定理.

定理 15　方程

$$\frac{y(y+1)}{2}=\frac{x(x+1)(x+2)}{6}=n$$

仅有正整数 $n=1,10,120,1\ 540$ 和 7 140.

1971 年,Ljunggren[19] 还完满地回答了 Mordell 的一个问题.Mordell 问:方程

$$6y^2=(x+1)(x^2-x+6) \quad (32)$$

是否仅有整数解 $x=-1,0,2,7,15,74$? Ljunggren 证明了下面的定理.

定理 16　方程(32)仅有整数解是 $x=-1,0,2,7,15,74$ 和 767.

Mordell[20] 对于方程(1)的较为一般的情形,使用

简单同余法还证明了一些结果.

定理 17 设 $a > 0, b, c$ 是整数,d 是奇的且没有 $4k+3$ 形素因子,则方程

$$y^2 = 2ax^3 + (6 - 2a - 2c + 8b)x^2 + 2cx - d^2$$

(33)

的整数解满足 $x < 0, x \equiv 3 \pmod{4}$. 若 $c = 1 - a + 2b$, $d^2 = 1, a > 0, 3a > 1 + b$,则方程(33)仅有整数解 $(x, y) = (-1, \pm 1)$;若 $b = 3a + 1, c = 5a + 3, d^2 = 1, a > 0$,则方程(33)仅有整数解 $(x, y) = (-1, \pm 1)$ 和 $(-5, \pm 13)$.

证 若 $x \equiv 0 \pmod{2}$,则由 $2 \nmid d$ 知方程(33)给出

$$y^2 \equiv -1 \pmod{4}$$

而这不可能. 若

$$x \equiv 1 \pmod{4}$$

则对方程(33)取模 8 得

$$y^2 \equiv 2a + (6 - 2a - 2c + 8b) + 2c - 1 \equiv 5 \pmod{8}$$

此也不可能. 于是 $x \equiv 3 \pmod{4}$. 由于方程(33)给出

$$y^2 \equiv -d^2 \pmod{x}$$

故在 $x > 0$ 时,有奇素数

$$p \equiv 3 \pmod{4}$$

使得 $p \mid x, y^2 \equiv -d^2 \pmod{p}$. 由 d 不含 $4k+3$ 形的素因子,知 $p \nmid d$,于是有

$$1 = \left(\frac{-d^2}{p}\right) = \left(\frac{-1}{p}\right) = -1$$

矛盾. 这就证明了 $x < 0$.

若 $x \leqslant -5$,则在 $c = 1 - a + 2b, d^2 = 1, 3a > 1 + b(a > 0)$ 时易知

$$(x+1)(2ax^2+(4-2a+4b)x-2)<-1$$

此给出 $y^2<0$，这不可能. 于是 $x=-1,y=\pm1$. 在 $b=3a+1,c=5a+3,d^2=1(a>0)$ 时，方程(33) 化为

$$y^2=2ax^3+(12a+8)x^2+(10a+6)x-1 \quad (34)$$

设 $x\leqslant-9$，改写方程(34) 为

$$y^2-1=(x+1)(2ax^2+(10a+8)x-2)$$

若 $a>1$，即 $9a>5a+4$，则有 $ax^2+(5a+4)x-1>0$，由此知上式给出 $y^2<0$，这不可能. 若 $a=1$，则方程(34) 给出

$$y^2=2x^3+20x^2+16x-1$$

由 $y^2\not\equiv-1(\bmod 3)$ 知 $x\neq-9$，所以 $x\leqslant-13$. 但这时由于 $x^2+10x+8>0$，故

$$y^2=2x(x^2+10x+8)-1<0$$

仍不可能. 于是 $0>x>-9$. 由 $x\equiv3(\bmod 4)$ 知 $x=-1,-5$，代入方程(34) 知分别给出 $y=\pm1$，±13. 证毕.

最近，Cassels[51] 证明了方程 $y^2=(x-1)^3+x^3+(x+1)^3=3x(x^2+2)$ 仅有整数解 $x=0,1,2$ 和 24.

6.2　方程 $x^3+b=Dy^n(n=2,3)$

I. 丢番图方程 $x^3+b=Dy^2$

对于丢番图方程

$$x^3+b=Dy^2 \quad (b\in\{\pm1,\pm8\}) \quad (1)$$

和

$$x^3+b=3Dy^2 \quad (b\in\{\pm1,\pm8\}) \quad (2)$$

曾经有过不少研究工作. 例如在 $b=\pm1,D=1$ 时，方程

（1）化为 Catalan 方程（见第 8 章）的特例
$$x^3 \pm 1 = y^2$$
Euler 早已证明方程 $x^3 + 1 = y^2$ 仅有正整数解 $x = 2$，$y = 3$；Lebesgue 也在1850 年证明了方程 $x^3 - 1 = y^2$ 无正整数解. 对于较为一般的情形，1924 年前后 Nagell[21-22] 分别证明了如下的两个定理.

定理 1 设 $D > 1$ 且 D 仅被 3 或 $12k + 5$ 形的素数整除，则方程 $x^3 + 1 = Dy^2$ 仅有整数解 $x = -1$，$y = 0$.

定理 2 设二次域 $Q(\sqrt{-D})$ 的类数 h 满足 $h \not\equiv 0 (\bmod 3)$，则方程 $x^3 - 1 = Dy^2$ 没有 $2 \nmid x$ 的整数解.

1942 年，Ljunggren[23] 进一步地证明了下面的定理.

定理 3 设 $D > 2$，且 D 不被 3 或 $6k + 1$ 形素数整除，则方程（1）和（2）中的八个丢番图方程总共最多只有一组正整数解.

同时 Ljunggren 还证明了方程 $x^3 - 1 = 23y^2$ 仅有整数解 $x = 1$，$y = 0$ 以及方程 $x^3 - 1 = 7y^2$ 仅有三组正整数解 $(x, y) = (2, 1)$，$(4, 3)$，$(22, 39)$. Nagell 和 Ljunggren 的方法都不是初等的.

1952 年，Ljunggren 用 Pell 方程的初等方法给出了方程 $x^3 + 1 = 2y^2$ 的一个初等解法. 1972 年，Vander Waall 和 Robert[24] 也利用 Pell 方程法证明了方程 $x^3 - 1 = 2y^2$ 仅有整数解 $(x, y) = (1, 0)$ 和方程 $x^3 + 1 = 2y^2$ 仅有整数解 $(x, y) = (1, \pm 1)$，$(-1, 0)$，$(23, \pm 78)$. 具有较大改进的是 1981 年柯召和孙琦[25-26] 的工作，他们用 Pell 方程的方法证明了下面的定理.

定理 4 设 $D > 6$，且 D 不被 $6k + 1$ 形素数整除，

则丢番图方程

$$x^3 \pm 1 = Dy^2 \qquad (3)$$

仅有 $y = 0$ 的整数解.

上面的这些定理没有给出方程 $x^3 \pm 1 = 3y^2$ 的全部解. 最近,曹珍富和刘培杰[27]用分解因子法给出了定理 4 的更为简洁的初等证明,而且连同 $D = 1, 2, 3, 6$ 一起,方程(3)得到了统一处理,即有

定理 5　设 $D > 0$ 且不被 $6k+1$ 形素数整除,则丢番图方程(3)除开 $x^3 + 1 = y^2$ 仅有正整数解 $(x, y) = (2, 3)$ 和 $x^3 + 1 = 2y^2$ 仅有正整数解 $(x, y) = (1, 1)$, $(23, 78)$ 外,其他均无正整数解.

证　先讨论丢番图方程

$$x^3 - 1 = Dy^2 \qquad (4)$$

设方程(4)有正整数解 x, y. 由于 $(x-1, x^2+x+1) = 1$ 或 3,且素数 $p \equiv 5 \pmod 6$ 或 $p = 2$ 满足 $p \nmid x^2 + x + 1$,故由方程(4)得出

$$x - 1 = Dy_1^2, x^2 + x + 1 = y_2^2 \qquad (5)$$

或

$$x - 1 = 3Dy_1^2, x^2 + x + 1 = 3y_2^2 \qquad (6)$$

这里 $y_1 > 0, y_2 > 0$ 且 $(y_1, y_2) = 1$. 式(5)由第二式整理得 $(2x+1)^2 + 3 = 4y_2^2$,故 $2y_2 \pm (2x+1) = 1, 2y_2 \mp (2x+1) = 3$,从而 $y_2 = 1, x = 0$ 或 -1,非原方程的正整数解.

对于式(6),由 $x = 3Dy_1^2 + 1$ 代入 $x^2 + x + 1 = 3y_2^2$ 得

$$(2y_2)^2 - 1 = 3(2Dy_1^2 + 1)^2$$

由此得出

$$2y_2 - 1 = 3y_3^2, 2y_2 + 1 = y_4^2, 2Dy_1^2 + 1 = y_3 y_4 \quad (7)$$

或

$$2y_2 - 1 = y_3^2, 2y_2 + 1 = 3y_4^2, 2Dy_1^2 + 1 = y_3 y_4 \quad (8)$$

其中，$y_3 > 0, y_4 > 0,$ 且 $(y_3, y_4) = 1.$ 对式(7)，由于 $2 \nmid y_3 y_4$，故由

$$2y_2 = 3y_3^2 + 1 = y_4^2 - 1$$

取模 8 知不成立. 对式(8)，由前两式得 $y_3^2 - 3y_4^2 = -2,$ 故由 $2Dy_1^2 + 1 = y_3 y_4$ 得出

$$4Dy_1^2 = 2y_3 y_4 - 2 = 2y_3 y_4 + y_3^2 - 3y_4^2 =$$
$$(y_3 - y_4)(y_3 + 3y_4) \quad (9)$$

如果 $2 \mid D$ 或 $2 \mid y_1$，那么由 $2Dy_1^2 + 1 = y_3 y_4$ 知 $y_3 \equiv y_4 (\bmod 4)$，故 $(y_3 - y_4, y_3 + 3y_4) = 4$，所以式(9)给出

$$y_3 - y_4 = 4D_1 y_5^2, y_3 + 3y_4 = 4D_2 y_6^2, D = D_1 D_2$$

其中，$y_1 = 2y_5 y_6, y_5 > 0, y_6 > 0$ 且 $(y_5, y_6) = 1.$ 现由上式的前两式解出

$$y_3 = 3D_1 y_5^2 + D_2 y_6^2, y_4 = D_2 y_6^2 - D_1 y_5^2$$

代入 $y_3^2 - 3y_4^2 = -2$ 得

$$4(D_2 y_6^2)^2 - 3(D_1 y_5^2 + D_2 y_6^2)^2 = 1 \quad (10)$$

显然 $2 \nmid D_2, 3 \nmid D_2.$ 由假设知，若 $D_2 > 1$，则 D_2 含有 $6k + 5$ 形的素因子 $p.$ 但 $\left(\dfrac{-3}{p}\right) = -1,$ 故式(10)给出 $D_2 = 1.$ 于是式(10)化为

$$4y_6^4 - 3(Dy_5^2 + y_6^2)^2 = 1 \quad (11)$$

我们将在第 7 章证明式(11)仅有 $y_6^2 = Dy_5^2 + y_6^2 = 1$，给出 $y_5 = 0$，与 $y_5 > 0$ 矛盾.

如果 $2 \nmid D$ 且 $2 \nmid y_1$，那么由 $2Dy_1^2 + 1 = y_3 y_4$ 知 $y_3 y_4 \equiv 3(\bmod 4)$，即 $y_3 - y_4 \equiv 2(\bmod 4).$ 所以 $(y_3 - y_4, y_3 + 3y_4) = 2$，故式(9)给出

$$y_3 - y_4 = 2D_1 y_5^2, y_3 + 3y_4 = 2D_2 y_6^2, D = D_1 D_2$$
$$\quad (12)$$

其中，$y_1 = y_5 y_6, y_5 > 0, y_6 > 0$，且 $(y_5, y_6) = 1$. 由式 (12) 解出

$$y_3 = \frac{3D_1 y_5^2 + D_2 y_6^2}{2}, y_4 = \frac{D_2 y_6^2 - D_1 y_5^2}{2}$$

代入 $y_3^2 - 3y_4^2 = -2$ 得

$$(D_2 y_6^2)^2 - 3\left(\frac{D_1 y_5^2 + D_2 y_6^2}{2}\right)^2 = 1 \qquad (13)$$

由于 $2 \nmid D$，故 $2 \nmid D_2$，且式 (13) 给出 $3 \nmid D_2$，故而知 $D_2 = 1$. 由第 7 章方程 $x^4 - 3y^2 = 1$ 仅有整数解 $x = \pm 1, y = 0$ 知，式 (13) 给出 $y_1^2 = 1, \frac{Dy_5^2 + y_6^2}{2} = 0$，这也不可能.

与上面完全类似地，可以证明方程 $x^3 + 1 = Dy^2$ 的结果. 证毕.

对于 $b = \pm 8$，由方程 (1) 和方程 (2) 得

$$x^3 \pm 8 = Dy^2, x^3 \pm 8 = 3Dy^2 \quad (D > 0) \qquad (14)$$

由定理 3 知，在 $D > 2$ 且不被 3 或 $6k + 1$ 形素数整除时，式 (14) 中的四个丢番图方程总共最多只有一组正整数解. 因此，对某 D（满足定理 3 条件），若找到式 (14) 中的一个方程的一组正整数解，则式 (14) 便全部得到解决. 例如方程 $x^3 - 8 = 55y^2$ 有解 $x = 167, y = 291$，故 $x^3 + 8 = 55y^2$ 和 $x^3 \pm 8 = 165y^2$ 均无正整数解，且方程 $x^3 - 8 = 55y^2$ 仅有正整数解 $x = 167, y = 291$.

1981 年，柯召和孙琦[28] 证明了下面的定理.

定理 6　设 $D > 2$ 无平方因子且不被 3 或 $6k + 1$ 形的素数整除，则丢番图方程

$$x^3 + 8 = Dy^2 \qquad (15)$$

在 $D \not\equiv 1 \pmod 4$ 时仅有整数解 $x = -2, y = 0$；而丢番图方程

$$x^3 - 8 = Dy^2 \qquad (16)$$

在 $D \not\equiv 3 \pmod 4$ 时仅有整数解 $x = 2, y = 0$.

定理 7　设 $D > 2$ 无平方因子且不被 3 或 $6k+1$ 形的素数整除,则丢番图方程

$$x^3 + 8 = 3Dy^2 \qquad (17)$$

在 $D \not\equiv 11, 19 \pmod{20}$ 时仅有整数解 $x = -2, y = 0$;而丢番图方程

$$x^3 - 8 = 3Dy^2 \qquad (18)$$

在 $D \not\equiv 1, 9 \pmod{20}$ 时仅有整数解 $x = 2, y = 0$.

现在给出定理 6 与定理 7 的证明:设 $d = D$ 或 $3D$,先讨论方程(15)和(17),即有

$$x^3 + 8 = dy^2 \qquad (19)$$

如果 $2 \mid x$,那么方程(19)化为方程(3)的情形,此时由定理 4 知仅给出 $x = -2, y = 0$. 如果 $2 \nmid x$,那么方程(19)给出 $2 \nmid d, 2 \nmid y$. 此时不妨设 $x > 0, y > 0$,由于 $(x+2, x^2 - 2x + 4) = 1$ 或 3,且如是后者,那么 $3 \parallel x^2 - 2x + 4$. 因此由 D 从而 d 的假设知,方程(19)给出

$$x + 2 = du^2, x^2 - 2x + 4 = v^2, y = uv \quad (u > 0, v > 0) \qquad (20)$$

或

$$x + 2 = 3du^2, x^2 - 2x + 4 = 3v^2, y = 3uv$$
$$(u > 0, v > 0) \qquad (21)$$

由式(20)的第二式得 $(x-1)^2 + 3 = v^2$,由于 $2 \nmid x$,故此给出 $3 \equiv 1 \pmod 4$ 的矛盾结果. 现由式(21)的前两式消去 x 得

$$3d^2 u^4 - 6du^2 + 4 = v^2$$

由此即得

$$v^2 - 3(du^2 - 1)^2 = 1 \qquad (22)$$

方程(22)是一个 Pell 方程. 熟知方程 $x^2 - 3y^2 = 1$ 的基本解 $\varepsilon = 2 + \sqrt{3}$, 令 $\bar{\varepsilon} = 2 - \sqrt{3}$, 则方程(22)给出

$$v = \frac{\varepsilon^s + \bar{\varepsilon}^s}{2}, \quad du^2 - 1 = \frac{\varepsilon^s - \bar{\varepsilon}^s}{\varepsilon - \bar{\varepsilon}} \quad (s > 0) \qquad (23)$$

因为 $2 \nmid x$ 时, 式(21)给出 $2 \nmid v$, 故式(23)的第一式推得 $2 \mid s$. 设 $s = 2t, t > 0$, 则式(23)的第二式成为

$$du^2 - 1 = \frac{\varepsilon^{2t} - \bar{\varepsilon}^{2t}}{\varepsilon - \bar{\varepsilon}} \quad (t > 0) \qquad (24)$$

因为 $\dfrac{\varepsilon^{2t} - \bar{\varepsilon}^{2t}}{\varepsilon^2 - \bar{\varepsilon}^2}$ 是整数, 故 $\varepsilon + \bar{\varepsilon} = 4 \left| \dfrac{\varepsilon^{2t} - \bar{\varepsilon}^{2t}}{\varepsilon - \bar{\varepsilon}} \right.$, 因此式(24)给出 $d \equiv 1 \pmod 4$. 故在 $d = D \not\equiv 1 \pmod 4$ 时, 方程(15)仅有整数解 $x = -2, y = 0$. 而在 $d = 3D$ 时, 必有 $D \equiv 3 \pmod 4$, 而且我们将证明此时(24)还给出 $D \equiv 1, 4 \pmod 5$. 易知 $\varepsilon^2 + \varepsilon\bar{\varepsilon} + \bar{\varepsilon}^2 = 15$, 设 $n \geq 6$, 由

$$\frac{\varepsilon^n - \bar{\varepsilon}^n}{\varepsilon - \bar{\varepsilon}} - \frac{\varepsilon^{n-6} - \bar{\varepsilon}^{n-6}}{\varepsilon - \bar{\varepsilon}} = (\varepsilon^{n-3} + \bar{\varepsilon}^{n-3}) \left(\frac{\varepsilon^3 - \bar{\varepsilon}^3}{\varepsilon - \bar{\varepsilon}} \right)$$

知

$$\frac{\varepsilon^n - \bar{\varepsilon}^n}{\varepsilon - \bar{\varepsilon}} \equiv \frac{\varepsilon^{n-6} - \bar{\varepsilon}^{n-6}}{\varepsilon - \bar{\varepsilon}} \pmod{15} \qquad (25)$$

在式(24)中, 如果 $3 \mid t$, 那么式(24)给出 $du^2 - 1 \equiv 0 \pmod 3$, 但此时 $d = 3D$, 故不可能; 如果 $t = 3t_1 + 1$, $t_1 \geq 0$, 那么由式(24)(25)得(注意 $d = 3D$)

$$3Du^2 - 1 = \frac{\varepsilon^{6t_1 + 2} - \bar{\varepsilon}^{6t_1 + 2}}{\varepsilon - \bar{\varepsilon}} \equiv \varepsilon + \bar{\varepsilon} \equiv 1 \pmod 3$$

此仍不可能, 剩下的可能是 $t = 3t_1 + 2, t_1 \geq 0$, 此时由式(24)(25)得

$$3Du^2 - 1 = \frac{\varepsilon^{6t_1 + 4} - \bar{\varepsilon}^{6t_1 + 4}}{\varepsilon - \bar{\varepsilon}} \equiv \frac{\varepsilon^4 - \bar{\varepsilon}^4}{\varepsilon - \bar{\varepsilon}} \equiv 1 \pmod 5$$

此给出 $\left(\dfrac{D}{5}\right)=1$,故 $D\equiv 1,4(\bmod 5)$. 于是在 $D\not\equiv 11$, $19(\bmod 20)$ 时,方程(17)仅有整数解 $x=-2,y=0$.

同样方法,可证方程(16)和(18)的结果.证毕.

由定理 5 与定理 6 的证明过程和定理 7 可推出,方程 $x^3-8=y^2$,$x^3-8=2y^2$,$x^3+8=3y^2$ 和 $x^3\pm 8=6y^2$ 均仅有 $y=0$ 的整数解.而 $x^3+8=2y^2$ 仅有正整数解 $x=4,y=6$.剩下 $x^3+8=y^2$ 和 $x^3-8=3y^2$ 没有解决.显然方程 $x^3-8=3y^2$ 有正整数解 $x=11,y=21$. 而方程 $x^3+8=y^2$ 也有正整数解 $(x,y)=(1,3),(2,4),(46,312)$.我们来证明

定理 8 丢番图方程

$$x^3-8=3y^2 \tag{26}$$

仅有正整数解 $x=11,y=21$.

证 设 x,y 是方程(26)的正整数解,则由定理 5 知 $2\nmid x$,故由方程(26)得出

$$x-2=9y_1^2,\ x^2+2x+4=3y_2^2,\ y=3y_1y_2 \quad (2\nmid y_1y_2) \tag{27}$$

由式(27)的前两式整理得

$$y_2^2-3(3y_1^2+1)^2=1 \quad (2\nmid y_1y_2)$$

由此即知

$$3y_1^2+=\dfrac{\varepsilon^{2t}-\bar{\varepsilon}^{2t}}{2\sqrt{3}} \quad (t>0)$$

这里 $\varepsilon=2+\sqrt{3}$,$\bar{\varepsilon}=2-\sqrt{3}$. 故由 $\left(\dfrac{\varepsilon^t+\bar{\varepsilon}^t}{2}\right)^2-3\left(\dfrac{\varepsilon^t-\bar{\varepsilon}^t}{2\sqrt{3}}\right)^2=1$ 知

$$3y_1^2=2\left(\dfrac{\varepsilon^t-\bar{\varepsilon}^t}{2\sqrt{3}}\right)\left(\dfrac{\varepsilon^t+\bar{\varepsilon}^t}{2}\right)+3\left(\dfrac{\varepsilon^t-\bar{\varepsilon}^t}{2\sqrt{3}}\right)^2-\left(\dfrac{\varepsilon^t+\bar{\varepsilon}^t}{2}\right)^2=$$

$$\left(3 \cdot \frac{\varepsilon^{t} - \overline{\varepsilon}^{t}}{2\sqrt{3}} - \frac{\varepsilon^{t} + \overline{\varepsilon}^{t}}{2}\right)\left(\frac{\varepsilon^{t} - \overline{\varepsilon}^{t}}{2\sqrt{3}} + \frac{\varepsilon^{t} + \overline{\varepsilon}^{t}}{2}\right) =$$

$$\left(\frac{\lambda^{2t-1} + \overline{\lambda}^{2t-1}}{2^{t}}\right)\left(\frac{\lambda^{2t+1} - \overline{\lambda}^{2t+1}}{2^{t+1}\sqrt{3}}\right) \tag{$27'$}$$

其中,$\lambda = 1 + \sqrt{3}$,$\overline{\lambda} = 1 - \sqrt{3}$,$\lambda\overline{\lambda} = -2$. 由于

$$\left(\frac{\lambda^{2t-1} + \overline{\lambda}^{2t-1}}{2^{t}}, \frac{\lambda^{2t+1} - \overline{\lambda}^{2t+1}}{2^{t+1}\sqrt{3}}\right) \Big| 4\left(\frac{\varepsilon^{t} + \overline{\varepsilon}^{t}}{2}, \frac{\varepsilon^{t} - \overline{\varepsilon}^{t}}{2\sqrt{3}}\right) = 4$$

而 $2 \nmid y_1$,$3 \nmid \dfrac{\lambda^{2t-1} + \overline{\lambda}^{2t-1}}{2^{t}}$,故式($27'$)给出

$$\frac{\lambda^{2t-1} + \overline{\lambda}^{2t-1}}{2^{t}} = u^{2},\frac{\lambda^{2t+1} - \overline{\lambda}^{2t+1}}{2^{t+1}\sqrt{3}} = 3v^{2},y_1 = uv$$

$$\tag{28}$$

现由式(28)的第二式知

$$\left(\frac{\lambda^{2t+1} + \overline{\lambda}^{2t+1}}{2^{t+1}}\right)^{2} - 27v^{4} = -2$$

此由第 2 章 2.7 节的例 1 知,仅有 $\dfrac{\lambda^{2t+1} + \overline{\lambda}^{2t+1}}{2^{t+1}} = 5$,$v^{2} = 1$,故 $t = 1$,于是式(28)给出 $y_1 = 1$,由式(27)知 $x = 11$,$y = 21$. 证毕.

利用方程 $x^{4} - 3y^{2} = -2,x^{2} - 3y^{4} = -2$ 以及 $x^{2} - 27y^{4} = -2$ 的结果,可以给出更多的形为 $x^{3} + b = Dy^{2}(b = \pm 8)$ 的丢番图方程的解. 利用递推序列的方法,很容易证明方程 $x^{4} - 3y^{2} = -2$ 和 $x^{2} - 3y^{4} = -2$ 都仅有唯一的正整数解 $(x,y) = (1,1)$. 我们认为,利用递推序列的方法(参阅第 2 章 2.7 节)能够给出在 $D > 0$ 且 D 不被 $6k + 1$ 形的素数整除时,方程(15)(16)(17)(18) 的全部整数解. 因此有如下的猜想:设 $D > 0$ 且 D 不被 $6k + 1$ 形的素数整除,则最多只有有限个 D 使得丢番图方程

$$x^3 \pm 8 = Dy^2$$

有正整数解.

最后，由于编码理论的需要，1982 年 Bremner 和 Morton[29] 提出了解丢番图方程

$$y^2 = 4cx^3 + 13 \quad (c = 1, 3, 9) \qquad (28')$$

的问题. 利用代数数论和 p-adic 方法不难给出方程 (28') 的全部解. 例如，在 $Q(\sqrt{13})$ 中分解方程(28')为

$$\left(\frac{y + \sqrt{13}}{2}\right)\left(\frac{y - \sqrt{13}}{2}\right) = cx^3 \quad (c = 1, 3, 9) \quad (29)$$

在 $c = 1$ 时，方程(29)给出

$$\frac{y + \sqrt{13}}{2} = \varepsilon^k \left(a + b\frac{1 + \sqrt{13}}{2}\right)^3 \quad (k = 0, \pm 1)$$

$$(30)$$

这里 $\varepsilon = \dfrac{3 + \sqrt{13}}{2}$ 是 $Q(\sqrt{13})$ 的基本单位数，a, b 是有理整数. 在 $c = 3$ 时，方程(29)给出

$$\frac{y + \sqrt{13}}{2} = \varepsilon^k \frac{1 \pm \sqrt{13}}{2}\left(a + b\frac{1 + \sqrt{13}}{2}\right)^3 \quad (k = 0, \pm 1)$$

$$(31)$$

而在 $c = 9$ 时，方程(29)给出

$$\frac{y + \sqrt{13}}{2} = \varepsilon^k \left(\frac{1 \pm \sqrt{13}}{2}\right)^2\left(a + b\frac{1 + \sqrt{13}}{2}\right)^3$$

$$(k = 0, \pm 1) \qquad (32)$$

对式(30)，在 $k = 0$ 时显然不可能，而在 $k = 1$ 和 -1 时分别给出

$$a^3 + 6a^2b + 15ab^2 + 11b^3 = 1 \qquad (33)$$

$$a^3 - 3a^2b + 6ab^2 - b^3 = 1 \qquad (34)$$

在式(33)和(34)中分别令 $(X, Y) = (a + 2b, b)$ 和

224

$(a-b,b)$，则都可化为
$$X^3 + 3XY^2 - 3Y^3 = 1$$
此由第 3 章 3.3 节的例 2 知仅有 $(X,Y)=(1,0)$ 和 $(1,1)$ 的整数解. 由此推出 $c=1$ 时方程 $(28')$ 仅有整数解 $(x,y)=(-1,\pm3)$ 和 $(3,\pm11)$. 利用 $p-$ acid 方法还可给出方程 (31) 和 (32) 的全部解.

Ⅱ. 丢番图方程 $x^3 + b = Dy^3$

我们在第 3 章的 3.3 节中，证明了丢番图方程
$$x^3 + 1 = Dy^3 \quad (D > 1, xy \neq 0) \quad\quad (35)$$
最多只有一组整数解 x,y. 由代数数论知，如果 x_1,y_1 是方程 (35) 的一组解，那么 $x_1 + y_1\sqrt[3]{D}$ 或者是三次域 $Q(\sqrt[3]{D})$ 的基本单位数，或者是基本单位数的平方. 因此，定出哪些 D 使方程 (35) 有解或无解是一件有意义的工作. 1967 年，Cohn[30] 证明了下面的定理.

定理 9　方程 (35) 在条件 $(1) \sim (2)$ 时分别没有整数解：

（1）在 $D \equiv 0 (\mathrm{mod}\ 9)$ 时，除 $D=9$ 和 D 有某个分解 $D=pq$，p,q 是正整数，满足：

①$(p,q)=1, p \neq p_1^3$；

② 如果 $p_1 \mid p$，那么 $p_1 \equiv 1 (\mathrm{mod}\ 6)$；

如果 $D \equiv 0 (\mathrm{mod}\ 27)$，那么必须加上

③$p \equiv 1 (\mathrm{mod}\ 18)$.

（2）在 $D \equiv \pm 3$ 或 $\pm 4 (\mathrm{mod}\ 9)$ 时，除 $D=pq$，p,q 是正整数满足 ①②③.

（3）在 $D \equiv \pm 1$ 或 $\pm 2 (\mathrm{mod}\ 9)$ 时，除 $D=1,2,17,20,5\ 831,6\ 860$，$D=pq$，$p,q$ 是正整数满足 ①②③.

1971 年，Bernstein[31] 证明了下面的定理.

定理 10　如果 $D=d^3+k$，$|k| \not\equiv 1, k \in \{K, 3K,$

$3d,6d,-K,-3K\}$,这里 $K\mid d$,那么除开 $D=20$ $(k=6d,d=2)$,方程(35)有解 $x=19,y=7$ 外,其他情形方程(35)均无整数解.

后来,曹珍富和曹玉书[32] 证明了下面的定理.

定理 11 设 D 不被 $6k+1$ 形的素数整除,则丢番图方程(35)除开 $D=2$ 仅有解 $(x,y)=(1,1)$,$D=9$ 仅有解 $(x,y)=(2,1)$,$D=17$ 仅有解 $(x,y)=(-18,-7)$ 和 $D=20$ 仅有解 $(x,y)=(-19,-7)$ 外,其他情形均无整数解.

这个定理的证明将用到方程 $x^2+x+1=y^3$ 仅有整数解 $(x,y)=(0,1)$,$(-1,1)$,$(18,7)$ 和 $(-19,7)$ 以及方程 $x^2+x+1=3y^3$ 仅有整数解 $(x,y)=(1,1)$ 和 $(-2,1)$ 的结论.前一结论是 Ljunggren[33] 在 1942 年得到的,而后一结论的证明将依赖于方程 $x^3+y^3=z^3$(此在本章 6.4 节中给出),因为 $x^2+x+1=3y^3$ 可整理成 $(x+2)^3-(x-1)^3=(3y)^3$.

对于丢番图方程

$$x^3+8=Dy^3 \quad (D>1,xy\neq 0) \tag{36}$$

我们有下面的定理,

定理 12 设 D 不被 $6k+1$ 形的素数整除,则丢番图方程(36)除开 $D=2$ 仅有解 $(x,y)=(2,2)$,$D=9$ 仅有解 $(x,y)=(1,1)$ 和 $(4,2)$,$D=16$ 仅有解 $(x,y)=(2,1)$,$D=17$ 仅有解 $(x,y)=(-36,-14)$,$D=20$ 仅有解 $(x,y)=(38,14)$,$D=72$ 仅有解 $(x,y)=(4,1)$,$D=136$ 仅有解 $(x,y)=(-36,-7)$,$D=160$ 仅有解 $(x,y)=(38,7)$ 外,其他情形均无整数解.

证 如果 $2\mid x,2\mid y$,那么方程(36)化为

$$\left(\frac{x}{2}\right)^3 + 1 = D\left(\frac{y}{2}\right)^3 \quad (D > 1, xy \neq 0)$$

此由定理 11 知, 仅当 $D = 2, 9, 17, 20$ 时有解. 如果 $2 \mid x, 2 \nmid y$, 那么由方程(36)知 $2^3 \mid D$. 令 $D = 8d$, 则方程(36)化为

$$\left(\frac{x}{2}\right)^3 + 1 = dy^3$$

此由定理 11 知, 仅当 $d = 2, 9, 17, 20$ 即 $D = 16, 72, 136, 160$ 时有解. 这两种情形分别给出定理 12 中除 $D = 9$, $(x, y) = (1, 1)$ 外相应的解.

如果 $2 \nmid x$, 由于 $(x+2, x^2-2x+4) = 1$ 或 3, 故与 Ⅰ 的讨论类似, 方程(36)给出

$$x^2 - 2x + 4 = y_1^3 \tag{37}$$

或

$$x^2 - 2x + 4 = 3y_1^3 \tag{38}$$

这里 $y_1 \mid y$. 对方程(37), 我们整理得

$$(x-1)^2 + 3 = y_1^3 \tag{39}$$

由于 $2 \nmid x$, 故对式(39)取模 4 知 $y_1 \equiv 3 \pmod 4$. 改写方程(39)为

$$(x-1)^2 + 4 = y_1^3 + 1 \equiv 0 \pmod{y_1^2 - y_1 + 1}$$

而 $y_1 \equiv 3 \pmod 4$ 推出 $y_1^2 - y_1 + 1 \equiv 3 \pmod 4$, 故上式不可能. 这就证明了方程(37)不成立.

对方程(38), 可整理得

$$y_1^3 - 1 = 3\left(\frac{x-1}{3}\right)^2$$

此由定理 5 知, 仅有 $x = 1, y_1 = 1$, 故给出 $D = 9, y = 1$. 证毕.

对于一般的情形, Nagell[34] 和 Ljunggren[35] 证明了一个重要的结果, 即下面的定理.

227

定理 13 设 $c=1,3,a>b>1$ 是整数，$(ab,c)=1$ 且如果 $c=3$，可取 $b=1$，那么丢番图方程

$$ax^3+by^3=c \tag{40}$$

除开 $2x^3+y^3=3$ 有两组解 $(x,y)=(1,1)$ 和 $(4,-5)$ 外，最多只有一组整数解 x,y，并且对这样的解 x,y，$c^{-1}(x\sqrt[3]{a}+y\sqrt[3]{b})$ 是三次域 $Q(\sqrt[3]{D})(=Q(\sqrt[3]{ab^2}))$ 的基本单位数或基本单位数的平方.

6.3 二元三次型及其相关方程

一个二元三次型 $f(x,y)$ 是指

$$f(x,y)=ax^3+bx^2y+cxy^2+dy^3 \tag{1}$$

这里 a,b,c 和 d 均是整数，且判别式

$$D=-27a^2d^2+18abcd+b^2c^2-4ac^3-4b^3d \tag{2}$$

这里假设 $D\neq0$. 定义 $H(x,y),G(x,y)$ 如下

$$H(x,y)=-\frac{1}{4}\begin{vmatrix}\dfrac{\partial^2 f}{\partial x^2}&\dfrac{\partial^2 f}{\partial x\partial y}\\[2mm]\dfrac{\partial^2 f}{\partial x\partial y}&\dfrac{\partial^2 f}{\partial y^2}\end{vmatrix}=$$

$$(bx+cy)^2-(3ax+by)(cx+3dy)=$$

$$Ax^2+Bxy+Cy^2 \tag{3}$$

这里 $A=b^2-3ac,B=bc-9ad,C=c^2-3bd$，且容易验证 $H(x,y)$ 的判别式为

$$B^2-4AC=-3D$$

$$G(x,y)=\begin{vmatrix}\dfrac{\partial f}{\partial x}&\dfrac{\partial f}{\partial y}\\[2mm]\dfrac{\partial H}{\partial x}&\dfrac{\partial H}{\partial y}\end{vmatrix}=$$

$$-(27a^2d - 9abc + 2b^3)x^3 + \cdots \quad (4)$$

直接验证可有

$$G^2(x,y) + 27Df^2(x,y) = 4H^3(x,y) \quad (5)$$

利用式(5),可以给出方程

$$X^2 + kY^2 = Z^3, (X,Z) = 1 \quad (6)$$

的全部整数解,这是 Mordell[2] 得到的.

定理 1 丢番图方程(6)的全部整数解可表为

$$X = \frac{1}{2}G(x,y), Y = f(x,y), Z = H(x,y) \quad (7)$$

这里 $f(x,y) = ax^3 + 3bx^2y + 3cxy^2 + dy^3$ 是任意的判别式 $D = 4k$ 的二元三次型

$$H(x,y) = (b^2 - ac)x^2 + (bc - ad)xy + (c^2 - bd)y^2$$

$$G(x,y) = \frac{1}{3} \begin{vmatrix} \dfrac{\partial f}{\partial x} & \dfrac{\partial f}{\partial y} \\ \dfrac{\partial H}{\partial x} & \dfrac{\partial H}{\partial y} \end{vmatrix}$$

而 x,y 取使 $\left(\dfrac{1}{2}G(x,y), H(x,y)\right) = 1$ 的任意整数.

证 首先由 $f(x,y), H(x,y)$ 和 $G(x,y)$ 的表达式及式(5)容易验证(见证明的后部分),$(\frac{1}{2}G(x,y))^2 + kf^2(x,y) = H^3(x,y)$. 现设 $X = g$, $Y = f, Z = h$ 是方程(6)的一个解,即有

$$g^2 + kf^2 = h^3, (g,h) = 1 \quad (8)$$

因为式(8)给出 $-k$ 是 h 的二次剩余,所以存在一个首项系数为 h,判别式为 $-4k$ 的二元二次型,设为

$$F(x,y) = hx^2 + 2Bxy + Cy^2$$

这里 $B^2 - hC = -k$. 我们取 B 满足同余式 $fB \equiv -g \pmod{h^3}$,借助于 $F(x,y)$,我们构造一个判别式

229

$D = 4k$ 的二元三次型

$$f(x, y) = fx^3 + 3bx^2y + 3cxy^2 + dy^3$$

且

$$H(x, y) = F(x, y) = hx^2 + 2Bxy + Cy^2$$

这里 $h = b^2 - fc, 2B = bc - fd, C = c^2 - bd$. 因为

$$h = b^2 - fc, c = \frac{b^2 - h}{f}$$

取

$$b \equiv \frac{g}{h} (\bmod f)$$

$$bh = g + Bf \Rightarrow b \equiv 0 (\bmod h^2)$$

于是

$$h^2c = \frac{(g + Bf)^2 - h^3}{f} = -kf + 2gB + B^2f$$

我们来定出 d. 因为 $bc - fd = 2B$, 有

$$fd = \left(\frac{g + Bf}{h}\right)\left(\frac{-kf + 2gB + B^2f}{h^2}\right) - 2B$$

推出

$$h^3d = -kg - 3kfB + 3gB^2 + fB^3$$

我们来证明 c 和 d 均为整数. 由

$$h^2c \equiv -kf + 2g\left(-\frac{g}{f}\right) + \frac{g^2}{f} (\bmod h^2) \equiv$$

$$\frac{-kf^2 - g^2}{f} \equiv 0 (\bmod h^2)$$

知 $c \equiv 0 (\bmod 1)$, 故 c 是整数; 同样, 由

$$h^3d \equiv -kg + 3kg + \frac{3g^3}{f^2} - \frac{g^3}{f^2} (\bmod h^3) \equiv$$

$$\frac{2g}{f^2}(kf^2 + g^2) \equiv 0 (\bmod h^3)$$

知 d 是整数.

由于 $f(x,y)=fx^3+3bx^2y+3cxy^2+dy^3$ 的判别式为 $27D$

$$D=-f^2d^2+6fbcd+3b^2c^2-4fc^3-4db^3=4k$$

由式 $(3)(4)$ 定义的 $H_1(x,y)$ 和 $G_1(x,y)$ 分别为

$$H_1(x,y)=9H(x,y)$$
$$G_1(x,y)=27G(x,y)$$

这里 $G(x,y)=-(f^2d-3fbc+2b^3)x^3+\cdots$. 故由式 (5) 知

$$G_1^2(x,y)+(27)^2Df^2(x,y)=4H_1^3(x,y)$$

从而

$$G^2(x,y)+Df^2(x,y)=4H^3(x,y)$$

由 $D=4k$ 知，$2\mid G(x,y)$，故上式给出

$$(\frac{1}{2}G(x,y))^2+kf^2(x,y)=H^3(x,y)$$

证毕.

方程 (6) 的结果可以用于解前两节中的某些丢番图方程. 例如，在定理 1 中令 $X=\pm 1$，则方程 (6) 化为

$$Z^3-1=kY^2 \tag{9}$$

此时只要解方程

$$G(x,y)=\pm 2$$

再如令 $Y=\pm 1$，则方程 (6) 化为

$$X^2+k=Z^3,(X,Z)=1 \tag{10}$$

此时只要解方程

$$f(x,y)=\pm 1$$

利用 Thue 定理（见第 3 章 3.4 节）可知，方程 (9) 和方程 (10) 在某些情况下均只有有限个整数解 X,Y.
Mordell[2] 还给出对所有 k，方程 (10) 均只有有限组解（是 6.1 节中定理 1 的推论）.

对于给定的二元三次型 $f(x,y)$,研究丢番图方程
$$f(x,y)=1 \qquad\qquad (11)$$
的解是比较困难的,尤其是在 $f(x,y)$ 的判别式 $D>0$ 的时候.设 $f(\theta,1)=0$,在三次域 $Q(\theta)$ 中,若 $D\leqslant 0$,则利用 p-adic 方法十分容易求解,这是因为这时三次域 $Q(\theta)$ 中只有一个基本单位数.若 $D>0$,则三次域 $Q(\theta)$ 中有两个基本单位数.这时处理起来十分的麻烦,而且许多都需要使用丢番图逼近方法.有些特殊的情形,利用第 3 章 3.3 节的方法和特殊的技巧,才有希望给以解决.目前,在 $D>0$ 时只解决了几个特例:

①[36] $D=49$,方程 $x^3+x^2y-2xy^2-y^3=1$ 仅有解 $(1,0),(0,1),(-1,1),(5,4),(4,-9),(-9,5),(2,-1),(-1,-1)$ 和 $(-1,2)$.

②[33] $D=81$,方程 $x^3-3xy^2+y^3=1$ 仅有解 $(1,0),(0,-1),(-1,1),(2,1),(-3,2)$ 和 $(1,-3)$.

③[6] $D=148$,方程 $x^3-4xy^3+2y^3=1$ 仅有解 $(-1,-1),(1,0),(1,2),(-5,3)$ 和 $(-31,14)$.

④[5] $D=3\,024$,方程 $x^3-12xy^2-12y^3=1$ 仅有解 $(1,0)$ 和 $(1,-1)$.

一般情形,Siegel[37] 证明了下面的定理.

定理 2 若 D 是充分大的正整数,则方程 $f(x,y)=1$ 最多有 8 个整数解.

现在我们用丢番图逼近的方法给出 ④ 的一个证明.设
$$f(x,y)=x^3-12xy^2-12y^3,\ f(\theta,1)=0$$
在三次域 $Q(\theta)$ 中,整底是 $1,\theta,\dfrac{1}{2}\theta^2$,基本单位数是
$$\eta_1=-7-4\theta+\frac{3}{2}\theta^2,\ \eta_2=11+\theta-\theta^2$$

由于 $f(x,y)=1$ 推出

$$(x-\theta^{(1)}y)(x-\theta^{(2)}y)(x-\theta^{(3)}y)=1$$

令

$$\beta=x-\theta y \quad (\theta\in\{\theta^{(1)},\theta^{(2)},\theta^{(3)}\})$$

则 β 是 $Q(\theta)$ 中的单位,因而 $\beta=\pm\eta_1^{b_1}\eta_2^{b_2}$,$b_1,b_2\in\mathbf{Z}$. 于是

$$\log|\beta^{(j)}|=b_1\log|\eta_1^{(j)}|+b_2\log|\eta_2^{(j)}|$$
$$(1\leqslant j\leqslant 3)$$

推出

$$b_r=\frac{1}{\Delta}\{\log|\beta^{(j)}|\cdot\log|\eta_s^{(i)}|-\log|\beta^{(i)}|\cdot\log|\eta_s^{(j)}|\}$$
$$(r,s\in\{1,2\}(r\neq s))$$

这里

$$\Delta=\log|\eta_1^{(j)}|\cdot\log|\eta_2^{(i)}|-\log|\eta_1^{(i)}|\cdot\log|\eta_2^{(j)}|$$

如果

$$H=\max\{|b_1|,|b_2|\}$$
$$M=\max\{\log|\eta_1^{(i)}|,\log|\eta_2^{(i)}|\}$$

我们有

$$H\leqslant\frac{1}{|\Delta|}\{|\log|\beta^{(j)}|+\log|\beta^{(i)}||\}\cdot M$$

因此 $\max\{\log|\beta^{(j)}|\}\geqslant\dfrac{|\Delta|}{2M}\cdot H=\delta\cdot H.$ 为了便于使用,我们给出若干计算结果:方程 $f(\theta,1)=0$ 的三个根是

$$\theta^{(1)}=-2.768\ 734\ 305\ 276\ 282\cdots$$
$$\theta^{(2)}=-1.115\ 749\ 396\ 663\ 048\cdots$$
$$\theta^{(3)}=-3.884\ 483\ 701\ 939\ 33\cdots$$

基本单位数 η_1,η_2 分别是方程 $x^3-15x^2-9x+1=0$ 和 $x^3-9x^2+3x+1=0$ 的根,相应地有

$$\eta_1^{(1)} = 15.573\ 771\ 700\ 925\ 751\ 0\cdots$$

$$\eta_2^{(1)} = 0.565\ 376\ 041\ 509\ 972\cdots$$

$$\eta_1^{(2)} = -0.669\ 657\ 339\ 116\ 867\ 8\cdots$$

$$\eta_2^{(2)} = 8.639\ 353\ 887\ 182\ 992\cdots$$

$$\eta_1^{(3)} = 0.095\ 885\ 638\ 191\ 116\ 8\cdots$$

$$\eta_2^{(3)} = -0.204\ 729\ 928\ 692\ 964\ 2\cdots$$

$$\log | \eta_1^{(1)} | = 2.745\ 588\ 198\ 059\ 661\cdots$$

$$\log | \eta_2^{(1)} | = -0.570\ 264\ 209\ 028\ 009\ 2\cdots$$

$$\log | \eta_1^{(2)} | = -0.400\ 989\ 131\ 578\ 108\ 9\cdots$$

$$\log | \eta_2^{(2)} | = 2.156\ 327\ 798\ 443\ 639\cdots$$

$$\log | \eta_1^{(3)} | = -2.344\ 599\ 066\ 481\ 552\cdots$$

$$\log | \eta_2^{(3)} | = -1.586\ 063\ 589\ 415\ 630\cdots$$

$$\max_i | | \log | \eta_1^{(i)} | | - | \log | \eta_2^{(i)} | | | =$$
$$2.175\ 323\ 989\ 031\ 652\cdots$$

$$\log \left| \frac{\eta_1^{(1)}}{\eta_1^{(3)}} \right| = 5.090\ 187\ 264\ 541\ 213\cdots$$

$$\log \left| \frac{\eta_1^{(2)}}{\eta_1^{(3)}} \right| = 1.943\ 609\ 934\ 903\ 443\cdots$$

$$\log \left| \frac{\eta_1^{(1)}}{\eta_1^{(2)}} \right| = 3.146\ 577\ 329\ 637\ 770\cdots$$

$$\log \left| \frac{\eta_2^{(2)}}{\eta_2^{(1)}} \right| = 2.762\ 592\ 007\ 471\ 648\cdots$$

$$\log \left| \frac{\eta_2^{(2)}}{\eta_2^{(3)}} \right| = 3.742\ 391\ 387\ 859\ 269\cdots$$

$$\log \left| \frac{\eta_2^{(1)}}{\eta_2^{(3)}} \right| = 1.015\ 799\ 380\ 387\ 621\cdots$$

$$| \theta^{(1)} - \theta^{(2)} | = 1.652\ 984\ 908\ 613\ 233\cdots$$

$$| \theta^{(1)} - \theta^{(3)} | = 6.653\ 218\ 007\ 215\ 614\cdots$$

$$| \theta^{(3)} - \theta^{(2)} | = 5.000\ 233\ 098\ 602\ 38\cdots$$

$$\log|\theta^{(1)}-\theta^{(2)}|=0.502\ 582\ 689\ 101\ 648\ 0\cdots$$
$$\log|\theta^{(1)}-\theta^{(3)}|=1.895\ 100\ 648\ 480\ 152\cdots$$
$$\log|\theta^{(3)}-\theta^{(2)}|=1.609\ 484\ 531\ 067\ 91\cdots$$
$$\max_{k=l}\left|\frac{\theta^{(j)}-\theta^{(k)}}{\theta^{(l)}-\theta^{(k)}}\right|\leqslant e^{\alpha},\alpha=1.392\ 517\ 959\ 378\ 504\cdots$$

这里 l 是最小的使 $\log|\beta^{(l)}|\leqslant-\dfrac{1}{2}\delta H$. 由于 $M=2.745\ 588\cdots,|\Delta|=2.156\ 327\ 79\cdots$, 故

$$\delta\geqslant2.673\ 041\ 5\cdots$$

因为

$$\log|\beta^{(1)}|+\log|\beta^{(2)}|+\log|\beta^{(3)}|=0$$

故 l 是存在的,只是我们不知道哪个 l 使 $\log|\beta^{(l)}|\leqslant-\dfrac{1}{2}\delta H$. 这样,我们就得计算 3 个可能的 l 值. 由

$$|\beta^{(1)}|\cdot|\beta^{(2)}|\cdot|\beta^{(3)}|=1\Rightarrow|\beta^{(k)}|\cdot|\beta^{(j)}|=$$
$$|\beta^{(l)}|^{-1}\geqslant\exp(\frac{1}{2}\delta H)$$

不妨设 $|\beta^{(j)}|\leqslant|\beta^{(k)}|$,则得出 $|\beta^{(k)}|\geqslant\exp(\dfrac{1}{4}\delta H)$.

相应的, $\left|\dfrac{\beta^{(l)}}{\beta^{(k)}}\right|\leqslant\exp(-\dfrac{1}{4}\delta H)$. 现在

$$(\theta^{(k)}-\theta^{(l)})\beta^{(j)}+(\theta^{(j)}-\theta^{(k)})\beta^{(l)}+(\theta^{(l)}-\theta^{(j)})\beta^{(k)}=0$$
$$\frac{\beta^{(j)}}{\beta^{(k)}}+\frac{\theta^{(l)}-\theta^{(j)}}{\theta^{(k)}-\theta^{(l)}}=\frac{\theta^{(j)}-\theta^{(k)}}{\theta^{(l)}-\theta^{(k)}}\cdot\frac{\beta^{(l)}}{\beta^{(k)}}=\omega$$

故由 $\beta=\eta_1^{b_1}\eta_2^{b_2}$ 且令

$$\alpha_1=\frac{\eta_1^{(j)}}{\eta_1^{(k)}},\alpha_2=\frac{\eta_2^{(j)}}{\eta_2^{(k)}},\alpha_3=\frac{\theta^{(l)}-\theta^{(j)}}{\theta^{(k)}-\theta^{(l)}}$$

得出

$$\alpha_1^{b_1}\alpha_2^{b_2}+\alpha_3=\omega$$

故由 $\omega=\dfrac{\theta^{(j)}-\theta^{(k)}}{\theta^{(l)}-\theta^{(k)}}\cdot\dfrac{\beta^{(l)}}{\beta^{(k)}}$ 知

$$|\omega| \leqslant \exp(\alpha - \frac{1}{4}\delta H)$$

即 $\qquad |\alpha_1^{b_1} \alpha_2^{b_2} + \alpha_3| \leqslant \exp(\alpha - \frac{1}{4}\delta H)$

由 $\alpha_1^{b_1} \alpha_2^{b_2} = \omega - \alpha_3$ 得

$$b_1 \log|\alpha_1| + b_2 \log|\alpha_2| = \log|\omega - \alpha_3| =$$

$$\log|\alpha_3| + \log|1 - \frac{\omega}{\alpha_3}|$$

因此

$$|b_1 \log|\alpha_1| + b_2 \log|\alpha_2| - \log|\alpha_3|| = \left|\log|1 - \frac{\omega}{\alpha_3}|\right|$$

而

$$\left|\log|1 - \frac{\omega}{\alpha_3}|\right| = \left|\frac{\omega}{\alpha_3} + \frac{1}{2} \cdot \frac{\omega^2}{\alpha_3^2} + \cdots\right| \leqslant$$

$$\left|\frac{\omega}{\alpha_3}\right| \cdot \frac{1}{1 - \left|\frac{\omega}{\alpha_3}\right|}$$

由于 $\left|\dfrac{\omega}{\alpha_3}\right| \leqslant \exp(\alpha - \frac{1}{4}\delta H)$，故在 $H \geqslant 6$ 时我们有

$\left|\dfrac{\omega}{\alpha_3}\right| \leqslant 0.2$ 且

$$\left|\log|1 - \frac{\omega}{\alpha_3}|\right| \leqslant 1.25 \left|\frac{\omega}{\alpha_3}\right| \leqslant 6\exp(-\frac{1}{4}\delta H)$$

这样，我们就得出：如果 $H \geqslant 20$，那么

$$|b_1 \log|\alpha_1| + b_2 \log|\alpha_2| - \log|\alpha_3|| \leqslant$$

$$\exp(-0.404H) \tag{12}$$

为了利用 Baker 的定理(见第 3 章 3.4 节的 Ⅱ)，我们需要确定 $\alpha_1, \alpha_2, \alpha_3$ 的高。α_1, α_2 和 α_3 分别满足方程

$$x^6 - 132x^5 - 4\,773x^4 - 27\,236x^3 -$$

$$4\,773x^2 - 132x + 1 = 0$$

$$x^6 + 30x^5 - 783x^4 - 2\,408x^3 - 783x^2 + 30x + 1 = 0$$

$$21x^6 + 63x^5 - 198x^4 - 484x^3 - 198x^2 + 63x + 21 - 0$$

故由 Baker 定理得，式（12）中的所有整数解满足

$$\max\{\mid b_1\mid, \mid b_2\mid\} \leqslant$$

$$\{4^9(0.404\cdots)^{-1}6^6\log 27\ 236\}^{49} \leqslant$$

$$10^{563} \tag{13}$$

由式（13）及 $x - y\theta = \pm\eta_1^{b_1}\eta_2^{b_2}$ 知，可以定出 $\max\{\mid x\mid, \mid y\mid\}$ 的上界. 但这个界太大了，为了证明 ④，我们给出一个引理.

引理　设 θ, β 是给定的实数，$M, B > 6$ 是给定的整数. 再设 p, q 是整数满足 $1 \leqslant q \leqslant BM$，$\mid \theta q - p\mid \leqslant 2(BM)^{-1}$. 则在 $\parallel q\beta\parallel \geqslant 3B^{-1}$，且 $\mid b_1\theta + b_2 - \beta\mid \leqslant K^{-\mid b_1\mid}$ 时，必有 $\mid b_1\mid \leqslant \dfrac{\log(B^2M)}{\log K} \leqslant M$，这里 $\parallel * \parallel$ 表示 $*$ 与最近整数的距离.

证　$\mid b_1q\theta + b_2q - \beta q\mid \leqslant qK^{-\mid b_1\mid} \leqslant BMK^{-\mid b_1\mid}$，并且如果 $q\theta = p + \omega$，这里 $\mid \omega\mid \leqslant 2(MB)^{-1}$，那么

$$\mid b_1(p + \omega) + b_2q - \beta q\mid \leqslant BMK^{-\mid b_1\mid}$$

再由 $\parallel \beta q\parallel \geqslant 3B^{-1}$，$\mid b_1\omega\mid \leqslant 2B^{-1}$ 知

$$\parallel b_1\omega - \beta q\parallel \geqslant B^{-1}$$

因此

$$B^{-1} \leqslant BMK^{-\mid b_1\mid}$$

此给出

$$\mid b_1\mid \leqslant \frac{\log(B^2M)}{\log K}$$

证毕.

在引理中，令

$$\theta = \frac{\log\mid \alpha_1\mid}{\log\mid \alpha_2\mid}, \beta = \frac{\log\mid \alpha_3\mid}{\log\mid \alpha_2\mid}$$

$$K = e^{0.404}, M = 10^{563}, B = 10^{33}$$

则

$$\left| b_1 \frac{\log|\alpha_1|}{\log|\alpha_2|} + b_2 - \frac{\log|\alpha_3|}{\log|\alpha_2|} \right| < 6\exp(-0.543H)$$

我们计算 θ,β 的有理逼近. 设 θ 的有理逼近是 $\frac{a}{b}$, 满足 $|\theta - \frac{a}{b}| < \frac{1}{(MB)^2}$, 且设 $\frac{a}{b}$ 的有理逼近是 $\frac{p}{q}$, 满足 $1 \leqslant q \leqslant MB$, $\left|\frac{a}{b} - \frac{p}{q}\right| < \frac{1}{MB}$, 则 $\frac{p}{q}$ 是 θ 的一个有理逼近, 满足

$$1 \leqslant q \leqslant MB, \ |\theta - \frac{p}{q}| < \frac{2}{MBq}$$

求 $\frac{a}{b}$ 和 $\frac{c}{d}$ 使得

$$|\theta - \frac{a}{b}| < 10^{-1\,236}, \ |\beta - \frac{c}{d}| < 10^{-650}$$

则对所有情形, $\|q\frac{c}{d}\| \geqslant 3 \times 10^{-33}$, 故式(12) 的所有解均满足

$$|b_1| \leqslant \frac{\log 10^{629}}{0.404} \leqslant 3\,585$$

在引理中, 再取 $M = 4\,500, B = 10^2$, 易知

$$|b_1| \leqslant \frac{\log(4.5 \times 10)}{0.404} \leqslant 44$$

这样一来, 可以通过 $x - y\theta = \pm \eta_1^{b_1} \eta_2^{b_2}$ 经过计算求出 $b_1 = 0, b_2 = 0$ 和 $b_1 = 0, b_2 = -1$, 给出方程 $x^3 - 12xy^2 - 12y^3 = 1$ 仅有解 $(1,0)$ 和 $(1,-1)$.

对于 $D < 0$, Delaunay[38] 和 Nagell[39] 有过一些研究, 例如证明了下面的定理.

定理 3 设 $f(x,y)$ 是判别式为 D 的给定的二元三次型, $D < 0$, 则方程 $f(x,y) = 1$ 除 $x^3 + xy^2 + y^3 =$

1(或 $x^3 - x^2y + xy^2 + y^3 = 1$) 存在 4 组解和 $x^3 - xy^2 + y^3 = 1$ 存在 5 组解外,最多有 3 组整数解.

由于 $D < 0$ 时,三次域 $Q(\theta)$(这里 θ 是 $f(\theta, 1) = 0$ 的根) 仅有一个基本单位数,故方程 $f(x, y) = 1$ 化为

$$x - y\theta = \eta^m \quad (m \in \mathbf{Z})$$

这里 η 是基本单位数. 由于存在正整数 a 使得 $\eta^a \equiv 1(\bmod p)$,这里 p 是任给的素数. 故对 m 进行模 a 分类讨论,可得出方程 $f(x, y) = 1$ 的全部解(参阅 p-adic 方法).

6.4　三元三次丢番图方程

现在讨论三元三次丢番图方程的解.

I. 丢番图方程 $x^3 + y^3 + z^3 = n$

对于丢番图方程

$$x^3 + y^3 + z^3 = n \quad (n \in \mathbf{Z}) \tag{1}$$

在 $n = 0$ 时化为著名的 Fermat 大定理(参看第 8 章) 的特例. 我们来证明下面的定理.

定理 1　丢番图 $x^3 + y^3 + z^3 = 0$ 无 $xyz \neq 0$ 的整数解.

证　设 x, y, z 是方程 $x^3 + y^3 + z^3 = 0$ 的一组解,$xyz \neq 0$,不妨设

$$(x, y) = (x, z) = (y, z) = 1, 2 \nmid xy, 2 \mid z$$

且 $|z|$ 是 $xyz \neq 0$ 的解中最小的. 可设

$$x + y = 2a, x - y = 2b \quad ((a, b) = 1, a \neq b)$$

由此解出 x, y,代入方程 $x^3 + y^3 + z^3 = 0$ 得

$$-z^3 = (a + b)^3 + (a - b)^3 = 2a(a^2 + 3b^2) \tag{2}$$

239

由 $2\nmid x$ 知 $2\nmid a+b$,故 $2\nmid a^2+3b^2$,故由 $2\mid z$ 知,式(2)给出 $4\mid a,2\nmid b$. 又 $(2a,a^2+3b^2)=(a,3)=1$ 或 3,故在 $(2a,a^2+3b^2)=1$ 时,式(2)给出

$$2a=r^3,a^2+3b^2=s^3,-z=rs \quad (2\nmid s)$$

由 $a^2+3b^2=s^3$ 在 $Q(\sqrt{-3})$ 中讨论立得

$$a=u(u^2-9v^2),b=3v(u^2-v^2),s=u^2+3v^2$$

这里 $(u,v)=1,2\mid u,2\nmid v$,且 $u\neq0$. 由于此时 $3\nmid a$,故 $3\nmid u$,于是 $2u,u-3v,u+3v$ 两两互素. 现在

$$r^3=2a=2u(u-3v)(u+3v)$$

故得

$$2u=l^3,u-3v=m^3,u+3v=n^3$$

此给出 $l^3+m^3+n^3=0$,且有 $2\mid l,lmn\neq0$. 但是

$$|z|^3=2a(a^2+3b^2)=|l^3(u^2-9v^2)(a^2+3b^2)|\geqslant$$
$$|a^2+3b^2||l^3|>|l|^3$$

与 $|z|$ 的最小性矛盾.

现设 $(2a,a^2+3b^2)=3$. 令 $a=3c$,则 $4\mid c,3\nmid b$. 由式(2)得

$$-z^3=6c(9c^2+3b^2)=18c(3c^2+b^2)$$

由 $(18c,3c^2+b^2)=1$ 知,上式给出

$$18c=r^3,3c^2+b^2=s^3$$

由后一式得出

$$b=u(u^2-9v^2),c=3v(u^2-v^2),s=u^2+3v^2$$

这里 $(u,v)=1,2\nmid u,2\mid v,v\neq0$. 易知 $2v,u-v,u+v$ 两两互素,故由 $r^3=18c,c=3v(u^2-v^2)$ 知

$$\left(\frac{r}{3}\right)^3=2v(u-v)(u+v)$$

推出

$$2v=-l^3,u-v=-m^3,u+v=n^3,lmn\neq0$$

由此知 $l^3 + m^3 + n^3 = 0$，这里 $2 \mid l$．但是
$$| z^3 | = | 18c(3c^2 + b^2) | =$$
$$27 \mid 2v(u^2 - v^2) \mid (3c^2 + b^2) =$$
$$27 \mid l \mid^3 \cdot \mid u^2 - v^2 \mid (3c^2 + b^2) > \mid l \mid^3$$

仍与 $| z |$ 的最小性矛盾．证毕．

下面讨论方程（1）可设 $n \neq 0$．又由于 $n < 0$ 时方程（1）化为
$$(-x)^3 + (-y)^3 + (-z)^3 = -n > 0$$

故不妨假设式（1）中的 $n > 0$．我们在第 2 章的 2.1 节中给出了 $n \equiv \pm 4 \pmod 9$ 时方程（1）无解的证明．现在我们给出下面的定理．

定理 2　当 $1 \leqslant n \leqslant 2$ 时方程（1）有无穷多组解．

证　当 $n = 1$ 时，方程（1）化为
$$x^3 + y^3 + z^3 = 1 \tag{3}$$

容易验证 $x = t, y = -t, z = 1$ 或 $x = 9t^4, y = 3t - 9t^4$，$z = 1 - 9t^3 (t \in \mathbf{Z})$ 都是方程（3）的解．当 $n = 2$ 时，方程（1）化为
$$x^3 + y^3 + z^3 = 2 \tag{4}$$

可以验证 $x = 1 + 6t^3, y = 1 - 6t^3, z = -6t^2 (t \in \mathbf{Z})$ 是方程（4）的解．证毕．

能否给出方程（3）和（4）的全部正整数解？在第 3 章 3.2 节的习题 1 中，我们给出了方程（4）的解 x, y, z 中至少有一个被 6 整除，但要给出全部解却不容易．一般的问题是，在 $n \not\equiv \pm 4 \pmod 9$ 时，方程（1）是否都有无穷多组解？

当 $n = 3$ 时，已知方程
$$x^3 + y^3 + z^3 = 3 \tag{5}$$

有四组解 $(x, y, z) = (1, 1, 1), (4, 4, -5), (4, -5, 4),$

$(-5,4,4)$，是否还有其他解？ 对此 Miller 和 Woolett[40] 证明了下面的定理.

定理 3 在 $\max(|x|,|y|,|z|)<3\,164$ 时，方程(5)除开上述四解外，无其他的整数解.

此外，Miller 和 Woolett 还给出在 $\max(|x|,|y|,|z|)<3\,164$ 时方程(1)的所有整数解.

1984 年，Scarowsky 和 Boyarsky[41] 用大型计算机寻找方程(5)的解.不妨设方程(5)的解满足 $x+y+z=3m,m\in\mathbf{Z}$,则有下面的定理.

定理 4 方程(5)在 $|m|<50\,000$ 时无其他的解.

1985 年，Cassels[42] 用环 $Z[\omega]$ 上的三次互反律证明了

定理 5 方程(5)的解满足 $x\equiv y\equiv z(\bmod 9)$.

这个定理我们在第 3 章的 3.2 节中已经证明过了.1987 年，孙琦[43] 利用三次互反律进一步证明了下面的定理.

定理 6 设 a 是一个给定的整数，a 无 $3k+1$ 形素因子，若丢番图方程

$$x^3+y^3+z^3=9a^3 \tag{6}$$

有整数解，则 9 整除 $\dfrac{x}{d},\dfrac{y}{d},\dfrac{z}{d}$ 中的一个，这里 $d=(x,y,z)$.

定理 7 设 a 是一个给定的整数，a 无 $3k+1$ 形素因子.若丢番图方程

$$x^3+y^3+z^3=3a^3 \tag{7}$$

有整数解，则当 $3\nmid a$ 时有 $\dfrac{x}{d}\equiv\dfrac{y}{d}\equiv\dfrac{z}{d}(\bmod 9)$；而当

$3 \mid a$ 时有 $\dfrac{x}{d} \equiv \dfrac{y}{d} \equiv \dfrac{z}{d} (\bmod 9)$ 或 9 整除 $\dfrac{x}{d}, \dfrac{y}{d}, \dfrac{z}{d}$ 中的一个，这里 $d = (x, y, z)$.

下面给出定理 6 的证明. 设 $x = dx_1, y = dy_1, z = dz_1$ 代入方程（6）得

$$d^3(x_1^3 + y_1^3 + z_1^3) = 9a^3 \qquad (8)$$

设 $d = 3^\lambda d_1, \lambda \geqslant 0, 3 \nmid d_1, a = 3^t a_1, t > 0, 3 \nmid a_1$，则式（8）给出

$$x_1^3 + y_1^3 + z_1^3 = 3^{3(t-\lambda)+2} a_2^3 \quad (t \geqslant \lambda) \qquad (9)$$

这里 $a_1 = d_1 a_2$. 对式（9）取模 9 知 x_1, y_1, z_1 中有一被 3 除尽. 不妨设

$$x_1 \equiv 0(\bmod 3), y_1 \equiv 1(\bmod 3), z_1 \equiv -1(\bmod 3)$$

在整环 $Z[\omega]$ 中，这里 $\omega = \dfrac{-1 + \sqrt{-3}}{2}$，有

$$z_1^3 + x_1^3 = (z_1 + x_1)(z_1 + x_1\omega)(z_1 + x_1\omega^2)$$

设 $\alpha = z_1 + x_1\omega$，则 $\alpha \equiv 2(\bmod 3)$，故 α 可分解为

$$\alpha = \pm \pi_1 \cdots \pi_k$$

其中 $\pi_j (j = 1, \cdots, k)$ 是 $Z[\omega]$ 中的本原素数，即 $\pi_j \equiv 2(\bmod 3)(j = 1, \cdots, k)$. 现对式（9）取模 $\pi_j (j = 1, \cdots, k)$ 得

$$y_1^3 \equiv 3^{3(t-\lambda)+2} a_2^3 (\bmod \pi_j) \quad (j = 1, \cdots, k) \qquad (10)$$

不妨设 $\pi_j (j = 1, \cdots, k)$ 均为 $Z[\omega]$ 中的复素数，则 $N(\pi_j) = p_j \equiv 1(\bmod 3)(j = 1, \cdots, k)$. 由 a_2 不含 $3k + 1$ 形素因子知，$\pi_j \nmid 3a_2 (j = 1, \cdots, k)$，于是式（10）给出

$$1 = \left(\dfrac{3^2}{\pi_j}\right)_3 = \left(\dfrac{\omega^4(1-\omega)^4}{\pi_j}\right)_3 = \left(\dfrac{\omega}{\pi_j}\right)_3 \left(\dfrac{1-\omega}{\pi_j}\right)_3$$
$$(j = 1, \cdots k) \qquad (11)$$

设 $\pi_j = a_j + b_j w, b_j = 3n_j, a_j = 3m_j - 1, m_j, n_j \in \mathbf{Z}(j =$

$1, \cdots, k)$，则有 $\left(\dfrac{w}{\pi_j}\right)_3 = w^{m_j + n_j}$，$\left(\dfrac{1-w}{\pi_j}\right)_3 = w^{2m_j}$（见第 3 章 3.2 节），故由式（11）知

$$1 = \omega^{m_j + n_j} \cdot \omega^{2m_j} = \omega^{n_j} \quad (j = 1, \cdots, k)$$

此给出 $n_j \equiv 0 \pmod 3$ $(j = 1, \cdots, k)$. 于是 $\alpha = z_1 + x_1 \omega \equiv u \pmod 9$，$u \in \mathbf{Z}$，此给出 $9 \mid x_1$，即 $9 \left| \dfrac{x}{d} \right.$. 证毕.

关于方程（1），要给出全部解是相当困难的. 有些简单的方程是否有解也解决不了. 例如丢番图方程

$$x^3 + y^3 + z^3 = 30$$

有整数解吗? 这是一个尚未解决的问题.

Ⅱ. 丢番图方程 $ax^3 + by^3 + cz^3 = d$

现在我们考虑较为一般的丢番图方程

$$ax^3 + by^3 + cz^3 = d \tag{12}$$

Segre[44] 证明了下面的定理.

定理 8 设 a, b, c, d 是整数，且 $abcd \neq 0$，则方程（12）一般没有解 x, y, z 是关于参数 t 的次数 $\leqslant 4$ 的有理系数的互素多项式.

三个不同的例外是，方程

$$x^3 + y^3 + cz^3 = c$$
$$x^3 + y^3 + cz^3 = 2$$
$$x^3 + y^3 + 2z^3 = 2$$

这里 $c \neq 2r^3$，r 是有理数，它们分别有解

$$x = t, y = -t, z = 1$$

和

$$x = -\frac{9}{c}t^4 + 3t, \; y = \frac{9}{c}t^4, \; z = -\frac{9}{c}t^3 + 1$$

$$x = -\frac{6}{c}t^3 + 1, \; y = \frac{6}{c}t^3 + 1, \; z = -\frac{6}{c}t^2$$

$$x = -4t^2 + 6t + 1, y = -4t^2 + 2t + 1, z = 4t^2 - 4t + 1$$

和

$$27x = 2(-4t^4 + 4t^3 + 6t^2 - 17t + 2)$$
$$27y = 4(-2t^4 + 8t^3 - 6t^2 - 4t + 13)$$
$$27z = 8t^4 - 20t^3 + 24t^2 + 16t - 37$$

利用 Gauss 关于二次丢番图方程的结果（见第 5 章 5.4 节），可以证明下面的定理.

定理 9　**丢番图方程**

$$ax^3 + ay^3 + bz^3 = bc^3 \quad (abc \neq 0) \quad (13)$$

除了有平凡解 $x + y = 0, z = c$ 外，还有无穷多组整数解.

证　设 $z = c + t(x + y)$，代入方程（13）得

$$(x + y)[a(x^2 - xy + y^2) + 3bc^2 t + 3bct^2(x + y) + bt^3(x + y)^2] = 0$$

由于 $x + y = 0$ 时方程（13）给出 $z = c$. 故除去 $x + y = 0, z = c$，上式给出

$$a(x^2 - xy + y^2) + 3bc^2 t + 3bct^2(x + y) + bt^3(x + y)^2 = 0 \quad (14)$$

令

$$x + y = u, x - y = v \quad (15)$$

则式（14）化为

$$\frac{a}{4}(u^2 + 3v^2) + 3bc^2 t + 3bct^2 u + bt^3 u^2 = 0$$

由此即得

$$(a + 4bt^3)u^2 + (3a)v^2 + (12bct^2)u + 12bc^2 t = 0 \quad (16)$$

式（16）是 Gauss 二次丢番图方程的特例（参阅第 5 章 5.4 节）. 设 $t = -abk^2, k \neq 0$，则式（16）显然有解 $u =$

$0, v = 2bck.$ 而在 $k \neq 0$ 时

$$D = -12a(a + 4bt^3) = 12a^2(4a^2b^4k^6 - 1) > 0$$

且存在 k（如 $3 \mid k$）使 D 非平方数. 又

$$\Delta = 4(a + 4bt^3)3a \cdot 12bc^2t - 3a(12bct^2)^2 =$$
$$144abc^2t(a + bt^3)$$

由 $t = -abk^2, k \neq 0$ 知 $t \neq 0$，且可取 k 使 $a + bt^3 \neq 0$，故存在 k 使 $\Delta \neq 0$. 于是知存在 k 使式(16)有无穷多组解 u, v 满足 $u \equiv v \pmod 2$，这样由式(15)及 $z = c + t(x + y)$ 知方程(13)有无穷多组解 x, y, z. 为此，设 $2^\alpha \parallel a$，且可取 k 使 $2^{\alpha+1} \mid t$，故对式(16)取模 $2^{\alpha+1}$ 得

$$au^2 + 3av^2 \equiv 0 \pmod{2^{\alpha+1}}$$

由 $2^\alpha \parallel a$ 知 $u^2 + 3v^2 \equiv 0 \pmod 2$，故 $u \equiv v \pmod 2$. 证毕.

方程(13)的一个特殊情形是方程(3)（称为 Euler 方程），即

$$x^3 + y^3 + z^3 = 1$$

利用定理 9 的证明方法可以构造它的无穷多组解. 例如令 $z = 1 + t(x + y), x + y = u, x - y = v$，则有

$$(1 + 4t^3)u^2 + 3v^2 + (12t^2)u + (12t) = 0 \quad (17)$$

由于 $t \mid u^2 + 3v^2$，故可设 $t = \pm(\xi^2 + 3\eta^2)$. 若取 $t = -7$，则式(17)化为

$$-1\,391u^2 + 3v^2 + 588u - 84 = 0$$

由此整理成

$$(457u - 98)^2 - 457v^2 = 3\,192 \quad (18)$$

此显然有解 $u = 1, v = 17$，给出式(3)有解 $(x, y, z) = (9, -8, -6)$. 由式(18)的无穷多组解 u, v（显然 $u \equiv v \pmod 2$），可得出式(3)的无穷多组解. 例如 $(-103, 94, 64), (904, -823, -566), (3\,097, -2\,820,$

—1 938）等.

对于方程（12）的又一类型

$$x^3 - my^3 = nz^3 \qquad (19)$$

如果 $|m|=1$，那么根据 n 的不同，可以用分解因子法或在域 $Q(\omega)\left(\omega=\dfrac{-1+\sqrt{-3}}{2}\right)$ 中考虑方程（19）的解. 如果 $|m|\neq 1$，那么在三次域 $Q(\theta)$ 中考虑方程（19），这里 $\theta=\sqrt[3]{m}$，化为理想数方程

$$[x - y\theta] = \eta A^3$$

这里 η 是取某有限集的理想. 于是有

$$x - y\theta = \mu\alpha^3 = (e + f\theta + g\theta^2)(u + v\theta + \omega\theta^2)^3$$

这里 u,v,ω 是有理整数，且 e,f,g 是属于有理数的某个有理子集. 乘开后，比较两端 θ^2 的系数，可以求解形如方程（19）的丢番图方程.

对于方程（12）中 $d=0$ 的特殊情形

$$ax^3 + by^3 + cz^3 = 0 \qquad (20)$$

我们有

定理 10　如果 $a=\dfrac{1}{2}p(p+q)(q-2p)$，$b=\dfrac{1}{2}q(7p+q)\cdot(7p-2q)$，$c=2$ 或 4，$p+q\not\equiv 0(\bmod\ 3)$，且

①$p\equiv 1(\bmod\ 2)$，$q(q-p)\equiv 0(\bmod\ 4)$ 或

②$p\equiv 2(\bmod\ 4)$，$q\equiv 1(\bmod\ 2)$ 中的一个，以及 $q^2-qp+7p^2\not\equiv 0(\bmod\ p_2)$ 或 $pq(63p^2-34pq+9q^2)\not\equiv 0(\bmod\ p_2)$，这里 $p_2\equiv 1(\bmod\ 3)$ 是素数且 $\left(\dfrac{2}{p_2}\right)_3=-1$，那么方程（20）无解.

例如取 $p=q=1$，$p_2=7$，则定理 10 的条件满足，即

$p + q \not\equiv 0 (\mathrm{mod}\ 3)$, $p \equiv 1 (\mathrm{mod}\ 2)$, $q(q - p) \equiv 0 (\mathrm{mod}\ 4)$ 和 $pq(63p^2 - 34pq + 9q^2) \not\equiv 0 (\mathrm{mod}\ p_2)$，

$p_2 \equiv 1 (\mathrm{mod}\ 3)$ 和 $\left(\dfrac{2}{p_2}\right)_3 = -1$. 故方程 $-x^3 + 20y^3 + cz^3 = 0 (c = 2, 4)$ 无解.

定理 11 设 d 无平方因子, $d \equiv \pm 2, \pm 4 (\mathrm{mod}\ 9)$, 三次域 $Q(\sqrt[3]{d})$ 的类数为 3. 如果 $[3] = A^3$, A 是 $Q(\sqrt[3]{d})$ 的一个理想, 但不是主理想, 那么方程

$$x^3 + dy^3 = 3z^3$$

没有有理解.

这个定理的证明, 只要注意 $Q(\sqrt[3]{d})$ 中的整数是 $a + b\sqrt[3]{d} + c\sqrt[3]{d^2}$, $a, b, c \in \mathbf{Z}$, 并且 $[3] = A^3$ 由 $[3] = [3, \sqrt[3]{d} \pm 1]^3$ 或 $[3, \sqrt[3]{d} \mp 1]^3$ 给出就够了.

利用简单同余法还可以得到关于方程 (20) 的一些结果.

对于方程

$$ax^3 + by^3 + cz^3 = dxyz, (x, y, z) = 1 \quad (21)$$

研究其整数解是很困难的. 1960 年, 柯召[45] 和 Cassels[46] 分别独立地解决了方程 (21) 当 $a = b = c = d = 1$ 时的特例, 即有下面的定理.

定理 12 丢番图方程 $x^3 + y^3 + z^3 = xyz$ 没有 $xyz \neq 0$ 的整数解.

Ward[47] 还证明了丢番图方程 $x^3 + y^3 + 5z^3 = 5xyz$ 仅有解 $x + y = 0$, $z = 0$.

Ⅲ. 丢番图方程 $z^2 = f(x, y)$ 和 $z^3 = g(x, y)$

设 $f(x, y)$ 是一个有理系数的三次多项式, 有一个著名的猜想是: 如果方程

$$z^2 = f(x, y) \quad (22)$$

248

有一组解 x,y,z,那么必有无穷多组解 x,y,z.

这个猜想的一些特殊情形已经证明是成立的. 例如有

定理 13　设 $f(x,y)=p^2+lx+my+ax^3+bx^2y+cxy^2+dy^3$,这里 $(l,m)=1$,则方程(22) 有无穷多组解 x,y,z.

证　用一个线性变换可不失一般地令 $l=1,m=0$. 如果 $p=0$,则方程(22) 给出有无穷多组解为 $x=0$, $y=dt^2,z=dt^3,t\in\mathbf{Z}$. 如果 $p\neq0$,那么令 $x=4p^2X$, $y=2pY,z=pZ$,代入方程(22) 得

$$Z^2=1+4X+64ap^4X^3+32bp^3X^2Y+$$
$$16cp^2XY^2+8dpY^3 \tag{23}$$

再令 $Z=1+2X-2X^2$,则 $Z^2=1+4X-8X^3+4X^4$, 于是式(23) 给出

$$X^4=(2+16ap^4)X^3+8bp^3X^2Y+4cp^2XY^2+2dpY^3$$

在这个方程中,令 $Y=tX,t\in\mathbf{Z}$ 是参数,则有

$$X=(2+16ap^4)+8bp^3t+4cp^2t^2+2dpt^3$$

这就给出方程(22) 有无穷多组解. 证毕.

Mordell[48] 推广上述结果,证明了下面的定理.

定理 14　设 $f(x,y)=p^2+lx+my+ax^2+bxy+cy^2+Ax^3+Bx^2y+Cxy^2+Dy^3,p\neq0$. 如果 $p\mid(l,m)$,且方程

$$ax^2+bxy+cy^2-\left(\frac{lx+my}{2p}\right)^2=\pm2p \tag{24}$$

有无穷多组解,那么方程(22) 有无穷多组解.

由于方程(24) 是一个二元二次丢番图方程,故一般说来在方程(24) 有解时可得出无穷多组解. Mordell 还得到

定理 15 设 $f(x,y)=(6l^2+6l-1)x^3+(6l^2-6l-1)y^3+11-12l^2$，这里 $l\neq 0\in \mathbf{Z}$，则方程（22）有无穷多组解.

利用 Pell 方程的结果，可以构造出许多三次多项式 $f(x,y)$，使方程（22）有无穷多组解. 例如 $f(x,y)=x^3+y^3-1$，令 $x=1+\omega,y=1-\omega$，则方程（22）推出

$$z^2-6\omega^2=1$$

而这个方程是 Pell 方程，已知它有无穷多组解 z,ω.

定理 16 设 $f(x,y)=ab^2x^3+y^3+(27abd)^2$，$ab\neq 0,a,b,d$ 均是整数，则方程（22）有无穷多组解.

证 考虑方程

$$z^2-k^2=ab(x^3+cy^3)\quad (ab\neq 0)\qquad (25)$$

令 $t^3=c$ 的三个根为 $\theta=\theta_1,\theta_2,\theta_3$，且设

$$z+k=a\prod_\theta (p+q\theta+r\theta^2)\qquad (26)$$

$$z-k=b\prod_\theta (p_1+q_1\theta+r_1\theta^2)\qquad (27)$$

这里 p,p_1,q,q_1,r 和 r_1 都是整数，则有

$$z^2-k^2=ab\prod_\theta (P+Q\theta+R\theta^2)=$$
$$ab(P^3+bQ^3+b^2R^3-3bPQR)$$

令 $P=x,Q=y,R=0$，即有

$$pp_1+c(qr_1+q_1r)=x\qquad (28)$$

$$pq_1+p_1q+crr_1=y\qquad (29)$$

$$pr_1+p_1r+qq_1=0\qquad (30)$$

又，由式（26）（27）得

$$2k=a(p^3+cq^3+c^2r^3-3cpqr)-$$
$$b(p_1^3+cq_1^3+c^2r_1^3-3cp_1q_1r_1)\qquad (31)$$

令 $p_1=q,q_1=-r,r_1=0$，则式（30）成立，且由式（28）（29）和（31）得

$$x = pq - cr^2, y = -pr + q^2, z - k = b(q^3 - cr^3) \tag{32}$$

$$2k = a(p^3 + cq^3 + c^2 r^3 - 3cpqr) - b(q^3 - cr^3) \tag{33}$$

现在令 $c = \dfrac{b}{a}$，则式（33）和（25）分别为

$$2k = ap^3 + \frac{2b^2 r^3}{a} - 3bpqr \tag{34}$$

$$z^2 - k^2 = abx^3 + b^2 y^3 \tag{35}$$

令 $k = 27ab^2 d$，且由 bx，bz 代入 x，z，则式（35）给出

$$z^2 = ab^2 x^3 + y^3 + (27abd)^2$$

为了证明我们的结论，只要证明有无穷多组解 p,q,r 满足式（34）即可．此时令 $p = 3bX, q = Y, r = 3aZ$，注意 $k = 27ab^2 d$，式（34）给出

$$2d = bX^3 + 2aZ^3 - XYZ$$

容易知道，这个方程有无穷多组解．证毕．

这种类型的两个简单方程是

$$z^2 = x^3 + y^3, (x, y) = 1 \tag{36}$$

和

$$2z^2 = x^3 + y^3, (x, y) = 1 \tag{37}$$

方程（36）有无穷多组解，如

$$x = -4p^3 q + 4q^4, y = p^4 + 8pq^3$$

Rodeja[49] 彻底解决了方程（37）．Georgikopoulous[50] 给出了方程

$$z^2 = x^3 + 4y^3, (x, y) = (y, z) = (z, x) = 1$$

的全部整数解，它们都包含在

$$x = p(p^3 + q^3), y = q(q^3 - 2p^3)$$
$$\pm z = p^6 - 10p^3 q^3 - 2q^6$$

中．

另一个类似的问题是：设 $g(x,y)$ 是二次的或三次的多项式,则方程

$$z^3 = g(x,y) \qquad (38)$$

是否有无穷多组解(如果有解的话)? 一个简单的结果是

定理 17 设 $g(x,y) = p^3 + lx + my + ax^2 + bxy + cy^2$, $(l,m)=1$,则方程(38)有无穷多组解.

这个定理的证明十分容易. 例如可设 $l=1, m=0$,再令 $x = 3p^2 X$, $z = p + X$, $y = tX$ 即可得.

Euler 证明了方程 $x^3 + y^3 = 2z^3$ 仅有 $x = \pm y$ 的有理解(或整数解),利用这个结果也可证明 $3y^2 = x^3 - 1$ 仅有 $y=0$ 的整数解.

Ⅳ. 其他的一些三元三次丢番图方程

1952 年,Mordell[52] 考虑了丢番图方程

$$ax^3 + by^3 + c = xyz \qquad (39)$$

的可解性,这里 a, b, c 均是整数. 他证明了

定理 18 方程(39)有无穷多组解 x, y 满足 $(x, y) = 1$.

利用一些相关序列的性质,还可证明

定理 19 丢番图方程 $x^2 + y^2 - x - y + 1 = xyz$, $x > 0$, $y > 0$ 仅有解 $x = y = 1$.

定理 20 丢番图方程

$$x^3 + y + 1 = xyz \qquad (40)$$

仅有正整数解 $(x, y, z) = (3,14,1), (2,9,1), (2,3, 2), (5,14,2), (1,2,2), (1,1,3), (5,9,3), (3,2,5)$ 和 $(2,1,5)$. 但方程(40)却有无穷多组整数解.

定理 20 是 Mohanty[53] 于 1977 年才得到的,他同时还证明了丢番图方程

$$x^3 + y^2 - y + 1 = xyz \tag{41}$$

有无穷多组正整数解.

求出方程(40)的全部正整数解是容易的. 首先, 我们指出, 求解方程(40)与解 $x \mid y+1$ 且 $y \mid x^3 + 1$ 是等价的. 因为由方程(40)易知 $x \mid y+1$ 且 $y \mid x^3 + 1$. 反过来有 $xy \mid (x^3+1)(y+1)$, 推出 $xy \mid x^3 + y + 1$, 故有整数 z 存在使得 $x^3 + y + 1 = xyz$. 这样, 我们可设

$$y + 1 = xr, x^3 + 1 = sy \quad (r > 0, s > 0)$$

由此知

$$s(rx - 1) = x^3 + 1$$

故有 $x(sr - x^2) = s + 1$. 设 $sr - x^2 = n$, 则 $xn = s + 1$. 我们有

$$x^2 = sr - n = r(xn - 1) - n = rxn - (n + r)$$

由此知 $m > x$, 可设 $m = x + k, k > 0$, 这时上式给出 $xk = r + n$. 从 $m = x + k$ 和 $xk = r + n$ 我们得到

$$(n-1)(r-1) + (x-1)(k-1) = 2 \tag{42}$$

由于式(42)的左端每一项是非负的, 故有三种情形

$$(n-1)(r-1) = 0, (x-1)(k-1) = 2 \tag{43}$$

$$(n-1)(r-1) = 2, (x-1)(k-1) = 0 \tag{44}$$

$$(n-1)(r-1) = 1, (x-1)(k-1) = 1 \tag{45}$$

从式(43)知, 方程(40)仅有正整数解 $(x,y) = (2,1)$, $(2,9)$, $(3,2)$ 和 $(3,14)$. 由式(44)得出 $(x,y) = (1,1)$, $(1,2)$, $(5,9)$ 和 $(3,14)$. 由式(44)得出 $(x,y) = (1,1)$, $(1,2)$, $(5,9)$ 和 $(5,14)$. 由式(45)得出 $(x,y) = (2,3)$. 因此方程(40)的全部正整数解为 $(x,y) = (3,2), (3,14), (2,1), (2,9), (1,1), (1,2), (5,9), (5,14)$ 和 $(2,3)$. 相应的 $z = \dfrac{x^3 + y + 1}{xy}$ 是 5, 1, 5, 1, 3, 2, 3, 2 和 2. 此

外,方程(40)显然有无穷多组整数解,例如$(x,y,z)=$
$(0,-1,2),(-1,0,2),(x,-(x^3+1),0),(x,-1,$
$-x^2),(-1,y,-1),(x,-(x^2-x+1),-1),$
$(x,-(x+1),1-x),(-r^2,r^3-1,r)(x,r\in \mathbf{Z})$ 等.

这种类型的丢番图方程,我们通过所谓的序列链
的讨论,容易给出它们的无穷多组解.一个正整数序列
$\{u_i\}$ 的最小三项是满足 $u_{n-1}u_{n+1}=u_n^3+1$ 的任给的常数
项.则由 $u_{n-1}u_{n+1}=u_n^3+1$ 定义的正整数序列 $\{u_i\}$ 称为
序列链.

① 如果对某些 $i,u_i=u_{i+1}$,则有序列链
$$\cdots,9,2,1,1,2,9,\cdots$$

② 如果对某些 $i,u_i=u_{i+2}$,那么由 $u_i \cdot u_{i+2}=u_{i+1}^3+$
1 推出 $u_i^2=u_{i+1}^3+1$.由丢番图方程 $x^3+1=y^2$(见 6.2
节)仅有正整数解 $x=2,y=3$ 知,序列链:$\cdots,915,14,$
$3,2,3,14,915,\cdots$.由于容易知道,两个正整数 x,y 满
足 $x \mid y^3+1$ 且 $y \mid x^3+1$ 的充要条件是它们是一个序
列链的两个常数项.故 ① 和 ② 给出方程 $x^3+y^3+1=$
xyz 有无穷多组正整数解.

可以证明以上定义的序列链有无穷多个.

我们也可以推广序列链的定义.设 $f(x),g(x)$ 是
两个具有如下形式的整系数多项式
$$f(x)=x^m+a_1x^{m-1}+a_2x^{m-2}+\cdots+a_2x^2+a_1x+1$$
$$g(x)=x^n+b_1x^{n-1}+b_2x^{m-2}+\cdots+b_2x^2+b_1x+1$$
则对任给的正整数 x_0,x_1,y_0,y_1 满足
$$x_0x_1=f(y_0),y_0y_1=g(x_0)$$
定义一对序列 $\{x_n\},\{y_n\}(n=1,2,\cdots)$ 满足
$$x_{n-1}x_{n+1}=f(y_n),y_{n-1}y_{n+1}=g(x_n)$$
Mohanty[53] 已经证明,这样的序列对有无限多个.

6.5　四元三次丢番图方程

现在我们来研究丢番图方程
$$x^3 + y^3 + z^3 + \omega^3 = n \tag{1}$$
的整数解.

I. $n = 0$ 的情形. 此时方程(1)即为
$$x^3 + y^3 + z^3 + \omega^3 = 0 \tag{2}$$
由于用两种方法表一个数为两立方数之和的研究,已经给出方程(2)很多解的例子,例如

$1\,729 = 10^3 + 9^3 = 12^3 + 1^3, 2^3 + 34^3 = 15^3 + 33^3$
$$9^3 + 15^3 = 2^3 + 16^3$$

等. 关于方程(2)的含参数的整数解也有过一些工作,例如[3],1830 年,Baba 找到了解 $x = (s^6 - 4)s, y = -(s^6 + 8)s, z = s^6 + 6s^3 - 4, \omega = -s^6 + 6s^3 + 4$;
1873 年,Kroneck 找到了解

$$x = 6s^3 tf + (t \pm s)tr + 3(t \mp s)tf^2$$
$$y = 6s^3 tf - (t \pm s)tr - 3(t \mp s)tf^2$$
$$z = -6st^3 f + (s \pm t)sr + 3(s \mp t)sf^2$$
$$w = -6st^3 f - (s \pm t)sr - 3(s \mp t)sf^2$$

这里 $r = s^4 + s^2 t^2 + t^4$;1913 年,Osborn 又找到了另外的解

$$x = s^2 - 7st + 63t^2, y = 8s^2 - 20st - 42t^2$$
$$z = -9s^2 + 7st - 7t^2, \omega = 6s^2 + 20st - 56t^2$$

一个古老的问题是,能否给出方程(2)的全部整数解的表达式? 这个问题一直没有解决. 范绍舲给出了方程(2)的更为一般的解,即下面的定理.

定理 1 丢番图方程(2)有整数解

$$x = am - bn, y = -(bm + an + bn)$$

$$z = -(dm - cn), \omega = -(cm + dm + dn) \quad (3)$$

这里 $a, b, c, d \in \mathbf{Z}$,且

$$m = (a + 2b)(a^2 + ab + b^2) - (c - d)(c^2 + cd + d^2)$$

$$n = \begin{cases} (a-b)(a^2+ab+b^2)-(c+2d)(c^2+cd+d^2), & \text{当 } m \neq 0 \text{ 时} \\ k \in \mathbf{Z}, & \text{当 } m = 0 \text{ 时} \end{cases}$$

证 只要验证由式(3)给出的表达式确为方程(2)的解.这是因为若 $m = 0$,则有 $n = k$,所以式(3)给出 $x = -bk, y = -(a+b)k, z = ck, w = -dk$,而

$$m = (a + b)^3 + b^3 - c^3 + d^3 = 0$$

故式(3)在 $m = 0$ 时是方程(2)的解.现设 $m \neq 0$.由式(3)给出

$$x + y = (a - b)m - (a + 2b)n$$

$$z + w = -(c + 2d)m + (c - d)n$$

$$x^2 - xy + y^2 = (a^2 + ab + b^2)(m^2 + mn + n^2)$$

$$z^2 - zw + w^2 = (c^2 + cd + d^2)(m^2 + mn + n^2)$$

故有

$$x^3 + y^3 + z^3 + w^3 =$$
$$(x + y)(x^2 - xy + y^2) + (z + w)(z^2 - zw + w^2) =$$
$$\{[(a-b)(a^2+ab+b^2)-(c+2d)(c^2+cd+d^2)]m -$$
$$[(a+2b)(a^2+ab+b^2)-(c-d)(c^2+cd+d^2)]n\} \cdot$$
$$(m^2 + mn + n^2) = 0$$

这里最后一个等号只要把 m, n 代入即得.这就证明式(3)是方程(2)的解.证毕.

不难验证,Baba,Kroneck 和 Osborn 等的参数解均包含在式(3)中.例如,Baba 的解是式(3)当 $a = -s^4 + 2s, b = 2s^4 + 2s, c = s^3 - 2, d = -2s^3 - 2, m = s^3$

和 $n=-s^3+2$ 时的特例(注:这里 m 和 n 已约去公因子 $9(s^3+1)(s^6+2s^3+4)$).

利用资料[54]中的方法,还可以用已知的方程(2)的有理解来构造全部整数解.例如,由 Euler 提出,并经 Binet 完善地求方程(2)的全部有理解可按下述方法进行:

首先,求出丢番图方程

$$W^3+3W(X^2+Y^2+Z^2)+6XYZ=0 \qquad (4)$$

的全部有理解.用行列式表达式(4)为

$$\begin{vmatrix} W & 3Z & -3Y \\ -Z & W & 3X \\ Y & -X & W \end{vmatrix}=0$$

故必有不全为 0 的整数 $a,b,c,(a,b,c)=1$,使

$$Wa+3Zb-3Yc=0$$
$$-Za+Wb+3Xc=0$$
$$Ya-Xb+Wc=0$$

由此联立方程可解出

$$W=-6\rho abc, X=\rho a(a^2+3b^2+3c^2)$$
$$Y=\rho b(a^2+3b^2+9c^2), Z=3\rho c(a^2+b^2+3c^2)$$

此处 ρ 为有理数.令

$$W=\frac{1}{2}(\alpha+\beta+\gamma+\delta), X=\frac{1}{2}(\alpha+\beta-\gamma-\delta)$$

$$Y=\frac{1}{2}(\alpha-\beta+\gamma-\delta), Z=\frac{1}{2}(\alpha-\beta-\gamma+\delta)$$

解出

$$\begin{cases} \alpha=\frac{1}{2}(W+X+Y+Z), \beta=\frac{1}{2}(W+X-Y-Z) \\ \gamma=\frac{1}{2}(W-X+Y-Z), \delta=\frac{1}{2}(W-X-Y+Z) \end{cases}$$

$$(5)$$

则由方程(4)容易验证

$$\alpha^3 + \beta^3 + \gamma^3 + \delta^3 = 0$$

这就有,方程(2)的全部有理解由式(5)表出.现在,我们说明如何从方程(2)的有理解构造整数解.在式(5)中,不妨设 $W - X - Y + Z \neq 0$,令

$$\frac{m_1}{n_1} = \frac{W + X + Y + Z}{W - X - Y + Z}, \frac{m_2}{n_2} = \frac{W + X - Y - Z}{W - X - Y + Z}$$

$$\frac{m_3}{n_3} = \frac{W - X + Y - Z}{W - X - Y + Z}$$

由 W, X, Y, Z 的表达式代入有

$$\frac{m_1}{n_1} = \frac{-6abc + a(a^2 + 3b^2 + 3c^2) + b(a^2 + 3b^2 + 9c^2) + 3c(a^2 + b^2 + 3c^2)}{-6abc - a(a^2 + 3b^2 + 3c^2) - b(a^2 + 3b^2 + 9c^2) + 3c(a^2 + b^2 + 3c^2)}$$

$$\frac{m_2}{n_2} = \frac{-6abc + a(a^2 + 3b^2 + 3c^2) - b(a^2 + 3b^2 + 9c^2) - 3c(a^2 + b^2 + 3c^2)}{-6abc - a(a^2 + 3b^2 + 3c^2) - b(a^2 + 3b^2 + 9c^2) + 3c(a^2 + b^2 + 3c^2)}$$

$$\frac{m_3}{n_3} = \frac{-6abc - a(a^2 + 3b^2 + 3c^2) + b(a^2 + 3b^2 + 9c^2) - 3c(a^2 + b^2 + 3c^2)}{-6abc - a(a^2 + 3b^2 + 3c^2) - b(a^2 + 3b^2 + 9c^2) + 3c(a^2 + b^2 + 3c^2)}$$

此处 $(a, b, c) = 1, (m_i, n_i) = 1 (i = 1, 2, 3)$.于是我们有下面的定理.

定理 2 丢番图方程(2)的全部整数解可表为

$$x = k\frac{m_1}{n_1}[n_1, n_2, n_3], y = k\frac{m_2}{n_2}[n_1, n_2, n_3]$$

$$z = k\frac{m_3}{n_3}[n_1, n_2, n_3], w = k[n_1, n_2, n_3]$$

其中 k 是任意整数.

例如,取 $a = b = c = 1$,则

$$\frac{m_1}{n_1} = \frac{-6 + 7 + 13 + 15}{-6 - 7 - 13 + 15} = \frac{29}{-11}, \frac{m_2}{n_2} = \frac{27}{11}, \frac{m_3}{n_3} = \frac{15}{11}$$

此时 $[n_1, n_2, n_3] = 11$,故得方程(2)的整数解 $x = -29k, y = 27k, z = 15k, w = 11k, k \in \mathbf{Z}$.但是,这种形式的解不是原问题要求的解.

II. $n \neq 0$. 此时不妨设 $n > 0$. 首先我们指出, 在 $n \equiv 3 \pmod{6}$, $n \equiv \pm 1, \pm 7, \pm 8 \pmod{18}$ 时, 方程 (1) 均有整数解. 这是因为

$$6k+3 = k^3 + (-k+4)^3 + (2k-5)^3 + (-2k+4)^3$$
$$18k+1 = (3k+30)^3 + (-3k-26)^3 + (-2k-23)^3 + (2k+14)^3$$
$$18k+7 = (k+2)^3 + (6k-1)^3 + (8k-2)^3 + (-9k+2)^3$$
$$18k+8 = (k-5)^3 + (-k+14)^3 + (3k-30)^3 + (-3k+29)^3$$

历史上, 曾经有过这样一个问题: 是否对每一个 n, 方程 (1) 均有整数解? 在 $n \not\equiv \pm 4 \pmod{9}$ 时, 这个问题得到了肯定的回答. 目前, 人们已经证明 $n < 1\,000$ 时, 方程 (1) 均有整数解. 利用 Gauss 关于二元二次丢番图方程的结果, 还可证明: 方程 (1) 有解时, 将有无穷多组. 例如, Mordell[55] 证明了下面的定理.

定理 3　如果方程 (1) 有一组解 $(x, y, z, w) = (a, b, c, d)$, 使得 $-(a+b) \cdot (c+d) > 0$ 不是平方数, 且 $a \neq b$ 或 $c \neq d$, 那么方程 (1) 有无穷多组解.

证　令

$$x = a + X, y = b - X, z = c + Y, w = d - Y$$

代入方程 (1) 得

$$(a+b)X^2 + (a^2-b^2)X + (c+d)Y^2 + (c^2-d^2)Y = 0 \tag{6}$$

方程 (6) 是一个二元二次丢番图方程, 由第 5 章 5.4 节定理 1 知, 在 $D = -4(a+b)(c+d) > 0$ 不是平方数, 和

$$\Delta = -(a+b)(c^2-d^2)^2 - (c+d)(a^2-b^2)^2 =$$
$$-(a+b)(c+d)[(c+d)(c-d)^2 + $$
$$(a+b)(a-b)^2] \neq 0 \tag{7}$$

时, 方程 (6) 有无穷多组解 X, Y, 从而方程 (1) 有无穷

多组解 x,y. 现在由 $-(a+b)(c+d)>0$ 不是平方数知 $D>0$ 且不是平方数. 下面证明式(7)成立. 假设式(7)不成立,即有 $\Delta=0$,推出

$$(c+d)(c-d)^2+(a+b)(a-b)^2=0$$

故有

$$-(a+b)(c+d)(a-b)^2=(c^2-d^2)^2 \qquad (8)$$

如果 $a\neq b$,那么式(8)给出 $-(a+b)(c+d)$ 是一平方数,与假设矛盾. 故推出 $a=b$,且由式(8)给出 $c=d$,这仍与假设 $a\neq b$ 或 $c\neq d$ 矛盾. 这就证明了我们的定理.

由定理 3,容易推出 $n=1,2,3$ 时均有无穷多组解.

此外,利用简单同余法还可给出更为一般的丢番图方程

$$ax^3+by^3+cz^3+dw^3=n \qquad (9)$$

的解. 例如,根据 $x^3\equiv 0,\pm 1(\bmod 9),x^3\equiv 0,\pm 1(\bmod 7)$,对式(9)取模 9 或模 7 可给出一些结果.

参 考 资 料

[1]Baker,A.,Phil. Trans. Roy. Soc.,London,263(1968),193-208.

[2]Mordell,L. J.,Proc. London Math. Soc.,(2)13(1913),60-80.

[3]Dickson,L. E.,History of the Theory of Numbers,Ⅱ,New York,1952.

[4]Hall,M.,J. London Math. Soc.,28(1953),379-383.

[5]Ellison,W. J.,Ellison,F.,Pesek,J.,Stahland,C. E. and Stall,D. S.,J. Number Theory,4(1972),107-117.

[6]Steiner,R. P.,Math. Comp.,46(1986),703-714.

[7]Stolarsky,K. B.,Algebraic Numbers and Diophantine Ap-

proximation,Marcel Dekker,New York,1974.

［8］Hemer,O. ,Doctoral Dissertation,Uppsala,1952.

［9］Ljunggren,W. ,Acta Arith. ,8(1961),451-465.

［10］Nagell,T. ,Vid. Akad. Skrifter Oslo,Nr. 7(1930).

［11］ London，H. and Finkelstein，L. , Notices Amer. Math.
　　　Soc. ,16(1969),816.

［12］Lal,M. ,Jones,M. F. and Blundon,W. J. ,Dept. of Math. ,
　　　Memorial University of Newfoundland, St. Johns, Newfoundland,
　　　1965—and,Math,Comp. ,20(1966),322-325.

［13］Watson,G. N. ,Messenger Maths. ,48(1919),1-22.

［14］Ljunggren,W. ,Norsk Mat. Tidsskrift,34(1952),65-72.

［15］马德刚,四川大学学报(自然科学版),4(1985),107-116.

［16］徐肇玉,曹珍富,科学通报,7(1985),558-559.

［17］Mordell,L. J. ,Pacific J. Math. ,13(1963),1347-1351.

［18］Avanesov,E. T. ,Acta Arith. ,12(1967),409-419.

［19］Ljunggren,W. ,J. London Math. Soc. ,3(1971),385-391.

［20］Mordell,L. J. ,J. London Math. Soc. ,38(1963),454-458.

［21］Nagell,T. ,Tôhoku Math. J. ,24(1924),48-53.

［22］ Nagell, T. , Norsk Mat. Forenings skrifter（Ⅰ）, No. 13
　　　(1923).

［23］ Ljunggren, W. , Skr. Norske Vid. Akad. Oslo，I. No. 9
　　　(1942),53pp.

［24］ Van der Waall and Robert,W. , Simon Stevin,46(1972/
　　　73),39-51.

［25］柯召,孙琦,四川大学学报(自然科学版),2(1981),1-5.

［26］柯召,孙琦,中国科学,12(1981),1453-1457.

［27］曹珍富,刘培杰,关于丢番图方程 $x^3 \pm 1 = Dy^2$,山东师大
　　　学报(自然科学版),(1988).

［28］柯召,孙琦,四川大学学报(自然科学版),4(1981),1-5.

［29］Bremner,A. and Morton,P. ,Math. Comp. ,39(1982),235-
　　　238.

[30]Cohn,J. H. E. ,J. London Math. Soc. ,42(1967),750-752.

[31]Bernstein,L. ,J. London Math. Soc. ,3(1971),118-120.

[32]曹珍富,曹玉书,黑龙江大学学报(自然科学版),1(1983),
47-49.

[33]Ljunggren,W. ,Acta Math. ,75(1942),1-21.

[34]Nagell,T. ,J. de Math. ,4(1925),209-270.

[35]Ljunggren,W. ,Math. Scand. ,1(1953),297-309.

[36]Baulin,V. I. , Tul'sk Gos. Ped. Inst. U' cen. Zap Fiz Mat.
Nauk Vyp. ,7(1960),138-170.

[37] Siegel, C. L. , Abh. preuss. Akad. Wiss. Phys. Math. kl
(1929),Nr 1.

[38]Delaunay,B. ,Math. Z. ,31(1930),1-26.

[39]Nagell,T. ,Math. Z. ,28(1928),10-29.

[40]Miller, J. C. P. and Woolett, M. F. C. , J. London Math.
Soc. ,30(1955),101-110.

[41] Scarowsky, M. and Boyarsky, A. , Math. Comp. , 42
(1984),235-236.

[42]Cassels,J. W. S. ,Math. Comp. ,44(1985),265-266.

[43]孙琦,科学通报,17(1987),1285-1287.

[44] Segre, B. , Mathematicae Notae (Rosario, Argentina), 11
(1951),1-68.

[45]柯召,四川大学学报(自然科学版),3(1960),7-18.

[46]Cassels, J. W. S. , Acta Arith. , 6(1960), 47-51; and San-
sone,G. and Cassels,J. W. S. , Acta Arith. , 7(1962),187-
190.

[47]Ward,M. ,Duke Math. J. ,26(1952),553-562.

[48]Mordell,L. J. ,J. London Math. Soc. ,17(1942),199-203.

[49]Rodeja, F. E. G. , Rivista Mat. Hisp. Am. (1953), 4-13,
229-240.

[50]Georgikopoulous,C. , Bull. Soc. Math. Grèce. , 24 (1948),
13-19.

［51］Cassels，J. W. S. ，Glasgow Math. J. ，27(1985)，11-18.

［52］Mordell，L. J. ，Acta Math. ，88(1952)，77-83.

［53］Mohanty，S. P. ，J. Number Theory，9(1977)，153-159.

［54］徐肇玉，曹珍富，哈尔滨工业大学学报，数学增刊(1984)，
142-150.

［55］Mordell，L. J. ，J. London Math，Soc. ，11(1936)，208-218；
Addendum，12(1937)，80，Corrigendum，32(1957)，383.

263

四次丢番图方程

四次丢番图方程一直吸引着人们的注意,这方面的研究已获得大量的成果.直到今天,人们对它的一些基本类型还怀有浓厚的兴趣.但是,即使对于二元四次的丢番图方程,解决它也并不简单.我们在第 1 章曾提到的 Ljunggren 证明方程 $x^2-2y^4=-1$ 仅有两组正整数解 $(x,y)=(1,1)$ 和 $(239,13)$ 就是一个例子,他用了非常复杂且很深刻的方法才给出了这一结论的证明.

对于四次丢番图方程,Ljunggren,Mordell,Cohn,柯召和孙琦以及曹珍富等均有过大量的工作.对各种基本类型,已得出了一系列的结果.本章的目的就是介绍这方面的成果和问题.

7.1　丢番图方程 $a^2x^4 - Dy^2 = 1$ $(a = 1, 2)$

二元四次丢番图方程最基本的问题是：Pell 方程解的序列（称为 Pell 序列）中是否含有形为 ax^2 的数？一般地，方程

$$x^2 - Dy^2 = M \quad D > 0 \text{ 不是平方数}$$

如果有解，那么它的解由有限个递推序列给出，那么这些递推序列中含有 ax^2 形的数吗？这个问题的实质是问方程 $a^2x^4 - Dy^2 = M$ 或 $x^2 - Da^2y^4 = M$ 是否有解？本节我们讨论一些特殊的情形.

对于丢番图方程

$$x^4 - Dy^2 = 1 \quad (D > 0 \text{ 且不是平方数}) \tag{1}$$

首先由 Ljunggren[1] 于 1942 年通过研究二次域和四次域的单位数证明了下面的定理.

定理 1　对给定的 D，方程(1)最多有两组正整数解.

对于 $D = 1\,785$，方程(1)有两组正整数解 $x = 13$，$y = 4$ 和 $x = 239$，$y = 1\,352$.

1966 年，Ljunggren[2] 又解决了 $D = p$ 是一个奇素数的情形，即有

定理 2　设 $D = p$ 是一个奇素数，则方程(1)除开 $p = 5$ 仅有解 $x = 3$，$y = 4$ 和 $p = 29$ 仅有解 $x = 99$，$y = 1\,820$ 外，无其他的正整数解.

证　设 x，y 是方程(1)的正整数解. 如果 $2 \mid x$，那么 $(x^2 - 1, x^2 + 1) = 1$，故方程(1)给出

$$x^2 \pm 1 = p y_1^2, x^2 \mp 1 = y_2^2, y = y_1 y_2$$

但此由 $x^2 \mp 1 = y_2^2$ 知不可能. 现设 $2 \nmid x$, 则方程(1)给出

$$x^2 \pm 1 = 2 p y_1^2, x^2 \mp 1 = 2 y_2^2, y = 2 y_1 y_2 \qquad (2)$$

这里 $(y_1, y_2) = 1$. 由第 5 章 5.5 节的定理 4 知, 式(2)给出

$$x^2 + 1 = 2 p y_1^2, x^2 - 1 = 2 y_2^2, y = 2 y_1 y_2 \qquad (3)$$

此由前两式得出 $x^2 = p y_1^2 + y_2^2$. 由式(3)易知 $2 \mid y_2$, $2 \nmid x$, 故由 $x^2 - y_2^2 = p y_1^2$ 得出

$$x \pm y_2 = p u^2, x \mp y_2 = v^2, y_1 = uv$$

这就有 $x = \dfrac{p u^2 + v^2}{2}, y_1 = uv$, 代入式(3)的第一式得出

$$\left(\frac{p u^2 - 3 v^2}{2} \right)^2 + 1 = 2 v^4$$

此由 Ljunggren 关于方程 $x^2 - 2 y^4 = -1$ 的定理知, 仅有 $\dfrac{p u^2 - 3 v^2}{2} = 1, v^2 = 1$ 和 $\dfrac{p u^2 - 3 v^2}{2} = 239, v^2 = 169$. 分别给出定理中的 $p = 5$ 和 $p = 29$ 的情形. 证毕.

1966 年, Cohn[3] 讨论 D 使方程 $X^2 - DY^2 = -4$ 有奇数解的情形, 但是 Cohn 遇到了当时无法解决的方程

$$3 x^4 - 2 y^2 = 1$$

1967 年, Cohn[4] 和 Bumby[5] 分别独立地证明了上述方程仅有两组正整数解 $x = 1, y = 1$ 和 $x = 3, y = 11$. 因此他们证明了下面的定理.

定理 3 设 D 使得方程 $X^2 - DY^2 = -4$ 有奇数解, 则方程(1)除开 $D = 5, x = 3, y = 4$ 和 $D = 29, x = 99$, $y = 1820$ 外, 无其他的正整数解.

Cohn[6] 还进一步证明了下面的定理.

定理 4　设 D 使 $X^2 - DY^2 = -4$ 无奇数解,而 $X^2 - DY^2 = 4$ 有奇数解,则方程(1)除开 $D = 725$ 仅有解 $x = 99, y = 364$ 外,无其他的正整数解.

1975 年,柯召和孙琦[7] 以及 Cohn[8] 分别证明了下面的定理.

定理 5　设 $D \equiv 3 \pmod 8$,且 Pell 方程 $u^2 - Dv^2 = 1$ 的基本解 $\varepsilon = u_0 + v_0 \sqrt{D}$ 满足 $2 \mid u_0$,则方程(1)无正整数解.

定理 6　设 D 使得方程 $u^2 - Dv^2 = 2$ 或 -2 之一有解,则方程(1)除开 $D = 6$ 仅有解 $x = 7, y = 20$ 外,无其他的正整数解.

定理 6 在第 2 章 2.6 节的例 2 中给出了一个证明.

1979 年,柯召和孙琦[9] 又解决了 $D = 2p, p$ 为一个奇素数的情形. 但证明中用到了 Ljunggren 关于方程 $x^2 - 2y^4 = -1$ 的结果. 1983 年,他们[10] 给出了 $D = 2p$ 的一个不用 Ljunggren 定理的初等证明,即有

定理 7　设 $D = 2p, p$ 是一个奇素数,则方程(1)除开 $D = 6, x = 7, y = 20$ 外,无其他的正整数解.

对于 $D = pq, p, q$ 为不同的奇素数,柯召和孙琦还有大量的工作(参阅资料[11]~[13]),例如证明了下面的定理.

定理 8　设 $D = pq, p, q$ 是不同的素数,则在:

① $p \equiv 17 \pmod{24}, q \equiv 3 \pmod 8$ 时,或

② $p \equiv 5 \pmod{24}, q \equiv 23 \pmod{24}$ 时,或

③ $p \equiv 5 \pmod{24}, q \equiv 3 \pmod 8, \left(\dfrac{p}{q}\right) = 1$ 时,方程(1)均无正整数解.

1980 年,柯召和孙琦[14] 对 D 的较为一般的情形

进行了研究,证明了如下的四个定理.

定理 9 设 $D \not\equiv 7(\mathrm{mod}\ 8), D = p_1 \cdots p_s, s \geqslant 2,$ $p_i(i=1,\cdots,s)$ 是不同的奇素数,则当

① $p_1 \equiv 1(\mathrm{mod}\ 4)$,且

$2p_1 = a^2 + b^2, a \equiv \pm 3(\mathrm{mod}\ 8), b \equiv \pm 3(\mathrm{mod}\ 8)$

或对某个 $j, 2 \leqslant j \leqslant s, \left(\dfrac{p_j}{p_1}\right) = -1$,和

② $p_i \equiv 7(\mathrm{mod}\ 8)(i=2,\cdots,s)$ 或

$\qquad p_i \equiv 3(\mathrm{mod}\ 8) \quad (i=2,\cdots,s)$

时,方程(1)无整数解.

定理 10 设 $D = 2p_1 \cdots p_s, s \geqslant 2, p_i \equiv 3(\mathrm{mod}\ 4)$ $(i=1,\cdots,s)$ 是不同的奇素数,则方程(1)无正整数解.

定理 11 设 $D = 2p_1 \cdots p_s, s \geqslant 2, p_i(i=1,\cdots,s)$ 是不同的奇素数,则当:

① $p_1 \equiv 1(\mathrm{mod}\ 4), p_i \equiv 7(\mathrm{mod}\ 8)(i=2,\cdots,s),$ 且 $2p_1 = a^2 + b^2, a \equiv \pm 3(\mathrm{mod}\ 8), b \equiv \pm 3(\mathrm{mod}\ 8)$ 或对某个 $j, 2 \leqslant j \leqslant s, \left(\dfrac{p_j}{p_1}\right) = -1$ 时,或

② $p_1 \equiv 5(\mathrm{mod}\ 8), p_i \equiv 3(\mathrm{mod}\ 8)(i=2,\cdots,s)$ 时,或

③ $p_1 \equiv 5(\mathrm{mod}\ 8), p_i \equiv 7(\mathrm{mod}\ 8)(i=2,\cdots,s)$ 时,方程(1)均无正整数解.

定理 12 设 $D = 2p_1 \cdots p_s, s \geqslant 2, p_i \equiv 3(\mathrm{mod}\ 4)$ $(i=1,\cdots,s)$ 均是素数,则方程(1)无正整数解.

1981 年,曹珍富[15] 证明了:在 Pell 方程 $X^2 - DY^2 = -1$ 有整数解时,方程(1)的正整数解 x, y 不满足

$$x^2 + y\sqrt{D} = \varepsilon^{2m} \quad (m > 0)$$

这里 $\varepsilon = u_0 + v_0\sqrt{D}$ 是 Pell 方程 $u^2 - Dv^2 = 1$ 的基本解. 换句话说, 设 δ 是 $X^2 - DY^2 = -1$ 的基本解, $\bar{\delta}$ 满足 $\delta\bar{\delta} = -1$, 则

$$x^2 \neq \frac{\delta^{4m} + \bar{\delta}^{4m}}{2} \quad (m > 0)$$

利用这个结果, 我们给出了 $D = pq$ 的几个结果, 特别地, 我们有[16]: 设

$$D \equiv 0(\bmod 2) \text{ 或 } D \equiv 13,17(\bmod 24)$$

且 Pell 方程 $X^2 - DY^2 = -1$ 有整数解, 则方程(1)无正整数解. 1983 年, 曹珍富[16]进一步获得了下面的定理.

定理 13　设 $D \equiv 1(\bmod 2)$, 且 Pell 方程 $u^2 - Dv^2 = 1$ 的基本解 $u_0 + v_0\sqrt{D}$ 满足 $r \mid u_0 + 1, r \equiv 3(\bmod 4)$ 是某个素数, 则方程(1)无正整数解.

由定理 13 立即推出柯召和孙琦的定理 5. 例如, 在 $D \equiv 3(\bmod 8)$ 和 $2 \mid u_0$ 时, 由 $u_0^2 - Dv_0^2 = 1$ 得出 $u_0 \equiv 2(\bmod 4)$, 故 $r \mid u_0 + 1 \equiv 3(\bmod 4)$.

下面我们给出定理 13 的另一个推论:

推论 1　设 $D = p_1 \cdots p_s, s \geqslant 2, p_i(i = 1, \cdots, s)$ 是不同的奇素数, 则在:

① $p_i \equiv 3(\bmod 4)(i = 1, \cdots, s)$ 时, 或

② $p_1 \equiv 1(\bmod 4), p_i \equiv 3(\bmod 4)(i = 2, \cdots, s)$, 且对某个 $j, 2 \leqslant j \leqslant s, p_j \equiv 7(\bmod 8), \left(\dfrac{p_j}{p_1}\right) = -1$ 时, 或

③ $D \not\equiv 7(\bmod 8), p_1 \equiv 1(\bmod 4), p_i \equiv 3(\bmod 4)(i = 2, \cdots, s)$, 且对某个 $j, 2 \leqslant j \leqslant s$,

$\left(\dfrac{p_j}{p_1}\right)=-1$ 时，方程(1) 均无正整数解.

证 设 $u_0+v_0\sqrt{D}$ 是 Pell 方程 $u^2-Dv^2=1$ 的基本解，则有 $u_0^2-Dv_0^2=1$，于是

$$(u_0-1)(u_0+1)=Dv_0^2 \qquad (4)$$

如果 $2\mid u_0$，那么 $(u_0-1,u_0+1)=1$，故式(4) 给出

$$u_0-1=D_1v_1^2,\ u_0+1=D_2v_2^2,\ v_0=v_1v_2 \qquad (5)$$

由定理 13 知，D_2 不能含有 $4k+3$ 型的素因子，故 $D_2=1$ 或 p_1. 当 $D_2=1$ 时，式(5) 给出 $v_2^2-Dv_1^2=2$，此时由定理 6 知方程(1) 无正整数解.

当 $D_2=p_1$ 时，只需证明条件 ②③ 的情形. 首先在条件 2) 时，式(5) 给出

$$p_1v_2^2-p_2\cdots p_sv_1^2=2$$

此给出对每一个 $j,2\leqslant j\leqslant s,\left(\dfrac{p_1}{p_j}\right)=\left(\dfrac{2}{p_j}\right)$. 但由 $p_1\equiv 1(\bmod 4)$，存在 $j,2\leqslant j\leqslant s,p_j\equiv 7(\bmod 8)$ 知 $\left(\dfrac{p_j}{p_1}\right)=\left(\dfrac{p_1}{p_j}\right)=\left(\dfrac{2}{p_j}\right)=1$，与假设 $\left(\dfrac{p_j}{p_1}\right)=-1$ 矛盾. 在条件 ③ 时，由于 $2\mid u_0$，由定理 13 知必有 $4\mid u_0$，故对 $u_0^2-Dv_0^2=1$ 取模 8 知 $D\equiv 7(\bmod 8)$，与假设 $D\not\equiv 7(\bmod 8)$ 矛盾.

如果 $2\nmid u_0$，那么式(4) 给出

$$u_0-1=2D_1v_1^2,\ u_0+1=2D_2v_2^2,\ v_0=2v_1v_2 \qquad (6)$$

这里 $v_1>0,v_2>0$，且 $(v_1,v_2)=1$. 由定理 13 知 $D_2=1$ 或 p_1. 当 $D_2=1$ 时，式(6) 给出 $v_2^2-Dv_1^2=1$，但 $v_0=2v_1v_2>v_1>0$ 与 v_0 的最小性矛盾. 故 $D_2=p_1$，此时只要考虑 ②③ 的情形. 由式(6) 给出

$$p_1v_2^2-p_2\cdots p_sv_1^2=1 \qquad (7)$$

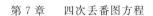

故在存在 $j,2 \leqslant j \leqslant s,\left(\dfrac{p_j}{p_1}\right)=-1$ 时,上式显然不可能. 这就证明了推论. 证毕.

因为在方程(7)有解时,方程(1)给出

$$x^2 = \frac{\varepsilon^n + \overline{\varepsilon}^n}{2} = \frac{\Omega^{2n} + \overline{\Omega}^{2n}}{2} \quad (n > 0) \tag{8}$$

这里 $\overline{\varepsilon}$ 满足 $\varepsilon\overline{\varepsilon}=1,\Omega=v_2\sqrt{p_1}+v_1\sqrt{p_2\cdots p_s},\Omega\overline{\Omega}=1$. 由式(8)知

$$x^2 + 1 = \begin{cases} 2p_1\left(\dfrac{\Omega^n + \overline{\Omega}^n}{2\sqrt{p_1}}\right)^2, & \text{当 } 2 \nmid n \\[3mm] 2\left(\dfrac{\Omega^n + \overline{\Omega}^n}{2}\right)^2, & \text{当 } 2 \mid n \end{cases}$$

由第 5 章 5.5 节可知,$2 \mid n$ 时容易处理,而 $2 \nmid n$ 时,得出方程 $x^2+1=2p_1y_1^2$. 由 Lienen 定理(见第 5 章 5.3 节)知,在

$$2p_1 = a^2 + b^2, a \equiv \pm 3(\bmod 8), b \equiv \pm 3(\bmod 8)$$

时,方程 $x^2+1=2p_1y_1^2$ 无解. 故可得下面的推论.

推论 2　设 $D \not\equiv 7(\bmod 8),D=p_1\cdots p_s,s \geqslant 2$,$p_i(i=1,\cdots,s)$ 是不同的素数,且 $2p_1=a^2+b^2,a\equiv\pm 3(\bmod 8),b=\pm 3(\bmod 8)$ 和 $p_i\equiv 3(\bmod 4)(i=2,\cdots,s)$,则方程(1)无正整数解.

为了证明定理 13,我们首先证明一个引理.

引理　设 Pell 方程 $u^2-Dv^2=1$ 的基本解 $u_0+v_0\sqrt{D}$ 满足 $r \mid u_0+1,r\equiv 7(\bmod 8)$ 是某个素数,则方程(1)无正整数解.

证　设 $\varepsilon=u_0+v_0\sqrt{D},\overline{\varepsilon}=u_0-v_0\sqrt{D}$,则方程(1)给出

$$x^2 = \frac{\varepsilon^n + \overline{\varepsilon}^n}{2} \quad (n > 0) \tag{9}$$

在 $r \mid u_0 + 1, r \equiv 3 \pmod 4$ 是某个素数时,对式(9)取模 r 知 $2 \mid n$. 设 $n = 2n_1, n_1 > 0$,则式(9)给出

$$x^2 + 1 = \frac{\varepsilon^{2n_1} + \bar{\varepsilon}^{2n_1} + 2(\varepsilon\bar{\varepsilon})^{n_1}}{2} = 2\left(\frac{\varepsilon^{n_1} + \bar{\varepsilon}^{n_1}}{2}\right)^2$$

$$(10)$$

式(10)是一个 Pell 方程,解之得

$$\frac{\varepsilon^{n_1} + \bar{\varepsilon}^{n_1}}{2} = \frac{\rho^{2m+1} - \bar{\rho}^{2m+1}}{2\sqrt{2}} \quad (m \geqslant 0) \qquad (11)$$

其中,$\rho = 1 + \sqrt{2}, \bar{\rho} = 1 - \sqrt{2}, \rho\bar{\rho} = -1$. 由于柯召和孙琦[7] 证明了方程

$$x^2 = \frac{\varepsilon^{4m} + \bar{\varepsilon}^{4m}}{2} \quad (m > 0)$$

无解,故式(11)中的 n_1 满足 $2 \nmid n_1$. 于是对式(11)取模 r 得

$$\frac{\rho^{2m+1} - \bar{\rho}^{2m+1}}{2\sqrt{2}} = \frac{\varepsilon^{n_1} + \bar{\varepsilon}^{n_1}}{2} \equiv -1 \pmod r \quad (12)$$

由于

$$\frac{\rho^{2m+1} - \bar{\rho}^{2m+1}}{2\sqrt{2}} + 1 =$$

$$\begin{cases} (\rho^{2m_1} + \bar{\rho}^{2m_1})\left(\dfrac{\rho^{2m_1+1} - \bar{\rho}^{2m_1+1}}{2\sqrt{2}}\right), \\ \qquad \text{当 } m = 2m_1, m_1 \geqslant 0 \text{ 时} \\ \rho^{2m_1+2} + \bar{\rho}^{2m_1+2}\left(\dfrac{\rho^{2m_1+1} - \bar{\rho}^{2m_1+1}}{2\sqrt{2}}\right), \\ \qquad \text{当 } m = 2m_1 + 1, m_1 \geqslant 0 \text{ 时} \end{cases}$$

和 $$s^2 - 2\left(\frac{\rho^{2m_1+1}\bar{\rho}^{2m_1+1}}{2\sqrt{2}}\right)^2 = -1$$

故 $$r \nmid \frac{\rho^{2m_1+1} - \bar{\rho}^{2m_1+1}}{2\sqrt{2}}$$

所以式(12)给出

$$\rho^{2l} + \bar{\rho}^{2l} \equiv 0 \pmod{r}, l = m_1 \text{ 或 } m_1 + 1 \quad (13)$$

在 $r \equiv 7 \pmod 8$ 时，$r \nmid 2t^2 + 1$. 但

$$\left(\frac{\rho^{2l} + \bar{\rho}^{2l}}{2} \right)^2 - 2t^2 = 1$$

与式(13)矛盾. 这就证明了引理. 证毕.

定理 13 的证明：此时由引理证明知，式(13)之前的证明均成立. 于是将式(10)代入方程(1)得出

$$x^2 - 1 = 8Dy_1^2, y = 4y_1 \left(\frac{\varepsilon^{n_1} + \bar{\varepsilon}^{n_1}}{2} \right)$$

这由前一式又得

$$x \pm 1 = 4la^2, x \mp 1 = 2kb^2, D = lk, y_1 = ab, 2 \nmid b \quad (14)$$

其中，$(l, k) = 1, (a, b) = 1$. 现由方程(10)解出 x 得

$$x = \frac{\rho^{2m+1} + \bar{\rho}^{2m+1}}{2}, m \geqslant 0, \rho = 1 + \sqrt{2}, \rho\bar{\rho} = -1$$

故重复第 5 章 5.5 节的定理 4 的证明(参阅资料[17])可知式(14)给出

$$k_1^2 b_1^4 - 2l_1^2 a_1^4 = 1, k_2^2 b_2^4 - 2l_2^2 a_2^4 = -1 \quad (15)$$

其中，$l = l_1 l_2, a = a_1 a_2, k = k_1 k_2, b = b_1 b_2$，且注意到式(13)知 $r \mid k_1 b_1^2, r \equiv 3 \pmod 4$ 是某个素数. 由式(15)的第一式得

$$k_1 b_1^2 \pm 1 = 4u^2, k_1 b_1^2 \mp 1 = 2v^2, 2uv = l_1 a_1^2$$

由 $r \mid k_1 b_1^2$ 及 $r \nmid 4u^2 + 1$ 知，此仅有

$$k_1 b_1^2 + 1 = 4u^2, k_1 b_1^2 - 1 = 2v^2, 2uv = l_1 a_1^2$$

从而

$$v^2 - 2u^2 = -1, 2uv = l_1 a_1^2 \quad (16)$$

因为 $D \equiv 1 \pmod 2, l_1 \mid D$，故 $l_1 \equiv 1 \pmod 2$. 由 $2 \nmid v$ 知式(16)的后一式给出 $2 \mid u$，但式(16)的第一式给

出 $2 \nmid u$，矛盾. 这就证明了我们的定理. 证毕.

用类似的方法，曹珍富[16-17] 还研究了 $D = 2p_1 \cdots p_s$ 的情形，证明了下面的定理.

定理 14　设 $D = 2p_1p_s, s \geqslant 2, p_i(i=1,\cdots,s)$ 是不同的奇素数，则在：

① $p_1 \equiv 5(\bmod 8), p_i \equiv 3(\bmod 4)(i=2,\cdots,s)$ 时，或

② $p_1 \equiv 1(\bmod 8), p_i \equiv 3(\bmod 4)(i=2,\cdots,s)$，且 $2p_1 = c^2 + b^2, a \equiv \pm 3(\bmod 8), b \equiv \pm 3(\bmod 8)$ 或对某个 $j, 2 \leqslant j \leqslant s, \left(\dfrac{p_j}{p_1}\right) = -1$ 时，方程(1) 除开 $D = 210$ 仅有解 $x = 41, y = 116$ 和 $D = 184\ 030$ 仅有解 $x = 47\ 321, y = 5\ 219\ 916$ 外，无其他的正整数解.

定理 15　设 $D \not\equiv 7(\bmod 8), D = p_1 \cdots p_s, s \geqslant 3$，则在：

① $p_1 \equiv p_2 \equiv 1(\bmod 4), p_i \equiv 3(\bmod 4)(i=3,\cdots, s), \left(\dfrac{p_2}{p_1}\right) = -1$ 且存在 $j, 3 \leqslant j \leqslant s$，使 $\left(\dfrac{p_j}{p_1}\right) = -\left(\dfrac{p_j}{p_2}\right)$ 时，或

② $p_1 \equiv p_2 \equiv 1(\bmod 4), p_i \equiv 3(\bmod 4)(i=3,\cdots, s)$，且存在 $j, 3 \leqslant j \leqslant s$，使 $\left(\dfrac{p_j}{p_1}\right) = -1, \left(\dfrac{p_j}{p_2}\right) = 1$ 和 $2p_2 = a^2 + b^2, a \equiv \pm 3(\bmod 8), b \equiv \pm 3(\bmod 8)$ 时，或

③ $p_1 \equiv 1(\bmod 12), p_2 \equiv 5(\bmod 12), p_i \equiv 3(\bmod 4)(i=3,\cdots,s)$，且 $\prod\limits_{i=3}^{s} p_i \not\equiv 1(\bmod 3)$，和 $2p_1 = a^2 + b^2, a \equiv \pm 3(\bmod 8), b \equiv \pm 3(\bmod 8)$ 或对某个 $j, 2 \leqslant j \leqslant s, \left(\dfrac{p_j}{p_1}\right) = -1$ 时，方程(1) 均无正整数解.

1983 年,康继鼎、万大庆和周国富[18] 以及贾广聚和曹珍富[19] 对推论 1 中的 ③、推论 2 以及定理 14 也分别给出证明.并且资料[19] 的证明中除几个熟知结果外,仅用到分解因子这一初等方法.1983 年,曹珍富[16] 和康继鼎等[20] 还分别独立地证明了下面的定理.

定理 16　设 $D = 2pq$,p,q 是不同的奇素数,且 $\left(\dfrac{q}{p}\right) = -1$,则方程(1)无整数解.

应该指出,柯召和孙琦[13] 曾证明:在

$$D = 2pq, p \equiv q \equiv 1 (\bmod 4), \left(\frac{q}{p}\right) = -1$$

且 $u^2 - Dv^2 = 1$ 的基本解 $\varepsilon = u_0 + v_0 \sqrt{D}$ 满足 $r \mid u_0$,$r \equiv 3 (\bmod 4)$ 是某个素数时,方程(1)无正整数解.曹珍富[15] 在 1981 年曾证明:在 $D = 2pq$,$p \equiv q \equiv 5 (\bmod 8)$ 时,方程(1)无正整数解.

1984 年,朱南、罗明和胡世明[21] 用递推序列的方法,证明了下面的定理.

定理 17　设 Pell 方程 $u^2 - Dv^2 = 1$ 的基本解 $u_0 + v_0 \sqrt{D}$ 满足 $u_0 = 4k + 3$ 或 $2^{2k+1}(2l + 1)$,$k \geqslant 0$,$l \geqslant 0$,则方程(1)无正整数解.

1985 年前后,朱卫三[22] 和曹珍富[23] 分别独立地证明了下面的定理.

定理 18　丢番图方程(1)有正整数解的充要条件是存在正整数 x_1,y_1 使得

$$x_1^2 + y_1 \sqrt{D} = \varepsilon \text{ 或 } \varepsilon^2$$

这里 $\varepsilon = u_0 + v_0 \sqrt{D}$ 是 Pell 方程 $u^2 - Dv^2 = 1$ 的基本解.

证　充分性显然.下证必要性.设方程(1)有解,

则

$$x_1^2 + y_1\sqrt{D} = \varepsilon^n \quad (n \geqslant 1) \tag{17}$$

有解. 设 $n = n_0$ 为最小解, 若 $n_0 > 2$, 则可设 $n_0 = 4m$ 或 $n_0 = pm$, p 为奇素数, $m \geqslant 1$. 在 $n_0 = 4m$ 时, 由柯召和孙琦[7] 的一个结果知不可能. 而在 $n_0 = pm$ 时, 由方程 (17) 得出

$$x_1^2 = \frac{\varepsilon^{pm} + \bar{\varepsilon}^{pm}}{2} = \left(\frac{\varepsilon^m + \bar{\varepsilon}^m}{2}\right) \frac{(\varepsilon^m)^p + (\bar{\varepsilon}^m)^p}{\varepsilon^m + \bar{\varepsilon}^m} \tag{18}$$

由于 $\left(\dfrac{\varepsilon^m + \bar{\varepsilon}^m}{2}, \dfrac{(\varepsilon^m)^p + (\bar{\varepsilon}^m)^p}{\varepsilon^m + \bar{\varepsilon}^m}\right) = 1$ 或 p, 故由式 (18) 得出

$$\frac{\varepsilon^m + \varepsilon^m}{2} = u^2, \quad \frac{(\varepsilon^m)^p + (\bar{\varepsilon}^m)^p}{\varepsilon^m + \bar{\varepsilon}^m} = v^2 \tag{19}$$

或

$$\frac{\varepsilon^m + \bar{\varepsilon}^m}{2} = pu^2, \quad \frac{(\varepsilon^m)^p + (\bar{\varepsilon}^m)^p}{\varepsilon^m + \bar{\varepsilon}^m} = pv^2 \tag{20}$$

由 $1 \leqslant m < n_0$ 知, 式 (19) 的第一式与 n_0 的最小性矛盾.

现在来证明式 (20) 也不成立. 记 $E(p) = \dfrac{(\varepsilon^m)^p + (\bar{\varepsilon}^m)^p}{\varepsilon^m + \bar{\varepsilon}^m}$, 易知 $E(p) \equiv 1 (\bmod 4)$, 故 $p \equiv 1 (\bmod 4)$ 利用类似第 2 章 2.5 节的方法可知对任何奇素数 $q \neq p$, 均有

$$\left(\frac{E(p)}{E(q)}\right) = 1$$

于是对式 (20) 的第二式取模 $E(q)$ 得出

$$1 = \left(\frac{E(p)}{E(q)}\right) = \left(\frac{p}{E(q)}\right) = \left(\frac{E(q)}{p}\right) \tag{21}$$

记 $\varepsilon^m = u_m + v_m\sqrt{D}$, 则式 (20) 的第一式给出 $p \mid$

u_m,故得

$$E(q) \equiv q(v_m\sqrt{D})^{q-1} = q(u_m^2 - 1)^{\frac{q-1}{2}} \equiv (-1)^{\frac{q-1}{2}} q(\bmod p)$$

注意到 $p \equiv 1(\bmod 4)$,由式(21) 给出

$$1 = \left(\frac{E(q)}{p}\right) = \left(\frac{(-1)^{\frac{q-1}{2}}q}{p}\right) = \left(\frac{q}{p}\right)$$

由于我们可取 q 是模 p 的二次非剩余,故与上式矛盾. 这就证明,使式(17) 有解的最小 $n \leqslant 2$,从而证得定理18. 证毕.

朱卫三同时指出,在 $u_0 \geqslant 2^{594}$ 时,方程(1) 最多有一组正整数解.虽然定理 18 给出了方程(1) 有正整数解的充要条件,但它不能推出前面的结果. 用定理 18 来证明前面的各个定理,与不用定理 18 的证明在难度上是相同的.

对于丢番图方程

$$4x^4 - Dy^2 = 1 \quad (D > 0 \text{ 且不是平方数}) \quad (22)$$

1982 年,曹珍富[24] 完全解决了 $D = p$ 是一个奇素数情形,证明了下面的定理.

定理 19 设 $D = p$ 是一个素数,则方程(22)除开 $p = 3$ 仅有解 $x = y = 1$ 和 $p = 7$ 仅有解 $x = 2, y = 3$ 外,无其他的正整数解.

证 在 $D = p$ 是一个素数时,由方程(22) 得出

$$2x^2 \pm 1 = py_1^2, 2x^2 \mp 1 = y_2^2, y = y_1 y_2 \quad (23)$$

其中 $(y_1, y_2) = 1$. 由前两式得 $4x^2 = py_1^2 + y_2^2$,故有

$$2x \pm y_2 = pu^2, 2x \mp y_2 = v^2, y_1 = uv \quad (24)$$

这里 $(u, v) = 1$. 由式(24) 解出 $x = \dfrac{pu^2 + v^2}{4}, y_1 = uv$ 代入式(23) 的第一式得

$$p^2 u^4 + 2pu^2 v^2 + v^4 \pm 8 = 8pu^2 v^2$$

由此整理得

$$2\left(\frac{pu^2-3v^2}{4}\right)^2 \pm 1 = v^4$$

显然,上式取"+"时,给出

$$\frac{pu^2-3v^2}{4}=0, v^2=1$$

给出 $p=3, x=y=1$,上式取"一"号时,给出

$$\frac{pu^2-3v^2}{4} = \pm 1, v^2=1$$

故给出 $p=7, x=2, y=3$. 证毕.

在这个定理证明中,用到了方程 $x^4-2y^2=1$ 和 $x^4+1=2y^2$ 的两个简单的结果,它们的证明参阅第 2 章 2.3 节(分别作为方程 $x^4+y^4=z^2$ 和 $x^4+y^4=2z^2$ 的推论).

1985 年,曹珍富与曹玉书[25]又研究了 $D=pq, p, q$ 是不同的奇素数的情形,证明了下面的定理.

定理 20 设 $D=pq, p, q$ 是不同的素数,则在:

①$p \equiv 1(\bmod 8)$, $\left(\dfrac{q}{p}\right)=-1$ 且 $p=a^2+b^2, a \equiv 0(\bmod 8)$ 时,或

②$p \equiv 1(\bmod 8), q \equiv 7(\bmod 8)$, $\left(\dfrac{q}{p}\right)=1$ 且 $p=a^2+b^2, a \equiv 4(\bmod 8)$ 时,方程(22)均无正整数解.

曹珍富[23]和朱卫三[22]还证明了下面的定理.

定理 21 设 $\varepsilon = u_0 + v_0\sqrt{D}$ 是 Pell 方程 $u^2-Dv^2=1$ 的基本解,则方程(22)有解的充要条件是,存在正整数 x_1, y_1 使得

$$2x_1^2 + y_1\sqrt{D} = \varepsilon$$

7.2　丢番图方程 $x^2 - Da^2y^4 = 1(a = 1,2)$

对于丢番图方程

$$x^2 - Dy^4 = 1 \quad (D > 0 \text{ 且不是平方数}) \qquad (1)$$

1936 年, Ljunggren[26] 首先证明了下面的定理.

定理 1　对每一个 D, 方程(1)最多有两组正整数解. 设 ε 是二次域$(Q\sqrt{D})$的基本单位数, 如果方程(1)有两组正整数解, 那么它们由

$$x + y^2\sqrt{D} = \varepsilon, \varepsilon^2 \text{ 或 } x + y^2\sqrt{D} = \varepsilon, \varepsilon^4$$

之一给出, 并且后一情形仅对有限个 D 出现.

1964 年, Mordell[27] 证明了下面的定理.

定理 2　设 $D \not\equiv 0, 3, 8, 15 \pmod{16}$, 且 D 不具有以下任何一种分解: $D = uv, (u,v) = 1, u > 1$ 是奇数, $u \equiv \pm 1 \pmod{16}$ 或 $u \equiv v \pm 1 \pmod{16}$ 或 $u \equiv 4v \pm 1 \pmod{16}$, 则方程(1)没有正整数解.

对于 $D = p \equiv 1 \pmod 4$ 是一个素数, $p \not\equiv 1 \pmod{16}$, Mordell 证明了方程(1)除开 $p = 5$ 仅有解 $x = 9, y = 2$ 外, 无其他的正整数解.

1966 年, Ljunggren[2] 发现 $p \not\equiv 1 \pmod{16}$ 的条件可以去掉, 他证明了下面的定理.

定理 3　设 $D = p \equiv 1 \pmod 4$ 是一个素数, 则方程(1)除开 $p = 5$ 仅有解 $x = 9, y = 2$ 外, 无其他的正整数解.

证　在 $D = p \equiv 1 \pmod 4$ 是一个素数时, $N(\varepsilon) = -1$(见第 5 章 5.3 节), 故方程(1)给出

$$x + y^2\sqrt{p} = \varepsilon^{2n} = (a + b\sqrt{p})^2 \qquad (2)$$

式中 $a^2 - pb^2 = (-1)^n$. 由式（2）得

$$y^2 = 2ab \qquad (3)$$

如果 $2 \nmid n$，那么 $2 \nmid b$，所以式（3）给出

$$a = 2h^2, b = k^2$$

由此知

$$4h^4 - pk^4 = -1$$

即　　$(2h^2 - 2h + 1)(2h^2 + 2h + 1) = pk^4$

由此即得

$$2h^2 \pm 2h + 1 = pk_1^4, 2h^2 \mp 2h + 1 = k_2^4$$

此由 $2h^2 \mp 2h + 1 = k_2^4$ 整理得

$$(2h \mp 1)^2 + 1 = 2k_2^4$$

由此得出（参阅 Ljunggren 关于方程 $x^2 + 1 = 2y^4$ 的结果）$2h \mp 1 = \pm 1, k_2 = \pm 1$ 和 $2h \mp 1 = \pm 239, k_2 = \pm 13$，仅给出 $p = 5, x = 9, y = 2$.

　　如果 $2 \mid n$，那么式（2）给出

$$x + y^2 \sqrt{p} = (u + v\sqrt{p})^4$$

从而

$$y^2 = 4uv(u^2 + pv^2), u^2 - pv^2 = \pm 1 \qquad (4)$$

由式（4）推出 $u = e^2, v = f^2$ 和 $u^2 + pv^2 = 2u^2 \mp 1 = g^2$，这就有

$$g^2 = 2e^4 \mp 1$$

这是两个有熟知结果的方程，把它们的解代入式（4）验证知，均不给出方程（1）的正整数解. 证毕.

　　1966 年以后，Cohn 对方程（1）做了大量的工作. 他证明了下面的定理.

　　定理 4[3]　　设 D 使得方程 $X^2 - DY^2 = -4$ 有奇数解，则方程（1）除开 $D = 5, x = 9, y = 2$ 外，无其他的正整数解.

280

定理 5[6]　设 D 使得方程 $X^2 - DY^2 = -4$ 没有奇数解,而方程 $X^2 - DY^2 = 4$ 有奇数解,则方程(1)最多有一组正整数解.

对于丢番图方程

$$x^2 - 4Dy^4 = 1 \quad (D > 0 \text{ 且不是平方数}) \quad (5)$$

Cohn 在定理 4 与定理 5 的条件下也得出了相应的结果.1967 年,Cohn[28] 研究了使 Pell 方程 $u^2 - Dv^2 = -1$ 有整数解的方程(1)(5)的解,证明了下面的定理.

定理 6　设 Pell 方程 $u^2 - Dv^2 = -1$ 有整数解,且 $D \equiv 9, 10, 13 \pmod{16}$,或 $D \equiv 2 \pmod{16}$,D 有一个因子 $\equiv 5 \pmod 8$,则方程(1)(5)均无正整数解.

实际上,在 $u^2 - Dv^2 = -1$ 有解且 $D \equiv 0 \pmod 2$ 时,可证[32] 方程(1)无正整数解.

1975 年,Cohn[29] 对于使得方程 $u^2 - Dv^2 = 2\eta(\eta = \pm 1)$ 有整数解的 D 又研究了方程(1)和(5)的解.

定理 7　设 $D > 2$ 使方程 $u^2 - Dv^2 = 2\eta(\eta = \pm 1)$ 有整数解,则在 $X^4 - DY^4 = 2\eta, 4X^4 - DY^4 = 2\eta$ 都没有整数解时,方程(1)和(5)也都没有正整数解.

1978 年,Cohn[30] 进一步给出了 $D \leqslant 400$ 时方程(1)有正整数解的全部 D,即 $D = 3, 5, 8, 14, 15, 18, 20, 24, 33, 35, 39, 48, 60, 63, 65, 68, 79, 80, 83, 95, 99, 105, 120, 138, 143, 150, 156, 168, 183, 189, 195, 203, 224, 248, 254, 255, 258, 264, 288, 315, 320, 325, 328, 333, 360, 390$ 和 399 时,方程(1)有正整数解.

1981 年,柯召和孙琦[31] 对 D 是两个素数乘积的情形,作了详细的探讨.他们证明了下面的定理.

定理 8 设 $D = pq$, p, q 是素数, 则在:

① $p \equiv 1 \pmod{16}$, $q \equiv 7, 11 \pmod{16}$, $\left(\dfrac{q}{p}\right) = -1$ 时, 或

② $p \equiv 9 \pmod{16}$, $q \equiv 3, 15 \pmod{16}$, $\left(\dfrac{q}{p}\right) = -1$ 时, 或

③ $p \equiv 5 \pmod{16}$, $q \equiv 15 \pmod{16}$, $\left(\dfrac{q}{p}\right) = -1$ 时, 或

④ $p \equiv 13 \pmod{16}$, $q \equiv 3, 7 \pmod{16}$, $\left(\dfrac{q}{p}\right) = -1$ 时, 或

⑤ $p \equiv 1 \pmod{16}$, $q \equiv 3, 15 \pmod{16}$, $\left(\dfrac{q}{p}\right) = -1$, 且 $p = a^2 + b^2$, $b \equiv 4 \pmod 8$ 时, 或

⑥ $p \equiv 9 \pmod{16}$, $q \equiv 7, 11 \pmod{16}$, $\left(\dfrac{q}{p}\right) = -1$, 且 $p = a^2 + b^2$, $b \equiv 4 \pmod 8$ 时, 方程(1) 均无正整数解.

定理 8 中的 ① $\sim$ ④ 是以下定理的推论[31].

定理 9 设 $D \equiv 7, 11 \pmod{16}$, 且 Pell 方程 $u^2 - Dv^2 = 1$ 的基本解 $\varepsilon = u_0 + v_0 \sqrt{D}$ 满足 $2 \mid u_0$, 则方程 (1) 无正整数解.

证 如果 $2 \mid x$, 那么由方程(1) 得出
$$x^2 \equiv D + 1 \pmod{16}$$
此在 $D \equiv 7, 11 \pmod{16}$ 时均不成立. 于是可设方程 (1) 的解满足 $2 \nmid x$, $2 \mid y$. 由方程(1) 得出

$$x = \frac{\varepsilon^n + \bar{\varepsilon}^n}{2}, \quad y^2 = \frac{\varepsilon^n - \bar{\varepsilon}^n}{2\sqrt{D}} \quad (n > 0) \qquad (6)$$

这里 $\bar{\varepsilon} = u_0 - v_0\sqrt{D}, \varepsilon\bar{\varepsilon} = 1$. 因为 $2 \mid u_0, 2 \nmid x$, 故式(6)的第一式给出 $2 \mid n$. 设 $n = 2m, m > 0$, 由式(6)的第二式得

$$y^2 = \frac{\varepsilon^{2m} - \bar{\varepsilon}^{2m}}{2\sqrt{D}} = 2\left(\frac{\varepsilon^m + \bar{\varepsilon}^m}{2}\right)\left(\frac{\varepsilon^m - \bar{\varepsilon}^m}{2\sqrt{D}}\right)$$

因为 $\left(\dfrac{\varepsilon^m + \bar{\varepsilon}^m}{2}\right)^2 - D\left(\dfrac{\varepsilon^m - \bar{\varepsilon}^m}{2\sqrt{D}}\right)^2 = 1$, 即

$$\left(\frac{\varepsilon^m + \bar{\varepsilon}^m}{2}, \frac{\varepsilon^m - \bar{\varepsilon}^m}{2\sqrt{D}}\right) = 1$$

故上式给出

$$\frac{\varepsilon^m + \bar{\varepsilon}^m}{2} = 2y_1^2, \frac{\varepsilon^m - \bar{\varepsilon}^m}{2\sqrt{D}} = y_2^2 \tag{7}$$

或

$$\frac{\varepsilon^m + \bar{\varepsilon}^m}{2} = y_1^2, \frac{\varepsilon^m - \bar{\varepsilon}^m}{2\sqrt{D}} = 2y_2^2 \tag{8}$$

其中 $y = 2y_1 y_2$. 由式(7)得出

$$4y_1^4 - Dy_2^4 = 1$$

这在 $D \equiv 7, 11 \pmod{16}$ 时, 显然不成立. 由式(8)知 $2 \nmid y_1$, 故由 $2 \mid u_0$ 推出 $2 \mid m$. 设 $m = 2h, h > 0$, 则式(8)给出

$$\frac{\varepsilon^{2h} + \bar{\varepsilon}^{2h}}{2} = y_1^2, \left(\frac{\varepsilon^h + \bar{\varepsilon}^h}{2}\right)\left(\frac{\varepsilon^h - \bar{\varepsilon}^h}{2\sqrt{D}}\right) = y_2^2 \tag{9}$$

由式(9)的第二式得出 $\dfrac{\varepsilon^h + \bar{\varepsilon}^h}{2} = a^2$, 代入式(9)的第一式得

$$y_1^2 = 2\left(\frac{\varepsilon^h + \bar{\varepsilon}^h}{2}\right)^2 - 1 = 2a^4 - 1$$

此给出 $(y_1, a) = (\pm 1, \pm 1), (\pm 239, \pm 13)$, 前者给出

$h=0$，与 $h>0$ 矛盾；后者给出 $a^2=\dfrac{\varepsilon^h+\overline{\varepsilon}^h}{2}=169$，而

$$D\left(\frac{\varepsilon^h-\overline{\varepsilon}^h}{2\sqrt{D}}\right)^2=a^4-1=168\times170=2^4\times3\times5\times7\times17$$

故 $D=3\times5\times7\times17$，$\dfrac{\varepsilon^h-\overline{\varepsilon}^h}{2\sqrt{D}}=4$. 但 $D\equiv7$，

$11(\bmod 16)$，故这不可能. 证毕.

在这个证明中，也可以不用 Ljunggren 关于方程 $x^2+1=2y^4$ 的结果，而用上节的一些初等方法.

例如，由式(9)第二式得出

$$\frac{\varepsilon^h+\overline{\varepsilon}^h}{2}=a^2,\frac{\varepsilon^h-\overline{\varepsilon}^h}{2\sqrt{D}}=b^2$$

故 $a^4-Db^4=1$，此给出 $2\nmid a$，故由 $2\mid u_0$ 及 $\dfrac{\varepsilon^h+\overline{\varepsilon}^h}{2}=a^2$

知 $2\mid h$，这由式(9)的第一式知不可能(见资料[7]).

然而，在使用 Ljunggren 关于方程 $x^2+1=2y^4$ 的结果时，可以得出更为一般的定理. 例如我们有：方程(1)的正整数解 x,y 除 $y=12\,428(D=3\times5\times7\times17)$ 外不满足 $y^2=\dfrac{\varepsilon^{4m}-\overline{\varepsilon}^{4m}}{2\sqrt{D}}$，$m>0$. 我们还有下面的定理.

定理 10 设 Pell 方程 $u^2-Dv^2=1$ 的基本解 $u_0+v_0\sqrt{D}$ 满足 $2\mid u_0$，则在方程 $4X^4-DY^4=1$ 无整数解时，方程(1)没有满足 $2\nmid x$ 的正整数解.

推论 1 设 $D=pq$，p,q 是素数，则在：

①$p\equiv5(\bmod 8)$，$q\equiv7(\bmod 8)$，$\left(\dfrac{q}{p}\right)=-1$ 且 $qX^4-pY^4=2$ 无解时，或

②$p\equiv5(\bmod 8)$，$q\equiv3(\bmod 8)$，$\left(\dfrac{q}{p}\right)=-1$ 且

$pX^4 - qY^4 = 2$ 无解时, 方程(1)均无正整数解.

证 首先在 ①② 时容易验证 $2 \mid u_0$; 其次从 $4X^4 - pqY^4 = 1$ 得 $(2X^2 - 1)(2X^2 + 1) = pqY^4$, 故 $p \mid 2X^2 \pm 1$, 但 $p \equiv 5 \pmod 8$, 这不可能. 于是由定理 10 知方程(1)无 $2 \nmid x$ 的正整数解.

现设 $2 \mid x$, 由方程(1)得出

$$x - 1 = pa^4, x + 1 = qb^4, 2 \nmid ab$$
或 $$x - 1 = qa^4, x + 1 = pb^4, 2 \nmid ab$$
或 $$x - 1 = a^4, x + 1 = pqb^4, 2 \nmid ab$$
或 $$x - 1 = pqa^4, x + 1 = b^4, 2 \nmid ab$$

消去 x 依次有

$$qb^4 - pa^4 = 2, 2 \nmid ab$$
或 $$pb^4 - qa^4 = 2, 2 \nmid ab$$
或 $$pqb^4 - a^4 = 2, 2 \nmid ab$$
或 $$b^4 - pqa^4 = 2, 2 \nmid ab$$

后两式因为 $p \equiv 5 \pmod 8$ 知不可能. 对前两式, 在 ① 时, 由于 $q \equiv 7 \pmod 8$, 故第二式给出 $\left(\dfrac{p}{q}\right) = \left(\dfrac{2}{q}\right) = 1$, 与假设 $\left(\dfrac{p}{q}\right) = \left(\dfrac{q}{p}\right) = -1$ 矛盾, 而第一式给出 $qX^4 - pY^4 = 2$ 有解, 仍与假设矛盾. 同理可证条件 ② 的情形. 证毕.

由推论 1 可以有: 丢番图方程 $x^2 - 5qy^4 = 1 (q \equiv 23, 27 \pmod{40}$ 是素数) 无正整数解.

1982 年, 戴宗恕和曹珍富[32] 进一步研究了 $D = pq$ 的情形, 证明了下面的定理.

定理 11 设 $D = pq, p, q$ 是不同的素数, 则在:

① $p \equiv 1 \pmod 8, q \equiv 1 \pmod 4, \left(\dfrac{q}{p}\right) = -1$ 时,

或

②$p \equiv 37(\bmod 40), q \equiv 13(\bmod 40), \left(\dfrac{q}{p}\right) = 1$

时,方程(1)均无正整数解.

定理 12 设 $D = pq, p, q$ 是不同素数,则在:

①$p \equiv q \equiv 5(\bmod 12), \left(\dfrac{q}{p}\right) = -1$ 时,或

②$p \equiv 17(\bmod 60), q \equiv 53(\bmod 60)$ 时,

方程(1)除开在条件 2)时 $p = 257, q = 113$ 仅有解 $x = 1\ 658\ 880\ 001, y = 3\ 120$ 外,无其他的正整数解.

证明以上两个定理时,我们需要一个辅助的结果(见 7.3 节的定理 7):丢番图方程 $4x^4 - pqy^4 = -1(p, q$ 是不同的素数)在 $p \equiv 1(\bmod 8), q \equiv 1(\bmod 4)$ 且 $\left(\dfrac{q}{p}\right) = -1$ 时,或 $p \equiv q \equiv 5(\bmod 8)$,且 $\left(\dfrac{q}{p}\right) = 1$ 时,均无正整数解.

定理 13 设 Pell 方程 $u^2 - Dv^2 = 1$ 的基本解 $u_0 + v_0 \sqrt{D}$ 满足 $u_0 \equiv 1(\bmod 4), \left(\dfrac{v_0}{u_0}\right) = -1$,则方程(1)无正整数解.

证 若方程(1)有正整数解,则方程(1)给出

$$y^2 = \frac{\varepsilon^n - \bar{\varepsilon}^n}{2\sqrt{D}} \quad (n > 0) \tag{10}$$

这里 $\varepsilon = u_0 + v_0 \sqrt{D}, \bar{\varepsilon} = u_0 - v_0 \sqrt{D}, \varepsilon\bar{\varepsilon} = 1$. 若 $2 \nmid n$,则对式(10)取模 u_0 得

$$y^2 \equiv v_0 (Dv_0^2)^{\frac{n-1}{2}} \equiv (-1)^{\frac{n-1}{2}} v_0 (\bmod u_0)$$

由 $u_0 \equiv 1(\bmod 4)$ 知上式给出 $\left(\dfrac{v_0}{u_0}\right) = 1$,与假设 $\left(\dfrac{v_0}{u_0}\right) = -1$ 矛盾. 于是 $2 \mid n$,设 $n = 2m$,则式(10)给出

$$y^2 = 2\left(\frac{\varepsilon^m + \bar{\varepsilon}^m}{2}\right)\left(\frac{\varepsilon^m - \bar{\varepsilon}^m}{2\sqrt{D}}\right)$$

由此即得式(7)或式(8).对式(7),如果 $2\nmid m$,那么由式(7)的第二式取模 u_0 知不可能.而 $2\mid m$ 时,式(7)的第一式左边是奇,与右边是偶矛盾.对式(8),如果 $2\nmid m$,那么在 $u_0 \equiv 1(\bmod 8)$ 时,对式(8)的第二式取模 u_0 可得矛盾结果,故 $u_0 \equiv 5(\bmod 8)$.此时

$$u_0 + 1 \equiv 6(\bmod 8)$$

所以存在素数 $r \equiv 3(\bmod 4)$,满足 $r\mid u_0+1$,由 $2\nmid m$,$r\mid u_0+1$,对式(8)的第一式取模 r 得

$$y_1^2 \equiv -1(\bmod r)$$

此不可能.于是 $2\mid m$,设 $m=2h$,则式(8)的第二式得出

$$\frac{\varepsilon^h + \bar{\varepsilon}^h}{2} = y_3^2, \quad \frac{\varepsilon^h - \bar{\varepsilon}^h}{2\sqrt{D}} = y_4^2$$

此由后一式仍得出 $2\mid h$.这个手续可以一直做下去,得出 $2^\lambda\mid n$,λ 任意大,这就推出 $n=0$,与 $n>0$ 矛盾.证毕.

由定理 13 立即推出下面的推论.

推论 2　设 $D=s(st^2+2)$,s,t 均是正整数,且 $s \equiv 1(\bmod 2)$,$t \equiv 2(\bmod 4)$,则方程(1)无正整数解.

证　由第 5 章 5.2 节定理 4 的推论知,Pell 方程 $u^2 - s(st^2+2)v^2 = 1$ 的基本解为 $1+st^2+t\sqrt{D}$,即

$$u_0 = 1+st^2, \quad v_0 = t$$

在 $s \equiv 1(\bmod 2)$,$t \equiv 2(\bmod 4)$ 时

$$u_0 \equiv 1(\bmod 4)$$

且

$$\left(\frac{v_0}{u_0}\right) = \left(\frac{t}{1+st^2}\right) = -1$$

287

（后一等号用到 $1 + st^2 \equiv 5 \pmod 8$），故由定理 13 知推论正确. 证毕.

以上许多结果对方程（5）也成立. 对定理 13 的证明方法还可以用来研究另外的一些二元四次丢番图方程.

最后，对于丢番图方程

$$x^4 - Dy^4 = 1 \quad （D > 0 \text{ 且不是平方数}） \quad (11)$$

可以证明

定理 14 对每个 D，方程（11）最多有一组正整数解. 如果 x_1, y_1 是这样的解，且 ε 是 $Q(\sqrt{D})$ 中的基本单位数，$N(\varepsilon) = 1$，那么

$$x_1^2 + y_1^2 \sqrt{D} = \varepsilon \text{ 或 } \varepsilon^2 \quad (12)$$

且后一情形仅出现有限次. 如果 $N(\varepsilon) = -1$，那么除 $D = 5$ 方程（11）没有正整数解.

Ljunggren 已经证明，式（12）中 ε^2 仅当 $D = 7\,140$ 时出现，这时有

$$239^2 + 26^2 \sqrt{7\,140} = (169 + 2\sqrt{7\,140})^2 = \varepsilon^2$$

7.3 丢番图方程 $a^2 x^4 - Dy^2 = -1$ 和 $x^2 - Dy^4 = -1$

Cohn[3] 在假设 D 使得方程 $X^2 - DY^2 = -4$ 有奇数解时，研究了丢番图方程

$$4x^4 - Dy^2 = -1 \quad (1)$$

的正整数解，这里 $D > 0$ 且不是平方数. 证明了下面的定理.（参阅第 2 章 2.6 节）

定理 1 设 D 使得方程 $X^2 - DY^2 = -4$ 有奇数

解,则方程(1)除开 $D=5, x=y=1$ 和 $D=13, x=12$,$y=5$ 外,无其他的正整数解.

朱卫三[22] 和曹珍富[23] 证明了下面的定理.

定理 2　设 Pell 方程 $X^2 - DY^2 = -1$ 的基本解为 $\delta = X_0 + Y_0\sqrt{D}, X_0 = df^2, d$ 无平方因子,则方程(1)有解的充要条件是 $2 \mid d$,且存在正整数 x_1, y_1 使得

$$2x_1^2 + y_1\sqrt{D} = \delta^{\frac{d}{2}}$$

当 $D = p$ 是一个奇素数时,我们可以证明下面的定理.

定理 3　设 $D = p \equiv 1 (\bmod\ 8)$ 是一个素数,则在 $2^{\frac{p-1}{4}} \not\equiv (-1)^{\frac{p-1}{8}} (\bmod\ p)$ 或 $2p = a^2 + b^2, a \equiv \pm 3 (\bmod\ 8), b \equiv \pm 3 (\bmod\ 8)$ 时,方程(1)均无整数解.

证　在 $D = p$ 是一个素数时,改写方程(1)为

$$(2x^2 - 2x + 1)(2x^2 + 2x + 1) = py^2$$

故得出

$$2x^2 \pm 2x + 1 = pa^2, 2x^2 \mp 2x + 1 = b^2 \quad (2)$$

先证 $2^{\frac{p-1}{4}} \not\equiv (-1)^{\frac{p-1}{8}} (\bmod\ p)$ 的情形.由式(2)的两式相减得

$$\pm 4x = pa^2 - b^2$$

这给出 $\left(\dfrac{x}{p}\right) = 1$.故存在整数 k 使得 $k^2 \equiv x (\bmod\ p)$.现在对方程(1)取模 p 得

$$4k^3 \equiv -1 (\bmod\ p)$$

两端乘 $\dfrac{p-1}{8}$ 次方得到

$$2^{\frac{p-1}{4}} \equiv (-1)^{\frac{p-1}{8}} (\bmod\ p)$$

这与假设 $2^{\frac{p-1}{4}} \not\equiv (-1)^{\frac{p-1}{8}} (\bmod\ p)$ 矛盾.再证 $2p =$

$a^2 + b^2$, $a \equiv \pm 3 \pmod 8$, $b \equiv \pm 3 \pmod 8$ 的情形. 此时由式(2)的第一式得

$$(2x \pm 1)^2 + 1 = 2pa^2$$

故由 Lien en 定理(见第5章5.3节)知,上式不成立. 证毕.

设 $p = a^2 + b^2 \equiv 1 \pmod 8$, $b \equiv 0 \pmod 4$, 则有

$$2^{\frac{p-1}{2}} \equiv (-1)^{\frac{b}{4}} \pmod p$$

故对给定的素数 $p \equiv 1 \pmod 8$, 条件 $2^{\frac{p-1}{4}} \not\equiv (-1)^{\frac{p-1}{8}} \pmod p$ 容易判断. 例如素数 $p = a^2 + b^2$, $b \equiv 4 \pmod 8$, $p \equiv 1 \pmod{16}$ 或 $p = a^2 + b^2$, $b \equiv 0 \pmod 8$, $p \equiv 9 \pmod{16}$ 时均有 $2^{\frac{p-1}{4}} \not\equiv (-1)^{\frac{p-1}{8}} \pmod p$.

Barrucand 和 Cohn[33] 证明了：设素数 $p \equiv 1 \pmod 8$, 则

$$\left(\frac{2}{p}\right)_4 = 1 \Leftrightarrow \begin{cases} p = x^2 + 32y^2, & \text{当 } p \equiv 1 \pmod{16} \\ p \neq x^2 + 32y^2, & \text{当 } p \equiv 9 \pmod{16} \end{cases}$$

$$\left(\frac{2}{p}\right)_4 = -1 \Leftrightarrow \begin{cases} p = x^2 + 32y^2, & \text{当 } p \equiv 9 \pmod{16} \\ p \neq x^2 + 32y^2, & \text{当 } p \equiv 1 \pmod{16} \end{cases}$$

因此,他们证明了下面的定理.

定理 4 设 $D = p \equiv 1 \pmod 8$ 是一个素数,则方程(1)仅当 $p = U^2 + 32V^2$ (U, V 是整数) 时有整数解.

例如 $U^2 = 9$, $V^2 = 1$ 给出 $p = 41$, 此时方程 $4x^4 - 41y^2 = -1$ 有整数解 $x = 4$, $y = 5$. 但 $p = 17$ 时不能表为 $U^2 + 32V^2$ 的形式,故方程 $4x^4 - 17y^2 = -1$ 无整数解.

1985 年,曹珍富和曹玉书[25] 对 D 是两个素数乘积的情形证明了下面的定理.

定理 5 设 $D = pq$, p, q 是素数,则在

$$p = a^2 + b^2 \equiv 1 (\bmod 16), b \equiv 4 (\bmod 8)$$

或　　　$p = a^2 + b^2 \equiv 9 (\bmod 16), b \equiv 0 (\bmod 8)$

时,方程(1)无整数解.

例如,设 $p = 1^2 + 4^2 = 17 \equiv 1 (\bmod 16)$,故对任意素数 q,方程 $4x^4 - 17qy^2 = -1$ 无整数解;设 $p = 3^2 + 8^2 = 73 \equiv 9 (\bmod 16)$,故对任意素数 q,方程 $4x^4 - 73qy^2 = -1$ 没有整数解.

对于方程

$$4x^4 - Dy^4 = -1 \qquad\qquad (3)$$

在 $D = p$ 是一个素数时,方程(3)给出

$$2x^2 \pm 2x + 1 = py_1^4, 2x^2 \mp 2x + 1 = y_2^4, y = y_1 y_2$$

此由第二式得出 $(2x \mp 1)^2 + 1 = 2y_2^4$,因此有 $2x \mp 1 = \pm 1, y_2 = \pm 1$ 和 $2x \mp 1 = \pm 239, y_2 = \pm 13$. 前者给出 $x = -1, 0, 1$,故 $p = 5, y_1 = \pm 1$,给出方程(3)有解 $D = 5, x = \pm 1, y = \pm 1$,后者给出 $x = \pm 119, \pm 120$,故 $py_1^4 = 113 \times 257, 541 \times 137$,但由 p 是素数知,这不可能. 这就有下面的定理.

定理 6　设 $D = p$ 是一个奇素数,则方程(3)除开 $D = 5, x = \pm 1, y = \pm 1$ 外,无其他的整数解.

对 D 为两个素数乘积的情形,我们有下面的定理.

定理 7　设 $D = pq, p, q$ 是素数,且 $p \equiv 1 (\bmod 8), q \equiv 1 (\bmod 4), \left(\dfrac{q}{p}\right) = -1$ 或 $p \equiv q \equiv 5 (\bmod 8), \left(\dfrac{q}{p}\right) = 1$,则方程(3)均没有整数解.

证　在 $D = pq$ 时,方程(3)给出

$$2x^2 \pm 2x + 1 = pqy_1^4, 2x^2 \mp 2x + 1 = y_2^4, y = y_1 y_2$$

$$\qquad\qquad (4)$$

或

$$2x^2 \pm 2x + 1 = py_1^4, 2x^2 \mp 2x + 1 = qy_2^4, y = y_1 y_2$$

(5)

由 $2x^2 \mp 2x + 1 = y_2^4$ 易知式(4)不可能. 对式(5),由前两式得出

$$\pm 4x = py_1^4 - qy_2^4$$

(6)

这就给出 $\left(\dfrac{x}{p}\right) = \left(\dfrac{q}{p}\right)$. 在 $p \equiv 1 \pmod 8$ 时, 设 $x = 2^s x_1, s \geqslant 0, 2 \nmid x_1$, 则由式(5)的第一式取模 x_1 得

$$\left(\frac{x_1}{p}\right) = \left(\frac{p}{x_1}\right) = 1$$

故 $\left(\dfrac{x}{p}\right) = \left(\dfrac{2^s x_1}{p}\right) = \left(\dfrac{2^s}{p}\right)\left(\dfrac{x_1}{p}\right) = 1$. 这就给出 $\left(\dfrac{q}{p}\right) = 1$,

与假设 $\left(\dfrac{q}{p}\right) = -1$ 矛盾. 而在 $p \equiv q \equiv 5 \pmod 8$ 时, 此时 $2 \mid x$, 由式(5)知 $x \equiv 2 \pmod 4$, 设 $x = 4x_1 + 2$, 对式(5)的第一式取 $2x_1 + 1$ 为模得出

$$\left(\frac{2x_1 + 1}{p}\right) = \left(\frac{p}{2x_1 + 1}\right) = 1$$

于是对式(6)取模 p 得出

$$\left(\frac{x}{p}\right) = \left(\frac{q}{p}\right)$$

由 $\left(\dfrac{q}{p}\right) = 1, x = 4x_1 + 2, \left(\dfrac{2x_1 + 1}{p}\right) = 1$ 知, 上式给出

$$1 = \left(\frac{4x_1 + 2}{p}\right) = \left(\frac{2}{p}\right)\left(\frac{2x_1 + 1}{p}\right) = \left(\frac{2}{p}\right)$$

但 $p \equiv 5 \pmod 8$, 故上式不成立. 证毕.

对于丢番图方程

$$x^4 - Dy^2 = -1$$

(7)

和

$$x^2 - Dy^4 = -1 \tag{8}$$

这里 $D > 0$ 且不是平方数. 曹珍富[23] 证明了下面的定理.

定理 8　设 $\delta = X_0 + Y_0\sqrt{D}$ 是 Pell 方程 $X^2 - DY^2 = -1$ 的基本解, $X_0 = dX_1^2, d$ 无平方因子. 若方程 (7) 有正整数解 x, y, 则必有 $x^2 + y\sqrt{D} = \delta^d, 2 \nmid d$.

由此可得下面的推广.

推论　方程 (7) 最多有一组正整数解.

Ljunggren[34] 曾证明, 在 $2 \nmid a$ 时, 方程

$$a^2 x^4 - Dy^2 = -1 \tag{9}$$

最多只有一组正整数解. 由此可得出若干形为方程 (9) 的丢番图方程的全部正整数解, 例如 $9x^4 - 10y^2 = -1$ 仅有 $x = y = 1$ 的正整数解.

对于方程 (8), 利用二次剩余法, 可以给出它有解的充要条件, 即有

定理 9　设 $\delta = X_0 + Y_0\sqrt{D}$ 是 Pell 方程 $X^2 - DY^2 = -1$ 的基本解, 则方程 (8) 有正整数解的充要条件是 Y_0 为平方数, 即存在正整数 x_1, y_1 使得 $x_1 + y_1^2\sqrt{D} = \delta$.

Ljunggren[35] 证明了下面的定理.

定理 10　设实二次域 $Q(\sqrt{D})$ 上的整环为 $Z[\sqrt{D}]$, 若 $Q(\sqrt{D})$ 的基本单位数不是 $Z[\sqrt{D}]$ 的基本单位数, 则方程 (8) 最多有两组正整数解, 并且这两组解可通过有限步计算得出.

这个定理的证明十分复杂, 其证明思路如下: 显然, 如果 Pell 方程 $X^2 - DY^2 = -1$ 无解, 那么方程 (8) 无解. 故可设 Pell 方程 $X^2 - DY^2 = -1$ 有解. 于是整环

$Z[\sqrt{D}]$ 的基本单位数为 $\varepsilon=u+v\sqrt{D}$，令 $\bar{\varepsilon}=u-v\sqrt{D}$，有 $\varepsilon\bar{\varepsilon}=-1$，推出 $2\nmid v$. 现在由方程(8)得出

$$x+y^2\sqrt{D}=\varepsilon^n, x-y^2\sqrt{D}=\bar{\varepsilon}^n, 2\nmid n>0$$

故

$$y^2=\frac{\varepsilon^n-\bar{\varepsilon}^n}{2\sqrt{D}}=v\left(\frac{\varepsilon^n-\bar{\varepsilon}^n}{\varepsilon-\bar{\varepsilon}}\right) \tag{10}$$

由定理 9 可设 v 是一个平方数，于是式(10)给出

$$\frac{\varepsilon^n-\bar{\varepsilon}^n}{\varepsilon-\bar{\varepsilon}}=y_0^2 \tag{11}$$

我们在 $Q(\sqrt{D})$ 的一个扩域上考虑式(11)，即有

$$\varepsilon^n-\bar{\varepsilon}^n=y_0^2(\varepsilon-\bar{\varepsilon})$$

$$\varepsilon^{2n}+1=\varepsilon^{n-1}(\varepsilon^2+1)y_0^2$$

$$(\varepsilon^n)^2-(\varepsilon^2+1)(y_0\varepsilon^{\frac{n-1}{2}})^2=-1$$

故在环 $Z[1,v\sqrt{D},\sqrt{\varepsilon^2+1},v\sqrt{D}\sqrt{\varepsilon^2+1}]$ 中，$\varepsilon^n+y_0\varepsilon^{\frac{n-1}{2}}\sqrt{\varepsilon^2+1}$ 是一个单位数，且

$$N(\varepsilon^n+y_0\varepsilon^{\frac{n-1}{2}}\sqrt{\varepsilon^2+1})=-1$$

我们知道 $Z[1,v\sqrt{D},\sqrt{\varepsilon^2+1},v\sqrt{D}\sqrt{\varepsilon^2+1}]$ 中有三个基本单位数，但 Ljunggren 证明仅使用它们中的两个就足够了(他用资料[26]中的方法). 设 η_1,η_2 是这样的两个基本单位数，则有

$$\varepsilon^n+y_0\varepsilon^{\frac{n-1}{2}}\sqrt{\varepsilon^2+1}=\pm\eta_1^a\eta_2^b \quad (a,b\in\mathbf{Z}) \tag{12}$$

利用第 3 章的 p-adic 方法可以处理式(12).

定理 10 最好的可能是给出了方程

$$x^2-2y^4=-1$$

仅有两组正整数解 $(x,y)=(1,1)$ 和 $(239,13)$.

此外，朱南等[21]也给出了方程(7)(8)的一些结果，例如他们证明了在 $D=25k^2\pm14k+2, k>0, k\equiv$

$1,2,5,6(\mod 7)$ 时，方程(7) 无正整数解；在 $D=25k^2 \pm 14k + 2, k > 0, 2 \mid k, k \equiv 1,2,5,6(\mod 7)$ 时，方程(8)无正整数解.

Delone 和 Faddeev 证明了下面的定理.

定理 11　丢番图方程

$$x^4 - Dy^4 = \pm 1 \tag{13}$$

最多有一组正整数解，且如果整环 $Z[\sqrt[4]{-4D}]$ 的基本单位数具有形式 $\varepsilon = A^2 + AB\sqrt[4]{-4D} + B^2\sqrt{-D}$，那么方程(13)的正整数解由 $x = A, y = B$ 给出.

Cohn[36] 还用递推序列法较为系统地讨论了方程 $x^2 = Dy^4 \pm 1, x^2 = Dy^4 \pm 4$ 的解(见 7.4 节).

Ljunggren[67] 证明了方程

$$x^2 + 4 = Dy^4 \quad (2 \nmid x, D > 0 \text{ 不是平方数}) \tag{14}$$

最多有一组正整数解 x, y. 这个结果在求解方程 $x^2 + 2^m = y^n$ 时将有应用(见第 8 章 8.2 节).

7.4　丢番图方程 $dy^2 = ax^4 + bx^2 + c$

前几节讨论的二元四次丢番图方程都是

$$dy^2 = ax^4 + bx^2 + c \tag{1}$$

的特例，这里 a, b, c, d 是给定的整数. 在前面章节提到的方程 $x^4 - 3y^2 = -2, x^2 - 3y^4 = -2, x^2 - 27y^4 = -2$ 以及 $3x^4 - 2y^2 = 1$ 都是方程(1)的具体例子.

1969 年，Mordell[37] 讨论了方程

$$y^2 + k^2 = (lx^2 - h)(rx^2 - s) \tag{2}$$

的整数解，这里 k 不含 $4f+3$ 形的素因子. 在 $lx^2 - h \equiv 3(\mod 4)$ 或 $rx^2 - s \equiv 3(\mod 4)$ 时，方程(2)给出

$lx^2 - h < 0$ 或 $rx^2 - s < 0$. 再由 l, h, r, s 的关系, 可找出方程(2)的全部解. 例如对于方程

$$y^2 + 1 = (4x^2 - 17)(8x^2 - 10) \qquad (3)$$

由于 $4x^2 - 17 \equiv 3 \pmod 4$, 故 $4x^2 - 17 < 0$, 这就给出 $x = 0, \pm 1, \pm 2$, 代入方程(3)检验知, 方程(3)仅有解 $x = 0, \pm 1$. 一般的, 可以求出方程

$$y^2 + 1 = (4x^2 - 17)(rx^2 - s)$$

的全部整数解, 这里 r, s 是任给的整数.

Ljunggren[38] 曾用 p - adic 方法证明了下面的定理.

定理 1 丢番图方程

$$\left(\frac{x(x-1)}{2}\right)^2 = \frac{y(y-1)}{2} \qquad (4)$$

仅有正整数解 $(x, y) = (1, 1), (2, 2)$ 和 $(4, 9)$.

Cassels[39] 又给出定理 1 的一个用到四次域 $Q(\sqrt[4]{-2})$ 的性质的简单证明. 由于令 $2x - 1 = X, 2y - 1 = Y$, 则(4)化为 $Y^2 = 2\left(\frac{X^2 - 1}{4}\right)^2 + 1$, 故利用递推序列的方法有可能给出定理 1 的一个初等证明.

1971 年, Cohn[40] 用递推序列的方法证明了下面的定理.

定理 2 丢番图方程

$$y(y+1)(y+2)(y+3) = 2x(x+1)(x+2)(x+3)$$

仅有正整数解 $(x, y) = (4, 5)$.

以后, Ponnudurai[41], 宣体佐[42] 和曹珍富[43] 依次证明了下面的定理.

定理 3 丢番图方程

$$y(y+1)(y+2)(y+3) = 3x(x+1)(x+2)(x+3)$$

仅有正整数解 $(x,y)=(2,3)$ 和 $(5,7)$.

定理 4　丢番图方程
$$y(y+1)(y+2)(y+3)=5x(x+1)(x+2)(x+3)$$
仅有正整数解 $(x,y)=(1,2)$.

定理 5　丢番图方程
$$2y(y+1)(y+2)(y+3)=3x(x+1)(x+2)(x+3)$$
仅有正整数解 $(x,y)=(8,9)$.

这些定理的证明虽然都是初等的,但远不是简单的.例如定理 5 中的方程可化为

$$\left(\frac{Y^2-5}{2}\right)^2-6\left(\frac{X^2-5}{4}\right)^2=-2 \qquad (5)$$

这里 $X=2x+3$,$Y=2y+3$.由方程(5)解出

$$\frac{Y^2-5}{2}+\frac{X^2-5}{4}\sqrt{6}=\frac{(2+\sqrt{6})^{2n+1}}{2^n} \qquad (6)$$

记 $\alpha=2+\sqrt{6}$,$\beta=2-\sqrt{6}$,并令

$$V_n=\frac{\alpha^{2n+1}+\beta^{2n+1}}{2^{n+1}},U_n=\frac{\alpha^{2n+1}-\beta^{2n+1}}{2^{n+1}\sqrt{6}}$$

则式(6)给出

$$Y^2=2V_n+5,X^2=4U_n+5 \qquad (7)$$

利用序列 V_n,U_n 的性质,就可求出(7)的全部解.但这绝不是件简单的事(解(7)的步骤完全类似于第 2 章 2.7 节的例 1).

Jeyaratnam[44] 对每个 $m\leqslant 30$,还找到了方程
$$y(y+m)(y+2m)(y+3m)=$$
$$2x(x+m)(x+2m)(x+3m)$$
的全部正整数解.

Ljunggren[45] 受 Cohn 方法(见资料[3]等)的启发,研究了丢番图方程

$$Ax^4 - By^2 = c \qquad (8)$$

的正整数解,这里 A,B 是正奇数,$c=1$ 或 4. 他证明了下面的定理.

定理 6 设 $AX^2 - BY^2 = 4$ 有奇数解,从而不妨设 $X=a, Y=b$ 是它的一组正的奇数解,则丢番图方程

$$Ax^4 - By^2 = 4 \qquad (9)$$

最多有两组正整数解. 如果 $a=h^2, Aa^2-3=k^2$,那么方程(9)有两组解 $x=h$ 和 $x=hk$. 如果 $a=h^2, Aa^2-3 \neq k^2$,那么 $x=h$ 是方程(9)仅有的解. 如果 $a=5h^2$,$A^2a^4 - 5Aa^2 + 5 = 5k^2$,那么方程(9)仅有解 $x=5hk$. 其他情形没有解.

定理 7 设 $AX^2 - BY^2 = 4$ 有奇数解,则丢番图方程

$$Ax^4 - By^2 = 1 \qquad (9')$$

最多有一组正整数解 x, y. 如果 $x=x_1, y=y_1$ 是方程 $(9')$ 的一个解,那么

$$x_1^2 \sqrt{A} + y_1 \sqrt{B} = \left(\frac{a\sqrt{A} + b\sqrt{B}}{2} \right)^3$$

这里 a,b 是 $AX^2 - BY^2 = 4$ 的正奇数解.

Cohn[3] 在方程 $X^2 - DY^2 = -4$ 有奇数解时,研究了方程 $y^2 = Dx^4 \pm 4$ 和 $Dy^2 = x^4 + 4$ 的解,例如他证明了方程 $Dy^2 = x^4 + 4$ 在 $D=5$ 时仅有正整数解 $x=y=1, x=y=2$,而在 $D \neq 5$ 时最多只有一组正整数解 x, y.

在方程 $X^2 - DY^2 = -4$ 没有奇数解,而方程 $X^2 - DY^2 = 4$ 有奇数解时,Cohn[6] 证明了方程 $Dy^2 = x^4 - 4$ 最多有一组正整数解,而方程 $y^2 = Dx^4 + 4$ 最多有两组正整数解.

1972 年,Cohn[36] 利用递推序列法给出了几个丢番图方程的一个较为详细的讨论,他证明了如下的几个定理.

定理 8 设 $D = dN^2$,d 使得方程 $X^2 - dY^2 = -4$ 有奇数解,则四个丢番图方程 $x^2 = Dy^4 \pm 1$,$x^2 = Dy^4 \pm 4$ 都最多只有一个正整数解,并且它们中间除开下面的情形外,最多有两个方程对同一 D 有解:

① 当 $D = 5$ 时,四个方程总共有五个解:$y = 1$ 是方程 $x^2 = 5y^4 - 1$,$x^2 = 5y^4 \pm 4$ 的解;$y = 2$ 是方程 $x^2 = 5y^4 + 1$ 的解;$y = 12$ 是方程 $x^2 = 5y^4 + 4$ 的解.

② 当 $D = 20$ 时,四个方程共有三个解:$y = 1$ 是 $x^2 = 20y^4 - 4$ 的解;$y = 2$ 是 $x^2 = 20y^4 + 4$ 的解;$y = 6$ 是 $x^2 = 20y^4 + 1$ 的解.

定理 9 设 $D = dN^2$,d 使得 $X^2 - dY^2 = 4$ 有奇数解,但使得 $X^2 - dY^2 = -4$ 没有奇数解,则方程 $x^2 = Dy^4 + 1$ 和 $x^2 = Dy^4 + 4$ 中最多有两个正整数解,且它们最多有一个是共同的解.

定理 10 设 d 使得 $X^2 - dY^2 = -4$ 有奇数解,则对任意正整数 N,四个方程 $N^2x^4 - dy^2 = \pm 1, \pm 4$ 中间除开两个例外情形,最多有一个正整数解:

① 当 $d = 5$,$N = 1$ 时,我们得到仅有的三个解:$x = 1$ 或 2 是 $x^4 - 5y^2 = -4$ 的解;$x = 3$ 是 $x^4 - 5y^2 = 1$ 的解.

② 当 $d = 5$,$N = 2$ 时,仅有两个解:$x = 1$ 是 $4x^4 - 5y^2 = -1$ 的解;$x = 3$ 是 $4x^4 - 5y^2 = 4$ 的解.

定理 11 设 d 使得 $X^2 - dY^2 = 4$ 有奇数解,而使得 $X^2 - dY^2 = -4$ 没有奇数解,则对任意正整数 N,方程 $N^2x^4 - dy^2 = 1$ 和 $N^2x^4 - dy^2 = 4$ 中间最多有一个

正整数解.

这些结果也可以用 Pell 方程法来证明(参阅第 2 章 2.6 节)[46].

1979 年,柯召和孙琦[46] 证明了下面的定理.

定理 12 设 D 使得方程 $X^2 - DY^2 = -4$ 有奇数解,D 是一个奇素数,则方程 $Dy^2 = x^4 + 4$ 除开 $D = 5$ 时仅有解 $x = y = 1$,$x = y = 2$ 和 $D = 13$ 时仅有解 $x = 6$,$y = 10$ 外,无其他的正整数解.

1983 年,姚琦[47] 给出 D 使得方程 $X^2 - DY^2 = -4$ 有奇数解且 $D \leqslant 200$ 时方程 $Dy^2 = x^4 + 4$ 的全部解,她证明了此时除 $D = 5, 13, 85$ 外,无正整数解.

Velupillai[48] 研究了方程 $y^2 = Dx^4 + 4$ 的一些奇数解,例如他证明了在 $D \leqslant 181$ 时,仅当 $D = 5, 21, 45$,$77, 85, 117$ 或 165 时,方程 $y^2 = Dx^4 + 4$ 有奇数解.

Cohn[49] 在方程 $X^2 - DY^2 = -4$ 有奇数解时,利用递推序列法研究了丢番图方程

$$x^4 - Dy^2 = k$$
$$x^2 - Dy^4 = k$$

(10)

的正整数解,例如他证明了:

① 方程 $x^4 - 5y^2 = -44$ 仅有正整数解 $(x, y) = (1, 3), (3, 5)$ 和 $(47, 1\,453)$.

② 方程 $x^4 - 5y^2 = 11$ 仅有正整数解 $(x, y) = (2, 1)$ 和 $(4, 7)$.

③ 方程 $x^2 - 5y^4 = 44$ 仅有正整数解 $(x, y) = (7, 1)$.

④ 方程 $x^2 - 5y^4 = 11$ 仅有正整数解 $(x, y) = (4, 1)$ 和 $(56, 5)$.

⑤ 方程 $x^2 - 5y^4 = -44$ 仅有正整数解 $(x, y) = (6,

$2)$,$(19,3)$ 和 $(181,9)$.

1983 年,$Tzanakis^{[50]}$ 利用递推序列法证明了下面的定理.

定理 13　两个丢番图方程
$$y^2 - 2x^4 = 17, y^2 - 8x^4 = 17$$
在 $x \equiv 0 \pmod 8$ 时均无正整数解.

定理 14　丢番图方程
$$y^2 - 2x^4 = 41$$
无 $x \equiv 0 \pmod 8$ 的整数解,而丢番图方程 $y^2 - 8x^4 = 41$ 无 $x \equiv 0 \pmod 4$ 的整数解.

定理 15　两个丢番图方程
$$y^2 - 2x^4 = 73, y^2 - 8x^4 = 73$$
在 $2 \mid x$ 且 $x \not\equiv 0 \pmod 3$ 时均无整数解.

定理 16　丢番图方程
$$y^2 - 2x^4 = 89$$
在 $x \equiv 0 \pmod{16}$ 时无整数解,而丢番图方程
$$y^2 - 8x^4 = 89$$
在 $2 \mid x$ 且 $x \not\equiv 0 \pmod 5$ 时无整数解.

定理 17　丢番图方程
$$y^2 - 2x^4 = 97$$
在 $x \equiv 0 \pmod 8$ 时无整数解,而丢番图方程
$$y^2 - 8x^4 = 97$$
在 $x \equiv 0 \pmod 4$ 时无整数解.

这些定理的一般证明思路为:设 $c = 1$ 或 2,$p = 17$,$41, 73, 89$ 或 97,则定理 $13 \sim 17$ 中的几个方程均可化为
$$y^2 - 2c^2 x^4 = p \tag{11}$$
由于方程 $y^2 - Dx^2 = \pm p$ 在 $p \nmid 2D$ 时有两个结合类

（见第 5 章 5.3 节），故方程（11）给出

$$y + cx^2\sqrt{2} = \pm\varepsilon^r(a + b\sqrt{2}) \text{ 或 } \pm\varepsilon^r(a - b\sqrt{2}) \quad (r \in \mathbf{Z})$$
$$(12)$$

这里 $a^2 - 2b^2 = p \equiv 1\pmod{8}$，从而 $2 \nmid a, 2 \mid b$，并且 $\varepsilon = 1 + \sqrt{2}$. 令

$$u_n = \frac{\varepsilon^n - \bar{\varepsilon}^n}{\varepsilon - \bar{\varepsilon}}$$

这里 $\bar{\varepsilon} = 1 - \sqrt{2}$，则有递推序列

$$u_0 = 0, u_1 = 1, u_{n+2} = 2u_{n+1} + u_n \text{ 且 } u_{-n} = (-1)^{n+1}u_n$$
$$(13)$$

现在，式（12）的第一情形给出 $\eta(y + cx^2\sqrt{2}) = \varepsilon^r(a + b\sqrt{2})$ 和 $\eta(y - cx^2\sqrt{2}) = \bar{\varepsilon}^r(a - b\sqrt{2})$，$\eta = \pm 1$，于是

$$\pm cx^2(\varepsilon - \bar{\varepsilon}) = a(\varepsilon^r + \bar{\varepsilon}^r) + \frac{b}{2}(\varepsilon - \bar{\varepsilon})(\varepsilon^r + \bar{\varepsilon}^r) =$$

$$\frac{a}{2}(\varepsilon + \bar{\varepsilon})(\varepsilon^r - \bar{\varepsilon}^r) + \frac{b}{2}(\varepsilon - \bar{\varepsilon})(\varepsilon^r + \bar{\varepsilon}^r)$$

由此即得

$$\pm 2cx^2(\varepsilon - \bar{\varepsilon}) =$$
$$(a + b)(\varepsilon^{r+1} - \bar{\varepsilon}^{r+1}) + (a - b)\varepsilon\bar{\varepsilon}(\varepsilon^{r-1} - \bar{\varepsilon}^{r-1}) =$$
$$(a + b)(\varepsilon^{r+1} - \bar{\varepsilon}^{r+1}) - (a - b)(\varepsilon^{r-1} - \bar{\varepsilon}^{r-1})$$

两端除以 $\varepsilon - \bar{\varepsilon}$ 得出

$$\pm 2cx^2 = (a + b)u_{r+1} - (a - b)u_{r-1}$$

同理，由式（12）的后一情形得出

$$\pm 2cx^2 = (a - b)u_{r+1} - (a + b)u_{r-1}$$

令

$$w_n = (a + b)u_{n+1} - (a - b)u_{n-1}$$
$$z_n = (a - b)u_{n+1} - (a + b)u_{n-1}$$

则由式（13）知

$$w_0 = 2b, w_1 = 2(a+b), w_{n+2} = 2w_{n+1} + w_n$$
$$w_{-n} = (-1)^{n+1} z_n$$
$$z_0 = -2b, z_1 = 2(a-b), z_{n+2} = 2z_{n+1} + z_n$$
$$z_{-n} = (-1)^{n+1} w_n$$

然后利用递推序列的性质来解方程 $2cx^2 = \pm w_r$ 或 $2cx^2 = \pm z_r$. 由 $2cx^2 = -w_r$ 推出 $r < 0$, 令 $r = -s, s > 0$, 则 $2cx^2 = -w_r = -w_{-s} = -(-1)^{s+1} z_s = (-1)^s z_s$, 因 为 $z_s > 0$, 所以 $2 \mid s$ 且 $2cx^2 = z_s$. 同理由 $2cx^2 = -z_r$ 可 推出 $2cx^2 = w_s, 2 \mid s > 0$. 于是只需解方程 $2cx^2 = w_r$, $2cx^2 = z_r$, 关于 w_r, z_r 的一个很有用的一般性质是

$$w_{n+2mt} \equiv (-1)^{mt} w_n (\bmod u_m)$$
$$z_{n+2mt} \equiv (-1)^{mt} z_n (\bmod u_m)$$

这样便可仿第 2 章 2.7 节的方法来证明上述的定理 13 ~ 17.

1986 年, Tzanakis[51] 对丢番图方程 (10) 证明了, 设 $k > 0, D > 0$ 都不是平方数, 则可找到有限个形为 $g(u,v) = A^2, u, v \in \mathbf{Z}$ 的方程, 这里 A 是一个已知整 数, g 是整数二元四次型且 $g(\theta, 1) = 0$ 恰有两个实根. 若我们找到这些方程的全部解, 则方程 (10) 的全部解 便可找到. 从方程 (10) 找有限个方程 $g(u,v) = A^2$, 我 们在第 3 章 3.1 节的末尾已经给出寻找方法. 对于特 殊的例子, 可以用这种方法给出形为方程 (10) 的全部 整数解. 例如, Tzanakis 证明了下面的定理.

定理 18　丢番图方程 $x^2 - 3y^4 = 46$ 仅有的整数解 由 $(\mid x \mid, \mid y \mid) = (7,1), (17,3)$ 给出.

在证明定理 18 时, 需要解决方程

$$x^4 - 4x^2 y^2 + y^4 = 46 \tag{14}$$

可证明方程 (14) 仅有整数解 $(\mid x \mid, \mid y \mid) = (1,3), (3,$

1). 对于丢番图方程

$$x^4 - 4x^2y^2 + y^4 = n \qquad (15)$$

曾引起过许多人的兴趣,例如 Erdös,Graham 和 Selfridge 等[52] 均有工作. 目前,人们已经证明:在 $|n| \leqslant 100$ 时,仅当 $n \in \{-47, -32, -2, 1, 16, 46, 81\}$ 时,方程(15) 有解.

最后,由于 Tzanakis 关于定理 18 的证明远不是初等的(尽管不十分复杂),因此我们希望给出一个初等证明,并且我们相信用递推序列的方法能够做到这一点.

7.5 **丢番图方程** $x^4 + kx^2y^2 + y^4 = z^2$

对丢番图方程

$$x^4 + kx^2y^2 + y^4 = z^2 \quad (xy \neq 0) \qquad (1)$$

的研究已有很长的历史. 例如 Fermat 就已经用无穷递降法(见第 2 章 2.3 节)证明了 $k=0$ 时方程(1) 无整数解. 从 Dickson[53] 著《数论史》第 Ⅱ 卷可知,Euler, Legendre,Lucas 等对方程(1) 均有过工作. 我们在第 2 章的 2.3 用无穷递降法证明了 $k=-1$ 时方程(1) 仅有解 $x = \pm 1, y = \pm 1; k \in \{1, \pm 6\}$ 时方程(1) 无解;$k = 14$ 时方程(1) 仅有解 $x = \pm 1, y = \pm 1$. 1914 年, Pocklington[54] 给出方程(1) 无解的 6 个判定定理,并在总结前人结果的基础上,列出了 -100 到 100 间的 56 个 k 值使方程(1) 无解(为方便计,以下简称使方程(1) 无解的 $k \in P$ 表). 1978 年,Sinha[55] 利用 Mersenne 素数的性质给出了一个新 $k = 30 \in P$ 表.

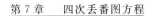

1983 年, 张明志[56] 利用分解因子法给出判定方程(1) 无解的一系列命题. 从方程(1) 可不失一般设 $(x,y)=1, x>0, y>0$, 将方程(1) 变形为

$$y^2(kx^2+y^2)=(z+x^2)(z-x^2) \qquad (2)$$

先看 $k>2$ 的情形. 令 $\dfrac{\lambda}{\mu}=\dfrac{y^2}{z+x^2}=\dfrac{z-x^2}{kx^2+y^2}$, 其中, λ, $\mu>0, (\lambda,\mu)=1$. 于是方程(2) 给出

$$\begin{cases} \lambda x^2 - \mu y^2 + \lambda z = 0 \\ (\lambda k + \mu)x^2 + \lambda y^2 - \mu z = 0 \end{cases}$$

由此知 $\dfrac{x^2}{\Delta_1}=\dfrac{y^2}{\Delta_2}=\dfrac{z}{\Delta_3}$, 这里

$$\Delta_1 = \begin{vmatrix} -\mu & \lambda \\ \lambda & -\mu \end{vmatrix} = \mu^2 - \lambda^2$$

$$\Delta_2 = \begin{vmatrix} \lambda & \lambda \\ -\mu & \lambda k + \mu \end{vmatrix} = 2\lambda\mu + k\lambda^2$$

$$\Delta_3 = \begin{vmatrix} \lambda & -\mu \\ \lambda k + \mu & \lambda \end{vmatrix} = \lambda^2 + k\lambda\mu + \mu^2$$

因 x^2, y^2, z 两两互素, 故得出

$$\xi x^2 = \mu^2 - \lambda^2 \qquad (3)$$
$$\xi y^2 = 2\lambda\mu + k\lambda^2 \qquad (4)$$
$$\xi z = \lambda^2 + k\lambda\mu + \mu^2 \qquad (5)$$

这里 $\xi=(\mu^2-\lambda^2, 2\lambda\mu+k\lambda^2)$. 因 $(\lambda,\mu)=1$, 由方程(3) 得 $(\xi,\lambda)=(\xi,\mu)=1$, 于是 $\xi=(\mu^2-\lambda^2, 2\mu+k\lambda)$. 令 $\xi_1=(\xi,\mu+\lambda), \xi=\xi_1\xi_2$, 因 $\xi_1\xi_2 \mid (\mu+\lambda)\cdot(\mu-\lambda)$, 故 $\xi_2 \mid \dfrac{\mu+\lambda}{\xi_1}(\mu-\lambda)$, 而 $(\xi_1, \dfrac{\mu+\lambda}{\xi_1})=1$, 故 $\xi_2 \mid \mu-\lambda$. 由此即知 $\xi_1 \mid k-2, \xi_2 \mid k+2$. 令 $k-2=\xi_1\eta_1, k+2=\xi_2\eta_2$. 这样可使方程(3)～(5) 联列的方程组进一步得到展开.

同理,在 $k < -2$ 时也可以类似讨论.通过这些讨论,张明志给出了下面的定理.

定理 1 设 $k \equiv 3 (\bmod 8)$,且 $k-2$ 为素数,$k+2 = pq$,这里 $p \equiv 3 (\bmod 8)$,$q \equiv 7 (\bmod 8)$ 均为素数,则方程(1)无整数解.

定理 2 设 $k \equiv 7 (\bmod 8)$,若 $k-2$ 与 $k+2$ 均为素数,则方程(1)无整数解.

还有几个结果,可以给出一些 k 值使得方程(1)无整数解.利用这些结果,可以给出 18 个新的 k 值 $\in P$ 表.

关于方程(1),Aubry[53] 在 1911 年曾猜想:当 $|k| = \sqrt{pq+4}$,p,q 均为素数(即 $|k+2|$ 和 $|k-2|$ 均为素数)时,若 $0 < k \not\equiv 3 (\bmod 8)$ 或 $0 > k \equiv 3 (\bmod 8)$,则方程(1)无整数解.

由 Pocklington[54] 和张明志[56] 的结果可推出 Aubry 猜想是正确的.但是他们的方法都未能导出 Aubry 的全部断言.

1986 年,郑德勋[57] 给出猜想的一个完整的自给的证明.他证明了下面的定理.

定理 3 当 $|k+2|$ 和 $|k-2|$ 均为素数时,若 $0 > k \equiv 3 (\bmod 8)$ 或 $0 < k \equiv 1,5,7 (\bmod 8)$,则方程(1)无整数解.

同时,郑德勋还证明了 Aubry 断言对 k 值模 8 分类而言是不可改进的.

目前,对于 $|k| \leqslant 100$ 时方程(1)是否可解已全部得到解决,例如在 $0 \leqslant k \leqslant 100$ 时,P 表的 k 值仅有:0,1,3,4,5,6,9,10,11,15,18,19,20,21,22,25,28,29,30,32,35,37,39,40,43,45,46,50,51,53,54,58,59,

65,69,70,72,74,75,76,80,81,82,88,91,93,97.

1987 年,郑德勋[58]对方程(1)的可解性提供了一个新的判别法,且在有解时可具体地给出一个或多个互素的解来.

定理 4　设 $k > 2$,且

$$k - 2 = a^2 + b^2, k + 2 = a_1^2 + b_1^2 \tag{6}$$

则当存在 $|\lambda_1| = |\lambda_2| = 1$ 使

$$d_1 = a + \lambda_1 a_1, d_2 = b + \lambda_2 b_1 \tag{7}$$

$$d_1^2 + d_2^2 = d^2, d_1 d_2 \neq 0 \tag{8}$$

时,方程(1)有解

$$x = 2d' \mid ad'_2 - bd'_1 \mid$$

$$y = \mid (ad'_1 + bd'_2)(\lambda_1 \lambda_2 a_1 d'_1 + b_1 d'_2) \mid$$

$$z = \frac{1}{4} \mid (k-2)(b_1 d'_2 + \lambda_1 \lambda_2 a_1 d'_1)^4 -$$

$$(k+2)(bd'_2 + ad'_1)^4 \mid$$

这里的 $d'_1 = \dfrac{d_1}{(d_1, d_2)}, d'_2 = \dfrac{d_2}{(d_1, d_2)}, d' = \dfrac{d}{(d_1, d_2)}.$

证　由于容易验证

$$[k(u^2 - v^2)^2 - 2(u^4 - v^4)]^2 +$$

$$k[k(u^2 - v^2)^2 - 2(u^4 - v^4)](2uv)^2 + (2uv)^4 =$$

$$[(k-2)u^4 - (k+2)v^4]^2$$

故只要证明,在定理 4 的条件下可取 $uv \neq 0$ 使得

$$\mid k(u^2 - v^2)^2 - 2(u^4 - v^4) \mid =$$

$$\mid u^2 - v^2 \mid \mid (k-2)u^2 - (k+2)v^2 \mid$$

为一非零平方数即可.为此,令 $st \neq 0$ 使

$$\begin{cases} u^2 - v^2 = s^2 \\ (k-2)u^2 - (k+2)v^2 = t^2 \end{cases}$$

由此得出

307

$$\begin{cases} (k-2)s^2 = t^2 + 4v^2 \\ (k+2)s^2 = t^2 + 4u^2 \end{cases}$$

由假设条件式(6)知,对任意整数 ξ,η,ξ_1,η_1 和 $\varepsilon_i = \pm 1(i=1,2)$,上式可有解

$$s = \xi^2 + \eta^2, t = a(\xi^2 - \eta^2) - 2\varepsilon_1 b\xi\eta$$

$$2v = b(\xi^2 - \eta^2) + 2\varepsilon_1 a\xi\eta$$

$$s = \xi_1^2 + \eta_1^2, t = a_1(\xi_1^2 - \eta_1^2) - 2\varepsilon_2 b_1\xi_1\eta_1$$

$$2u = b_1(\xi_1^2 - \eta_1^2) + 2\varepsilon_2 a_1\xi_1\eta_1$$

故以下只要证在定理条件下必可选得 ξ,η,ξ_1,η_1 和 $\varepsilon_i = \pm 1(i=1,2,3)$ 使得 $stuv \neq 0$,且

$$\xi^2 + \eta^2 = \xi_1^2 + \eta_1^2$$

$$a(\xi^2 - \eta^2) - 2\varepsilon_1 b\xi\eta = \varepsilon_3[a_1(\xi_1^2 - \eta_1^2) - 2\varepsilon_2 b_1\xi_1\eta_1]$$

为此令 $\xi = \xi_1, \eta = \eta_1$,则后一式给出

$$f(\xi,\eta) = (a - \varepsilon_3 a_1)\xi^2 - (a - \varepsilon_3 a_1)\eta^2 -$$
$$2\varepsilon_1(b - \varepsilon_1\varepsilon_2\varepsilon_3 b_1)\xi\eta = 0$$

再取 $\varepsilon_3 = -\lambda_1, \varepsilon_1 = 1, \varepsilon_2 = \lambda_1\lambda_2$,则由假设条件(7)有

$$f(\xi,\eta) = d_1\xi^2 - 2d_2\xi\eta - d_1\eta^2 = 0$$

再由假设条件(8)知,上式可写为

$$d_1 f(\xi,\eta) = (d_1\xi - d_2\eta)^2 - d^2\eta^2 = 0$$

由此可知 $\xi = d_2 - d_1, \eta = d_1$ 满足 $f(\xi,\eta) = 0$. 下面只要验证按这种方法选取的 $stuv \neq 0$ 即可. 这一步我们留给读者去完成. 证毕.

由定理 4 可推出下面的推论.

推论 设 $t_0 = 1, t_1 = 7, t_{n+2} = 6t_{n+1} - t_n$,则当 $n > 0, k = (t_n \pm 1)^2 + 2$ 时,方程(1)有解.

证 因为此时有 $k - 2 = (t_n \pm 1)^2 + 0^2, k + 2 = (t_n \pm 1)^2 + 2^2$,故取 $a = t_n \pm 1, b = 0, a_1 = 2, b_1 = t_n \pm 1, \lambda_1 = \mp 1, \lambda_2 = 1$,则有 $d_1 = t_n \pm 1 \mp 2 = t_n \mp 1, d_2 = t_n \pm$

1. 因为 $n > 0$ 时有 $t_n \geqslant 7$，故 $d_1 d_2 \neq 0$，且 $d_1^2 + d_2^2 = (t_n \mp 1)^2 + (t_n \pm 1)^2 = 2(t_n^2 + 1)$. 又因

$$t_n = \frac{\varepsilon^{2n+1} + \bar{\varepsilon}^{2n+1}}{2}, \varepsilon = 1 + \sqrt{2}, \bar{\varepsilon} = 1 - \sqrt{2}$$

故有 $u_n = \dfrac{\varepsilon^{2n+1} - \bar{\varepsilon}^{2n+1}}{2\sqrt{2}}$ 使得 $t_n^2 - 2u_n^2 = -1$，于是知

$$d_1^2 + d_2^2 = 2(t_n^2 + 1) = (2u_n)^2$$

这就验证定理 4 的条件全部得到满足，证毕.

对于一般的丢番图方程

$$ax^4 + bx^2 y^2 + cy^4 = dz^2, (x, y) = 1, xy \neq 0 \quad (9)$$

利用初等方法还可以得出一些结果. 例如 $d = a$ 时，方程(9)化为

$$y^2(bx^2 + cy^2) = a(z - x^2)(z + x^2)$$

可利用分解因子法(见第 2 章 2.2 节)加以研究；或者，方程(9)的左端可分解，化为

$$(a_1 x^2 + b_1 xy + c_1 y^2)(a_2 x^2 + b_2 xy + c_2 y^2) = dz^2$$

根据唯一分解定理使问题得到展开. 在这方面，Sinha[59] 证明了当 $(a,b,c,d) = (3,10,3,3)$ 或 $(1,3,9,1)$ 时，方程(9)无解；当 $(a,b,c,d) = (3,-2,-1,3)$ 或 $(1,1,1,3)$ 时，方程(9)仅有解 $x^2 = y^2 = 1$；当 $(a,b,c,d) = (-1,10,-9,3)$ 时，方程(9)仅有解 $y^2 = 1, x^2 = 1$ 或 9.

此外，对丢番图方程

$$ax^4 + by^4 = cz^2 \quad (x, y = 1)$$

也有过一些工作[54]，例如 Mordell[60] 利用分解因子法和无穷递降法证明了：设

① $d = p, p \equiv 7, 11 \pmod{16}$；或

② $d = 2p, p \equiv \pm 3 \pmod{8}$；或

③$d = 4p, p \equiv \pm 3, -5 \pmod{16}$；或

④$d = -p, p \equiv \pm 3, -5 \pmod{16}$；

则丢番图方程

$$x^4 + dy^4 = z^2, (x, y) = 1 \tag{10}$$

无正整数解.

同样方法可研究方程(10)当 $d = pq, 2pq$ 或 $4pq$，p, q 是不同的奇素数时的解.

7.6　一些四元四次丢番图方程

四元四次丢番图方程

$$ax^4 + by^4 + cz^4 = dw^4 \quad (abcd \neq 0) \tag{1}$$

的研究是很困难的. Euler 有一个著名的猜想是：丢番图方程

$$x^4 + y^4 + z^4 = w^4 \quad (xyz \neq 0) \tag{2}$$

没有整数解. Ward[61],[62] 证明了当 $w < 10\,000$ 时 Euler 猜想是正确的. Lander, Parkin 和 Selfridge[63] 把 w 的上界推到 220 000.

1981 年, Guy[64] 指出, 不仅对方程(2), 甚至连丢番图方程

$$x^4 + y^4 + z^4 = w^2 \tag{3}$$

是否有解也未解决. 1983 年, 郑格于[65] 找到了方程 (3) 的无穷多组解

$$\begin{cases} x = a^4 - b^4 \\ y = 2a^3 b - 2ab^3 \\ z = 2a^3 b + 2ab^3 \\ w = (a^2 + b^2)^4 - 4a^2 b^2 (a^2 - b^2)^2 \end{cases}$$

310

（参阅第 2 章 2.2 节）. 但方程（3）的全部整数解的表达式仍没有找到. 在日本京都大学主办的"丢番图问题"（1988 年 2 月）会议上①，Noam D. Elkies 利用椭圆曲线证明了方程（2）有无穷多组解，并且用计算机找到了一组解

$$x = 2\,682\,440, y = 15\,365\,639$$
$$z = 18\,796\,760, w = 20\,615\,673$$

这就否定了 Euler 猜想.

现在我们给出方程（1）在两个特殊情况下构造部分解的方法.

I. 对于丢番图方程

$$x^4 + y^4 = z^4 + w^4 \tag{4}$$

令 $x = at + c, y = bt - d, z = at + d, w = bt + c$，这里 a, b, c, d 是参数，代入（4）得

$$(at + c)^4 + (bt - d)^4 = (at + d)^4 + (bt + c)^4 \tag{5}$$

由式（5）展开知，含 t^4 项与常数项两端分别相等. 现令含 t^3 的两端系数相等，得出

$$c(a^3 - b^3) = d(a^3 + b^3)$$

显然此在 $c = a^3 + b^3, d = a^3 - b^3$ 时成立，于是在 $c = a^3 + b^3, d = a^3 - b^3$ 时式（5）化为

$$6(a^2 c^2 + b^2 d^2)t^2 + 4(ac^3 - bd^3)t =$$
$$6(a^2 d^2 + b^2 c^2)t^2 + 4(ad^3 + bc^3)t$$

两端除以 $2t$ 得出

$$3t(a^2 - b^2)(c^2 - d^2) = 2(ad^3 - ac^3 + bc^3 + bd^3)$$

把 $c = a^3 + b^3, d = a^3 - b^3$ 代入上式并解出 t，于是得到

---

① 见《中国数学会通讯》1988 年 6 月（第 2 期），第 11 页.

方程(4)的无穷多组解

$$x = a^7 + a^5 b^2 - 2a^3 b^4 + 3a^2 b^5 + ab^6$$
$$y = a^6 b - 3a^5 b^2 - 2a^4 b^3 + a^2 b^5 + b^7$$
$$z = a^7 + a^5 b^2 - 2a^3 b^4 - 3a^2 b^5 + ab^6$$
$$w = a^6 b + 3a^5 b^2 - 2a^4 b^3 + a^2 b^5 + b^7$$

Ⅱ. 可以证明丢番图方程

$$x^4 + y^4 + 4z^4 = w^4 \tag{6}$$

有无穷多组整数解,例如

$$x = a^4 - 2b^4, y = 2a^3 b, z = 2ab^3, w = a^4 + 2b^4 \tag{7}$$

构造这组解的方法是,把求方程(6)的整数解化为求方程

$$X^4 + Y^4 + 4Z^4 = 1 \tag{8}$$

的有理解. 令

$$X^2 + 2YZ = 1$$

则

$$Y^4 + 4Z^4 = 1 - X^4 = 1 - (1 - 2YZ)^2$$
$$(Y^2 + 2Z^2)^2 = 4YZ$$
$$Y^2 + 2Z^2 = 2\sqrt{YZ}$$

令 $Y = t^2 Z, t$ 为有理数,则有

$$(t^4 + 2)Z = 2t, Z = \frac{2t}{t^4 + 2}, Y = \frac{2t^3}{t^4 + 2}$$

因为 $(Y^2 - 2Z^2)^2 = 4YZ(1 - 2YZ) = 4YZX^2$

故 $$X = \frac{Y^2 - 2Z^2}{2\sqrt{YZ}} = \frac{t^4 - 2}{2t}Z = \frac{t^4 - 2}{t^4 + 2}$$

这就得出方程(8)有有理解

$$X = \frac{t^4 - 2}{t^4 + 2}, Y = \frac{2t^3}{t^4 + 2}, Z = \frac{2t}{t^4 + 2}$$

令 $t = \frac{a}{b}, a, b \in \mathbf{Z}, b \neq 0$,则方程(8)的有理解为

312

$$X = \frac{a^4 - 2b^4}{a^4 + 2b^4}, Y = \frac{2a^3 b}{a^4 + 2b^4}, Z = \frac{2ab^3}{a^4 + 2b^4}$$

于是给出方程(6)有解(7).

由于方程(6)可化为

$$(y^2 + 2yz + 2z^2)(y^2 - 2yz + 2z^2) =$$
$$(w^2 - x^2)(w^2 + x^2)$$

故用分解因子法,可给出方程(6)的一些新解.

最后,对五元四次丢番图方程

$$x_1^4 + x_2^4 + x_3^4 + x_4^4 = x_5^4 \quad ((x_1, \cdots, x_5) = 1) \quad (9)$$

1911 年,Norrie[66] 找到了一组解

$$30^4 + 120^4 + 272^4 + 315^4 = 353^4$$

现在的问题是,方程(9)有参数解吗? 能给出方程(9)的全部解吗? 这是一个不易回答的问题.

参 考 资 料

[1]Ljunggren, W., Arch. Math. Naturvid. 45, No. 5(1942), 61-70.

[2]Ljunggren, W., J. London Math. Soc., 41(1966), 542-544.

[3]Cohn, J. H. E., Proc. London Math. Soc., 16(1966), 153-166.

[4]Cohn, J. H. E., Addendum, Proc. London Math. Soc., 17(1967), 381.

[5]Bumby, R. T., Math. Scand., 21(1967), 144-148.

[6]Cohn, J. H. E., Math. Scand. 21(1967), 61-70.

[7]柯召,孙琦,四川大学学报(自然科学版),1(1975),57-61.

[8]Cohn, J. H. E., Quart. J. Math. Oxford (3), 26(1975), 279-281.

[9]柯召,孙琦,四川大学学报(自然科学版),4(1979),5-9.

[10]柯召,孙琦,四川大学学报(自然科学版),2(1983),1-3.

[11]柯召,孙琦,科学通报,16(1979),721-723.

[12]柯召,孙琦,数学学报,6(1980),922-926.

[13]柯召,孙琦,四川大学学报(自然科学版),3(1980),37-43.

[14]柯召,孙琦,数学年刊,1(1980),83-88.

[15]曹珍富,哈尔滨工业大学学报,4(1981),53-58.

[16]曹珍富,哈尔滨工业大学学报,2(1983),133-138.

[17]曹珍富,数学杂志,3(1983),227-235.

[18]康继鼎,万大庆,周国富,数学研究与评论,1(1983),83-84.

[19]贾广聚,曹珍富,哈尔滨师范大学学报(自然科学版),1(1985),78-82.

[20]康继鼎,周国富,万大庆,赵立人,中国科学技术大学学报,2(1982),119-121.

[21]朱南,罗明,胡世明,四川大学学报(自然科学版),4(1984),105-106.

[22]朱卫三,数学学报,5(1985),681-683.

[23]曹珍富,自然杂志,2(1987),151.

[24]曹珍富,哈尔滨工业大学科研报告,253(1982),8-9.

[25]曹珍富,曹玉书,黑龙江大学自然科学学报,1(1985),22-27,MR 87b:11021.

[26] Ljunggren, W., Skr. Norske Vid-Akad. Oslo I Mat.-Naturv. KI. 1936,No. 12.

[27]Mordell,L. J.,J. London Math. Soc.,39(1964),161-164.

[28]Cohn,J. H. E.,J. London Math. Soc.,42(1967),475-476.

[29]Cohn,J. H. E., Acta Arith.,28(1975/1976),No. 3,273-275.

[30]Cohn,J. H. E.,Math. Scand.,42(1978),180-188.

[31]柯召,孙琦,数学年刊,4(1981),491-495.

[32]戴宗恕,曹珍富,哈尔滨工业大学科研报告,253(1982),1页(见"关于丢番图方程 $x^2-Dy^4=1$"一文,哈尔滨工业大学学报).

[33]Barrucand,P. and Cohn,H.,J. Reine Angew. Math.,262/263(1973),400-414.

［34］Ljunggren，W. ，Skr. Norske Vid. Akad. Oslo，I. No. 9
（1942），53pp. MR6（1945），169.

［35］Ljunggren，W. ，Avh. Norske Vid. Akad. Oslo，I. No. 5
（1942），27pp.

［36］Cohn，J. H. E. ，Pacific J. Math. 3（1972），631-646.

［37］Mordell，L. J. ，Acta Arith. ，15（1969），269-272.

［38］Ljunggren，W. ，Arch. Math. Naturv. ，48（1946），Nr. 7，26-
29.

［39］Cassels，J. W. S. ，Proc. London Math. Soc. （3），14A
（1965），55-57.

［40］Cohn，J. H. E. ，Pacific J. Math. ，37（1971），331-335.

［41］Ponnudurai，T. ，J. London Math. Soc. （2），10（1975），232-
240.

［42］宣体佐，北京师范大学学报（自然科学版），3（1982），27-33.

［43］曹珍富，哈尔滨工业大学科研报告，253（1982），13.

［44］Jeyaratnam，S. ，Pacific J. Math. ，60（1975），No. 1，183-187.

［45］Ljunggren，W. ，Math. Scand. ，21（1967），149-158.

［46］柯召，孙琦，四川大学学报（自然科学版），4（1979），1-3.

［47］姚琦，山东大学学报（自然科学版），2（1983），16-19.

［48］Velupillai，M. ，Bull. Cal. Math. Soc. ，68（1976），275-278.

［49］Cohn，J. H. E. ，Pacific J. Math. ，26（1968），233-243.

［50］Tzanakis，N. ，J. Number Theory，17（1983），144-164.

［51］Tzanakis，N. ，Acta Arith. ，46（1986），257-269.

［52］Turk，J. W. M. ，Products of integers in Short intervals，
Econometric Institute，Erasmus University，Rotterdam，
Report 8228/M，P. 37.

［53］Dickson，L. E. ，History of the Theory of Numbers，Vol.
Ⅱ. Chelsea Publishing Company，New York，1952.

［54］Pocklington，H. C. ，Proc. Camb. Phil. Soc. ，17（1914），110-
118.

［55］Sinha，T. N. ，Amer. J. Math. ，100（1978），585-590.

[56]张明志,四川大学学报(自然科学版),2(1983),24-31.

[57]郑德勋,四川大学学报(自然科学版),3(1986),10-15.

[58]郑德勋,科学通报,8(1987),571-572.

[59]Sinha,T. N. ,Math. Stud. ,43(1975),61-64.

[60]Mordell,L. J. ,Q. J. Math. ,(2),18(1967),1-6.

[61]Ward,M. ,Proc. Nat. Acad. Sci. ,31(1945),125-127.

[62]Ward,M. ,Duke Math. J. ,15(1948),827-837.

[63]Lander, L. J. , Parkin, T. R. and Selfridge, J. L. , Math.
     Comp. ,21(1967),446-453.

[64]Guy,R. K. ,Unsolved problems in number theory,Section
     D1,Springer,New York,1981.

[65]郑格于,初等数学论丛,6(1983),56-70.

[66]Norrie,R. ,Univ. of St. Andrews 500th Anniv. Mem. Vol. ,
     Edinburgh,1911,89.

[67]Ljunggren,W. ,Norske Vid. Selsk. Forhdl. ,24(1952),82-
     84.

高次丢番图方程

本章介绍各种类型的高次丢番图方程的解法和主要结果.

第

8

章

8.1 丢番图方程 $x^{2n} - Dy^2 = 1$ 和 $x^2 - Dy^{2n} = 1$

丢番图方程
$$x^{2n} - Dy^2 = 1$$
（$n > 1, D > 0$ 且不是平方数）

(1)

的可解性,在 $n = 2$ 时已经有过大量的工作(参阅第 7 章 7.1 节). 现在我们来研究 $n > 2$ 的情形. 1986 年, 曹珍富[1] 证明了下面的定理.

定理 1 如果 $n > 2$, 且 Pell 方程 $X^2 - DY^2 = -1$ 有整数解, 那么方程 (1) 仅在 $n = 5, D = 122$ 时有正整数解 $x = 3, y = 22$.

这个定理的证明用到了方程

$$x^p + 1 = 2y^2 \quad (p \text{ 是素数} > 3) \qquad (2)$$

和

$$x^p - 1 = 2y^2 \quad (p \text{ 是素数} > 3) \qquad (3)$$

的结果. 在 $p = 3$ 时, 方程(2)和(3)的全部解已在第 6 章的 6.2 节中给出, 即方程 $x^3 + 1 = 2y^2$ 仅有整数解 $(x, y) = (-1, 0), (1, \pm 1)$ 和 $(23, \pm 78)$, 而方程 $x^3 - 1 = 2y^2$ 仅有整数解 $(x, y) = (1, 0)$.

Nagell[12] 和曹珍富[3] 分别用不同的方法给出了方程(3)的全部解, 证明了方程(3)仅有正整数解 $p = 5, x = 3, y = 11$. 对方程(2), 我们有下面的定理[3].

定理 2　如果方程(2)有正整数解, 那么除 $x = y = 1$ 外必有 $2p \mid y$.

证　由方程(2)得

$$(x + 1)\left(\frac{x^p + 1}{x + 1}\right) = 2y^2$$

由于 $\left(x + 1, \dfrac{x^p + 1}{x + 1}\right) = 1$ 或 p, 故上式给出

$$x + 1 = 2y_1^2, \frac{x^p + 1}{x + 1} = y_2^2, y = y_1 y_2 \qquad (4)$$

或

$$x + 1 = 2py_1^2, \frac{x^p + 1}{x + 1} = py_2^2, y = py_1 y_2 \qquad (5)$$

由本章后面的 8.3 节知, 式(4)的第二式给出 $x = 1$, $y_2 = 1$, 故给出方程(2)有正整数解 $x = 1, y = 1$.

对于式(5), 此时已有 $p \mid y$, 故只需证明 $2 \mid y$. 为此, 设 $2 \nmid y$, 则由式(5)的第一式给出 $x \equiv 1 \pmod 4$, 这就有 $(-x) + 1 \equiv 0 \pmod 4$, 于是由第 2 章 2.5 节的例 2 知方程 $\dfrac{(x)^p - 1}{(-x) - 1} = py_2^2$ 无解, 这就证明式(5)的中

间一式不成立. 于是有 $2 \mid y$, 从而 $2p \mid y$. 证毕.

现在我们给出定理 1 的证明. 设 $X^2 - DY^2 = -1$ 的基本解为 $\delta = X_0 + Y_0 \sqrt{D}$, 则由第 5 章 5.3 节可知, 方程(1)给出

$$x^n + y\sqrt{D} = \delta^{2m} \quad (m > 0)$$

令 $\overline{\delta} = X_0 - Y_0 \sqrt{D}$, $\delta\overline{\delta} = -1$, 则上式给出

$$x^n = \frac{\delta^{2m} + \overline{\delta}^{2m}}{2} = 2\left(\frac{\delta^m + \overline{\delta}^m}{2}\right)^2 - (-1)^m \quad (5')$$

由 $n > 2$ 知必有 $4 \mid n$ 或 $p \mid n, p$ 为奇素数. 在 $4 \mid n$ 时, 可设 $n = 4r, r > 0$, 则式 $(5')$ 为

$$(x^r)^4 - 2\left(\frac{\delta^m + \overline{\delta}^m}{2}\right)^2 = (-1)^{m+1}$$

此由方程 $x^4 - 2y^2 = \pm 1$ 的结果知, 仅给出 $x^r = 1$, 这由方程(1)知 $y = 0$, 不是方程(1)的正整数解.

在 $p \mid n$ 时, 可设 $n = pr, r > 0$, 则式 $(5')$ 化为

$$(x^r)^p + (-1)^m = 2\left(\frac{\delta^m + \overline{\delta}^m}{2}\right)^2 \quad (6)$$

在 $2 \mid m$ 时, 由定理 2 知 $2p \mid \dfrac{\delta^m + \overline{\delta}^m}{2}$, 但由 $2 \mid m$, 设 $m = 2l$ 得

$$\frac{\delta^{2l} + \overline{\delta}^{2l}}{2} = 2\left(\frac{\delta^l + \overline{\delta}^l}{2}\right)^2 - (-1)^l$$

为奇数, 故式(6)给出 $2 \nmid m$, 即有

$$(x^r)^p - 1 = 2\left(\frac{\delta^m + \overline{\delta}^m}{2}\right)^2$$

此由关于方程(3)的结果知, 仅有

$$p = 5, x^r = 3, \frac{\delta^m + \overline{\delta}^m}{2} = 11$$

由此给出方程(1)仅有正整数解 $n = 5, D = 122, x = 3$,

$y = 22$. 证毕.

利用这种方法,曹珍富[3-4]还证明了以下一系列结果.

定理 3 设 $\varepsilon = u_0 + v_0\sqrt{D}$ 为 Pell 方程 $u^2 - Dv^2 = 1$ 的基本解,则方程(1)的正整数解不满足

$$x^n + y\sqrt{D} = \varepsilon^{4m} \quad (n > 2, m > 0)$$

定理 4 设 $n > 2$,$D \equiv 0 \pmod 2$ 且方程 $u^2 - Dv^2 = 2\eta(\eta = \pm 1)$ 有整数解,则方程(1)无正整数解.

这个定理的证明用到了方程 $x^n \pm 1 = y^2$ 的结果(本章 8.3 节).

推论 1 设 $n > 2$,$D = 2p$,$p \equiv 3 \pmod 4$ 是素数,则方程(1)无正整数解.

推论 2 设 $n > 2$,$D = 2(2t^2 \pm 1)$,$t \in \mathbf{Z}$,则方程(1)无正整数解.

对 $n = 3$,我们有下面的定理[4].

定理 5 设方程 $u^2 - Dv^2 = 2\eta(\eta = \pm 1)$ 有整数解,则方程 $x^6 - Dy^2 = 1$ 除开 $D = 7$,$x = 2$,$y = 3$ 外,无其他的正整数解.

定理 6 设 $D \equiv 3 \pmod 8$ 且 Pell 方程 $u^2 - Dv^2 = 1$ 的基本解 $\varepsilon = u_0 + v_0\sqrt{D}$ 满足 $2 \mid u_0$,则方程 $x^6 - Dy^2 = 1$ 除开

$$D = 6\,083(= 7 \times 11 \times 79), x = 23, y = 156$$

外,无其他的正整数解.

显然,在研究方程(1)的过程中,方程(2)起了决定性作用.曹珍富[5]提出了如下猜想:丢番图方程(2)在 $p > 3$ 时仅有正整数解 $x = y = 1$.这个猜想如果得到证明,那么定理 3 ~ 6 都将得到很大的改进.进而可能

证明：在 $n > 2$ 时方程(1)的正整数解 x,y 满足 $x^n + y\sqrt{D} = \varepsilon$，这里 ε 为 Pell 方程 $u^2 - Dv^2 = 1$ 的基本解.

Tartakowski[6] 对于丢番图方程

$$x^{2n} - Dy^{2n} = 1 \quad (n > 2, D > 0 \text{ 且不是平方数})$$

$$(7)$$

证明了下面的定理.

定理 7　设 Pell 方程 $u^2 - Dv^2 = 1$ 的基本解为 ε，则方程(7)的正整数解 x,y 满足

$$x^n + y^n \sqrt{D} = \varepsilon \text{ 或 } \varepsilon^2$$

且 ε^2 仅出现有限次.

他在方程 $X^2 - DY^2 = -1$ 有整数解时证明了方程(7)仅有解 $y = 0$. 这一结果包含在定理 1 中. 此外，对定理 7 中 ε^2 出现的次数可进一步证明为 1，且 ε^2 出现时必有 $D \equiv 7 \pmod 8$. 如果 $2 \mid n$，那么 ε^2 不出现.

对于比方程(7)更为一般的方程

$$x^{2n} - Dy^{2m} = 1 \quad (D > 0 \text{ 且不为平方数}, n > 1, m > 1)$$

$$(8)$$

曹珍富[4] 还证明了下面的定理.

定理 8　设方程 $u^2 - Dv^2 = 2\eta(\eta = \pm 1)$ 有整数解，则方程(8)无整数解.

定理 9　设 $D \equiv 3 \pmod 8$ 且 Pell 方程 $u^2 - Dv^2 = 1$ 的基本解 $u_0 + v_0\sqrt{D}$ 满足 $2 \mid u_0$，则在 $m > 2$ 时，方程(8)无正整数解.

Ljunggren[7] 考虑了丢番图方程

$$x^2 - Dy^{2n} = 1 \quad (n > 2, D > 0 \text{ 且不是平方数})$$

$$(9)$$

的解，他用 Siegel[8] 的一个结果和定理 7 证明了下面的定理.

定理 10 设 $n > 3$，$D+1$ 不是平方数，则方程(9)最多有两组正整数解 x,y. 如果 $n=3$，那么对所有 D，方程(9)都最多有两组正整数解.

对于 $D+1$ 是一个平方数，Ljunggren 证明：如果 D 超过一个仅取决于 n 的某个界限，那么方程(9)也最多有两个正整数解.

曹珍富[9] 利用方程(1)的一个结果(定理1)，证明了下面的定理.

定理 11 设 $D \equiv 2,5 \pmod 8$，且 Pell 方程 $X^2 - DY^2 = -1$ 有整数解，则方程(9)无正整数解.

证 设 $\delta = X_0 + Y_0\sqrt{D}$ 是 Pell 方程 $X^2 - DY^2 = -1$ 的基本解，如果方程(9)有正整数解 x,y，那么

$$x + y^n\sqrt{D} = \delta^{2m} \quad (m > 0)$$

令 $\bar{\delta}$ 满足 $\delta\bar{\delta} = -1$，则上式给出

$$y^n = \frac{\delta^{2m} - \bar{\delta}^{2m}}{2\sqrt{D}} = 2\left(\frac{\delta^m + \bar{\delta}^m}{2}\right)\left(\frac{\delta^m - \bar{\delta}^m}{2\sqrt{D}}\right) \quad (10)$$

因为

$$\left(\frac{\delta^m + \bar{\delta}^m}{2}\right)^2 - D\left(\frac{\delta^m - \bar{\delta}^m}{2\sqrt{D}}\right)^2 = (-1)^m$$

故

$$\left(\frac{\delta^m + \bar{\delta}^m}{2}, \frac{\delta^m - \bar{\delta}^m}{2\sqrt{D}}\right) = 1$$

所以式(10)给出

$$\frac{\delta^m + \bar{\delta}^m}{2} = 2^{n-1}y_1^n,\ \frac{\delta^m - \bar{\delta}^m}{2\sqrt{D}} = y_2^n,\ y = 2y_1y_2 \quad (11)$$

或

$$\frac{\delta^m + \bar{\delta}^m}{2} = y_1^n,\ \frac{\delta^m - \bar{\delta}^m}{2\sqrt{D}} = 2^{n-1}y_2^n,\ y = 2y_1y_2 \quad (12)$$

由式(11)得出

$$(2^{n-1}y_1^n)^2 - Dy_2^{2n} = (-1)^m$$

此在
$$D \equiv 2(\bmod 8)$$
时显然不成立. 而在
$$D \equiv 5(\bmod 8)$$
时, 对上式取模 8 得 $-5 \equiv (-1)^m (\bmod 8)$, 此不可能. 现由式 (12) 得
$$y_1^{2n} - D(2^{n-1}y_2^n)^2 = (-1)^m$$
取模 4 知 $2 \mid m$, 故由定理 1 知, 此时也不可能. 这就证明了定理 11. 证毕.

由定理 11 可知, 设 $D = 2, p$ 或 $2p$, 这里 $p \equiv 5(\bmod 8)$ 是素数, 则方程 (9) 无正整数解; 设
$$D = (2k+1)^2 + 1 \text{ 或 } D = (4k+2)^2 + 1 \quad (k \in \mathbf{Z})$$
则方程 (9) 无正整数解.

由方程 (1) 和 (9) 的结果可以推出 $\binom{n}{2}$ 不是一个 $2k$ 次幂 $(k > 1)$. 这是 Erdös 关于组合数 $\binom{m}{n}$ 猜想的偶指数情形的最后解决[10]. 同时, 由于 Pell 方程 $x^2 - Dy^2 = 1$ 的解 x_n 和 y_n 各构成一个 Pell 序列
$$x_0 = 1, x_1 = a, x_{n+2} = 2ax_{n+1} - x_n \qquad (13)$$
和
$$y_0 = 0, y_1 = b, y_{n+2} = 2ay_{n+1} - y_n \qquad (14)$$
这里 $\varepsilon = a + b\sqrt{D}$ 是 Pell 方程 $x^2 - Dy^2 = 1$ 的基本解. 故利用定理 1 和定理 11 可给出 Pell 序列 (13) 和 (14) 在某些条件下没有 $k(>2)$ 次方数, 例如有下面的推论.

推论 3[3]　设 $a = 2u^2 + 1$, 则 Pell 序列 (13) 中除 $x_0 = 1$ 和 $x_1 = 2 \times 11^2 + 1 = 3^5$ 外, 没有其他的 $k > 2$ 次

幂.

推论 4[10]　设 $a = 2u^2 + 1, b = 2uv$，这里 $u^2 - Dv^2 = -1$，且 $D \equiv 2,5 \pmod 8$，则 Pell 序列(14)中没有 $k > 2$ 次幂(除 $y_0 = 0$).

现取 $D = 5$，则 $u = 2, v = 1$，于是 $a = 9, b = 4$，Pell 序列(14)即为

$$y_0 = 0, y_1 = 4, y_{n+2} = 18y_{n+1} - y_n \qquad (15)$$

由推论 4 的结论知，序列(15)中除 $y_0 = 0$ 外没有一个 $k > 2$ 次幂.

最后指出，在 D 的某些更强的条件下，可以改进前面的某些定理，例如，王笃正和曹珍富[11]证明了在 $D \not\equiv 3 \pmod 4$ 时，方程(1)的正整数解 x, y 不满足

$$x^n + y\sqrt{D} = \varepsilon^{2m} \quad (n > 2, m > 0)$$

这里 $\varepsilon = u_0 + v_0\sqrt{D}$ 为 Pell 方程 $u^2 - Dv^2 = 1$ 的基本解. 在 $D \equiv 3 \pmod 4$ 时还可从如下的一个结果中得到一些补充.

定理 12　设 Pell 方程 $u^2 - Dv^2 = 1$ 的基本解 $\varepsilon = u_0 + v_0\sqrt{D}$ 满足 $2 \nmid u_0$，则方程(1)的正整数解 x, y 不满足

$$x^n + y\sqrt{D} = \varepsilon^{2m} \quad (n > 2, m > 0) \qquad (16)$$

推论 5　设 $D = pq, p, q$ 是素数，且

$$p \equiv 5 \pmod 8, q \equiv 7 \pmod 8, \left(\frac{q}{p}\right) = 1$$

则 Pell 方程 $u^2 - Dv^2 = 1$ 的基本解 $\varepsilon = u_0 + v_0\sqrt{D}$ 满足 $2 \nmid u_0$，故方程(1)的正整数解不满足式(16).

8.2 丢番图方程 $ax^2 + bx + c = dy^n$

对于丢番图方程

$$ax^2 + bx + c = dy^n \quad (n \geqslant 3, ad \neq 0) \quad (1)$$

这里 a, b, c, d 均是给定整数,一个已知的结果是由 Landau 和 Ostrowski[12] 以及 Thue[13] 给出的.

定理1 如果 $b^2 - 4ac \neq 0$,那么方程(1)最多只有有限个整数解 x, y.

Ljunggren 大力地研究了方程(1)的一些特殊情形,他[14] 证明了下面的定理.

定理2 设二次域 $Q(\sqrt{-D})$ 的类数 h 不被 n 整除,则丢番图方程 $1 + Dx^2 = 2y^n$(当 $D \equiv 1 \pmod 4$)和 $1 + Dx^2 = 4y^n$(当 $D \equiv 3 \pmod 4$)均没有满足 $y > 1$ 的整数解.

由此推出,方程 $1 + x^2 = 2y^n, n \geqslant 3$ 仅有正整数解 $x = 1, y = 1$,以及方程 $1 + 3x^2 = 4y^n, n \geqslant 3$ 仅有正整数解 $x = 1, y = 1$,等.

对于丢番图方程

$$x^2 + D = y^n \quad (n > 1) \quad (2)$$

1944 年,Ljunggren[15] 利用代数数论方法证明了下面的定理.

定理3 设 $D \equiv 1 \pmod 4, D > 0$ 无平方因子. 如果 $D - 1 = 2^{2k+1}D_1, 2 \nmid D_1, k \geqslant 0$,且 n 不整除 $Q(\sqrt{-D})$ 的类数,$2 \nmid n$,那么方程(2)无整数解.

当 $D = p^2, p$ 是一个素数时,方程(2)化为

$$x^2 + p^2 = y^n \quad (n > 1) \quad (3)$$

这时把 x,y,n 都看成变元来研究方程(3)的解数,Ljunggren[16] 证明了下面的定理.

定理 4 设 $D=p^2$,p 是素数且 $p^2-1=2^{2k+1}l$,$2\nmid l$,$k\geqslant 0$,那么方程(3)最多只有有限个正整数解 x,y 和 n.

1985 年,Kawamoto[17] 发现 Ljunggren 关于定理 4 的证明有误,因而他重新给出了一个完全的证明.

首先,在 $Q(\sqrt{-1})$ 中分解式(3)(注意 $D=p^2$),容易证明[16]:

① 设 $2\nmid n$ 且方程(3)有解,则 $y=a^2+1$ 或 a^2+p^2,$a\in\mathbf{Z}$.

② 设 $n=rs$,r,s 均是奇素数且方程(3)有解,则 $y=a^2+1$,$a\in\mathbf{Z}$.如果 $r\neq s$,那么方程(3)没有解.

③ 设 $2\nmid n$,$p^2-1=2^{2k+1}l$,$2\nmid l$,$k\geqslant 0$,则 $y=a^2+p^2$,$a\in\mathbf{Z}$ 时不满足方程(3).

其次,我们可以证明[17]

④ 设 $n=r^2$,r 是奇素数,且 $p^2-1=2^{2k+1}l$,$2\nmid l$,$k\geqslant 0$,则 $y=a^2+1$ 不满足方程(3).

证 若 $y=a^2+1$ 满足方程(3),则有

$$x^2+p^2=[(a^2+1)^r]^r$$

故得出

$$x+pi=[(a\pm i)^r]^r=(c+di)^r,\quad c+di=(a\pm i)^r \tag{4}$$

从(4)的第一式知 $d\mid p$,故 $d=\pm 1$ 或 $\pm p$.如果 $d=\pm 1$,那么(4)的后一式给出 $c^2+1=(a^2+1)^r$,这是方程 $x^2+1=y^r$(r 为奇素数)的特例(见 8.3 节),易知这不可能.于是 $d=\pm p$,从而

$$x^2+p^2=(c^2+p^2)^r$$

但这由 ③ 知也不可能. 这就证明了 ④.

由 ① ~ ④ 容易推出定理 4.

当 D 取一些具体数值时, 我们可以给出(2)的全部解. 例如, 1943 年, Ljunggren[18] 第一个给出了方程 $x^2 + 2 = y^n (n > 1)$ 的全部解. 后来, Nagell[19-20] 在 1955 年前后又给出了方程 $x^2 + 8 = y^n (n > 1)$ 的全部解. 1977 年, Brown[21] 在 $m \geqslant 3$ 为奇数, n 为奇素数且 (a)$2 \nmid y, n \not\equiv -1 (\mathrm{mod}\ 8)$ 或 (b)$2 \mid y, n > \dfrac{m-1}{2}, n \neq m$ 时解决了如下方程

$$x^2 + 2^m = y^n \quad (n > 2) \tag{5}$$

1983 年, Toyoizumi[22] 解决了方程(5)当 $y = 3$ 时的特殊情形. 1986 年, 曹珍富[23] 彻底解决了方程(5), 证明了下面的定理.

定理 5　方程(5)的全部正整数解为 $(m, n, x, y) = (6s + 1, 3, 2^{3s} \times 5, 2^{2s} \times 3)$, $(6s + 2, 3, 2^{3s} \times 11, 2^{2s} \times 5)$, $(4s + 5, 4, 2^{2s} \times 7, 2^s \times 3)$, $(10s + 5, 5, 2^{5s+3} \times 11, 2^{2s+1} \times 3)$ 和 $((2s + 3)(2t + 1) - 1, 2s + 3, 2^{(2s+3)(2t+1)^{-1}}, 2^{2t+1})$, 其中, s, t 为任意非负整数.

这个定理的证明, 主要困难在于解决 $2 \nmid y$ 的情形. 此时我们分成 $y \equiv 3 (\mathrm{mod}\ 4), y \equiv 5 (\mathrm{mod}\ 8)$ 和 $y \equiv 1 (\mathrm{mod}\ 8)$ 三部分来讨论:

①$y \equiv 3 (\mathrm{mod}\ 4)$ 时, 如果 $m = 1$, 那么由 $x^2 + 2 = y^n (n > 1)$ 仅有正整数解 $x = 5, y = 3, n = 3$ 知, 方程(5)仅有解 $(m, n, x, y) = (1, 3, 5, 3)$. 如果 $m > 1$, 那么对方程(5)取模 4 知 $2 \mid n$, 故用分解因子法易知, 仅有 $(m, n, x, y) = (5, 4, 7, 3)$.

②$y \equiv 5 (\mathrm{mod}\ 8)$ 时, 如果 $m \geqslant 3$, 那么方程(5)给

出 $2 \mid n$，故易知方程(5)仅给出 $(m,n,x,y)=(4,2,3,5)$. 如果 $m<3$，那么 $m=1$ 或 2. 易知 $m=1$ 不可能，所以 $m=2$，方程(5)化为

$$x^2+4=y^n \quad (2\nmid n)$$

由 Gauss 整数的性质知 $y=k^2+4$. 利用 Ljunggren 的一个定理(见第 7 章 7.3 节)知 $n\equiv 3(\bmod 4),k\equiv \pm 1(\bmod 5)$，于是利用 Pell 方程的解法知，仅有 $k=\pm 1$，给出方程(5)此时仅有解 $(m,n,x,y)=(2,3,11,5)$.

③$y\equiv 1(\bmod 8)$ 时，如果 $2\mid n$，易知不可能. 如果 $2\nmid n$，那么在 $2\mid m$ 时用 Gauss 整数的性质可证也不可能；而且在 $2\nmid m$ 时，在二次域 $Q(\sqrt{-2})$ 中讨论方程(5)，易知也不可能.

在 $2\mid y$ 时，定理 5 的证明需用方程

$$x^2+1=2y^n \quad (n>2) \tag{6}$$

$$2x^2+1=y^n \quad (n>2) \tag{7}$$

和

$$x^2+1=y^n \quad (n>1) \tag{8}$$

的结果. 方程(7)在 8.1 节中已经介绍过，方程(8)是 Catalan 猜想的特例，早已由 Lebesgue[4] 解决(一个证明见第 2 章 2.4 节). 而方程(6)是定理 2 的特例. 实际上，Störmer[25] 也曾解决了方程(6).

Brown[21] 还讨论了方程 $x^2+3^{2m+1}=y^p,3x^2+2^{2m}=y^p$ 以及 $2x^2+3^{2m}=y^p$(这里 $m\geqslant 0,p$ 为奇素数)的解.

Nagell[20] 对于方程

$$x^2+8D=y^n \quad (n\geqslant 3) \tag{9}$$

这里 D 无平方因子，$2\nmid D>0$，证明了若干定理，例如

他证明了下面的定理.

定理 6 设 $n > 3$ 是奇数, $Q(\sqrt{-2D})$ 的类数不被 n 整除. 若 $D \equiv 1 \pmod 3$, 则方程 (9) 没有整数解.

定理 7 设 $n = p^f$, $f \geqslant 1$, $p \equiv \pm 1 \pmod 8$ 为奇素数, 且 $Q(\sqrt{-2D})$ 的类数不被 n 整除, 则方程 (9) 最多有一个正整数解 x, y.

Brown[26] 还讨论了方程 (2) 当 $D = 3, 5$ 的情形, 例如他用代数数论的基本知识证明了下面的定理.

定理 8 方程 $x^2 + 3 = y^n$, $n > 2$ 没有解.

方程 $x^2 + 5 = y^n$, $n > 2$ 早已由 Nagell[27] 证明是没有解的. 当 $D \equiv 1$ 或 $2 \pmod 4$, $D > 0$ 无平方因子时, Nagell 还给出求方程 (2) 的全部整数解的方法.

Ljunggren[28] 对于丢番图方程

$$x^2 + 4D = y^n \quad ((y, 2) = 1) \tag{10}$$

证得下面的定理.

定理 9 设 $n = q$ 是奇素数, $D > 1$, $2 \nmid D$ 且 D 无平方因子 > 1. 如果 $Q(\sqrt{-D})$ 的类数不被奇素数 q 整除, 那么在 $q \not\equiv 3 \pmod 8$ 时, 方程 (10) 无整数解; 而在 $q \equiv 3 \pmod 8$ 时, 对给定 D, 方程 (10) 最多只有有限多组解 x, y 和素数 q, 且这些解可以有效计算.

例如 Ljunggren 给出两个例子:

例 1 丢番图方程

$$x^2 + 28 = y^z \quad (z > 1) \tag{11}$$

在第 6 章已解决了 $z = 3$ 的情形. 现设 $z > 3$, 则有[28] 方程 (11) 在 $2 \nmid yz$ 时无解.

例 2 丢番图方程

$$x^2 + 12 = y^z \quad (z > 1)$$

在 $2 \nmid z$ 时无解.

对于丢番图方程

$$cx^2 + D = y^n \quad (n > 1) \quad (12)$$

设 c, D 和 n 都是正奇数，$D > 1$ 和 cD 无平方因子 > 1，$Q(\sqrt{-cD})$ 的理想类数为 h，且令 $D + (-1)^{\frac{D+1}{2}} = 2^m \cdot D_1, 2 \nmid D_1$，则 Ljunggren[29],[30] 证明了以下三个定理：

定理 10 如果 $h \not\equiv 0 \pmod{n}, m \equiv 1 \pmod{2}$ 且 $cD \equiv 1 \pmod{4}$ 或 $cD \equiv 3 \pmod{8}, n \not\equiv 0 \pmod{3}$，那么方程 (12) 没有整数解 x, y.

定理 11 设 $n = q > 3$ 是素数，$cD \not\equiv 7 \pmod{8}$. 如果 $h \not\equiv 0 \pmod{q}, m \equiv 0 \pmod{2}$ 且 $q \not\equiv cD_1 \pmod{8}$，那么方程 (12) 无整数解 x, y.

定理 12 如果 $D \equiv 1 \pmod{4}, cD \not\equiv 7 \pmod{8}$ 且 $2 \mid m$，那么对给定的 c, D，在 $cD_1 \equiv 5 \pmod{8}$ 或 $c = 1, D_1 \equiv 3 \pmod{8}$ 时，方程 (12) 最多只有有限个正整数解 x, y 和 q（素数）.

1964 年，Ljunggren[28] 进一步证明了下面的定理.

定理 13 设 $n = p^f, p > 3$ 是素数，且 $h \not\equiv 0 \pmod{n}$. 如果 $p \not\equiv 3c(-1)^{\frac{c-1}{2}} \pmod{8}$ 或 $D \equiv 0 \pmod{p}$，那么丢番图方程

$$cx^2 + 4D = y^n \quad (n > 1, 2 \nmid y) \quad (13)$$

没有整数解.

证 由于两个主理想数 $[cx + 2\sqrt{-cD}]$ 与 $[cx - 2\sqrt{-cD}]$ 的最大公理想因子为 $[c, \sqrt{-cD}], [c] = [c, \sqrt{-cD}]^2$ 且易知 $(x, y) = 1$，故方程 (13) 给出

$$[cx + 2\sqrt{-cD}] = [c, \sqrt{-cD}] \cdot A^{p^f}$$

这里 A 是域 $Q(\sqrt{-cD})$ 中的一个理想数. 所以

$$\left[cx + 2\sqrt{-cD}\,\right]^2 = [c] \cdot A_1^{p^f} \quad (A_1 = A^2) \quad (14)$$

如果类数 h 被 $p^e(0 \leqslant e < f)$ 整除,但不被 p^{e+1} 整除,那么存在两个有理整数 α, β 使得

$$\alpha p^f - \beta h = p^e$$

因此由式(14),我们有

$$A_1^{p^e} \sim A_1^{\alpha p^f} \sim [1]$$

于是有理想数方程

$$\left[cx + 2\sqrt{-cD}\,\right]^2 = [c] \cdot \left[\frac{u + v\sqrt{-cD}}{2}\right]^{p^{f-e}}$$

$$(15)$$

这里 u, v 是有理整数,且 $u \equiv v \pmod{2}$. 因为 $p > 3$, $Q(\sqrt{-cD})$ 中的所有单位数是 p 次幂,故式(15)给出

$$(cx + 2\sqrt{-cD})^2 = c\left(\frac{u_1 + v_1\sqrt{-cD}}{2}\right)^p$$

$$u_1 \equiv v_1 \pmod{2} \quad (16)$$

由于可写 $\dfrac{u_1 + v_1\sqrt{-cD}}{2} = \left(\dfrac{a_1\sqrt{c} + b_1\sqrt{-D}}{2}\right)^2$, $a_1 \equiv b_1 \pmod{2}$, 故式(16)给出

$$x\sqrt{c} + 2\sqrt{-D} = \left(\frac{a_2\sqrt{c} + b_2\sqrt{-D}}{2}\right)^p$$

$$a_2 \equiv b_2 \pmod{2} \quad (17)$$

比较 $\sqrt{-D}$ 的系数,式(17)给出

$$2^{p+1} = \sum_{r=0}^{\frac{p-1}{2}} \binom{p}{2r+1} a_2^{p-1-2r} b_2^{2r+1} c^{\frac{p-1}{2}-r}(-D)^r \quad (18)$$

此给出 $b_2 \mid 2^{p+1}$, 故 $b_2 = \pm 2^s, 0 \leqslant s \leqslant p+1$. 现对式(18)取模 p 得

$$b_2^p(-D)^{\frac{p-1}{2}} \equiv 2^{p+1} \pmod{p}$$

此即

$$b_2\left(\frac{-D}{p}\right) \equiv 4(\bmod p)$$

$$b_2 \equiv \pm 4(\bmod p)$$

由于 $b_2 = \pm 2^s, 0 \leqslant s \leqslant p+1$，故在 $p > 5$ 时，上式给出 $s > 0$，于是 a_2, b_2 均是偶数，式（17）给出

$$x\sqrt{c} + 2\sqrt{-D} = (a\sqrt{c} + b\sqrt{-D})^p \qquad (19)$$

如果 $p = 5$，那么 $b_2 = \pm 1$，由式（18）得出 $D^2 \pm 16 = 5\left(\dfrac{ca_2^2 - D}{2}\right)^2$，对此取模 8 知不可能.

利用一些同余技巧，从式（19）可以获得定理 13 的证明. 用类似的方法，还可证明下面的定理.

定理 14 如果

$$h \not\equiv 0(\bmod n), D \equiv (-1)^{\frac{c+1}{2}}(\bmod 3)$$

且下列条件的一个成立：

①$c \equiv 0(\bmod 3)$.

②$c \equiv \pm 1(\bmod 8)$.

③$c \equiv \pm 3(\bmod 8)$ 且 $c \equiv (-1)^{\frac{c-1}{2}}(\bmod 3)$.

那么方程（13）没有整数解 x, y（在 $cD \equiv 3(\bmod 8)$ 时还要求 $n \not\equiv 0(\bmod 3)$）.

对于一个具体的方程 $3x^2 + 28 = y^n, n \geqslant 3$，用以上方法可以证明在 $n > 3$ 时无整数解.

对于丢番图方程

$$x^2 + D = 4y^n \quad (n > 2, x > 0, y > 0) \qquad (20)$$

这里 $D \equiv 3(\bmod 4)$ 是一个无大于 1 的平方因子的正整数，曾经有过很多工作. 例如，$D = 3, x = 2z + 1$，方程（20）化为

$$z^2 + z + 1 = y^n \quad (n > 2, z \geqslant 0, y > 0) \qquad (21)$$

Nagell[31] 证明了在 $3 \nmid n$ 时方程(21)没有 $y \neq 1$ 的整数解. 他同时还证明了方程

$$z^2 + z + 1 = 3y^n \quad (n > 2, z > 0, y > 0)$$

在 $z > 1$ 时没有解. Ljunggren[32] 给出方程(21)在 $n = 3$ 时仅有解 $y = 1$ 和 $y = 7$. Persson[33] 对于方程

$$z^2 + z + \frac{D+1}{4} = y^n \quad (n > 2, D > 3) \quad (22)$$

这里 $D \equiv 3 \pmod 4$, 证明了下面的定理.

定理 15　设 $n = p$ 是给定的奇素数, $Q(\sqrt{-D})$ 的类数 h 满足 $p \nmid h$, 则仅有有限个 D 使得方程(22)有解 x, y, 并且方程(22)的整数解 $y < \frac{1}{4} D \csc^2 \frac{\pi}{p} + 1$. 对给定的 D 和 p, 方程(22)最多有 $\frac{p-1}{2}$ 个解 y.

这个定理的后一部分在 1957 年又被 Stolt[34] 加以改进, 得到如下的定理.

定理 16　设 $n = p$ 是给定的奇素数, $Q(\sqrt{-D})$ 的类数 h 满足 $p \nmid h$, 则方程(22)除开 $D \equiv 3 \pmod 8$, $p \equiv 1 \pmod 6$ 最多有三个解 y 外, 其他情形最多有一个解 y.

1971 年, Ljunggren[35] 进一步研究了

$$D \equiv 7 \pmod 8$$

的情形, 设 h 是二次域 $Q(\sqrt{-D})$ 的类数, 则有下面的定理.

定理 17　设 n 是奇素数, $D \equiv 7 \pmod{24}$, 且 $n \equiv 3 \pmod 8$ 或 $n \equiv 5 \pmod 8$, $D - 4 = 3^{2m+1} D_1$, $D_1 \not\equiv 0 \pmod 3$, 则在 $(n, h) = 1$ 时, 方程(20)最多仅有有限组正整数 x, y 和奇素数 n 的解.

定理 18　设 $D \equiv 15 \pmod{72}$，$(n, h) = 1$，n 是奇素数，则方程(20)最多只有有限组正整数 x, y 和奇素数 n 的解.

1972 年，Ljunggren[36] 又在 $D \equiv 3 \pmod{8}$ 时证明了两个新定理.

定理 19　设 $n \not\equiv \pm 1 \pmod{24}$ 是奇素数，$(n, h) = 1$，则方程(20)仅有有限组正整数 x, y 和 n 的解.

定理 20　设 $n \not\equiv -1 \pmod{24}$ 是奇素数，$D \equiv 51 \pmod{72}$，则方程(20)仅有有限组正整数 x, y 和 n 的解.

定理 17～20 中的解如果存在，都可以有效地定出(利用 Cassels 定理，见第 5 章 5.7 节). 这些定理的证明用到了代数数论方法和递推序列的技巧. 例如，在 $(h, n) = 1$ 时，设 $\lambda = \dfrac{a + \sqrt{-D}}{2}$，$\bar{\lambda} = \dfrac{a - \sqrt{-D}}{2}$，$a > 0$，则方程(20)给出

$$\frac{\lambda^n - \bar{\lambda}^n}{\lambda - \bar{\lambda}} = b = \pm 1$$

令

$$T_m = \frac{\lambda^m - \bar{\lambda}^m}{\lambda - \bar{\lambda}}, \quad S_m = \lambda^m + \bar{\lambda}^m$$

由 $2 \nmid n$ 知

$$T_{\frac{n+1}{2}}^2 - \lambda\bar{\lambda} T_{\frac{n-1}{2}}^2 = b$$

$$T_{\frac{n+1}{2}} \cdot S_{\frac{n-1}{2}} = b + (\lambda\bar{\lambda})^{\frac{n-1}{2}}$$

$$T_{\frac{n-1}{2}} \cdot S_{\frac{n+1}{2}} = b - (\lambda\bar{\lambda})^{\frac{n-1}{2}}$$

$$T_m = (a^2 - \lambda\bar{\lambda}) T_{m-2} - a\lambda\bar{\lambda} T_{m-3}$$

$$S_m = (a^2 - \lambda\bar{\lambda}) S_{m-2} - a\lambda\bar{\lambda} S_{m-3}$$

于是利用简单同余法可得出一系列结论.

对于具体的例子，例如方程

$$x^2 + 11 = 4y^n \quad (n \text{ 为奇素数})$$

在 $n \not\equiv \pm 1 \pmod{24}$ 时除 $n=5, y=3$ 是仅有的解外,无其他的整数解. 证明时还需用到其他一些技巧,例如 Skolem 的 p-adic 方法[37].

最后,我们来讨论丢番图方程
$$1 + Dx^2 = y^n \quad (n > 3 \text{ 是素数}) \tag{23}$$
的解. Nagell[27] 首先证明了下面的定理:

定理 21　设 $D > 2$ 无平方因子,$n \nmid h$,这里 h 为二次域 $Q(\sqrt{-D})$ 的类数,则方程(23)的解满足 $2 \mid y$.

1985 年,曹珍富[38] 证明了 $D = 7$ 时方程(23)无解. 随后,又[39] 一般性地证明了:设 D 不含 $2mn + 1$ 形的素因子,则除 $1 + 2 \times 11^2 = 3^5$ 外,方程(23)如有解,必有 $2n \mid x$,故结合定理 21 可得下面的定理:[40]

定理 22　设 $D > 2$ 不含 $2mn + 1$ 形素因子,$n \nmid h$,这里 h 是 $Q(\sqrt{-D})$ 的类数,则方程(23)仅有 $x = 0$ 的整数解.

1987 年,孙琦[41] 给出 $D = 15$ 和 23 时方程(23)仅有 $x = 0$ 的整数解的证明. 曹珍富[40] 给出了在 $2 < D < 100$ 时方程(23)的全部解,证明了除 $D = 31$ 方程(23)仅有正整数解 $n = 5, x = 1, y = 2$ 外,其他情形均无整数解.

8.3　丢番图方程 $ax^m - by^n = c$

丢番图方程
$$ax^m - by^n = c \quad (m > 1, n > 1, c \neq 0) \tag{1}$$
(这里 a, b, c 是给定整数)的一个简单情形,是著名的

Diophantus 方程

Catalan 方程
$$x^m - y^n = 1 \quad (m > 1, n > 1) \qquad (2)$$
1842 年,Catalan 曾猜想:方程(2)仅有正整数解 $m = 2$,$n = 3, x = 3, y = 2$. 这个猜想的证明可简化为证明
$$x^p - y^q = 1 \quad (p, q \text{ 是素数}, p \neq q) \qquad (3)$$
仅有正整数解 $p = 2, q = 3, x = 3, y = 2$. 1850 年,Lebesgue[24] 证明了 $q = 2$ 时 Catalan 猜想是对的(柯召[42] 给出了另一个证明,见第 2 章 2.4). 对于 $p = 2$,经过 Nagell, Obláth, Hyyrö, Inkeri 和柯召等的努力(参阅资料[43]),在 1962 年由柯召[44] 最后解决,他证明了在 $p = 2, q > 3$ 时(3)无解(这就是著名的柯召定理). 后来,Chein[45], Rotkiewicz[46] 和曹珍富[47] 分别给出了柯召定理的一个简化证明(见第 2 章 2.5, 2.6 和 2.8 节). 有一个弱型的 Catalan 问题是:设 p, q, r 都是素数,则方程组
$$\begin{cases} x^p + 1 = y^q \\ y^q + 1 = z^r \end{cases} \qquad (4)$$
有 $y \neq 0$ 的解吗? 这个问题已由 Cassels[48] 和柯召[49] 分别独立地解决,他们证明了下面的定理.

定理 1 如果方程(3)有解,必有 $p \mid y, q \mid x$.
由此立即推出方程组(4)无 $y \neq 0$ 的解.

1975 年,Tijdeman[50] 利用 Baker 方法(见第 3 章 3.4 节)基本上解决了 Catalan 猜想,他证明了对方程(2)的任一组解均有 $x^m < c$,这里 c 是一个绝对常数. 近来,c 还可以具体地定出,例如 $c < 10^{10^{500}}$. 由于这个界太大,因此彻底解决方程(3),尤其仅用初等方法解决方程(3)仍将是有意义的工作.

在方程(1)中,许多人讨论了 $m = n$ 的情形. 例如

Siegel[51] 证明了下面的定理.

定理 2　设 a,b,c 是正整数,$n \geqslant 3$,如果

$$(ab)^{\frac{n}{2}-1} \geqslant 4c^{2n-2}(n\prod_p p^{\frac{1}{n-1}})^n$$

那么不等式

$$\mid ax^n - by^n \mid \leqslant c,(x,y)=1 \qquad (5)$$

最多只有一组正整数解 x,y.

显然,如果 n 是素数,那么在 $(ab)^{\frac{1}{2}} \geqslant 188c^4$ 时,不等式(5)最多有一组正整数解.

Domar[52] 利用 Siegel 关于定理 2 的证明方法,证明了如下的两个定理.

定理 3　方程

$$\mid ax^n - by^n \mid = 1 \quad (n \geqslant 5)$$

(这里 a,b 是正整数)最多有两组正整数解.

定理 4　方程

$$\mid x^n - Dy^n \mid = 1 \quad (n \geqslant 5)$$

(这里 $D > 0, D \neq 2$ 且当 $n=5$ 或 6 时 $D \neq 2^n \pm 1$)最多有一组正整数解 x,y.

利用定理 2 和 4 可以给出 8.1 节中定理 7 的证明[53]. 1964 年,Hyyrö[54] 还证明了一系列结果,这些结果有一半是对二元高次丢番图方程的,例如他证明了下面的定理.

定理 5　设 $d \geqslant 2,n \geqslant 5$ 是给定整数,则方程

$$\mid x^n - d^s y^n \mid = 1$$

(这里 $x \geqslant 2, y \geqslant 1, 0 \leqslant s < n$,且对于 $n=5,6$ 时 $x \geqslant 3$)最多有一组解 s,x,y.

Skolem[55] 利用 p-adic 方法证明了下面的定理.

定理 6　丢番图方程 $x^5 + 2y^5 = 1$ 仅有解 $(x,y)=$

$(1,0),(-1,1)$；而丢番图方程 $x^5+Dy^5=1(D=4,8,16)$ 仅有 $y=0$ 的解.

利用定理 2 可知，当 $D>1\ 250\sqrt[6]{20}$ 时，方程 $x^5+Dy^5=1,y\neq 0$ 最多有一组解.

Ljunggren[56-57] 证明了一个很有用的定理（参阅第 9 章）：

定理 7 设 a,b,c 均是正整数，则当

$$n=2,c=1,2,4,8$$

或

$$n=3,c=1,2,3,4,6$$

时，方程

$$ax^{2n}-by^{2n}=c$$

最多有一组正整数解.

利用定理 7，我们[58] 可以证明指数丢番图方程

$$3^x+29^y=2^z \tag{6}$$

仅有正整数解 $(x,y,z)=(1,1,5)$. 这是因为对 (6) 取一些正整数模知

$$x=1,y\equiv 1(\bmod\ 6),z\equiv 5(\bmod\ 6)$$

令 $y=6y_1+1,z=6z_1+5$，且令 $X=2^{z_1},Y=29^{y_1}$，则方程 (6) 化为

$$32X^6-29Y^6=3$$

由定理 7 知上式仅有正整数解 $(X,Y)=(1,1)$，故给出 $z_1=y_1=0$，从而得出方程 (6) 仅有正整数解 $(1,1,5)$.

1964 年，Baker[59] 对方程 (1) 的一般情形证明了下面的定理.①

定理 8 如果 $x,y\in\mathbf{Z},x,y>1$，那么最多有 9 组

---

① 曹珍富于最近证明了：如果 $x,y\in\mathbf{Z},x,y>1$，且 $c=1,2$，那么最多有一组 (m,n) 满足 $2mn$ 和方程 (1).

(m,n) 满足方程 (1)，且 $\max(ax^m,by^n)>953c^6$.

　　Siegel 有一个著名的问题：设 $F(x,y)=a_0x^n+a_1x^{n-1}y+\cdots+a_ny^n$ 是不可分的整系数二元多项式，$n\geqslant 3$，则方程 $F(x,y)=h,(x,y)=1$ 的解的个数的上界是否仅取决于 n 和 h，而与 F 无关？我们在第 3 章 3.4 小节中给出的上界都与 F 有关. 1983 年 Evertse[60] 给出了 Siegel 问题的一个肯定回答，他得到的上界是 $7^{15}\left(\binom{n}{3}+1\right)^2+6\times7^{2\binom{n}{3}(t+1)}$，这里 t 是 h 的素因子个数. 最近，Bombieri 和 Schmidt[61] 改进了这个上界到 c_1n^{1+t}，这里 c_1 是绝对常数. 若 $n>c_2$，我们把 (x,y) 与 $(-x,-y)$ 看成是相同的，则方程 $|F(x,y)|=h$，$(x,y)=1$ 的解的个数的上界不超过 $215n^{1+t}$. 应该指出，Baker 曾证明方程 $F(x,y)=h>0$ 的解适合

$$\max(|x|,|y|)<e^{A+B}$$

这里 $A=(\log h)^{2n+2}$，$B=(nH)^{(10n)^5}$ 且 H 为 $F(x,y)$ 的高.

　　另一类重要的丢番图方程是

$$\frac{x^n-1}{x-1}=y^m \quad (n\geqslant3,m>1,|x|>1) \quad (7)$$

1920 年，Nagell[62] 证明了下面的定理.

　　定理 9　如果 $4\mid n$，那么方程 (7) 仅有整数解 $n=4,x=7,m=2,y=\pm20$.

　　1943 年，Ljunggren[63] 利用代数数论方法证明了下面的定理.

　　定理 10　如果 $m=2$，那么方程 (7) 仅有整数解 $n=4,x=7,y=\pm20$ 和 $n=5,x=3,y=\pm11$.

　　定理 11　如果 $3\mid n$，那么方程 (7) 仅有解 $m=n=3,x=18$ 或 $-19,y=7$.

定理 12　如果 $m=3, n \not\equiv -1 \pmod 6$，那么方程 (1) 仅有解 $n=3, x=18$ 或 $-19, y=7$.

由于在 $m=2$ 时，利用 Catalan 方程 $x^2 - 1 = y^n (n > 1)$ 的结果知，方程 (7) 给出 $2 \nmid n$，于是方程 (7) 化为

$$x(x^{\frac{n-1}{2}})^2 - (x-1)y^2 = 1$$

故利用 Pell 方程 $X^2 - x(x-1)Y^2 = 1$ 的全部解可以给出定理 10 的一个简短的初等证明. 柯召[64] 曾用不等式法证明了：在 $m=2, 2 \nmid n, |x| > 2^{n-2}$ 时，方程 (7) 无整数解.

由于对有限群研究的需要，Edgar[65] 提出了如下问题：除开 $\dfrac{3^5 - 1}{3 - 1} = 11^2$ 外，方程

$$\frac{q^x - 1}{q - 1} = p^y \quad (x \geqslant 5, y \geqslant 2, p, q \text{ 是素数}) \quad (8)$$

是否存在另外的解？

曹珍富[66] 给出了方程 (8) 有解的充要条件，证明了下面的定理.

定理 13　设 $D = p(q-1)$，则方程 (8) 有 $2 \nmid y$ 的解的充要条件是方程 $x^2 + Dy^2 = q^z$ 有解 $x > 0, y > 0, z > 0$ 且 $x_1 = 1, y_1 = p^{\frac{y-1}{2}}, z_1 = x$. 这里 x_1, y_1, z_1 为满足 $x_1^2 + Dy_1^2 = q^{x_1}$ 的 $x_1 > 0, y_1 > 0$ 使 z_1 为最小的正整数.

由此可推出，对给定的 p, q，方程 (8) 最多有一组解 x, y. 这个定理的证明，用到了第 3 章 3.1 节的例 5. 曹珍富还定出了方程 (8) 的解 x, y 的上界，例如 $x < \sqrt{pq(q-1)} \cdot \dfrac{\log(pq(q-1))}{\log q}$.

1972 年，Inkeri[67] 考虑了更一般的方程

$$a\,\frac{x^{n}-1}{x-1}=y^{m}\quad(n\geqslant 3,m>1)$$

的解,在 $1<a<x\leqslant 10$ 时,他给出了方程的全部解是 $n=a=4,x=7,m=2,y=40$.

1986 年,Shorey[68-69] 证明了,如果 $w(n)>m-2$,$w(n)$ 表 n 的不同素因子的个数,那么方程(7)仅有有限组解. 如果 x 是一个 m 次幂,那么 x,y,m,n 是可以有效计算的.

Shorey[70] 还考虑把 Baker 关于方程(1)的结果(定理 8)应用于丢番图方程

$$a\,\frac{x^{m}-1}{x-1}=b\,\frac{y^{n}-1}{y-1}\quad(x>1,y>1,m>1,n>1)$$

$$(9)$$

上. 令

$$A=a(y-1),B=b(x-1),c=a(y-1)-b(x-1)$$

则方程(9)化为

$$Ax^{m}-By^{n}=c$$

由定理 8 知,对给定的 a,b,x,y,方程(9)最多只有 9 组解 (m,n),且 $\max(Ax^{m},By^{n})>953c^{6}$,故得下面的定理.

定理 14　设 $a,b,x,y\in\mathbf{Z},x^{m}\neq y^{n}$,则最多有 9 组 (m,n) 满足方程(9),且 $\max(a(y-1)x^{m},b(x-1)y^{n})>953(a(y-1)-b(x-1))^{6}$.

最后,Shorey[71-72] 研究了丢番图方程

$$ax^{m}+by^{m}=ax^{n}+by^{n}\qquad(10)$$

的解,证明了下面的定理.

定理 15　设 a,b,x,y 均是非零整数,$|x|\neq|y|,(a,y)=1,(b,x)=1$,且 m,n 是不同的非负整数,则存在一个仅与 a,b 有关的有效常数 $c>0$,使得

方程(10) 推出 $\max(m,n) < c$.

不妨设 $(a,b)=1, m>n$ 且 $|x|>|y|>0$, $ax^m+by^m \neq 0$. 令 $R=\max(|a|,|b|,2), c_1, c_2, \cdots$ 表仅与 a,b 有关的可计算正常数,则 Shorey 证明了由方程(10) 推出:

① $\log R \leqslant c_1(\log|x|+\log(m-n))$.

② $m-n \leqslant c_2 \log m$.

③ 如果 $|y| \leqslant \dfrac{2}{3}|x|$,那么 $m \leqslant c_3 \log|x|$.

④ 令 $g=(|x|,|y|), \theta=(\log m)^{-2}$,则
$$g \leqslant |x|^{1-\theta}$$

由 ② 和 ④ 可以证明定理 15. 改写方程(10) 为
$$a\left(\frac{x}{g}\right)^n(x^{m-n}-1)=b\left(\frac{y}{g}\right)^n(1-y^{m-n})$$

由 ④ 及 $(b,x)=1$ 知
$$|x|^{n\theta} \leqslant \left(\frac{|x|}{g}\right)^n \leqslant |1-y^{m-n}| \leqslant 2|x|^{m-n}$$

故由 ② 及上式(注意 $\theta=(\log m)^{-2}$) 可得
$$n \leqslant c_4(\log m)^3$$

由 ② 知,上式给出 $m \leqslant c_5(\log m)^3$,由此知 $m < c$.

Shorey[72] 还研究了递推序列
$$u_m=ru_{m-1}+su_{m-2} \quad (m=2,3,\cdots)$$
的解 $u_m=a\alpha^m+b\beta^m (m=0,1,2,\cdots)$ 所满足的方程. 这里 u_0, u_1 给定,$r^2+4s \neq 0, \alpha, \beta$ 是 $x^2-rx-s=0$ 的两个根,且 a,b 分别为
$$a=\frac{u_0\beta-u_1}{\beta-\alpha}, b=\frac{u_1-u_0\alpha}{\beta-\alpha}$$

令
$$x_m=a_1\alpha^m+a_2\beta^m, y_m=a_3\alpha^m+a_4\beta^m$$

则对方程 $x_m = y_m$ 也有与定理 15 类似的结果. 特别是对于用一般的代数数 λ, μ 去换 x_m, y_m 中的 α, β, 也有类似的结论.

8.4　几个连续数问题

现在我们介绍几个与连续数有关的问题和结果.

I. 丢番图方程 $\displaystyle\sum_{j=0}^{h}(x-j)^n = \sum_{j=1}^{h}(x+j)^n$

Collignon[73] 曾经讨论了丢番图方程

$$\sum_{j=0}^{h}(x-j)^n = \sum_{j=1}^{h}(x+j)^n \tag{1}$$

的解, 在 $n=3$ 或 4 时, 他证明了方程(1) 无正整数解.

1963 年, 柯召[74] 给出了方程(1) 的完满解答. 当 $n=1$ 时, 显然方程(1) 给出正整数解

$$x = 2\sum_{j=1}^{h}j = h(h+1)$$

当 $n=2$ 时, 易知方程(1) 也仅有正整数解

$$x = 4\sum_{j=1}^{h}j = 2h(h+1)$$

现设 $n \geqslant 3$, 由方程(1) 得出

$$x^n = \sum_{j=1}^{h}((x+j)^n - (x-j)^n) =$$

$$2\sum_{r=0}^{\left[\frac{n-1}{2}\right]}\binom{n}{2r+1}\sum_{j=1}^{h}j^{2r+1}x^{n-(2r+1)}$$

即有

$$x = 2\sum_{r=0}^{\left[\frac{n-1}{2}\right]}\binom{n}{2r+1}\sum_{j=1}^{h}j^{2r+1}x^{-2r}$$

于是可以证明：

①$3 \leqslant n \leqslant 26$ 时方程(1)无正整数解.

② 如果方程(1)有解,必有 $h \equiv 0$ 或 $-1 \pmod 8$.

③ 设 $n \equiv 1 \pmod 2$, $n \geqslant 3$, $h = 2^{3+s}l - 1$ 或 $2^{3+s}l$, $s \geqslant 0, 2 \nmid l$, 则 $\sum_{j=1}^{h} j^n \equiv 2^{2s+4} \pmod{2^{2s+5}}$.

这里 ③ 的证明用到如下的结果

$$\sum_{j=1}^{h} j^n = \begin{cases} \dfrac{h^2(h+1)^2}{(n+1)!} f_n(h), & \text{当 } n \equiv 1 \pmod 2, n > 1 \text{ 时} \\ \dfrac{h(h+1)(2h+1)}{(n+1)!} \varphi_n(h), & \text{当 } n \equiv 0 \pmod 2, n > 0 \text{ 时} \end{cases}$$

这里 $f_n(h)$ 和 $\varphi_n(h)$ 都是 h 的整系数多项式.

利用 ① ~ ③ 可得下面的定理.[74]

定理 1 方程(1)在 $n \geqslant 3$ 时无正整数解.

Ⅱ.丢番图方程 $y^m = x(x+1)\cdots(x+n-1)$

对于丢番图方程

$$y^m = x(x+1)\cdots(x+n-1) \quad (m > 1, n > 1) \tag{2}$$

从 1933 年开始, Obláth, Erdös, Rigge 和 Johnson 等先后对许多特殊情形作了研究[48]. 1938 年和 1939 年, Rigge[75] 和 Erdös[76] 各自独立地证明了下面的定理.

定理 2 方程

$$y^2 = x(x+1)\cdots(x+n-1) \quad (n > 1) \tag{3}$$

仅有整数解 $y = 0$.

这个定理的证明采用很特殊的方法. 设 $y \neq 0$, $x + r = a_r x_r^2 (r = 0, 1, \cdots, n-1)$, 这里 a_r 均是无平方因子的整数,且仅有小于 n 的素因子.

首先证明 $a_r (r = 0, 1, \cdots, n-1)$ 两两不同,为此先证 $x \leqslant n$ 时方程(3)无解. 这是因为在 $x \leqslant n$ 时,必有

一个素数 p 满足

$$x + n > p \geqslant \frac{x+n}{2} \geqslant x$$

故 $p \mid x(x+1)\cdots(x+n-1)$，但 $p^2 \nmid x(x+1)\cdots(x+n-1)$，这是不可能的.

于是 $x > n$，由 Sylvester 和 Schur 的一个定理知，$x(x+1)\cdots(x+n-1)$ 必有一个素因子 $q > n$. 于是，对某 $r \leqslant n-1$ 有 $q^2 \mid x+r$，故

$$x + r \geqslant (n+1)^2 \Rightarrow x > n^2$$

由此可证 $a_r (r=0,1,\cdots,n-1)$ 两两不同，因为不然设 $a_r = a_s$，则

$$n > a_r x_r^2 - a_s x_s^2 = a_r(x_r^2 - x_s^2) > 2a_r x_r \geqslant$$
$$2\sqrt{a_r x_r^2} = 2\sqrt{(x+r)} > \sqrt{x}$$

这与 $x > n^2$ 矛盾. 于是 $a_r (r=0,1,\cdots,n-1)$ 两两不同，然后可证 $n > 100$ 时，方程(3) 无 $y \neq 0$ 的解. 对 $n \leqslant 100$ 再单独处理一下.

利用柯召关于方程 $x^2 - 1 = y^m (m>1)$ 的结论，可以证明当 $n=3$ 和 4 时方程(2) 仅有 $y=0$ 的解. 这是因为 $n=3$ 时方程(2) 化为

$$x(x+1)(x+2) = y^m \quad (m>1)$$

而 $(x+1, x(x+2)) = 1$，故上式给出

$$x(x+2) = y_1^m$$

由此整理得

$$(x+1)^2 - 1 = y_1^m \quad (m>1)$$

在 $n=4$ 时，方程(2) 化为

$$(x^2 + 3x + 1)^2 - 1 = y^m \quad (m>1)$$

一般的情形，在 1975 年由 Erdös 和 Selfridge[77] 得到了最后的解决，他们证明了下面的定理.

345

定理 3 方程(2)仅有 $y=0$ 的整数解.

Ⅲ. 丢番图方程 $\sum\limits_{j=0}^{k}(x+j)^n=(x+h+1)^n$

1900 年, Escott[73] 提出了解丢番图方程

$$\sum_{j=0}^{h}(x+j)^n=(x+h+1)^n \quad (n>1) \qquad (4)$$

的问题,他证明在 $2\leqslant n\leqslant 5$ 时,方程(4)除开 $3^2+4^2=5^2$ 和 $3^3+4^3+5^3=6^3$ 外,无其他正整数解 x,h.

1962 年,柯召和孙琦[78] 证明了在 $6\leqslant n\leqslant 33$ 时,方程(4)无解,以及其他一些结果,如:

① 方程(4)的正整数解满足

$1.144\ 7n+0.686\ 6<x+h<1.881n+0.468$

② 在 $h\equiv 0(\bmod 4)$ 时,方程(1)无正整数解.

③ 在 $n\equiv 1(\bmod 2)$ 时,方程(1)当 $h\equiv 1(\bmod 4)$ 时,或 $h\equiv 2(\bmod 4),x\equiv 0(\bmod 2)$ 时,均无正整数解.

1978 年,柯召等[79] 完全解决了 n 为奇数时,方程(4)的求解问题,得到了下面的定理.

定理 4 设 $n>3,n\equiv 1(\bmod 2)$,则方程(4)无正整数解.

对 $2\mid n$ 的情形还有下面的定理.

定理 5 设 $2^{\beta}\mid n,\beta>0,h\not\equiv 1,2(\bmod 2^{\beta+3})$,则方程(4)无正整数解.

对于 ① 中的不等式,柯召和孙琦[80] 还有一个详细的证明和更为精细的结果.

对于更为一般的方程

$$\sum_{j=0}^{n-1}(x+jr)^t=(x+nr)^t \quad (t>2,n>1) \qquad (5)$$

Lebesgue[73] 曾证明了在 $t=3$ 时仅有正整数解 $n=3$，$x=3r$. 柯召和孙琦[81] 在给出一系列引理的基础上，证明了在 $4 \leqslant t \leqslant 10$ 时，方程(5)无正整数解.

一个特殊的例子是方程

$$\sum_{j=1}^{m-1} j^n = m^n \qquad (6)$$

Bowen 猜想：方程(6)仅有正整数解 $n=1, m=3$. 1953 年，Moser[82] 证明了 $m < 10^{10^6}$ 时 Bowen 猜想成立. 1980 年，阎发湘[83] 证明了下面的定理.

定理 6　如果方程(6)有正整数解，那么必有

$$m = \left[\frac{n-1}{\log 2}\right] + 3$$

这些结果均是利用简单同余法、比较素数幂法和不等式法等初等方法证得的. 例如定理 4 的证明如下：

可设 $n > 33$. 由 ②③ 知，只要考虑

$h \equiv 2(\bmod 4), x \equiv 1(\bmod 2)$ 和 $h \equiv 3(\bmod 4)$

两种情形.

a. $h \equiv 2(\bmod 4)$ 时，令 $x+H=y, h=2H$，则方程(4)化为

$$(1+2H)y^n + 2\binom{n}{2}\left(\sum_{j=1}^{H} j^2\right) y^{n-2} + \cdots +$$

$$2\binom{n}{n-3}\left(\sum_{j=1}^{H} j^{n-3}\right) y^3 +$$

$$2\binom{n}{n-1}\left(\sum_{j=1}^{H} j^{n-1}\right) y = (y+H+1)^n \qquad (7)$$

由于 $x \equiv 1(\bmod 2)$，得出 $y \equiv 0(\bmod 2)$ 和 $y+H+1 \equiv 0(\bmod 2)$. 设 $2^s \| y, s \geqslant 1$，对任意给定的奇数 n，总存在 α 使得

$$2^{\alpha} < n < 2^{\alpha+1} \tag{8}$$

故 $\alpha < \dfrac{\log n}{\log 2}$，由 ① 知 $y < 2n$，即知

$$2^s \leqslant \frac{\log y}{\log 2} < 1 + \frac{\log n}{\log 2}$$

故得

$$s + \alpha + 1 < 2 + 2\frac{\log n}{\log 2} < n$$

现在方程（7）两端取模 2^{s+3} 得

$$\sum_{j=1}^{H} j^{n-1} \equiv 0 \pmod 4$$

设 $\displaystyle\sum_{j=1}^{H} j^{n-1} \equiv 0 \pmod{2^r}$，对 $2 \leqslant r \leqslant \alpha - 1$ 中某一个 r 成立，则我们有[77]

$$\sum_{j=1}^{H} j^u \equiv 0 \pmod{2^r} \quad (r \leqslant u \leqslant n-3, 2 \mid u) \tag{9}$$

$$2^{r+s+1} \mid y^{n-u} \sum_{j=1}^{H} j^u \quad (0 \leqslant u < r, 2 \mid u) \tag{10}$$

于是设 $\displaystyle\sum_{j=1}^{H} j^{n-1} \equiv 0 \pmod{2^r}$，对 $2 \leqslant r \leqslant \alpha - 1$ 中某 r 成立，对方程（7）取模 2^{s+r+2} 得 $\displaystyle\sum_{j=1}^{H} j^{n-1} \equiv 0 \pmod{2^{r+1}}$.

故对方程（7）继续取模 $2^{r+s+2}, r = 2, \cdots, \alpha - 1$ 得出

$$\sum_{j=1}^{H} j^{n-1} \equiv 0 \pmod{2^{\alpha}}$$

由此推出[77]

$$h \equiv -2 \pmod{2^{\alpha+2}}$$

注意到 ① 可知，上式给出

$$2^{\alpha+2} \leqslant h + 2 \leqslant 2n$$

这与式（8）矛盾.

348

b. $h \equiv 3 \pmod 4$ 时,与 a. 的证明完全类似,这里就不列出了.

8.5　Fermat 大定理

大约在 1637 年,Fermat 声称他证明了如下的定理:

"丢番图方程
$$x^n + y^n = z^n \quad (n > 2) \tag{1}$$
没有正整数解." 这就是著名的 Fermat 大定理. 我们在第 6 章 6.4 节和第 2 章的 2.3 节中分别给出了 $n=3$, 4 的证明(分别由 Euler 和 Fermat 证明). Kummer 为了证明这个定理,创立了一门新的数论分支 —— 理想数论.

由于 $n > 2$,故必有 $4 \mid n$ 或 $p \mid n$,p 为奇素数. 于是证明 Fermat 大定理只要对 $n=4$ 或 $n=p$ 来证明就足够了. 前者已经证明是对的,对后者方程(1) 化为
$$x^p + y^p = z^p \quad (p > 3 \text{ 是素数}) \tag{2}$$
设 $\theta = e^{\frac{2\pi i}{p}}$,$i = \sqrt{-1}$,是一个 p 次单位根,则式(2) 可分解为
$$(x+y)(x+\theta y) \cdots (x+\theta^{p-1} y) = z^p$$
现在我们来介绍 Kummer 在域 $Q(\theta)$ 中的工作[43].

I. 因为 θ 满足不可化方程
$$x^{p-1} + \cdots + x + 1 = 0 \quad (x \in Q)$$
故 $Q(\theta)$ 是 $p-1$ 次域,称为 $p-1$ 次分圆域.

II. $Q(\theta)$ 中的整数为
$$\xi = a_0 + a_1 \theta + \cdots + a_{p-2} \theta^{p-2} \quad (a_i \in \mathbf{Z})$$

显然，$\xi^p \equiv a \pmod{p}$.

Ⅲ. $\pi = 1 - \theta$ 为 $Q(\theta)$ 中的素数，且 $p = \varepsilon \lambda^{p-1}$，$\varepsilon$ 为 $Q(\theta)$ 的一个单位数.

Ⅳ. $Q(\theta)$ 中的仅有的单位根是 $\pm \theta^r$，$r = 0, 1, \cdots$，$p - 1$. $\varepsilon_r = \dfrac{\theta^r - 1}{\theta - 1}$ 是一个单位数且 ε_r 是整数，$N(\varepsilon_r) = 1$.

Ⅴ. $Q(\theta)$ 中的任一个单位 ε 均可表为 $\varepsilon = \theta^s \delta$，这里 $0 \leqslant s < p$，δ 是实单位数.

Ⅵ. 设 $Q(\theta)$ 的类数为 h，则在 $p \nmid h$ 时，p 称为正规素数，而在 $p \mid h$ 时，p 称为非正规素数.

当 p 是正规素数和 ε 是 $Q(\theta)$ 中的一个单位数满足 $\varepsilon \equiv a \pmod{\pi^p}$，$a \in \mathbf{Z}$ 时，必有

$$\varepsilon = \varepsilon_0^p$$

这里 ε_0 是 $Q(\theta)$ 中的一个单位数.

利用这些工作，可以证明下面的定理.

定理 1　设 p 是正规素数，则方程 (2) 无 $xyz \neq 0$ 的整数解.

Kummer 还给出判断 p 是否是正规素数的方法.

定理 2　设 $p > 3$ 是素数，如果 p 不整除前 $\dfrac{p-3}{2}$ 个 Bernoulli 数的分子，那么 p 是正规素数.

有关 Bernoulli 数的定义及求法见第 2 章 2.7 节.

定理 3[73]　设 $p \nmid xyz$，t 表示 x, y, z 中任意两个的比，$\Phi_n(t) = t - 2^{n-1} t^2 + 3^{n-1} t^3 + \cdots + (-1)^{p-2}(p-1)^{n-1} t^{p-1}$，则方程 (2) 有解时可推出

$$\Phi_n(t) B_{\frac{p-n}{2}} \equiv 0 \pmod{p} \quad (n = 3, 5, \cdots, p-2) \quad (3)$$

由式 (3) 可推出

$$2^{p-1} \equiv 1 \pmod{p^2} \tag{4}$$

$$3^{p-1} \equiv 1 (\bmod\ p^2) \qquad (5)$$

20 世纪 40 年代,Furtwängler 用简单同余法重新证明了式(4) 和(5)(另一个结果见第 3 章 3.2 节).人们已知,如果 Fermat 大定理第一情形成立,那么对所有素数 $q \leqslant 43$ 均成立

$$q^{p-1} \equiv 1 (\bmod\ p^2)$$

Lehmer 利用这个结果证明了 $p \leqslant 25\ 374\ 887$ 时 Fermat 大定理第一情形成立.通过计算表明[84],当 $p < 31\ 059\ 000$ 时,仅有 $p = 1\ 093, p = 3\ 571$ 满足式(4),而当 $p < 10\ 752\ 000$ 时仅有 $p = 11, p = 1\ 006\ 003$ 满足式(5).

最近,Granville[85] 利用一个幂数(定义见第 5 章 5.4 节)的猜想研究了同余式(4).这个关于幂数的猜想是由 Mollin 和 Walsh[86] 提出来的,他们认为不存在三个连续幂数.如果这个猜想成立,那么可以推出有穷多个素数 p 满足式(4).

1985 年,Adleman 和 Heath-Brown[87] 证明了有无穷多个素数 p 使 Fermat 大定理第一情形成立.即有下面的定理.

定理 4　设 $s = \{p \mid p$ 使 Fermat 大定理第一情形成立$\}$,则 $\#\{p \in s : p \leqslant x\} \gg x^{0.668\ 7}$.

与 Fermat 大定理第一情形紧密相连的 Kummer-Mirimanoff 同余式和 Eisenstein 同余式也一直吸引着人们的兴趣,有许多关于 Fermat 大定理的工作都是基于这两个同余式的.

所谓 Kummer-Mirimanoff 同余式是指:设 p 是奇素数,存在互素的整数 a, b, c 满足 $a^p + b^p + c^p = 0$ 且 $p \nmid abc$,则有同余式

$$b_n \sum_{k=1}^{p-1} \frac{u^n}{k^n} \equiv 0 (\bmod\ p) \quad (n=0,1,\cdots,p-2) \quad (6)$$

成立,这里 b_n 由 $\dfrac{t}{e^t-1} = \sum\limits_{m=0}^{\infty} b_m \dfrac{t^m}{m!}$ 定义,且 $u = \dfrac{-a}{b}$.

注意,b_m 与 Bernoulli 数 B_m 间有如下的关系(见第 5 章 5.7 节;有时 b_m 也称为 Bernoulli 数):

对所有 $n \geqslant 1, b_{2n+1}=0$ 和 $b_{2n}=(-1)^{n+1} B_n$,于是式(6)可化为

$$B_n \sum_{k=1}^{p-1} \frac{u^{2n}}{k^{2n}} \equiv 0 (\bmod\ p) \quad (n=0,1,\cdots,\frac{p-3}{2})$$

1985 年,Thaine[88] 重新给出了 Kummer - Mirimanoff 同余式的证明,同时还证明了下面的定理.

定理 5 对所有 $n, 1 \leqslant n \leqslant \dfrac{p-3}{2}$,如果 $B_n \equiv 0(\bmod\ p)$,那么

$$\sum_{k=1}^{p-1} k^{2n-1} u^k \equiv 0 (\bmod\ p)$$

Jothilingan[89] 给出了 Eisenstein 同余式

$$2^{p-1} \equiv 1 + p\left(1 + \frac{1}{3} + \frac{1}{5} + \cdots + \frac{1}{p-2}\right) (\bmod\ p^2)$$

的一个推广.

利用人们对 Fermat 大定理的一些工作,Wagstaff 于 1978 年在大型计算机的帮助下证明了 $p < 125\ 000$ 时 Fermat 大定理成立. 而 Heath-Brown[90] 证明了对"几乎所有"的 n,方程(1)无正整数解. 即有下面的定理.

定理 6 设 $H(N)$ 表 $n \leqslant N$ 且使方程(1)有解的 n 的个数,则有 $\lim\limits_{N\to\infty} \dfrac{H(N)}{N} = 0$.

这一定理的证明主要是基于 Faltings[91] 1983 年的一个著名结果，即有下面的定理（参阅第 3 章 3.5 节）.

定理 7　设 $n \geqslant 4$，则方程（1）最多只有有限组满足 $(x, y) = 1$ 的解.

推论 1　设 $n = p^r$，p 为奇素数，r 为充分大的正整数，则方程（1）无解.

这一段时间，似乎是解决 Fermat 大定理的时期，一个又一个的重要突破接踵而来. 最近，人们把 Fermat 方程与椭圆曲线方程 $y^2 = x^3 + ax^2 + bx + c(a, b, c$ 是常数) 联系起来，得到了 Fermat 大定理不成立的一些椭圆曲线. 由人们对椭圆曲线的认识使我们看到了证明 Fermat 大定理的希望.

另一方面，利用简单同余法和其他一些初等方法的技巧，对 Fermat 大定理的第一情形以及 Fermat 大定理的相关方程也有过一些重要工作，这方面的文献多得无法计数. 我们这里只能举一些例子.

定理 8　设 $q = 2hp + 1$ 是素数，如果 $q \nmid D_{2h}$ 且 $p^{2h} \not\equiv 1 \pmod{q}$，那么方程（2）无 $p \nmid xyz$ 的整数解. 这里

$$D_{2h} = \begin{vmatrix} \binom{2h}{1} & \binom{2h}{2} & \cdots & \binom{2h}{2h-1} & 1 \\ \binom{2h}{2} & \binom{2h}{3} & \cdots & 1 & \binom{2h}{1} \\ \vdots & \vdots & & \vdots & \vdots \\ 1 & \binom{2h}{1} & \cdots & \binom{2h}{2h-2} & \binom{2h}{2h-1} \end{vmatrix}$$

推论 2　设 p 是一个奇素数，则当 $2p + 1$ 或 $4p +$

1 也是素数时,方程(2) 无 $p \nmid xyz$ 的整数解.

1974 年,Perisastri[92] 曾用一个十分简单的方法给出了推论 2 的一个证明.同时利用式(4)他还证明了下面的定理.

定理 9　设 $p = 2^n - 1$ 是 Mersenne 素数,则方程(2) 没有 $p \nmid xyz$ 的解.

定理 10　设 $p = 2^{2^n} + 1$ 是 Fermat 素数,则方程(2) 没有 $p \nmid xyz$ 的解.

这两个定理的证明,需要用到 $x^t (t > 1)$ 可表为

$$x^t = (x - \alpha)^2 g(x) + t\alpha^{t-1} x + \alpha^t (1 - t) \quad (7)$$

的结论,这里 $g(x)$ 是整系数多项式,α 是任意整数.因为

$$x^t = (x - \alpha)^2 g(x) + ax + b \quad (8)$$

是众所周知的,这里 a, b 是待定整数.故对式(8)两端求导得出

$$tx^{t-1} = (x - \alpha)\left[(x - \alpha)g'(x) + 2g(x)\right] + a \quad (9)$$

令 $x = \alpha$,则由式(9)得出 $a = t\alpha^{t-1}$,再由(8)得出 $b = \alpha^t(1 - t)$,于是式(7)成立.

利用式(7)极易证明定理 9 和定理 10.例如在 $p = 2^n - 1$ 时,由 Mersenne 素数的性质知 $n \mid p - 1$,令 $p - 1 = nt_1, t_1 > 1$.于是在(7)中取 $t = t_1, \alpha = 1, x = 2^n$ 得

$$2^{p-1} = p^2 g(2^n) + t_1 p + 1$$

由此推出 $2^{p-1} \not\equiv 1 \pmod{p^2}$.而在 $p = 2^{2^n} + 1$ 时,令 $t = \dfrac{p-1}{2^n}, \alpha = -1, x = 2^{2^n}$ 代入式(7)得(注意 $2 \mid t$)

$$2^{p-1} = p^2 g(2^{2^n}) - \frac{p-1}{2^n} p + 1$$

这仍给出 $2^{p-1} \not\equiv 1 \pmod{p^2}$.这就证明了定理 9 和 10.

对于与 Fermat 方程相关的方程

$$x^p - y^p = Dz^2 \quad (D > 0, p > 3 是素数, (x,y) = 1)$$
$$\tag{10}$$

当 D 是一个平方数(或等价地设 $D=1$)时,孙琦和曹珍富[93]证明了

在 $y \equiv 2 \pmod 4$ 或 $y \equiv 4 \pmod 8$ 时,式(10)均无整数解. 同时还证明了偶指数的 Fermat 方程

$$x^{2p} + y^{2p} = z^{2p} \quad ((x,y) = 1, p > 3 是素数)$$

有解时,可推出 $8p \mid x$ 或 $8p \mid y$. 这是对 Terjanian[94]在 1977 年证明的 $2p \mid x$ 或 $2p \mid y$ 的一个改进. 曹珍富[39]对 D 不是平方数时,证明了如下的定理.

定理 11　设 D 无平方因子,且不被 $2mp+1$ 形的素数整除,则在 $2 \mid z, p \nmid z$ 时,或 $2 \nmid z, p \mid z$ 时,方程(10)无整数解.

由此可推出[95],设 D 的条件同定理 11,则在 $y \equiv 2 \pmod 4$ 或 $y \equiv 4 \pmod 8$ 时,方程(10)无整数解.

对于比偶指数的 Fermat 方程更为一般的方程

$$x^{2p} + y^{2p} = z^2 \quad ((x,y) = 1, p > 3 是素数) \tag{11}$$
$$x^{2p} - y^{2p} = z^2 \quad ((x,y) = 1, p > 3 是素数) \tag{12}$$
$$x^{2p} + y^{2p} = z^p \quad ((x,y) = 1, p > 3 是素数) \tag{13}$$
$$x^{2p} - y^{2p} = z^p \quad ((x,y) = 1, p > 3 是素数) \tag{14}$$

曹珍富(部分结果见资料[66])证明了方程(11)和(13)有解时可推出 $4p \mid x$ 或 $4p \mid y$;方程(12)有解时可推出 $8p \mid y$ 或 $4p \mid z$;而方程(14)有解时可推出 $4p \mid x$ 或 $4p \mid y$ 或 $8p \mid z$. 以上结果的证明都可使用二次剩余法得到(见第 2 章 2.5 节).

参 考 资 料

[1] 曹珍富，科学通报，6(1985)，475.

[2] Nagell，T.，Norsk Mat. Forenings Skrifter，Serie I，No. 13 (1921).

[3] 曹珍富，Proc. Amer. Math. Soc.，98(1986)，11-16；数学季刊，1(1987)，91-97.

[4] 曹珍富，数学汇刊，1(1984)，51-56.

[5] 曹珍富，河池师专学报，1(1987)，1-8.

[6] Tartakowski，V. A.，Izvestia Akad. Nauk SSSR，20(1926)，301-324.

[7] Ljunggren，W.，C. R. Dixième Congrès Math. Scandinaves 1946，265-270.

[8] Siegel，C. L.，Math. Ann.，114(1937)，56-68.

[9] 曹珍富，自然杂志，2(1987)，151.

[10] 曹珍富，哈尔滨工业大学学报，2(1987)，122-124.

[11] 王笃正，曹珍富，扬州师院学报(自然科学版)，2(1985)，16-18.

[12] Landau，E. and Ostrowski，A.，Proc. London Math. Soc.，(2)，19(1920)，276-280.

[13] Thue，A.，Arch. Math. Naturv. Kristiania，Nr. 16，34 (1917).

[14] Ljunggren，W.，Norske Vid. Selsk. Forh.，Trondhjem 15，No. 30(1942)，115-118.

[15] Ljunggren，W.，Norske Vid. Selsk. Forh.，Trondhjem 17，No. 23(1944)，93-96.

[16] Ljunggren，W.，Norske Vid. Selsk. Forh.，Trondhjem 16，No. 8(1943)，27-30.

[17] Kawamoto，M.，Mem. Gifu Nat. Coll. Tech.，20(1985)，55-56.

[18] Ljunggren，W.，Arkiv för Mat.，Astronomi och Fysik，v.

29A,No. 13,Stockholm(1943),1-11.

[19]Nagell,T. ,Archiv der Math. ,Bd 5,S. 53,Zürich 1954.

[20]Nagell,T. ,Arkiv för Mat. ,3(1955),103-112.

[21]Brown,E. ,J. Reine Angew. Math. ,291(1977),118-127.

[22]Toyoizumi,Acta Arith. ,42(1983),303-309.

[23]曹珍富,科学通报,7(1986),555-556.

[24]Lebesgue,V. A. ,Nouv. Ann. ,Math. ,(1)9(1850),178-181.

[25]Störmer,C. ,L'intermediaire des Math. ,3(1896),171.

[26]Brown,E. ,J. Reine Angew. Math. ,274/275(1975),385-389.

[27]Nagell,T. ,Norsk Mat. Forh. Skrifter,Ser. I,Nr. 13,Kristiania 1923.

[28]Ljunggren,W. ,Pacific J. Math. ,14(1964),585-596.

[29]Ljunggren,W. ,Norske Vid. Selsk. Forh. ,Trondhjem 18,No. 32(1945),125-128.

[30]Ljunggren,W. ,ibid,Trondhjem 29,No. 1(1956),1-4.

[31]Nagell,T. ,Norsk Mat. Forenings Skrifter,Serie I,No. 2(1921),14pp.

[32]Ljunggren,W. ,Acta Math. ,75(1942),1-21.

[33]Persson,B. ,Ark. Mat. ,1(1949),45-57.

[34]Stolt,B. ,Arch. Math. ,8(1957),393-400.

[35]Ljunggren,W. ,Monatsh. Math. ,75(1971),136-143.

[36]Ljunggren,W. ,Acta Arith. ,21(1972),183-191.

[37]Skolem,Th. ,8de Skand. Mat. Kongress,Stockholm 1934,163-188.

[38]曹珍富,西南师范学院学报(自然科学版),2(1985),69-73.

[39]曹珍富,东北数学,2(1986),219-227.

[40]曹珍富,数学研究与评论,3(1987),414.

[41]孙琦,四川大学学报(自然科学版),1(1987),19-23.

[42]柯召,四川大学学报(自然科学版),4(1959),15-18.

［43］Mordell，L. J.，Diophantine equations，Academic Press，London and New York，1969.

［44］柯召，四川大学学报（自然科学版），1（1962），1-6；Sci. Sin.，14（1965），457-460.

［45］Chein，E. Z.，Proc. Amer. Math. Soc.，56（1976），83-84.

［46］Rotkiewicz，A.，Acta Arith.，42（1983），163-187.

［47］曹珍富，西南师范大学学报（自然科学版），2（1987），16-19.

［48］Cassels，J. W. S.，Proc. Comb. Phil. Soc.，56（1960），97-103.

［49］柯召，四川大学学报（自然科学版），2（1962），1-6.

［50］Tijdeman，R.，Acta Arith. 29（1976），197-209.

［51］Siegel，C. L.，Math. Ann.，144（1937），57-68. Also Gesammelte Abhandlungen，Ⅱ（1966）.

［52］Domar，Y.，Math. Scand.，2（1954），29-32.

［53］af Ekenstam，A.，Dissertation（1959）. Uppsala，Almqvist and Wiksells.

［54］Hyyrö，S.，Ann. Acad. Sci. Fennicae，Series A. I.，355（1964），1-50.

［55］Skolem，T.，Chr. Michelsens Inst. Beretn，4（1934），Nr. 6，Bergen.

［56］Ljunggren，W.，Oslo Vid-Akad Skrifter，1（1936），No. 12.

［57］Ljunggren，W.，Arch. Math. Naturv.，48（1946），Nr. 7，26-29.

［58］曹珍富，哈尔滨工业大学学报，4（1987），113-121.

［59］Baker，A.，Q. J. Math.，Oxf. Ⅱ. Ser. 15（1964），375-383.

［60］Evertse，J.-H.，Math. Centrum. Amsterdam，（1983），1-127.

［61］Bombieri，E. and Schmidt，W. M.，Invent. Math.，88（1967），69-81.

［62］Nagell，T.，Norsk Mat. Tidsskr，1920，75-78.

［63］Ljunggren，W.，Norsk Mat. Tidsskr，25（1943），17-20.

［64］柯召，四川大学学报（自然科学版），2（1960），57-64.

[65]Guy,R. K. ,Unsolved problems in number theory,Springer,New York,1981.

[66]曹珍富,自然杂志,5(1987),393-394.

[67]Inkeri,K. ,Acta Arith. ,21(1972),299-311.

[68]Shorey,T. N. ,Indagationes Math. ,48(1986),345-351.

[69]Shorey,T. N. ,Math. Proc. Camb. Philos. Soc. ,99(1986), 195-207.

[70]Shorey,T. N. ,Indagationes Math. ,48(1986),353-358.

[71]Shorey,T. N. ,Acta Arith. ,41(1982),255-260.

[72]Shorey,T. N. ,Acta Arith. ,43(1984),317-331.

[73]Dickson,L. E. ,History of the Theory of Numbers,Vol. Ⅱ ,1952,564.

[74]柯召,四川大学学报(自然科学版),1(1963),1-9.

[75]Rigge,O. ,Ⅸ. Skan. Math. Kongr. Helsingfors(1938).

[76]Erdös,P. ,J. London Math. Soc. ,14(1939),194-198.

[77]柯召,孙琦,谈谈不定方程,上海教育出版社(1980),123.

[78]柯召,孙琦,四川大学学报(自然科学版),2(1962),9-18.

[79]柯召,孙琦,四川大学学报(自然科学版),2-3(1978),19-24.

[80]柯召,孙琦,四川大学学报(自然科学版),4(1982),1-3.

[81]柯召,孙琦,四川大学学报(自然科学版),2(1963),33-42.

[82]Moser,L. ,Scripta Math. ,19(1953),84-88.

[83]阎发湘,辽宁大学学报(自然科学版),1(1980),1-10.

[84] Kloss, K. E. , J. Res. Nat. Bur. Standards Sect. B, 693 (1965),335-336.

[85] Granville, A. , C. R. Math. Acad. Sci. , Soc. R. Can. , 8 (1986),215-218.

[86]Mollin, R. A. and Walsh, P. G. , C. R. Math. Acad. Sci. , Soc. R. Can. ,8(1986),109-114.

[87]Adleman, L. M. and Heath-Brown, D. R. , Invent. Math. , 79(1985),No. 2,409-416.

［88］Thaine,F. ,J. Number Theory,20(1985),No. 2,128-142.

［89］Jothilingan,P. ,Acta Math. Hung. ,46(1985),265-267.

［90］Heath-Brown,D. R. ,Bull. London Math. Soc. ,17(1985),
　　　No. 1,15-16.

［91］Faltings,G. ,Invent. Math. ,73(1983),No. 3,349-366.

［92］Perisastri,M. ,J. Reine Angew. Math. ,265(1974),142-144.

［93］孙琦,曹珍富,数学年刊,7A(1986),No. 5,514-518.

［94］Terjanian,G. ,C. R. Acad. Sci. Paris,285(1977),973-975.

［95］曹珍富,哈尔滨电工学院学报,2(1988),184-189.

指数丢番图方程

近年来,一方面指数丢番图方程本身有许多新的进展;另一方面,在群论,组合论和编码理论中又提出了若干指数丢番图方程来,这方面有许多重要工作.本章我们将较详细地介绍有关指数丢番图方程研究的成果和方法.

9.1　两个乘幂之差

把一个数表为两个乘幂之差的问题引人注目.特别是把 2 表为两个素数乘幂之差,在组合论的差集中有重要应用.1958 年,Stanton 和 Sprott[1]建立了参数为

$$v = p^m q^n, k = \frac{v-1}{2}, \lambda = \frac{v-3}{4}$$

的阿贝尔群差集,其中,p, q, m, n 满足如下关系

$$p^m - q^n = 2 \quad (p, q \text{ 是素数}, m > 1, n > 1) \quad (1)$$

1967 年, Hall[2] 问:除开 $p = 3, m = 3, q = 5, n = 2$ 外,方程(1)是否存在另外的解?1984 年,孙琦和周小明[3] 证明了下面的定理.

定理 1 设 $p = q + 2, -2$ 模 p 的次数 l 满足 $3 \mid l$,且 $f = q^2 + q + 1$ 是一个素数,满足

$$p^{q+1} \not\equiv 1 (\mathrm{mod}\ f)$$

则方程(1)无解.

1985 年,利用 Pell 方程的解法(参阅第 2 章 2.6 节),曹珍富[4-5] 彻底解决了方程(1)当 $p = q + 2$ 的情形,即有

定理 2 设 $p = q + 2$,则方程(1)无解.

在 $\max(p, q) < 100$ 时,曹珍富[6] 还给出了方程(1)的全部解,这个工作支持我们猜想:除开 $p = 3, m = 3, q = 5, n = 2$ 外,方程(1)不存在别的解.

由于方程 $x^2 + 2 = y^n (n > 1)$ 仅有正整数解 $x = 5$,$y = 3, n = 3$(见第 8 章 8.2 节),故方程(1)在 $2 \mid n$ 时仅有解 $3^3 - 5^2 = 2$.下设 $2 \nmid n$.

定理 3[7] 方程(1)有 $2 \nmid n$ 的解的充要条件是方程

$$x^2 + 2qy^2 = p^z \quad ((x, y) = 1, z > 0) \quad (2)$$

有解,而且如果 x_1, y_1, z_1 为其最小解(即方程(2)的所有解中满足 $x > 0, y > 0$ 使 z 为最小的那组解),那么

$$x_1 = q^n - 1, y_1 = 2q^{\frac{n-1}{2}}, z_1 = 2m$$

由于方程(2)的最小解的唯一性,可知有如下的推论.

推论 1 对给定的 p, q,方程(1)最多有一组解.

推论 2 设 $p = qa^2 + 2b^2, a, b \in \mathbf{Z}$,则方程(1)无

解.

证 由于

$$(qa^2 - 2b^2)^2 + 2q(2ab)^2 = (qa^2 + 2b^2)^2$$

故知 $z_1 \leqslant 2$. 由定理 3 知 $2m = z_1 \leqslant 2$, 即 $m \leqslant 1$ 与方程 (1) 中 $m > 1$ 矛盾. 证毕.

对于更为一般的方程, Hugh Edgar[8] 提出了如下问题: 方程

$$p^m - q^n = 2^h \quad \text{(对给定的素数 } p, q \text{ 和整数 } h\text{)} \quad (3)$$

的解 (m, n) 有多少? 是否最多只有一个? 仅有有限个吗? 曹珍富和王笃正[9] 解决了这个问题, 证明了下面的定理.

定理 4 方程 (3) 满足 $m > 1, n > 0$ 的解 (m, n) 最多只有一个.

我们是通过对三个变元的指数丢番图方程

$$p^x - q^y = 2^z \quad (p, q \text{ 是奇素数}) \quad (4)$$

的研究来实现的. 由于 $2 \mid y$ 时方程 (4) 化为

$$(q^{\frac{y}{2}})^2 + 2^z = p^x$$

的形状, 故由第 8 章 8.2 节关于方程 $x^2 + 2^m = y^n (n > 1)$ 的结果知, 在 $x > 1, 2 \mid y$ 时方程 (4) 仅有解[10]

$$3^3 - 5^2 = 2, 3^4 - 7^2 = 2^5, 5^2 - 3^2 = 2^4, 5^3 - 11^2 = 2^2$$

以下设 $2 \nmid y$.

定理 5 若方程 (4) 存在 $2 \nmid y, 2 \mid z$ 的解, 则方程 $X^2 + qY^2 = p^z$ 必有整数解, 且设 Z_1 是任给正整数 X_1, Y_1 使得 $X_1^2 + qY_1^2 = p^{Z_1}$ 的最小者, 则必有

$$X_1 = 2^{\frac{z}{2}}, Y_1 = q^{\frac{y-1}{2}}, Z_1 = x$$

定理 6 若方程 (4) 存在 $2 \nmid y, 2 \nmid z$ 的解, 则方程 $X^2 + 2qY^2 = p^z$ 必有正整数解, 且设 Z_0 是对于任给正整数 X_0, Y_0 使得 $X_0^2 + 2qY_0^2 = p^{Z_0}$ 的最小者, 则必有

$$X_0 = | q^y - 2^z |, Y_0 = 2^{\frac{z+1}{2}} q^{\frac{y-1}{2}}, Z_0 = 2x_0$$

定理 5 与定理 6 的证明，都要用到第 3 章 3.1 节的例 5. 若方程(4)有 $2 \nmid y, 2 \mid z$ 的解，则方程(4)可整理成

$$(2^{\frac{z}{2}})^2 + q(q^{\frac{y-1}{2}})^2 = p^x$$

故得

$$2^{\frac{z}{2}} + q^{\frac{y-1}{2}} \sqrt{-q} = \pm (X_1 + Y_1 \sqrt{-q})^t$$

$$或$$

$$\pm (X_1 - Y_1 \sqrt{-q})^t, x = tZ_1 \qquad (5)$$

若方程(4)有 $2 \nmid y, 2 \nmid z$ 的解，则由方程(4)整理得

$$(q^y - 2^z)^2 + 2q(2^{\frac{z+1}{2}} q^{\frac{y-1}{2}})^2 = p^{2x}$$

由此得出

$$| q^y - 2^z | + 2^{\frac{z+1}{2}} q^{\frac{y-1}{2}} \sqrt{-2q} = \pm (X_0 + Y_0 \sqrt{-2q})^t$$

或

$$\pm (X_0 - Y_0 \sqrt{-2q})^t, 2x = tz_0 \qquad (6)$$

然后证明式(5)(6)中的 $t=1$ 即得定理 5 与定理 6. 而由定理 5 与定理 6 及方程 $x^2 + 2^m = y^n$ 的结果容易推出定理 4. 由定理 5 与定理 6 还可以证明下面的定理.[11]

定理 7　方程(4)在 $2 \nmid y$ 时最多只有一组正整数解.

故由方程 $x^2 + 2^m = y^n (n > 1)$ 的结果可推出比 Hugh Edgar 问题要求的结论更强的推论.

推论　设 $\max(p, q) > 7$，则方程(4)适合 $x > 1$ 的正整数解至多只有一个.

在解决 Hugh Edgar 问题之前，曹珍富[12]对方程(4)还证明了：

I. 设 $p = qt^2 + 4, q \not\equiv 1 \pmod 8$，则方程(4)除开

$t = q^k (k \geqslant 0)$ 时仅有解 $(x, y, z) = (1, 2k+1, 2)$ 外,无其他的非负整数解.

　　Ⅱ. 设 $q = pt^2 - 4, p \not\equiv 1 \pmod 8$,则方程(4)除开

　　① $p \neq 3, t = p^k, k \geqslant 0$ 仅有解 $(x, y, z) = (2k+1, 1, 2)$ 和

　　② $p = 3$,仅有解 $(1, 0, 1), (2, 0, 3)$,且当 $t = 3^k (k > 0)$ 时还有解 $(2k+1, 1, 2)$ 外,无其他的非负整数解.

　　Ⅲ. 设 $p = q^{2k+1} + 2, k \geqslant 0$ 且 $q \not\equiv 1 \pmod 8$,则方程(4)除开 $(1, 2k+1, 1)$ 外,无其他非负整数解.

　　这些结果在解指数丢番图方程 $a^x + b^y = c^z$ (见 9.2 节)时都有重要应用. 对于丢番图方程

$$a^x - b^y = (2p)^z \quad (p \text{ 是奇素数}) \tag{7}$$

(这里 a, b 不一定是素数),Perisastri[13] 讨论了 $p = 5$ 的情形,此时方程(7)化为

$$a^x - b^y = 10^z \tag{8}$$

　　定理 8　设 $(a, b) \equiv (13, 3) \pmod{20}$,则方程(8)无 $z \neq 1$ 的非负整数解.

　　曹珍富[14] 证明了下面的定理.

　　定理 9　设 $a \equiv 3, 7 \pmod{10}, b \equiv 11, 19, 21, 29 \pmod{40}$,则方程(8)无 $z \neq 2$ 的非负整数解.

　　1982 年,Toyoizumi[15] 对方程(7)证明了在 $p \equiv a \equiv 5 \pmod 8, b \equiv 3 \pmod 8$ 且 $p \nmid ab$ 时,方程(7)无 $z \geqslant 3$ 的非负整数解.

　　这个结论是不对的,例如我们有

$$(4p^4 + 1)^2 - (4p^4 - 1)^2 = (2p)^4$$

　　曹珍富[16-17] 在 1985 年在对更一般的方程

$$a^x - b^y = (2p^s)^z \tag{9}$$

这里 s 为非负整数,p 为奇素数,且 $p \nmid ab$,证明了下面

的定理.

定理 10　设$(a,b) \equiv (5,3) (\mathrm{mod}\ 8)$,则方程(9)除开 $a = 4p^{4s} + 1, b = 4p^{4s} - 1$ 时有解 $x = y = 2, z = 4$ 外,无 $z \geqslant 3$ 的非负整数解.

在$(a,b) \equiv (5,3) (\mathrm{mod}\ 8)$ 及 $z \geqslant 3$ 时,对方程(9)取模 8 知 $2 \mid x, 2 \mid y$,故用分解因子法可以证明定理 10.与定理 10 类似地,我们还有下面的定理.

定理 11　设
$$(a,b) \equiv (3,5), (\pm 3,7), (7, \pm 3) (\mathrm{mod}\ 8)$$
则方程(9)除开 $3^4 - 7^2 = 2^5$ 外,无 $z \geqslant 4$ 的非负整数解.

最近,曹珍富和王笃正[18]对方程(7)在 $\left(\dfrac{a}{p}\right) = -1, \left(\dfrac{b}{p}\right) = 1$ 或 $\left(\dfrac{a}{p}\right) = 1, \left(\dfrac{b}{p}\right) = -1$ 或 $\left(\dfrac{a}{p}\right) = \left(\dfrac{b}{p}\right) = -1$ 时,得出了方程(7)无解的一系列结果.

9.2　丢番图方程 $a^x + b^y = c^z$

给定正整数 a, b, c,求方程
$$a^x + b^y = c^z \tag{1}$$
的解是丢番图方程中一个重要的课题,其中尤为引人注目的是 a, b, c 均是素数以及 a, b, c 取商高数组的情形.

I.a, b, c 均是素数.这时方程(1)化为
$$a^x + b^y = c^z \quad (a, b, c\ \text{是不同的素数}) \tag{2}$$
1958 年,Nagell[19] 首先求出了 $\max(a, b, c) \leqslant 7$ 时方程(2)的全部非负整数解,得到表 1.

表 1

序号	方程	全部非负整数解 (x,y,z)
①	$5^x = 3^y + 2^z$	$(1,1,1),(1,0,2),(2,2,4)$
②	$3^x = 5^y + 2^z$	$(1,0,1),(3,2,1),(2,1,2),(2,0,3)$
③	$2^x = 5^y + 3^z$	$(1,0,0),(2,0,1),(3,1,1),(5,1,3),(7,3,1)$
④	$7^x = 3^y + 2^z$	$(1,1,2)$
⑤	$3^x = 7^y + 2^z$	$(1,0,1),(2,1,1),(2,0,3),(4,2,5)$
⑥	$2^x = 7^y + 3^z$	$(1,0,0),(2,0,1),(3,1,0),(4,1,2)$
⑦	$7^x = 5^y + 2^z$	$(1,1,1)$
⑧	$5^x = 7^y + 2^z$	$(1,0,2)$
⑨	$2^x = 7^y + 5^z$	$(1,0,0),(3,1,0),(5,1,2)$

　　Nagell 对方程 ③ 和 ⑨ 的证明用了很长的篇幅且用了很深的代数数论和 p - adic 方法(参阅第 3 章).

　　1959 年,Makowski[20] 求出了方程

$$2^x + 11^y = 5^z$$

的全部非负整数解,即 $(x,y,z) = (2,0,1),(2,2,3)$.

　　1976 年,Hadano[21] 考虑了 $11 \leqslant \max(a,b,c) \leqslant 17$ 的情形,给出了此时除方程

$$3^x + 13^y = 2^z \tag{3}$$

外的全部非负整数解. Uchiyama[22] 解决了方程(3),他证明了方程(3)的全部非负整数解是 $(0,0,1),(1,0,2),(1,1,4)$.

　　1984 年,孙琦和周小明[3] 给出了 $\max(a,b,c) = 19$ 时方程(2)的全部非负整数解.

　　1985 年,杨晓卓[23] 又给出了 $\max(a,b,c) = 23$ 时方程(2)的全部解.

　　这些关于方程(2)的工作,都是把方程(2)化成若干具体的指数丢番图方程,然后采用一个一个分别求

解的方法,使 $\max(a,b,c)$ 不断放大. 我们看到,使用这种方法,每把 $\max(a,b,c)$ 推进一步都十分困难.

1986 年,曹珍富[24] 把方程(2) 化为如下的两个丢番图方程

$$a^x + b^y = 2^z \quad (a,b \text{ 是不同的奇素数}) \qquad (4)$$

$$a^x - b^y = 2^z \quad (a,b \text{ 是不同的奇素数}) \qquad (5)$$

然后,对方程(4)(5) 进行一些定性研究,可以把 $\max(a,b,c)$ 放大到 100,并且使用我们的方法可以把 $\max(a,b,c)$ 继续放大.

对于方程(4),我们有下面的定理.

定理 1 设 $29 \leqslant \max(a,b) \leqslant 97$,则方程(4) 除开下面 11 种情形外,均无正整数解

$$3^4 + 47 = 2^7, 7^2 + 79 = 2^7, 17 + 47 = 2^6, 41 + 23 = 2^6$$

$$97 + 31 = 2^7, 3^3 + 37 = 2^6, 3 + 61 = 2^6, 11 + 53 = 2^6$$

$$59 + 5 = 2^6, 3 + 29 = 2^5, 67 + 61 = 2^7$$

对于方程(5),我们在 9.1 节中已经证明了很一般的定理(见 9.1 的定理 7 及推论). 利用 9.1 节中的结果,加上简单同余法,就可以给出 $\max(a,b) < 100$ 时方程(5) 的全部正整数解,此时共有 49 对 (a,b) 使(5) 有正整数解①.

由于在 $29 \leqslant \max(c,b) \leqslant 97$ 时,方程(4) 可化为 248 个具体的指数丢番图方程,方程(5) 化为 2×248 个具体的指数丢番图方程,因此用一个一个分别求解的方法难以把 $\max(a,b,c)$ 推进到 100.

我们猜想:当 $\max(a,b,c) > 7$ 时,方程(2) 最多只有一组正整数解 (x,y,z). 这在 $\max(a,b,c) < 100$

---

① 见曹珍富,科学通报,Vol. 33(1988),No. 3,237.

时已经成立.

Ⅱ. a,b,c 取商高数组. 我们知道, 商高数组 a,b,c 满足

$$a^2 + b^2 = c^2$$

故此时方程 (1) 有正整数解 $x = y = z = 2$. 1956 年, Jeśmanowicz[25] 猜测: 当 a,b,c 取商高数组时, 丢番图方程 (1) 仅有正整数解 $x = y = z = 2$. 这一猜测至今只证明了对一些较为简单的商高数组是正确的, 例如对于

$$a = 2n + 1, b = 2n(n+1), c = 2n(n+1) + 1 \quad (6)$$

Sierpiński[26] 证明了 $n = 1$ 时以及 Jeśmanowicz[25] 证明了 $n = 2,3,4,5$ 时, 猜想是正确的. 他们都只用了简单同余法. 实际上结合分解因子法可使证明大大简化. 例如在 $n = 1$ 时方程 (1) 化为

$$3^x + 4^y = 5^z \quad (x > 0, y > 0, z > 0) \quad (7)$$

对 (7) 取模 3 得出 $2 \mid z$, 设 $z = 2z_1$, 则方程 (7) 化为

$$(5^{z_1} - 2^y)(5^{z_1} + 2^y) = 3^x$$

由此得出

$$5^{z_1} - 2^y = 1, 5^{z_1} + 2^y = 3^x$$

这就给出 $z_1 = 1, y = 2, x = 2$, 即方程 (7) 仅有 $x = y = z = 2$ 的正整数解.

1958 年, 柯召[27-28] 用简单同余法和分解因子法对式 (6) 中的商高数组证明了下面的定理.

定理 2　在 $n \equiv 1,3,4,5,7,9,10,11 \pmod{12}$ 时, Jeśmanowicz 猜想都成立. 若存在素数 $p \equiv 3 \pmod 4$ 或 $p \equiv 5 \pmod 8$ 使得 $2n + 1 \equiv 0 \pmod p$, 则对式 (6) 中的商高数组 Jeśmanowicz 猜想也成立.

定理 3　在 $n \equiv 2 \pmod 5, n \equiv 3 \pmod 7, n \equiv$

$4(\bmod 9), n \equiv 5(\bmod 11), n \equiv 6(\bmod 13)$ 或 $n \equiv 7(\bmod 15)$ 时,Jeśmanowicz 猜想成立.

由此可推出 $n < 96$ 时猜想成立.

1960 年,饶德铭[29] 利用柯召的方法进一步证明了:对式 (6) 中的数,当 $n \equiv 2, 6 (\bmod 12)$ 时,Jeśmanowicz 猜测成立.由此可知,对式 (6) 中的数还剩下 $n \equiv 0, 8 (\bmod 12)$ 没有解决.

1964 年,柯召和孙琦[30] 讨论了 $n \equiv 0, 8 (\bmod 12)$ 的情形,并证明了在 $n < 1\,000$ 时 Jeśmanowicz 猜测成立.稍后,柯召[31] 又把 $1\,000$ 改进为 $6\,144$.

1965 年,Dem'janenko[32] 彻底地解决了式 (6) 中的数,即他证明了下面的定理.

定理 3′ 对式 (6) 中的商高数组,Jeśmanowicz 猜测成立.

对于商高数组
$$a = m^2 - 1, b = 2m, c = m^2 + 1 \quad (m > 1) \quad (8)$$
1959 年,陆文端[33] 首先解决了 $m = 2n$ 的情形,即他证明了下面的定理.

定理 4 丢番图方程
$$(4n^2 - 1)^x + (4n)^y = (4n^2 + 1)^z$$
仅有正整数解 $x = y = z = 2$.

1961 年,Józefiak[34] 证明了定理 4 中的一个极特殊的情形即他解决了数组 (8) 中数当 $m = 2^r p^s, r, s$ 是正整数,p 是素数时的情形.

1965 年,Dem'janenko[32] 对数组 (8) 中任意 m 证明了 Jeśmanowicz 猜想成立.

我们在第 2 章的 2.2 节中曾给出商高数组的通解,在 $(a, b, c) = 1$ 时通解是

$$a = s^2 - t^2, b = 2st, c = s^2 + t^2 \qquad (9)$$

这里 $s > t > 0$，$(s,t) = 1$，$s + t \equiv 1 \pmod 2$. 柯召[35] 在 1959 年首先对式(9)中的商高数组进行了研究,他证明如下两个定理.

定理 5　设 $s = 2n$ 和 t 均不含有 $4k + 1$ 形素因子, 且

①$n \equiv 2 \pmod 4$，$t \equiv 3 \pmod 8$，或

②$n \equiv 2 \pmod 4$，$t \equiv 5 \pmod 8$，$2n + t$ 含有 $4k - 1$ 形素因子,或

③$n \equiv 0 \pmod 4$，$t \equiv 3, 5 \pmod 8$，

则 Jeśmanowicz 猜测成立.

定理 6　设 $s = 3n$，$t = 2m$ 均不含有 $4k + 1$ 形素因子,且 $\sqrt{2}(2m) > 3n > 2m > 0$ 或 $3n > 8m > 0$,则在

①$m \equiv 2 \pmod 4$，$n \equiv 1 \pmod 8$ 时,或

②$m \equiv 2 \pmod 4$，$n \equiv 7 \pmod 8$，$3n + 2m$ 含有 $4k - 1$ 形素因子时,或

③$m \equiv 0 \pmod 4$，$n \equiv 1, 7 \pmod 8$ 时, Jeśmanowicz 猜测成立.

这两个定理的证明思路是:在所设条件下可证 $2 \mid x$，$2 \mid z$，设 $x = 2x_1$，$z = 2z_1$，则方程(1)化为

$$(s^2 - t^2)^{2x_1} + (2st)^y = (s^2 + t^2)^{2z_1}$$

即有

$$(2st)^y = \left[(s^2 + t^2)^{z_1} + (s^2 - t^2)^{x_1} \right]$$
$$\left[(s^2 + t^2)^{z_1} - (s^2 - t^2)^{x_1} \right] \qquad (10)$$

先设 $2 \mid x_1$，由于 s, t 均不含 $4k + 1$ 形素因子,故奇素数 $p \mid s \Rightarrow p \nmid (s^2 + t^2)^{z_1} + (s^2 - t^2)^{x_1}$，奇素数 $q \mid t \Rightarrow q \nmid (s^2 + t^2)^{z_1} + (s^2 - t^2)^{x_1}$，故注意到 $(s^2 + t^2)^{z_1} + (s^2 - t^2)^{x_1} \equiv 2 \pmod 4$，由式(10)得出

$$\begin{cases} (s^2+t^2)^{z_1} + (s^2-t^2)^{x_1} = 2 \\ (s^2+t^2)^{z_1} - (s^2-t^2)^{x_1} = 2^{y-1}(st)^y \end{cases}$$

而这显然不成立. 于是 $2 \nmid x_1$, 可设 $x_1 = 2x_2 + 1, x_2 \geqslant 0$, 与在 $2 \mid x_1$ 时同样讨论知, 式(10) 给出

$$\begin{cases} (s^2+t^2)^{z_1} + (s^2-t^2)^{2x_2+1} = 2^{y-1}s^y \\ (s^2+t^2)^{z_1} - (s^2-t^2)^{2x_2+1} = 2t^y \end{cases}$$

或

$$\begin{cases} (s^2+t^2)^{z_1} + (s^2-t^2)^{2x_2+1} = 2s^y \\ (s^2+t^2)^{z_1} - (s^2-t^2)^{2x_2+1} = 2^{y-1}t^y \end{cases}$$

然后在定理所设条件下, 利用不等式法证明仅有 $y = 2$ 的正整数解.

1962 年, 陈景润[36] 用柯召的方法又补充了定理 5 和定理 6 中的某些结果. 1982 年, 曹珍富[37] 证明了: 设 $s = 2n$ 和 t 均不含有 $4k+1$ 形素因子, $t \not\equiv 5 \pmod 8$, 则在

①$n \equiv 1 \pmod 6, t \equiv 1 \pmod 3$ 时, 或

②$n \equiv 5 \pmod 6, t \equiv 2 \pmod 3$ 时,

Jeśmanowicz 猜测成立.

显然, 柯召、陈景润等对式(9)中的商高数组的工作, 都是在"s, t 均不含有 $4k+1$ 形素因子"的限制下进行的. 1982 年, 曹珍富[38] 在许多情形下去掉了这个限制, 得到

定理 7 设 $s \equiv 2 \pmod 4, t \equiv 1 \pmod 4$, 或 $s \equiv 2 \pmod 4, t \equiv 3 \pmod 4$ 且 $s+t$ 含有某个 $4k-1$ 形的素因子, 则 Jeśmanowicz 猜测成立.

定理 8 设:

①$s \equiv 1 \pmod 4, t \equiv 2 \pmod 4$, 且 s 含有某个 $4k-1$ 形的素因子或存在某个 $8k+5$ 形状的素数 p 适

372

合同余式 $s^2 \equiv t^2 (\bmod p)$，或

　②$s \equiv 5(\bmod 8)$，$t \equiv 2(\bmod 8)$，或

　③$s \equiv 1(\bmod 8)$，$t \equiv 6(\bmod 8)$，或

　④$s \equiv 3(\bmod 4)$，$t \equiv 2(\bmod 4)$，且 $s+t$ 含有某个 $4k-1$ 形的素因子，则 Jésmanowicz 猜测成立.

9.3　与有限单群相关的指数丢番图方程

现在我们来考虑方程
$$1 + p^a = q^b r^c + p^d q^e r^f \tag{1}$$
的非负整数解，这里 p,q,r 是给定的不同素数. 这个方程很自然地出现在有限单群中，例如：

设 G 是一个有限单群，G 的阶 $|G| = pm$，p 是素数且 $(p,m)=1$，则在 G 的主 p-块中寻常不可约特征标的次数 $x_1,\cdots,x_n$ 满足如下形式的方程
$$\sum_{i=1}^{n} \delta_i x_i = 0, \delta_i \in \{-1,1\} \quad (i = 1,\cdots,n) \tag{2}$$
这里 $x_1\cdots x_n$ 是 $|G|/p$ 中一些素数幂的乘积.

显然，方程(1)是方程(2)在 $n=4$ 且 $x_1 \cdots x_4 = p^u q^v r^w$ 时的一个情形.

对于某些特殊的有限单群 G，例如 G 使得对某个 Sylow p-子群 S_p 有 $|N(S_p)| = 3p$. 由 Brauer[39] 的工作知，G 的主 p-块 $B_0(p)$ 中的诸特征标是主特征标 1，两个非例外特征标 Λ, Γ 和 $\dfrac{p-1}{2}$ 个例外特征标 $\chi^{(m)}$ $(m=1,\cdots,\dfrac{p-1}{2})$. 这些特征标对于符号 $\delta_1, \delta_2, \delta' \in \{-1,1\}$ 满足 $\Lambda(1) \equiv \delta_1 (\bmod p)$，$\Gamma(1) \equiv \delta_2 (\bmod p)$，

$$\chi^{(m)}(1) \equiv -3\delta'(\mathrm{mod}\ p)(m=1,\cdots,\frac{p-1}{2})\ 和$$

$$1+\delta_1\Lambda(1)+\delta_2\Gamma(1)+\delta'\chi^{(m)}(1)=0$$

故在假定 $B_0(p)$ 有次数方程

$$1+2^a=3^b5^c+2^d3^e5^f \tag{3}$$

时,这里 a,b,c,d,e,f 均是非负整数,利用方程(3)的解可证[40]此时 G 与群 $L(2,7),U(3,3),L(3,4)$ 或 A_8 之一同构.

1985 年,Alex[41]给出了方程(1)在 $\{p,q,r\}=\{2,3,5\}$ 时的全部非负整数解. 易知,在 $\{p,q,r\}=\{2,3,5\}$ 时,方程(1)化为方程(3)和方程

$$1+3^a=2^b5^c+2^d3^e5^f \tag{4}$$

$$1+5^a=2^b3^c+2^d3^e5^f \tag{5}$$

定理 1 方程(3)的全部非负整数解为 $(a,b,c,d,e,f)=(3,0,1,2,0,0),(5,0,2,3,0,0),(6,0,2,3,0,1),(7,0,3,2,0,0),(10,0,4,4,0,2),(10,0,2,3,0,3),(2,1,0,1,0,0),(3,1,0,1,1,0),(4,2,0,3,0,0),(5,3,0,1,0,0),(5,2,0,3,1,0),(7,4,0,4,1,0),(9,4,0,4,3,0),(9,3,0,1,5,0),(6,1,1,1,0,2),(9,5,0,1,3,1),(6,0,1,2,1,1),(12,0,5,2,5,0),(6,2,1,2,0,1),(9,2,2,5,2,0),(9,4,1,2,3,0),(7,2,0,3,1,1),(4,0,1,2,1,0),(10,0,3,2,2,2),(10,2,2,5,0,2),(4,1,1,1,0,0),(7,1,2,1,3,0),(11,4,2,3,1,0),(8,2,2,5,0,0),(5,1,0,1,1,1),(5,1,1,1,2,0)$ 和 $(t,0,0,t,0,0)$,这里 t 是任意非负整数.

定理 2 方程(4)的全部非负整数解为 $(2,0,1,0,0,1),(3,0,2,0,1,0),(2,3,0,1,0,0),(4,6,0,1,2,0),(3,3,0,2,0,1),(5,6,0,2,2,1),(4,1,1,3,2,0),$

$(6,1,1,4,2,1),(2,1,0,3,0,0),(6,7,1,1,2,1),(1,$
$1,0,1,0,0),(3,1,1,1,2,0),(4,1,0,4,0,1),(4,4,1,$
$1,0,0),(6,1,3,5,1,1),(3,4,0,2,1,0),(4,1,2,5,0,$
$0),(3,2,1,3,0,0),(3,2,0,3,1,0),(2,2,0,1,1,0),$
$(8,8,2,1,4,0),(4,5,0,1,0,2),(5,2,0,4,1,1),(5,$
$2,2,4,2,0),(t,0,0,0,t,0)$，这里 t 是任意非负整数．

定理 3 方程(5)的全部非负整数解为$(1,0,1,0,$
$1,0),(3,0,4,0,2,1),(2,3,0,1,2,0),(2,3,1,1,0,$
$0),(4,6,2,1,0,2),(3,3,2,1,3,0),(2,1,0,3,1,0),$
$(3,1,1,3,1,1),(2,1,2,3,0,0),(3,1,3,3,2,0),(2,$
$4,0,1,0,1),(5,10,1,1,3,0),(5,1,3,10,1,0),(1,1,$
$0,2,0,0),(2,1,1,2,0,1),(3,1,2,2,3,0),(1,2,0,1,$
$0,0),(3,5,1,1,1,1),(3,2,2,1,2,1),(3,2,3,1,2,0)$
和$(t,0,0,0,0,t)$，这里 t 是任意非负整数．

这三个定理的证明都借助了 CDC660 计算机，同时用到了 Tijdeman 的一个结果，即下面的定理．

定理 4 设 p,q 是素数且 $1<p<q<20$，则不等式 $0<|p^x-q^y|<p^{\frac{x}{2}}$ 仅有解是$(p,q,x,y)=(2,3,1,$
$1),(2,3,2,1),(2,3,3,2),(2,3,5,3),(2,3,8,5),(2,$
$5,2,1),(2,5,7,3),(2,7,3,1),(2,11,7,2),(2,13,4,$
$1),(2,17,4,1),(2,19,4,1),(3,5,3,2),(3,7,2,1),$
$(3,11,2,1),(3,13,7,3),(5,7,1,1),(5,11,3,2),(7,$
$19,3,2),(11,13,1,1)$ 和$(17,19,1,1)$．

稍后，Alex[42] 又在$\{p,q,r\}=\{2,3,7\}$ 时给出了方程(1)的全部非负整数解．

对于 $r=2,(p,q)=(73,223)$ 或$(223,73)$，Alex 和 Foster[43] 证明方程(1)仅有平凡解$(t,0,0,t,0,0)$，t 为任意非负整数．同时他们还考虑了 $p=2$ 的某些情形．

1986 年,曹珍富和黎进香[44] 进一步讨论了方程(1) 当 $r=2$ 的情形

$$1+p^a = q^b 2^c + p^d q^e 2^f \tag{6}$$

在 $p \equiv 1 \pmod{12}$,$q \equiv 7 \pmod{12}$ 且 $\left(\dfrac{q}{p}\right) = 1$ 时,他们证明了方程(6)推出 $c = e = f = 0$,故此时方程(6)化为

$$1 + p^a = q^b + p^d \tag{7}$$

显然,除去 $a = d, b = 0$ 外,可设 $a > 0, b > 0, d > 0$,这时对给定 p, q,方程(7)可以按照下述方法求解:

① 求出 p 对模 q 的阶数 u;

② 选取某些 $j \mid q^b - 1$ 使得 p 对模 j 有阶数 v,且 $u \mid v$.

因为从方程(7)得出 $u \nmid a - d$ 且 $v \mid a - d$,故由 $u \mid v$ 知,不可能. 这就证明在 ①② 两条均达到时方程(7)仅有平凡解 $a = d, b = 0$. 利用这种方法,我们证明了下面的定理.

定理 5 设 $(p,q) = (13,43), (13,79), (13,103), (37,7), (37,67), (61,19), (61,43)$ 和 $(61,103)$,则方程(6)均仅有平凡解 $(t,0,0,t,0,0)$,这里 t 为任意非负整数.

此外,1976 年 Alex[45] 给出了 $1 + y = z, yz = 2^a 3^b 5^c 7^d$($a, b, c, d$ 均为非负整数)的全部正整数解 (y, z),共 23 组;他还给出了

$$x + y = z, xyz = 2^a 3^b 5^c 7^d, x < y, (x,y) = 1$$

的全部正整数解 (x, y, z),共 62 组. 1982 年,Brenner 和 Foster[46] 研究了许多类型的指数丢番图方程,例如他们给出了方程

$$1 + 2^a + 7^b = 3^c + 5^d \qquad (8)$$

$$3^a + 7^b = 3^c + 5^d + 2 \qquad (9)$$

$$3^a + 5^b + 7^c = 11^d \qquad (10)$$

等的全部非负整数解,分别为:

方程(8):$(a,b,c,d) = (1,0,1,0),(1,1,2,0),(1,$
$2,3,2),(2,0,0,1),(3,0,2,0),(5,0,2,2),(5,2,4,$
$0)$.

方程(9):$(a,b,c,d) = (1,0,0,0),(2,0,1,1),(3,$
$0,0,2),(3,3,5,3),(4,2,1,3),(6,4,1,5),(t,1,t,$
$1)$.这里 t 为任意的非负整数.

方程(10):$(a,b,c,d) = (1,0,1,1),(2,0,0,1)$.

1986 年,Kutsuna[47] 给出了方程

$$a^x - b^y c^z = \pm 1, \pm 2$$

在 $\{a,b,c\} = \{2,3,5\}$ 时的全部正整数解 (x,y,z).

这里讨论的所有丢番图方程都是方程(2)的特
例.而对方程(2)的较为一般情形,哪怕对方程(1)的
较为一般情形,给出进一步的结果都不容易.

9.4　丢番图方程 $x^2 + D = p^n$

对给定 $D \in \mathbf{Z}$ 和素数 $p, p \nmid D$,求丢番图方程

$$x^2 + D = p^n \qquad (1)$$

的正整数解 x, n 是一个著名的问题. 早在 1913 年,
Ramanujan 就提出求方程

$$x^2 + 7 = 2^n \qquad (2)$$

的正整数解的问题,他问:方程(2)除开 $(x,n) = (1,$
$3),(3,4),(5,5),(11,7),(181,15)$ 外,是否还有其他

的解？这个问题首先由 Nagell 给出肯定的回答. 后来，Mordell, Hasse, Chowla 和 Lewis, 以及 Johnson[48] 等分别给出了多种不同的证明. 我们在第 2 章 2.7 节和第 3 章 3.1 节、3.3 节分别给出了 Johnson 和 Hasse 的证明. 有趣的是, 方程(2)的解完全解决了组合数学中超平面差集($v = 2^n - 1, n \geqslant 2$)和 Hall 差集($v = 4x^2 + 27$ 是素数)有无公共部分的问题.

1960 年, Apéry[49] 证明了丢番图方程

$$x^2 + D = 2^n \quad (2 \nmid D > 0) \tag{3}$$

在 $D \neq 7$ 时最多有两组正整数解 x, n. Browkin 和 Schinzel[50] 提出如下猜想: 方程(3)有两组正整数解当且仅当 $D = 23$, 或 $D = 2^k - 1, k > 3$.

1967 年, Schinzel[51] 部分地解决了这个猜想, 证明了下面的定理.

定理 1　除 $D = 2^k - 1$ 外, 方程(3)在 $n > 80$ 时最多只有一组正整数解.

1981 年, Beukers[52] 完全解决了 Browkin - Schinzel 猜想, 证明了下面的定理.

定理 2　方程(3)有两组正整数解的充要条件是 $D = 23$ 或 $D = 2^k - 1, k > 3$. 并且 $D = 23$ 时的解为 $(x, n) = (3, 5), (45, 11)$; $D = 2^k - 1(k > 3)$ 时的解为 $(x, n) = (1, k), (2^{k-1} - 1, 2k - 2)$.

证明　首先在 $D \not\equiv -1 \pmod 8$ 时, 对方程(3)取模 8 知 $n < 3$, 故此时方程(3)不可能有两组正整数解.

现设 $D \equiv -1 \pmod 8$. 令 e 是满足 $M^2 + b^2 D = 2^{2+e}$(对正整数 M, b)的最小正整数, 则熟知[49]: 如果存在整数 x, r 满足 $x^2 + D = 2^{2+r}$, 那么 $b = 1$ 且 $e \mid r$. 此外, 对于由

378

$$a_0 = 0, a_1 = 1, a_m = Ma_{m-1} - 2^e a_{m-2} \quad (m \geqslant 2) \,(4)$$

给出的 Lucas 序列(参阅 9.6),我们有 $|a_{\frac{r}{e}}| = 1$. 反过来,如果存在 m 使得 $|a_m| = 1$,那么对某正整数 x 和 $D = 2^{2+e} - M^2$ 有 $x^2 + D = 2^{2+me}$. 这样,我们来寻找满足

$$|a_m| = 1 \quad (m > 1)$$

的 Lucas 序列(4).

设 $|a_m| = 1$ 且 $2 \mid me$,则对某正整数 x 有 $x^2 + D = 2^{2+me}$,于是由

$$2^{2+e} = M^2 + b^2 D > D = 2^{2+me} - x^2 > 2^{2 + \frac{me}{2}} - 1$$

知 $m \leqslant 2$,故方程 $x^2 + D = 2^n$ 的解由 $|a_1| = 1$ 和 $|a_2| = 1$ 分别给出 $(x, n) = (1, 2+e)$ 和 $(2^{e+1} - 1, 2 + 2e)$.

设 $|a_m| = 1$ 且 $2 \nmid me$,这时仍推出对某正整数 x,有 $x^2 + D = 2^{2+me}$. 我们考虑 D 的两种情形:

①$D < 2^{96}$,由第 3 章 3.4 Ⅲ 的 Beukers 定理可推出:对任意 $D \in \mathbf{Z}$,如果 $|D| < 2^{96}$,且 $x^2 + D = 2^n$ 有解,那么 $n < 18 + 2 \dfrac{\log |D|}{\log 2}$. 于是我们得出

$$2 + me < 18 + 2 \frac{\log D}{\log 2}$$

又由 $2^{2+e} = M^2 + D$ 推出 $e \geqslant \dfrac{\log D}{\log 2} - 2$,故由 $D \geqslant 7$ 得出

$$m < 20 \frac{\log 2}{\log \dfrac{D}{4}} + 2 < 27 \tag{5}$$

由 $D \neq 7, D \equiv -1 \pmod 8$ 易知 $D = 15, 23, \cdots$,分别讨论(注意把增大的 D 代入式(5)可使 m 的范围缩小)知均不可能.

②$D > 2^{96}$，此时由第 3 章 3.4 节的例 4 知 $2 + me < 435 + 10 \dfrac{\log D}{\log 2}$，故由 $e \geqslant \dfrac{\log D}{\log 2} - 2$ 推出

$$m < \frac{455}{\log \dfrac{D}{4}} \log 2 + 10 < 15$$

$$e > 94$$

从 Lucas 序列（4）用简单同余法知

$$a_m \equiv M^{m-1} (\bmod\ 2^e)$$

因此 $a_m = 1$ 推出 $M^{m-1} \equiv 1 (\bmod\ 2^e)$．令 $m = 1 + 2^{t+1}a$，$2 \nmid a$，由 $m < 15$ 知 $t \leqslant 2$．再由 $M^{m-1} \equiv 1 (\bmod\ 2^e)$ 得出 $M^2 \equiv 1 (\bmod\ 2^{e-t})$．注意到 $M^2 < 2^{2+e}$，可设 $M^2 = 1 + 2^{e-t}\mu$，$0 \leqslant \mu \leqslant 2^{2+t} \leqslant 16$．

假定 $M = 1$，用归纳法得出：对所有 $m \geqslant 2$ 有

$$a_m \equiv 1 - (m-2)2^e (\bmod\ 2^{2e})$$

因此 $a_m = 1$ 推出 $m - 2 \equiv 0 (\bmod\ 2^e)$，但 $2 \nmid m$，故这是不可能的．于是 $M > 1$，令 $M = \pm 1 + \rho \cdot 2^k$，$k \geqslant 2$，$2 \nmid e$，则有 $1 \pm \rho \cdot 2^{k+1} + \rho^2 \cdot 2^{2k} = 1 + \mu \cdot 2^{e-t}$，即 $\rho \cdot 2^{k+1}(\rho \cdot 2^{k-1} \pm 1) = \mu \cdot 2^{e-t}$．由此知 $2^{e-t} \mid 2^{k+1}$，故得 $k + 1 \geqslant e - t > 92$ 且 $\rho(\rho \cdot 2^{k-1} \pm 1) \leqslant \mu$．因为 $\mu < 16$，$k \geqslant 92$，所以 $2^{91} - 1 \leqslant \rho(\rho \cdot 2^{k-1} \pm 1) \leqslant \mu \leqslant 16$，这是矛盾的．这就证明了定理 2．证毕．

Beukers 还同时讨论了方程

$$x^2 - D = 2^n \quad (2 \nmid D > 0) \tag{6}$$

的解．显然

I．如果 $D = 2^{2k} - 3 \times 2^{k+1} + 1$，$k \geqslant 3$，那么方程（6）有解 $(x, n) = (2^k - 3, 3), (2^k - 1, k+2), (2^k + 1, k+3), (3 \times 2^k - 1, 2k+3)$．

II．如果 $D = 2^{2l} + 2^{2k} - 2^{k+l} - 2^{k+1} - 2^{l+1} + 1$，$k >$

$1,l \geqslant k+1$,那么方程(6)有解$(x,n)=(2^l-2^k-1,$
$k+2),(2^l-2^k+1,l+2),(2^k+2^l-1,k+l+2)$.

Ⅲ. 如果 $D=\left(\dfrac{2^{l-2}-17}{3}\right)^2-32,2 \nmid l \geqslant 9$,则方程

(6) 有解 $(x,n)=\left(\dfrac{2^{l-2}-17}{3},5\right)$, $\left(\dfrac{2^{l-2}+1}{3},l\right)$ 和

$\left(\dfrac{17 \times 2^{l-2}-1}{3},2l+1\right)$.

一般的,有如下的定理.

定理 3　方程(6)最多有四组正整数解,且除 Ⅰ,
Ⅱ 和 Ⅲ 的情形外,方程(6)最多有三组正整数解.

如果 $D<10^{12}$,那么除Ⅰ,Ⅱ和Ⅲ外最多有两组解,
而在Ⅰ,Ⅱ和Ⅲ时分别恰有四,三和三组正整数解.

对于 $|D|<1\,000$,我们已知方程 $x^2-D=2^n$ 有
两个或多于两个正整数解的全体 D 和解如下

$D=-511,(x,n)=(1,9),(255,16)$

$-255,$	$(1,8),(127,14)$
$-127,$	$(1,7),(63,12)$
$-63,$	$(1,6),(31,10)$
$-31,$	$(1,5),(15,8)$
$-23,$	$(3,5),(45,11)$
$-15,$	$(1,4),(7,6)$
$-7,$	$(1,3),(3,4),(5,5),(11,7),(181,15)$
$17,$	$(5,3),(7,5),(9,6),(23,9)$
$33,$	$(7,4),(17,8)$
$41,$	$(7,3),(13,7)$
$65,$	$(9,4),(33,10)$
$89,$	$(11,5),(91,13)$
$105,$	$(11,4),(13,6),(19,8)$

113,	$(11,3),(25,9)$
161,	$(13,3),(15,6),(17,7),(47,11)$
217,	$(15,3),(27,9)$
257,	$(17,5),(129,14)$
273,	$(17,4),(23,8)$
329,	$(19,5),(29,9)$
345,	$(19,4),(37,10)$
353,	$(19,3),(49,11)$
497,	$(23,5),(25,7),(39,10)$
513,	$(23,4),(257,16)$
665,	$(27,6),(69,12)$
697,	$(27,5),(363,17)$
713,	$(27,4),(29,7),(35,9)$
721,	$(27,3),(183,15)$
777,	$(29,6),(131,14)$
825,	$(29,4),(43,10)$
833,	$(29,3),(31,7),(33,8),(95,13)$
945,	$(31,4),(71,12)$

由此可见,Beukers 对方程(1)当 $p=2$ 时的研究已经十分完整.

对 $p>2,D>0$,Apéry[53] 证明了下面的定理.

定理 4 设 $D>0$,p 是奇素数,则方程(1)最多有两组正整数解.

1973 年,Alter 和 Kubota[54] 利用代数数论方法给出了方程

$$x^2+D=p^n \quad (p \text{ 是奇素数},p \nmid D>0) \quad (7)$$

在 $D \equiv 3 \pmod 4$,$D>3$ 无平方因子时有解的充要条件. Kutsuna[55] 补充了 Alter-Kubota 的结果,例如在

$D \equiv 1 \pmod 4$ 时,他证明了:设 $2^t \parallel a, 2^2 \parallel p-1$ 且对 $1 \leqslant r \leqslant \dfrac{t-1}{2}$ 有 $p \not\equiv 2^t + 1 - 2^{2r} \pmod{2^{2r+2}}$,则方程 (7) 最多有一组正整数解.

1979 年,Beukers[56] 对方程(7)作了系统的研究,例如他证明了

定理 5 设 e 是对于正整数 a, b 使得 $a^2 + Db^2 = p^e$ 的最小正整数,且 $\lambda = a + \sqrt{-D}$,$\bar{\lambda} = a - \sqrt{-D}$,如果方程(7)有解 (x, n),那么:① $e \mid n$ 且 $b = 1$;② $\dfrac{\lambda^{\frac{n}{e}} - \bar{\lambda}^{\frac{n}{e}}}{\lambda - \bar{\lambda}} = \pm 1$;③ $\dfrac{n}{e}$ 是奇数.

这个定理利用第 3 章 3.1 节的例 5 很容易证明. 利用这个定理可以推出若干结果来. 例如 Kutsuna[57],乐茂华[58] 等都得出过一些结果. 由这些结果可知,在许多情形下方程(7)最多只有一组正整数解.

许多人对一些特殊的 D 和 p 值,给出了方程(7)的全部正整数解(其中有不少结果包含在第 8 章对方程 $x^2 + D = y^n$ 的讨论中).

对于 $p > 2, D < 0$,这时方程(1)化为

$$x^2 + D = p^n \quad (p \text{ 是奇素数}, p \nmid D < 0) \quad (8)$$

Beukers[59] 在 1981 年证明了下面的定理.

定理 6 设 $-D$ 不是平方数,如果方程(8)有两组解 $(x, n) = (A, k), (A', k'), k' > k$,那么

$$p^k \leqslant \max(2 \times 10^6, 600D^2)$$

定理 7 方程(8)最多有四组正整数解.

最后,对于方程

$$x^2 + D^m = p^n \quad (p \text{ 是素数}, p \nmid D) \quad (9)$$

其中,D,p 是给定的,也有过许多工作.1979 年,Toyoizumi[60-61] 证明了下面的定理.

定理 8 设 $D=2^{d+2}-a^2\neq 7,a$ 和 D 均是正整数,则方程

$$x^2+D^m=2^n$$

推出 $m=1$.

定理 9 设 $D>1$ 无平方因子,$p\equiv 3(\bmod 4)$,如果 $D\equiv 1,2(\bmod 4)$ 且 $p-D$ 是一个平方数,那么除 $(D,p)=(2,3)$ 外方程(9)推出 $m=1$.

对 D 和 p 取一些特殊值时,Yamabe[62-63] 和 Kutsuna[64] 还有一些工作.孙琦与曹珍富[65] 用初等方法还给出了方程(9)的较为一般的解答.

9.5　方程 $x^x y^y=z^z$ 及其推广

Erdös 曾经猜想:方程

$$x^x y^y=z^z \quad (x>1,y>1,z>1) \tag{1}$$

无整数解 x,y,z.1940 年,柯召[66] 否定了这个猜想,给出了方程(1)的无穷多组解

$$x=2^{2^{n+1}(2^n-n-1)+2n}(2^n-1)^{2(2^n-1)}$$

$$y=2^{2^{n+1}(2^n-n-1)}(2^n-1)^{2(2^n-1)+2} \tag{2}$$

$$z=2^{2^{n+1}(2^n-n-1)+n+1}(2^n-1)^{2(2^n-1)+1}$$

这里 $n>1$.同时,他证明了 $(x,y)=1$ 时,方程(1)无解.

1958 年,Schinzel[67] 证明了:如果方程(1)有解,那么 x 的每一个素因子整除 y,或 y 的每一个素因子整除 x.这一结果的证明是十分容易的,例如阎发湘[68]

384

给出的证明如下：

不妨设 $x < y$ 且 $p \mid x$ 但 $p \nmid y$. 于是可令
$$p^\alpha \parallel x, p^\beta \parallel z, \alpha > 0, \beta > 0$$
由方程 (1) 得出 $\alpha x = \beta z$，从而 $p^{\alpha-\beta} \mid \beta$，即 $p^{\beta(\frac{z}{x}-1)} \mid_\beta$，由此推出 $z \leqslant \dfrac{3}{2} x$. 令 $y = x + y_2, y_2 \geqslant 1$，由方程 (1) 得出 $x^{\frac{1}{2}x+1} < \left(\dfrac{3}{2}\right)^{\frac{3}{2}x}$，但这是不可能的.

Schinzel 猜想：在方程 (1) 的解中，x 与 y 有相同的素因子. 1975 年，Dem'janenko[69] 证明了这个猜想，即有下面的定理.

定理 1　设 x, y, z 是方程 (1) 的解，则 x, y 有相同的素因子.

另一方面，Mills[70] 在 1959 年发现柯召得到的解中 x, y, z 均满足关系 $4xy = z^2$，于是他对 $4xy > z^2$，$4xy = z^2$ 进行了研究，证明了

定理 2　如果 $4xy > z^2$，那么方程 (1) 无解；如果 $4xy = z^2$，那么方程 (1) 仅有正整数解 (2).

1984 年，Uchiyama[71] 研究了 $4xy < z^2$ 的情形，证明了在 $4xy < z^2$ 时方程 (1) 最多只有有限组解.

很可能 (2) 给出了方程 (1) 的全部解.

对于方程 (1) 的推广，即丢番图方程
$$\prod_{i=1}^{k} x_i^{x_i} = z^z \quad (k \geqslant 2, x_i > 1, i = 1, \cdots, k) \quad (3)$$
在 1964 年，柯召和孙琦[87] 首先证明了

定理 3　方程 (3) 有无穷多组解
$$x_1 = k^{A_1+2n}(k^n-1)^{B_1}$$
$$x_2 = k^{A_1}(k^n-1)^{B_1+2}$$

$$x_3 = \cdots = x_k = k^{A_1+n}(k^n - 1)^{B_1+1}$$
$$z = k^{A_1+n+1}(k^n - 1)^{B_1+1}$$

这里 $A_1 = k^n(k^{n+1} - 2n - k)$，$B_1 = 2(k^n - 1)$，而 k, n 满足 $k = 2$ 时 $n > 1$，$k \geqslant 3$ 时 $n > 0$.（证明见第 2 章 2.8 节）

利用 Schinzel 引理，即若正整数 a_1, a_2, b_1, b_2, b_3 满足 $a_1^{a_1 a_2} = b_1^{b_1 b_2 b_3}$，$(a_1, b_2 b_3) = (a_2, b_1 b_3) = 1$，$a_1 > 1$，$b_1 b_2 b_3 \geqslant a_1 a_2$，则 $b_1 > b_3$. 他们还证明了下面的定理.

定理 4 设方程(3)有解 $x_i(i = 1, \cdots, k)$，则至少存在一个 j，$1 \leqslant j \leqslant k$，使 x_j 的每一个素因子整除
$$\prod_{\substack{i=1 \\ i \neq j}}^{k} x_i.$$

由此可知，方程(3)在 $x_1, \cdots, x_k$ 两两互素时无解.

阎发湘[72] 改进了定理 4 得到如下的结果.

定理 5 设方程(3)有解 $x_i(i = 1, \cdots, k)$，则最多存在一个 j，$1 \leqslant j \leqslant k$，使 x_j 有与 $\prod_{\substack{i=1 \\ i \neq j}}^{k} x_i$ 互素的因子 $v_j > 1$.

证 否则，可设有另一个 $x_l(l \neq j)$，有与 $\prod_{\substack{i=1 \\ i \neq l}}^{k} x_i$ 互素的因子 $v_l > 1$，且不妨设 v_l 是 x_l 与 $\prod_{\substack{i=1 \\ i \neq l}}^{k} x_i$ 互素的最大因子，相应地设 v_j 是 x_j 与 $\prod_{\substack{i=1 \\ i \neq j}}^{k} x_i$ 互素的最大因子. 令
$$r_j = \frac{x_j}{v_j}, r_l = \frac{x_l}{v_l}, r = \frac{z}{z_j \cdot z_l}$$

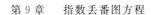

这里 z_j，z_l 分别是 z 与 $\displaystyle\prod_{\substack{i=1\\i\neq j}}^{k}x_i$ 以及 z 与 $\displaystyle\prod_{\substack{i=1\\i\neq l}}^{k}x_i$ 互素的最

大因子. 于是由方程（3）得

$$v_l^{v_lr_l}r_l^{v_lr_l}v_j^{v_jr_j}r_j^{v_jr_j}\prod_{\substack{i=1\\i\neq j,l}}^{k}x_i^{x_i}=z_l^{z_lz_jr}z_j^{z_lz_jr}r^{z_lz_jr}$$

这给出

$$v_l^{v_lr_l}=z_l^{z_lz_jr}\tag{4}$$
$$v_j^{v_jr_j}=z_j^{z_lz_jr}\tag{5}$$

由于 $(v_l,rz_j)=(r_l,z_lz_j)=1$，及

$$z_lz_jr\geqslant v_lr_l,v_l>1$$
$$(v_j,rz_l)=(r_j,z_lz_j)=1$$
$$z_lz_jr\geqslant v_jr_j,v_j>1$$

故由式（4）（5）均满足 Schinzel 引理，得

$$z_l>z_j\ 以及\ z_j>z_l$$

这是矛盾结果. 证毕.

　　1983 年，姚兆栋[73] 利用柯召和孙琦的方法（见第 2 章 2.8 节），又给出了方程（3）的一些解，特别是给出了方程（3）在 $2\mid k\geqslant 4$ 时的奇数解.

　　定理 6　方程（3）在 $k\geqslant 3$ 时有解

$$x_1=2^{2n(2^{k-2}-1)},x_2=2^{2n(2^{k-2}-1)}n$$
$$x_i=2^{2n(2^{k-2}-1)+i-3}n\quad(i=3,\cdots,k)$$
$$z=2^{2n(2^{k-2}-1)+k-2}n$$

这里 n 是正整数.

　　定理 7　方程（3）有解

$$x_1=2^{A_2+2n}(2^n-1)^{B_2},x_2=2^{A_2}(2^n-1)^{B_2+2}$$
$$x_i=2^{A_2+i-2}(2^n-1)^{B_2+1}\quad(i=3,\cdots,k)$$
$$z=2^{A_2+n+k-1}(2^n-1)^{B_2+1}$$

这里 $A_2 = 2^{n+1} \left[(2^{k-1} - 1)(2^{n-1} - 1) - n \right]$，$B_2 = 2(2^n - 1)$，且 $k = 2$ 时 $n > 1$，$k \geqslant 3$ 时 $n \geqslant 1$.

定理 8 设 $k \geqslant 3$，则方程（3）有解

$$x_i = (k - m)^{n(k-m)} \quad (i = 1, \cdots, m)$$

$$x_j = m \cdot n(k - m)^{n(k-m)} \quad (j = m + 1, \cdots, k)$$

$$z = mn(k - m)^{n(k-m)+1}$$

这里 $k > m \geqslant 1$.

由定理 8 知，在 $2 \mid k \geqslant 4$ 时方程（3）有无穷多组奇数解（只要在定理 8 中取 $2 \mid k$，$2 \nmid mn$ 即得）.

为了证明这些定理，设 $(x_1, x_2, \cdots, x_k, z) = d$，令 $x_i = dt_i (i = 1, \cdots, k)$，$z = du$，代入方程（3）得

$$d^{\sum\limits_{i=1}^{k} t_i - u} \prod_{i=1}^{k} t_i{}^{t_i} = u^u$$

由此知，满足条件

$$
\begin{cases}
\sum\limits_{i=1}^{k} t_i - u = r & (6) \\[2mm]
\dfrac{u^u}{\prod\limits_{i=1}^{k} t_i{}^{t_i}} \text{ 为正整数的 } r \text{ 次幂}(= d^r) & (7)
\end{cases}
$$

（这里 $r \geqslant 1$ 为整数）的 $t_i (i = 1, \cdots, k)$ 和 u 可给出方程（3）的解.

令 $t_1 = 1$，$t_2 = n$，$t_i = 2^{i-3} n (i = 3, \cdots, k)$，$u = 2^{k-2} n$，代入式（6）（7）得出 $r = 1$，$d = 2^{2n(2^{k-2}-1)}$，故给出定理 6 的解.

令 $t_1 = 2^{2n}$，$t_2 = (2^n - 1)^2$，$t_i = 2^{n+i-2}(2^n - 1)(i = 3, \cdots, k)$，$u = 2^{n+k-1}(2^n - 1)$，代入式（6）（7）得出 $r = 1$，$d = 2^{A_2}(2^n - 1)^{B_2}$，这里

$$A_2 = 2^{n+1} \left[(2^{k-1} - 1)(2^{n-1} - 1) - n \right], B_2 = 2(2^n - 1)$$

故得出定理 7 中的解.

令 $t_i = 1(i = 1, \cdots, m), t_j = mn(j = m+1, \cdots, k)$, $u = mn(k - m)$, 代入式 $(6)(7)$ 得出 $r = m, d = (k-m)^{n(k-m)}$, 故给出定理 8 中的解.

利用这种构造方法, 还可以给出方程 (3) 的许多解来. 例如瞿维建[74] 取 $t_i = k^{2n}(i = 1, \cdots, r), t_i = (k^n - 1)^2(j = r+1, \cdots, 2r), t_c = k^n(k^n - 1)(l = 2r+1, \cdots, k), u = k^{n+1}(k^n - 1)$ 代入式 $(6)(7)$ 得出

$$d = k^{\frac{k^{n+1}(k^n-1)}{r} - 2nk^n}(k^n - 1)^{2(k^n-1)}$$

故得下面的定理.

定理 9　对每个正整数 $r \leqslant \dfrac{k}{2}$, 方程 (3) 有解

$$x_i = k^{A_3 + 2n}(k^n - 1)^{B_3} \quad (i = 1, \cdots, r)$$
$$x_j = k^{A_3}(k^n - 1)^{B_3 + 2} \quad (j = r+1, \cdots, 2r)$$
$$x_l = k^{A_3 + n}(k^n - 1)^{B_3 + 1} \quad (l = 2r+1, \cdots, k)$$
$$z = k^{A_3 + n + 1}(k^n - 1)^{B_3}$$

这里

$$A_3 = \frac{k^{n+1}(k^n - 1)}{r} - 2nk^n, B_3 = 2(k^n - 1)$$
$$k^{n+1}(k^n - 1) \equiv 0 \pmod{r}$$

且 $k = 2$ 时 $n > 1$; $k > 2$ 时 $n > 0$.

显然 $k = 2$ 时给出柯召得到的方程 (1) 的解.

取

$$t_i = 2^{2n} \quad (i = 1, \cdots, r)$$
$$t_j = (2^n - 1)^2 \quad (j = r+1, \cdots, 2r)$$
$$t_l = 2^{n+l-2r}(2^n - 1)r \quad (l = 2r+1, \cdots, k)$$
$$u = 2^{n+k-2r+1}(2^n - 1)r$$

于是式 (6) 成立, 式 (7) 给出

$$d = 2^{A_4}(2^n-1)^{B_4}r^{C_4}$$

这里 $A_4 = 2^{n+1}[(2^{k-2r+1}-1)(2^n-1)-n]$，$B_4 = 2(2^n-1)$，$C_4 = 2^{n+1}(2^n-1)$. 这就得到下面的定理.

定理 10 对每个正整数 $r \leqslant \dfrac{k}{2}$，方程(1)有解

$$x_i = 2^{A_4+2n}(2^n-1)^{B_4}r^{C_4} \quad (i=1,\cdots,r)$$

$$x_j = 2^{A_4}(2^n-1)^{B_4+2}r^{C_4} \quad (j=r+1,\cdots,2r)$$

$$x_l = 2^{A_4+n+l-2r}(2^n-1)^{B_4+1}r^{C_4+1} \quad (l=2r+1,\cdots,k)$$

$$z = 2^{A_4+n+k-2r+1}(2^n-1)^{B_4+1}r^{C_4+1}$$

这里 $n > 1$.

在 $2 \nmid k \geqslant 5$ 时，瞿维建构造了方程(3)的无穷多组奇数组，他的构造如下：

在 $k = 4m+1, m \geqslant 1$ 时，取 $t_1 = 3^{2n}$，$t_2 = (3^n-2)^2$，$t_3 = 3^n(3^n-2)$，$t_{2i} = t_{2i+1} = 3^{n+i-1}(3^n-2)(i=2,3,\cdots,2m)$，$u = 3^{n+2m}(3^n-2)$，代入式(6)(7) 得 $r=4$，$d = 3^{A_5}(3^n-2)^{B_5}$，这里 $A_5 = 3^{n+1}\left(\dfrac{3^{2m}-1}{8}\right)(3^n-2) - n3^n$，$B_5 = 3^n-2$. 于是得到下面的定理.

定理 11 设 $k=4m+1, m \geqslant 1$，则方程(3)有解

$$x_1 = 3^{A_5+2n}(3^n-2)^{B_5}, \quad x_2 = 3^{A_5}(3^n-2)^{B_5+2}$$

$$x_3 = 3^{A_5+n}(3^n-2)^{B_5+1}$$

$$x_{2i} = x_{2i+1} = 3^{A_5+n+i-1}(3^n-2)^{B_5+1} \quad (i=2,3,\cdots,2m)$$

$$z = 3^{A_5+n+2m}(3^n-2)^{B_5+1}$$

这里 n 是正整数.

在 $k=4m+3, m \geqslant 1$ 时，取 $t_1 = 1, t_2 = 3^{2n}, t_3 = 3^{2n+1}, t_4 = (2 \times 3^n-1)^2, t_5 = t_6 = 3^n(2 \times 3^n-1), t_7 = 3^{n+1}(2 \times 3^n-1), t_{2i} = t_{2i+1} = 3^{n+i-2}(2 \times 3^n-1)$ $(i=4,5,\cdots,2m+1), u = 3^{n+2m}(2 \times 3^n-1)$，代入式

390

$(6)(7)$ 得 $r-4, d=3^{A_6}(2\times 3^n-1)^{B_6}$，这里 $A_6=$
$3^{n+1}\left[\left(\dfrac{3^{2m}-1}{4}\right)(2\times 3^n-1)+\dfrac{3^n-1}{2}\right]-2n\times 3^n, B_6=$
$2\times 3^n-1$，故得

定理 12　设 $k=4m+3, m\geqslant 1$，则方程 (3) 有正整数解

$$x_1=3^{A_6}(2\times 3^n-1)^{B_6}$$
$$x_2=3^{A_6+2n}(2\times 3^n-1)^{B_6}$$
$$x_3=3^{A_6+2n+1}(2\times 3^n-1)^{B_6}$$
$$x_4=3^{A_6}(2\times 3^n-1)^{B_6+2}$$
$$x_5=x_6=3^{A_6+n}(2\times 3^n-1)^{B_6+1}$$
$$x_7=3^{A_6+n+1}(2\times 3^n-1)^{B_6+1}$$
$$x_{2i}=x_{2i+1}=3^{A_6+n+i-2}(2\times 3^n-1)^{B_6+1}$$
$$(i=4,5,\cdots,2m+1)$$
$$z=3^{A_6+n+2m}(2\times 3^n-1)^{B_6+1}$$

这里 n 为正整数.

由定理 8,11 和 12 立得下面的推论.

推论　在 $k\geqslant 4$ 时方程 (3) 有奇数解.

但是，我们不知道 $k=3$ 时方程 (3) 是否有奇数解（参阅第 2 章 2.8 节）.

最后指出，给出丢番图方程

$$x^y y^x=z^z, x^y y^z=z^x, x^x y^z=z^y$$

的一些解是容易的[68,75-76]，但给出它们的全部解仍很困难.

9.6　其他一些指数丢番图方程

本节我们讨论两类指数丢番图方程.

I. 丢番图方程 $x^2 = 4q^{\frac{a}{2}} + 4q + 1$

丢番图方程

$$x^2 = 4q^{\frac{a}{2}} + 4q + 1 \qquad (1)$$

（这里 x, a 是正整数，q 是一个素数的幂）是 Calderbank[77] 从编码理论中提出来的. 例如他证明了下面的定理.

定理 1 设有限域 $GF(q)$（q 是一个素数幂）上的 $[n, k]$ 码 C 恰有两个非零加权 W_1, W_2，且在二重码 C^I 中最小加权至少是 4. 如果 $k = 2$，那么 $n = 1, W_1 = 1, W_2 = 2$.

（A）如果 $k \geqslant 3, q = 2$，那么下列两条之一成立：

①$n = 2^{k-1}, W_1 = 2^{k-2}, W_2 = 2^{k-1}$；

②$k = 4, n = 5, W_1 = 2, W_2 = 4$.

（B）如果 $k \geqslant 3, q \neq 2$，那么：

③$k = 3, q = 2^m, n = 2^m + 2, W_1 = 2^m, W_2 = 2^m + 2$；

④$k = 4, n = q^2 + 1, W_1 = (q-1)q, W_2 = q^2$；

⑤$(q-1)n = u(q^{\frac{k}{2}} + 1), W_1 = uq^{\frac{k-2}{2}}, W_2 = (u+1)q^{\frac{k-2}{2}}$.

这里 u 是一个正整数且 $(2u+3)^2 = 4q^{\frac{k}{2}} + 4q + 1$，或

$$⑥2(q-1)n = (2u+1)q^{\frac{k-1}{2}} + (q-2) - \frac{u(u+1)}{q},$$

$W_1 = uq^{\frac{k-3}{2}}, W_2 = (u+1)q^{\frac{k-3}{2}}$，这里 u 是一个正整数，且 $(2u + (2q+1))^2 = 4q^{\frac{k+1}{2}} + 4q + 1$.

由这个定理可见，给出方程（1）的全部解十分必要（Calderbank[77] 对此曾作了一个猜想）. 下面我们就来研究方程（1）的解. 首先，若 $2 \mid a$，则方程（1）化为

$$x^2 = 4q^m + 4q + 1 \quad (m > 0, x > 0) \qquad (2)$$

并且若 $2 \nmid a$,则方程(1)化为

$$x^2 = 4q^m + 4q^2 + 1 \quad (2 \nmid m > 0, x > 0) \qquad (3)$$

显然,对任给的 q,方程(2)和(3)均分别有平凡解 $m = 2, x = 2q+1$ 和 $m = 1, x = 2q+1$.

对 $q = 3$,方程(2)化为 $x^2 = 4 \times 3^m + 13$. Bremner 等[78-79] 以及 Tzanakis 和 Wolfskill[80] 证明了该方程仅有正整数解 $(x, m) = (5, 1), (11, 3)$. 对 $q = 4$,方程(1)化为 $x^2 = 2^{2+a} + 17$,此由 9.4 节知仅有正整数解 $(x, a) = (5, 1), (7, 3), (9, 4), (23, 7)$.

1987 年,Tzanakis 和 Wolfskill[81] 彻底解决了方程(2)和(3),证明了下面的定理.

定理 2 设 q 是一个素数幂,则方程(2)仅有非平凡解 $q = 3, (x, m) = (5, 1), (11, 3)$.方程(3)仅有非平凡解 $q = 2, (x, m) = (5, 1), (7, 3), (23, 7)$.

由这个定理立即推出下面的推论.

推论 设 C 满足定理 1 的条件,则 k, n, W_1 和 W_2 仅有下列的可能值:

① 对任意 $q: k = 2, n = 2, W_1 = 1, W_2 = 2$;

$k = 4, n = q^2 + 1, W_1 = (q-1)q, W_2 = q^2$. 再加上

② $q = 2: n = 2^{k-1}, W_1 = 2^{k-2}, W_2 = 2^{k-1}$.

③ $q = 3: k = 5, n = 11, W_1 = 6, W_2 = 9$;

$k = 6, n = 56, W_1 = 1, W_2 = 2$.

④ $q = 4: k = 6, n = 78, W_1 = 56, W_2 = 64$;

$k = 7, n = 430, W_1 = 320, W_2 = 352$.

⑤ $q = 2^m: k = 3, n = 2^m + 2, W_1 = 2^m, W_2 = 2^m + 2$.

至于定理 2 的证明,首先使用第 3 章 3.4 节 Ⅲ 的函数 $G(z), H(z)$,得到

$$\binom{n}{n_2} G(4z) - \binom{n}{n_2} \sqrt{1-4z} H(4z) =$$

$$(4z)^{n+1} \binom{n}{n_2} G(1) E(4z) = z^{n+1} E_1(z)$$

这里 $E_1(z)$ 是 z 的幂级数. 于是由 p - adic 知识(见第 3 章 3.3 节),令 $q = p^f$, p 是素数, $f > 0$,则有

$$\left| \binom{n}{n_2} G(-4q) - \binom{n}{n_2} \sqrt{1+4q} H(-4q) \right|_p \leqslant \quad (4)$$

$$|q^{n+1}|_p = q^{-(n+1)}$$

其中 $n = n_1 + n_2$. 对方程(2)(可设 $m \geqslant 3$),我们有

$$1 + 4q = x^2 \left(1 - \frac{4q^m}{x^2} \right)$$

不妨设 $x \equiv 1 (\mathrm{mod} \ p)$(因为由方程(2)知 $x^2 \equiv 1 (\mathrm{mod} \ p)$),则上式给出

$$\sqrt{1+4q} = x \sqrt{1 - \frac{4q^m}{x^2}} = x + q^m \xi \quad (\xi \in Z_p) (5)$$

这里 Z_p 是 p - adic 整环. 因为 x 是 p - adic 单位,故从式(4)(5)得

$$| \lambda - x\eta - q^m \eta \xi |_p \leqslant q^{-(n+1)}$$

这里 $\lambda = \binom{n}{n_2} G(-4q)$, $\eta = \binom{n}{n_2} H(-4q)$. 由于

$$| \lambda - x\eta |_p \leqslant \max(| \lambda - x\eta - q^m \eta \xi |_p, | q^m \eta \xi |_p) \leqslant$$
$$\max(q^{-(n+1)}, q^{-m})$$

因此 $| \lambda - x\eta |_p \leqslant q^{-t}$, $t = \min\{m, n+1\}$. 设 $K = \lambda - x\eta$,则 $K \in \mathbf{Z}$,且 $q^t | K$. 易知 $K \neq 0$,故 $| K | \geqslant q^t$. 利用第 3 章 3.4 节 Ⅲ 的知识还可以给出

$$\binom{n}{n_2} | H(z) | < \sum_{k=0}^{n_2} \binom{n_1}{k} \binom{n-k}{n_1} | z |^k =$$

$$\sum_{k=0}^{n_2}\binom{n_2}{k}\binom{n-k}{n_2}\mid z\mid^k\leqslant$$

$$\binom{n}{n_2}(1+\mid z\mid)^{n_2}$$

故由 $\mid x\mid<2q^{\frac{m}{2}}+1$ 得出

$$\mid K\mid<\binom{n}{n_2}\bigl[(1+4q)^{n_1}+(2q^{\frac{m}{2}}+1)(1+4q)^{n_2}\bigr]$$

由此并注意到 $\mid K\mid\geqslant q^t$，可推出 $q<1\,000$.

类似的方法可以证明式（3）在 $m\geqslant5$ 时推出 $q<40$.

然后利用简单同余法，筛选掉一些 q 值，对剩下的 q 值，挨个使用递推序列法（见第 2 章 2.7 节和第 7 章 7.4 节）最终证明定理 2.

对于丢番图方程

$$x^2=4q^n-4q+1\quad（q\text{ 是素数}）$$

当 $q=2$ 时退化为 Ramanujan-Nagell 方程（见 9.4 节），而当 $q>2$ 时，Johnson[82] 宣布，用递推序列法已给出解答.

Ⅱ. 丢番图方程 $\alpha^n+\beta^n=2x^2$

设 D 不是平方数，$\alpha=a+b\sqrt{D},\beta=a-b\sqrt{D}\in Q(\sqrt{D})$，这里 $a,b\neq0$ 是有理整数. 我们来研究丢番图方程

$$\alpha^n+\beta^n=2x^2\tag{6}$$

的正整数解 x,n.

首先，在 $N(\alpha)=1$ 时，柯召和孙琦[83] 证明了方程（6）在 $4\mid n$ 时无正整数解 x,n. 而在 $N(\alpha)=-1$ 时，曹珍富[84] 证明了类似的结论. 由此知，在 $N(\alpha)=\pm1$ 时，方程

$$\alpha^{4m} + \beta^{4m} = 2x^2 \qquad (7)$$

无正整数解 x, m.

1986 年,孙琦[85] 对方程(7),考虑了 $N(\alpha) = k$, $|k| > 1$ 的情形,证明了

定理 3 设 $N(\alpha) = k$, $|k| > 1$, k 满足以下条件:

①k 无平方因子.

②k 的任一个素因子 p 满足 $p \nmid \Delta$,这里 Δ 是 $Q(\sqrt{D})$ 的基数.

③k 至少含一个形如 $8f + 3$ 或 $8f + 5$ 的素因子 q,则方程(7)无正整数解.

曹珍富[86] 改进了这个结果,对方程

$$\alpha^{2m} + \beta^{2m} = 2x^2 \qquad (8)$$

证明了

定理 4 设 $N(\alpha) = k$, $|k| > 1$,如果存在某个 $8f + 3$ 或 $8f + 5$ 形的素数 q,满足 $q \| k$ 且 $q \nmid \Delta$,这里 Δ 是 $Q(\sqrt{D})$ 的基数,那么方程(8)无正整数解.

证 设方程(8)有正整数解 x, m,令 $y = \dfrac{\alpha^m + \beta^m}{2}$,显然 y 是有理整数,由方程(8)给出

$$t^2 = 2y^2 - k^m \qquad (9)$$

由 $q \| k$,对式(9)取模 q 得

$$t^2 \equiv 2y^2 (\bmod q) \qquad (10)$$

由于 q 是 $8f + 3$ 或 $8f + 5$ 形的素数,故当 $q \nmid y$ 时,式(10)给出矛盾结果 $\left(\dfrac{2}{q}\right) = 1$,而当 $q \mid y$ 时,由

$$y = \frac{\alpha^m + \beta^m}{2} = \sum_{i=0}^{m} \frac{1 + (-1)^i}{2} \binom{m}{i} a^{m-i} (b\sqrt{D})^i =$$

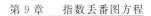

$$\sum_{\substack{0 \leqslant i \leqslant m \\ 2 \mid i}} \binom{m}{i} a^{m-i} (b\sqrt{D})^i = \sum_{0 \leqslant i \leqslant u} \binom{m}{2i} a^{m-2i} (b\sqrt{D})^{2i}$$

其中

$$u = \begin{cases} \dfrac{m-1}{2}, \text{当 } 2 \nmid m \text{ 时} \\[2mm] \dfrac{m}{2}, \text{当 } 2 \mid m \text{ 时} \end{cases}$$

及 $a^2 - Db^2 = k \equiv 0 \pmod{q}$ 知

$$0 \equiv \sum_{0 \leqslant i \leqslant n} \binom{m}{2i} a^{m-2i} a^{2i} = a^m \sum_{0 \leqslant i \leqslant n} \binom{m}{2i} \pmod{q}$$

$$(11)$$

现在我们来证明 $q \nmid a^m$. 不然设 $q \mid a^m$, 则 $q \mid a$. 由 $a^2 - Db^2 = k$ 知 $q \mid Db^2$. 又由 $q \nmid \Delta, \Delta = D$ 或 $4D$ 知 $q \mid b^2$, 即 $q \mid b$. 由 $q \mid a, q \mid b$ 及 $a^2 - Db^2 = k$ 推出 $q^2 \mid k$, 与 $q \parallel k$ 矛盾. 于是 $q \nmid a^m$, 式(11) 给出

$$\sum_{0 \leqslant i \leqslant u} \binom{m}{2i} \equiv 0 \pmod{q}$$

但这是不可能的, 因为

$$\sum_{0 \leqslant i \leqslant n} \binom{m}{2i} = \frac{(1+1)^m + (1-1)^m}{2} = 2^{m-1}$$

证毕.

显然, 如果在与定理 4 的某些条件相重叠时, 能够证明方程(6) 无 $2 \nmid n$ 的解, 那么方程(6) 对任何 n 都无正整数解. 这对于方程(6) 的具体应用来说是需要的. 为此, 我们证明了下面的定理.

定理 5　设 $\alpha = a + b\sqrt{D}, a > 0$ 非平方数, $N(\alpha) = k, |k| > 1$ 且 k 满足以下的条件:

①$k \equiv 1 \pmod{4}$ 无平方因子且 k 含有 $8f + 3$ 或

397

$8f+5$ 形的素因子.

②k 的任一素因子 $p \nmid \Delta$,Δ 为 $Q(\sqrt{D})$ 的基数,则方程(6) 无正整数解.

这个定理的证明需要研究

$$E(p) = \frac{\alpha^{pm} + \beta^{pm}}{\alpha^m + \beta^m}$$

的性质,这里 p 为奇素数,m 为正整数.在定理 5 的条件下,$E(p) \equiv 1 (\bmod 4)$,且对任意奇素数 $q \neq p$,均有

$$\left(\frac{E(p)}{E(q)} \right) = \prod_{i=0}^{s} \left(\frac{k^{\lambda_{i+1}}}{E(r_i)} \right)$$

这里 s,λ_i 和 r_i 由下列诸式定义

$$\begin{cases} p = 2l_1 r_0 + \varepsilon_1 r_1, 0 < r_1 < r_0 = q \\ r_0 = 2l_2 r_1 + \varepsilon_2 r_2, 0 < r_2 < r_1 \\ \qquad\qquad \vdots \\ r_{s-1} = 2l_{s+1} r_s + \varepsilon_{s+1} r_{s+1}, 0 < r_{s+1} < r_s \\ r_s = l_{s+2} r_{s+1}, r_{s+1} = 1 \end{cases} \qquad (12)$$

其中,$\varepsilon_i = \pm 1 (i = 1, \cdots, s+1)$,$r_i (i = 1, \cdots, s)$ 均为奇数,而

$$\lambda_i = \begin{cases} l_i, & \text{当 } \varepsilon_i = 1 \text{ 时} \\ l_i - 1, & \text{当 } \varepsilon_i = -1 \text{ 时} \end{cases} \qquad (i = 1, 2, \cdots, s+1)$$

利用这个结果,可以处理方程

$$\frac{\alpha^{pm} + \beta^{pm}}{\alpha^m + \beta^m} = py^2 \qquad (13)$$

例如在 $p \equiv 7 (\bmod 8)$ 时,取 $q = p - 2$,则有

$$p = 2q - (q - 2)$$
$$q = 2(q-2) - (q-4)$$
$$\vdots$$
$$q - 2(s-1) = 2(q - 2s) - (q - 2(s+1))$$

其中 $q - 2(s+1) = 1$.与式(12) 比较知 $\varepsilon_i = -1$,$l_i = 1$

$(i = 1, \cdots, s + 1)$，故 $\lambda_i - 0(i = 1, \cdots, s + 1)$，于是 $\left(\dfrac{E(p)}{E(q)}\right) = 1$.

对式(13) 取模 $E(q)$ 得

$$\left(\frac{E(p)}{E(q)}\right) = \left(\frac{p}{E(q)}\right) = \left(\frac{E(q)}{p}\right) = 1 \qquad (14)$$

易知 $E(q) \equiv q(-k^m)^{\frac{q-1}{2}} (\bmod p)$，由 $q = p - 2, p \equiv 7(\bmod 8)$ 知，式(14) 给出

$$1 = \left(\frac{E(q)}{p}\right) = \left(\frac{q}{p}\right) = \left(\frac{-2}{p}\right) = -1$$

这是矛盾的.

定理 5 可以应用到较为一般的 Lucas 序列上. 例如对于 Lucas 序列

$$v_0 = 2, v_1 = 2a, v_{n+2} = 2av_{n+1} - kv_n \qquad (15)$$

令 $a^2 - k = Db^2$, D 无平方因子，则在定理 5 的条件下，序列(15) 中除 $\dfrac{v_0}{2} = 1$ 外，$\dfrac{v_n}{2}$ 不是平方数.

参 考 资 料

[1] Stanton，R. G. and Sprott，D. A.，Canadian J. Math.，10(1958),73-77.

[2] Hall,M. Jr.,Combinatorial Theory,Blaisdell(1967).

[3] 孙琦,周小明,科学通报,1(1984),61.

[4] 曹珍富,自然杂志,6(1985),476-477.

[5] 曹珍富,数学研究与评论,3(1987),411-413.

[6] 曹珍富,东北数学,1(1987),112-116.

[7] 曹珍富,自然杂志,9(1986),720.

[8] Guy,R. K.,Unsolved Problems in Number Theory,Springer-Verlag,New York,1981,87.

[9] 曹珍富,王笃正,科学通报,14(1987),1043-1046.

［10］曹珍富,科学通报,7(1986),555-556.

［11］曹珍富,哈尔滨工业大学学报,4(1987),113-121.

［12］曹珍富,哈尔滨工业大学学报,3(1986),112-113.

［13］Perisastri,M.,Math. Stud.,37(1969),211-212.

［14］曹珍富,扬州师院学报(自然科学版),1(1986),17-20.

［15］Toyoizumi,M.,Math. Stud.,46(1978),113-115(1982).

［16］曹珍富,科学通报,14(1985),1116-1117.

［17］曹珍富,哈尔滨工业大学学报,3(1986),7-11.

［18］曹珍富,王笃正,扬州师院学报(自然科学版)1987,No.4.

［19］Nagell,T.,Arkiv för Mat.,3(1958),569-581.

［20］Makowski,A.,Nordisk Mat. Tidskr,7(1959),96.

［21］Hadano,T.,Math. J. Okayama Univ.,19(1976),25-29.

［22］Uchiyama,S.,Math. J. Okayama Univ.,19(1976),30-31.

［23］杨晓卓,四川大学学报(自然科学版),4(1985),151-158.

［24］曹珍富,科学通报,22(1986),1688-1690.

［25］Jeśmanowicz,L.,Roczn. Polsk. towarz. mat.,Ser. 2,
　　　1(1956),196-202.

［26］Sierpiński,W.,Roczn. Polsk. towarz. mat.,Ser. 2,
　　　1(1956),194-195.

［27］柯召,四川大学学报(自然科学版),1(1958),73-80.

［28］柯召,四川大学学报(自然科学版),2(1958),81-90.

［29］饶德铭,四川大学学报(自然科学版),1(1960),79-80.

［30］柯召,孙琦,四川大学学报(自然科学版),3(1964),1-6.

［31］柯召,四川大学学报(自然科学版),4(1964),11-24.

［32］Dem′janenko,V. A.,Izv. Vysš. Ucebn. Zaved. Matematika,
　　　48(1965),No.5,52-56.

［33］陆文端,四川大学学报(自然科学版),2(1959),39-41.

［34］Józefiak,T.,Prace Mat.,5(1961),119-123.

［35］柯召,四川大学学报(自然科学版),3(1959),24-34.

［36］陈景润,四川大学学报(自然科学版),2(1962),19-25.

［37］曹珍富,数学通讯,6(1982),35-36.

[38]曹珍富,哈尔滨工业大学科研报告,253(1982),11-12.

[39]Brauer,R.,Amer. J. Math.,64(1942),401-440.

[40]Alex,L. J.,Pacific J. Math.,104(1983),257-262.

[41]Alex,L. J.,Math. Comp.,44(1985),267-278.

[42]Alex,L. J.,Mrch. Math.,45(1985),538-545.

[43] Alex, L. J. and Foster, L. L., Rocky Mt. J. Math.,
13(1983),321-331.

[44]曹珍富,黎进香,哈尔滨工业大学学报,4(1986),125.

[45]Alex. L. J.,Comm. in Algebra,4(1976),77-100.

[46] Brenner. J. L. and Foster, L. L., Pacific J. Math.,
101(1982),263-301.

[47]Kutsuna,M.,Mem. Gifu Teach. Coll.,21(1986),25-28.

[48]Johnson. W.,Amer. Math. Monthly,94(1987),59-62.

[49]Apéry,R.,C. R. Acad. Sci. Paris Sér. A,251(1960),1263-
1264.

[50]Browkin,J. and Schinzel,A.,Bull. Acad. Polon. Sci.,Sér.
Sci. Math. Astronom. Phys. 8(1960),311-318.

[51]Schinzel,A.,Acta Arith.,13(1967),177-236.

[52]Beukers,F.,Acta Arith.,38(1981),389-410.

[53]Apéry,R.,C. R. Acad. Sci. Paris,Sér. A,251(1960),1451-
1452.

[54]Alter,R. and Kubota,K. K.,Pacific J. Math.,46(1973),
11-16.

[55]Kutsuna,M.,Mem. Gifu Nat. Coll. Tech.,20(1985),57-
60.

[56]Beukers,F.,The generalised Ramanujan-Nagell equation,
Doct. thesis,Rijks,1979.

[57]Kutsuna,M.,Mem. Gifu Nat. Coll. Tech.,18(1983),65-
68.

[58]乐茂华,科学通报,5(1984),268-271.

[59]Beukers,F.,Acta Arith.,39(1981),113-123.

[60] Toyoizumi, M., Comment. Math. Univ. St. Pauli, 27 (1979),105-111.

[61] Toyoizumi, M., Acta Arith.,42(1983),303-309.

[62] Yamabe, M., Reports Fac. Sci. Tech. Meijyo Univ., 21(1981),205-207.

[63] Yamabe, M., ibid,20(1979),186-189;24(1984),1-5.

[64] Kutsuna, M., Mem. Gifu Nat. Coll. Tech.,20(1985),61-62.

[65] 孙琦,曹珍富,关于方程 $x^2+D^m=p^n$ 和 $x^2+2^m=y^n$,四川大学学报(自然科学版),2(1988),164-169.

[66] 柯召,J. Chinese Math. Soc.,2(1940),205-207.

[67] Schinzel,A.,四川大学学报(自然科学版),1(1958),81-83.

[68] 阎发湘,科学通报,12(1980),529-532.

[69] Dem'janenko,V. A.,Izv. Vỹss,Ucebn. Zaved. Matematika,159(1975),No. 8,39-45.

[70] Mills,W. H.,Report Inst. Theory of Numbers,Boulder,Colo. 1959,258-268.

[71] Uchiyama,S.,Trudy Mat. Inst. Steklov.,163(1984),237-243.

[72] 阎发湘,辽宁大学学报(自然科学版),1(1980),27-28.

[73] 姚兆栋,数学杂志,1(1983),9-12.

[74] 瞿维建,浙江师范大学学报(自然科学版),1(1987),59-64.

[75] 柯召,四川大学学报(自然科学版),1(1957),30-40.

[76] 柯召,陆文端,四川大学学报(自然科学版),2(1957),189-195.

[77] Calderbank,R.,J. London Math. Soc.,(2)26(1982),365-384.

[78] Bremner,A. et al.,J. Number Theory,16(1983),212-234.

[79] Bremner,A. and Morton,P.,Math. Comp.,39(1982),235-238.

[80] Tzanakis, N. and Wolfskill, J. , J. Number Theory, 23 (1986),219-239.

[81] Tzanakis, N. and Wolfskill, J. , J. Number Theory, 26 (1987),96-116.

[82] Johnson, W. , Amer. Math. Monthly, 94(1987),59-62.

[83] 柯召,孙琦,四川大学学报(自然科学版),1(1975),57-61.

[84] 曹珍富,哈尔滨工业大学学报,4(1981),53-58.

[85] 孙琦,四川大学学报(自然科学版),3(1986),16-19.

[86] 曹珍富,一类不定方程对 Lucas 序列的应用(已投稿).

[87] 柯召,孙琦,四川大学学报(自然科学版).2(1964),5-9.

单位分数问题

所谓单位分数是指分子为 1 而分母为任意正整数的分数. 关于单位分数,有一个古老的问题:把一个正有理数(包括正整数) 表成单位分数的和,即对给定的正整数 m,n,解丢番图方程

$$\frac{m}{n} = \frac{1}{x_1} + \cdots + \frac{1}{x_k}$$

与这个方程相关的问题,一直吸引着人们的广泛兴趣,其中有许多问题至今尚未解决. 本章的目的,就是讨论这方面人们感兴趣的问题,并详细介绍对它们研究的成果和方法.

10.1　**方程** $\dfrac{m}{n} = \dfrac{1}{x} + \dfrac{1}{y} + \dfrac{1}{z}$

设 m,n 是正整数,我们来研究丢番图方程

$$\frac{m}{n} = \frac{1}{x} + \frac{1}{y} + \frac{1}{z} \tag{1}$$

的正整数解. 1950 年, Erdös 猜想: 对每一个正整数 $n > 1$, 方程

$$\frac{4}{n} = \frac{1}{x} + \frac{1}{y} + \frac{1}{z} \tag{2}$$

均有正整数解 x, y, z. 后来, Straus 作了更强的猜想: 设 $n > 2$, 则方程(2)有两两不等的正整数解. 并且他对 $2 < n < 5\,000$ 证明了猜想是对的(见[1]). 1964 年, 柯召、孙琦和张先觉[2]证明了 Straus 猜想与 Erdös 猜想是等价的, 并证明了 $n < 4 \times 10^5$ 时 Erdös-Straus 猜想成立. 1965 年, Yamamoto[3] 把 n 的界推到 $n < 10^7$. 1978 年, n 的界又被 Frances-chine[4] 推到 10^8. 这些结果的证明都使用了一些基本事实, 通过构造 n 的一些同余条件获得方程(2)的解. 这些基本事实如下:

① 如果 $n > 1$ 使得方程(2)有解(x_1, y_1, z_1), 那么 n 的任何倍数 mn 也使得方程(2)有解, 且解为(mx_1, my_1, mz_1).

② 如果有正整数 a, b, c, d 满足

$$a + bn + cn = 4abcd \tag{3}$$

或

$$na + b + c = 4abcd \tag{4}$$

那么方程(2)有解, 且解分别为

$(x, y, z) = (bcdn, acd, abd)$ 和 $(bcd, nabd, nacd)$.

从式(4), 取 $a = 2, b = 1, c = 1$, 则 $n = 4d - 1$; 取 $a = 1, b = 1, c = 1$, 则 $n = 4d - 2$. 故在 $n \equiv 2, 3 \pmod 4$ 时方程(2)有正整数解.

当 $n \equiv 0 \pmod 4$ 时, 方程(2)显然有正整数解 $x =$

$y=z=\dfrac{3n}{4}$. 这样,我们只要考虑 $n\equiv1(\bmod 4)$ 就行了.

又在式(4)中,取 $a=1,b=1,c=2$,则 $n=8d-3$. 故在 $n\equiv5(\bmod 8)$ 时方程(2)有解. 现设

$$n\equiv1(\bmod 8)$$

利用这种方法,可以十分容易地给出

$n\not\equiv1(\bmod 3),n\not\equiv1,2,4(\bmod 7),n\not\equiv1,4(\bmod 5)$ 时方程(2)均有正整数解. 由此可推出,除开

$$n\equiv1,11^2,13^2,17^2,19^2,23^2(\bmod 840) \qquad (5)$$

(由 ① 不妨设 n 为素数)外,Erdös-Straus 猜想成立.

由于满足式(5)的最小素数是 1 009,故在 $n<$ 1 009 时 Erdös-Straus 猜想成立. 如果由式(3)和(4),在 840 中再添上一些因子,那么可把 n 的上界继续放大.

现在设 $n=p>3$,p 是一个素数,则不妨设 $p\nmid(x,y,z)$,于是 $p\mid x,p\nmid yz$ 或 $p\mid y,p\mid z$ 且 $p\nmid x$. 这样方程(2)化为如下的两个方程

$$\frac{4}{p}=\frac{1}{px}+\frac{1}{y}+\frac{1}{z} \qquad (p\nmid yz) \qquad (6)$$

$$\frac{4}{p}=\frac{1}{x}+\frac{1}{py}+\frac{1}{pz} \qquad (p\nmid x) \qquad (7)$$

对此,Rosati[5] 证明了下面的定理.

定理 1 方程(6)有解当且仅当存在正整数 a,b,c,d 使得

$$a+bp+cp=4abcd,(a,b)=(b,c)=(c,a)=1$$
$$p\nmid abcd \qquad (8)$$

且式(8)成立时 $(x,y,z)=(bcd,acd,abd)$.

定理 2 方程(7)有解当且仅当存在正整数 a,b,c,d 使得

$$pa + b + c = 4abcd, (a,b) = (b,c) = (c,d) = 1, p \nmid bcd$$
$$(9)$$

且式(9)成立时 $(x,y,z) = (bcd, abd, acd)$.

我们这里仅给出定理1的证明(定理2的证明完全类似). 设 $(y,z) = \delta, y = \delta b, z = \delta c$, 这里 $p \nmid bc\delta$, 由式(6)得

$$\delta bc + p(b+c)x = 4\delta bcx \qquad (10)$$

因为 $(b+c, bc) = 1$, 故式(10)给出 $bc \mid x$, 设 $x = bcd$, 则式(10)两端除去 bc 得

$$\delta + p(b+c)d = 4\delta dbc$$

由此知 $d \mid \delta$, 令 $\delta = da$, 则

$$a + p(b+c) = 4abcd$$

这就证明了定理 1.

Sierpiński 还作了一个类似的猜想: 对每一个 $n > 1$, 方程

$$\frac{5}{n} = \frac{1}{x} + \frac{1}{y} + \frac{1}{z} \qquad (11)$$

均有正整数解. 利用前面类似的方法, Palama[6-7] 证明了 $n < 922\,321$ 时 Sierpiński 猜想成立. Stewart[8] 改进 n 的界到

$$n \leqslant 1\,057\,438\,801$$

且 $n \not\equiv 1 \pmod{278\,460}$.

在方程(11)中, 若 $n = 121$, 则方程(11)有解

$$(x, y, z) = (25, 759, 208\,725)$$

1984 年, 刘元章[9] 给出了方程

$$\frac{5}{121} = \frac{1}{x} + \frac{1}{y} + \frac{1}{z} \qquad (12)$$

的全部正整数解. 不妨设 $0 < x < y < z$, 则方程(12)的全部正整数解由表1给出, 这也回答了 Blericher 的一个问题.

表 1

x	y	z	x	y	z	x	y	z
25	759	208 725	26	352	50 336	33	93	3 751
25	770	42 350	26	363	9 438	33	99	1 089
25	825	9 075	27	234	84 942	33	121	363
25	1 089	2 475	27	242	6 534	34	84	172 788
25	1 100	2 420	27	297	1 089	44	54	13 068
26	350	272 175	30	132	2 420	44	55	2 420
26	351	84 942	33	91	33 033	45	55	1 089

对于一般的方程(1),设 $E_m(N)$ 表示不大于 N 且使方程(1)无正整数解的 n 的个数,则有如下的 Vaughan[10] 定理:

定理 3 $E_m(N) \ll N \cdot \exp[-c(\log N)^{\frac{2}{3}}]$,这里 c 是仅取决于 m 的常数.

对于一般的方程

$$\frac{m}{n} = \frac{1}{x_1} + \cdots + \frac{1}{x_k} \qquad (13)$$

以 $E_{m,k}(N)$ 表示不大于 N 且使方程(13)无正整数解的 n 的个数,Viola[11] 在 1973 年证明了

$$E_{m,k}(N) \ll N \cdot \exp[-c(\log N)^{1-\frac{1}{k-1}}]$$

1986 年,单壿[12] 改进了 Viola 的结果,证明了

$$E_{m,k}(N) \ll N \cdot \exp[-c(\log N)^{1-\frac{1}{k}}]$$

这里 c 取决于 m 与 k.从而把 Vaughan 的结果推广到一般的情形.

10.2 Mordell 的一个问题

Mordell[13] 曾经提出一个单位分数的问题:

方程

$$\frac{1}{w} + \frac{1}{x} + \frac{1}{y} + \frac{1}{z} + \frac{1}{wxyz} = 0 \qquad (1)$$

的解如何？曹珍富[14] 首先讨论了方程（1）的解. 显然 x, y, z, w 必至少有一个为正且至少有一个为负，不妨设 $x > 0, w < 0$. 对 y, z 有三种情形：同正、同负或一正一负. 于是方程（1）化为如下三个求正整数解的方程

$$\frac{1}{x} = \frac{1}{y} + \frac{1}{z} + \frac{1}{w} + \frac{1}{xyzw} \qquad (2)$$

$$\frac{1}{x} + \frac{1}{y} + \frac{1}{xyzw} = \frac{1}{z} + \frac{1}{w} \qquad (3)$$

$$\frac{1}{x} + \frac{1}{y} + \frac{1}{z} = \frac{1}{w} + \frac{1}{xyzw} \qquad (4)$$

显然，方程（2）～（4）都给出 x, y, z, w 两两互素. 对方程（2），不妨设 $y < z < w$，则有下面的定理.

定理 1　方程（2）的全部正整数解可表为

$$\begin{cases} x = n \\ y = n + k \\ z = n + \dfrac{n^2 + t}{k} \\ w = \dfrac{1}{t}\left[n(n+k)\left(n + \dfrac{n^2 + t}{k}\right) + 1 \right] \end{cases} \qquad (5)$$

这里 n, k, t 为正整数，且满足：

① $n^2 + t \equiv 0 (\bmod k)$.

② $n(n+k)\left(n + \dfrac{n^2 + t}{k}\right) + 1 \equiv 0 (\bmod t)$.

③ $(n, k) = (k, t) = (n, t) = 1$.

证　由式（5）代入方程（2）验证知，式（5）确为方程（2）的解. 现设 $x = n$，则显然 $y > n$，这里 n 为正整数，令 $y = n + k, k$ 为正整数，由方程（2）得

$$\frac{k}{n(n+k)} = \frac{1}{z} + \frac{1}{w} + \frac{1}{k(n+k)zw} \qquad (6)$$

令 $m = \dfrac{n(n+k)}{k}$,则 $z > m$,可设 $z = m + s, s > 0$. 于是式(6)给出

$$\frac{s}{m(m+s)} = \frac{1}{w} + \frac{1}{km(m+s)w}$$

由此知

$$skw = km(m+s) + 1 \qquad (7)$$

由于 $z = m + s = n + \dfrac{n^2}{k} + s$ 为正整数,设 $(n,k) = d$,则必有 $s = \dfrac{dt}{k}$,且 $k \mid n^2 + dt$. 由式(7)得出

$$dtw = n(n+k)\left(n + \frac{n^2 + dt}{k}\right) + 1$$

由于 $d \mid n$,故上式给出 $d \mid 1$,所以 $d = 1$. 上式成为

$$w = \frac{1}{t}\left[n(n+k)\left(n + \frac{n^2 + t}{k}\right) + 1\right]$$

容易知道 ① ~ ③ 的条件均成立. 证毕.

由式(5)可以给出方程(2)的许多含参数的解,例如在定理 1 中分别取 $k = t = 1$,和 $t = 1, k = 2m^2 + \varepsilon 2m + 1, n = 2m^2 + k\lambda$ 即得:

Ⅰ. $x = n, y = n + 1, z = n(n+1) + 1, w = n(n+1)[n(n+1)+1] + 1$.

Ⅱ. $x = 2m^2 + (2m^2 + \varepsilon 2m + 1)\lambda, y = 2m^2 + (2m^2 + \varepsilon 2m + 1)(\lambda + 1), z = 4m^2 - \varepsilon 2m + 1 + 4m^2\lambda + (2m^2 + \varepsilon 2m + 1)\lambda(\lambda + 1), w = xyz + 1$,这里 $\varepsilon = \pm 1$, m, λ 是正整数.

在 $t = 1$ 时,由于式(5)中 $w = xyz + 1$,故方程(2)简化为

410

$$\frac{1}{x}=\frac{1}{y}+\frac{1}{z}+\frac{1}{xyz} \tag{8}$$

且有

$$x=n, y=n+k, z=n+\frac{n^2+1}{k}$$

这里 $n^2+1\equiv 0 (\bmod\ k)$. 我们对小于 100 的素数 k，求出了满足 $n^2+1\equiv 0 (\bmod\ k)$ 的 n, k，从而得出方程(8)的解(表 2).

表 2

x	y	z
$2m+1$	$2m+3$	$2(m+1)^2$
$5m+2$	$5m+7$	$5m^2+9m+3$
$5m+3$	$5m+8$	$5m^2+11m+5$
$13m+5$	$13m+18$	$13m^2+23m+7$
$13m-5$	$13m+8$	$13m^2+3m-3$
$17m+4$	$17m+21$	$17m^2+25m+5$
$17m-4$	$17m+13$	$17m^2+9m-3$
$29m+12$	$29m+41$	$29m^2+53m+17$
$29m-12$	$29m+17$	$29m^2+5m-7$
$37m+6$	$37m+43$	$37m^2+49m+7$
$37m-6$	$37m+31$	$37m^2+25m-5$
$41m+9$	$41m+50$	$41m^2+59m+11$
$41m-9$	$41m+32$	$41m^2+23m-7$
$53m+23$	$53m+76$	$53m^2+99m+33$
$53m-23$	$53m+30$	$53m^2+7m-13$
$61m+11$	$61m+72$	$61m^2+83m+13$
$61m-11$	$61m+50$	$61m^2+39m-9$
$73m+27$	$73m+100$	$73m^2+127m+37$
$73m-27$	$73m+46$	$73m^2+19m-17$
$89m+34$	$89m+123$	$89m^2+157m+47$
$89m-34$	$89m+55$	$89m^2+21m-21$
$97m+22$	$97m+119$	$97m^2+141m+27$
$97m-22$	$97m+75$	$97m^2+53m-17$

设 x_1, y_1, z_1 是方程(8)的任一组正整数解,易知 $(x_1, y_1, z_1, x_1 y_1 z_1 + 1)$ 是方程(2)的一组正整数解. 因此在表 2 加一行 $w = xyz + 1$,则上表也给出了方程(2)的解. 一般地,设 $(x_1, \cdots, x_{s-1})$ 满足方程

$$\frac{1}{x_1} = \frac{1}{x_2} + \cdots + \frac{1}{x_{s-1}} + \frac{1}{x_1 \cdots x_{s-1}}$$

则 $(x_1, \cdots, x_s)$,这里 $x_s = x_1 \cdots x_{s-1} + 1$,满足方程

$$\frac{1}{x_1} = \frac{1}{x_2} + \cdots + \frac{1}{x_s} + \frac{1}{x_1 \cdots x_s} \qquad (9)$$

故由我们关于方程(2)的解(在 $t = 1$ 时由方程(8)的解构造出来)可以构造出方程(9)的解.

如果我们把方程(2)的解(5)分成几类: $t = k = 1$ 的解称为平凡解(见 I); $t = 1, k > 1$ 的解称为 A 类解; $t > 1, k = 1$ 称为 B 类解; $t > 1, k > 1$ 称为 AB 类解. 那么前面我们给出了方程(2)的平凡解和若干 A 类解. 在第 2 章的 2.8 节中,我们给出了 AB 类解的构造方法.

对于 B 类解的构造也是容易的. 例如在 $k = 1$ 时,由式(5)知 $x = n, y = n + 1$,故方程(2)化为

$$\frac{1}{n(n+1)} = \frac{1}{z} + \frac{1}{w} + \frac{1}{n(n+1)zw}$$

这具备了方程(8)的形式,故可用构造 A 类解的方法来构造方程(2)的 B 类解. 例如取 $n = 5m + 1, t = 5$,则式(5)给出方程(2)有解

$$x = 5m + 1, y = 5m + 2, z = 25m^2 + 15m + 7$$
$$w = 125m^4 + 150m^3 + 90m^2 + 17m + 3$$

与对方程(2)的讨论完全类似,可以给出方程(3)(4)的解及构造方法.

定理 2 方程(3)的全部正整数解(不妨设 $x > w$)可表为

412

$$\begin{cases} x = n + k \\ y = n + \dfrac{n^2 - t}{k} \\ z = \dfrac{1}{t}\left[n^2\left(2n + k + \dfrac{n^2 - t}{k}\right) - 1 \right] - n \\ w = n \end{cases}$$

这里 n, k, t 均是正整数,且满足:

① $n^2 - t \equiv 0 \pmod{k}$.

② $n^2\left(2n + k + \dfrac{n^2 - t}{k}\right) - 1 \equiv 0 \pmod{t}$.

③ $(n, k) = (k, t) = (n, t) = 1$.

定理 3　方程 (4) 的全部正整数解(不妨设 $x > w$)可表为

$$\begin{cases} x = n + k \\ y = n + \dfrac{n^2 + t}{k} \\ z = n + \dfrac{1}{t}\left[n^2\left(2n + k + \dfrac{n^2 + t}{k}\right) - 1 \right] \\ w = n \end{cases}$$

这里 n, k, t 是正整数,且满足:

① $n^2 + t \equiv 0 \pmod{k}$.

② $n^2\left(2n + k + \dfrac{n^2 + t}{k}\right) - 1 \equiv 0 \pmod{k}$.

③ $(n, k) = (k, t) = (t, n) = 1$.

10.3　方程 $\sum\limits_{i=1}^{s} \dfrac{1}{x_i} + \dfrac{1}{x_1 \cdots x_s} = 1$

在有关单位分数的问题中,最引人注目的问题要数单位分数表 1 的问题. 设有方程

$$\frac{1}{x_1} + \cdots + \frac{1}{x_k} = 1 \quad (0 < x_1 < \cdots < x_k) \quad (1)$$

根据我们在 10.2 中的讨论,方程(1)对任意给定的 k 都有解 $x_1 = 2, x_{i+1} = x_1 \cdots x_i + 1 (i = 4, \cdots, k-2), x_k = x_1 \cdots x_{k-1}$. Erdös[15] 问:在方程(1)的解中 $\max x_k = ?$ 1987 年,冯克勤、魏权龄和刘木兰[16] 证明了 $\max x_k = x_1 \cdots x_{k-1}$,这里 $x_1 = 2, x_{i+1} = x_1 \cdots x_i + 1 (i \geqslant 1)$. 这说明方程(1)的解中使 x_k 最大的那组解是方程

$$\sum_{i=1}^{s} \frac{1}{x_i} + \frac{1}{x_1 \cdots x_s} = 1 \quad (1 < x_1 < \cdots < x_s) \quad (2)$$

在 $s = k-1$ 时的一组解. 但是他们的方法对求解方程(2)没有丝毫帮助. 由于方程(2)在许多其他问题中的重要应用(参阅 10.4,10.5 节),所以本节我们专门来讨论方程(2)的解.

1964 年,柯召和孙琦[17] 首先研究了方程(2)的解,在 $s \leqslant 6$ 时证明了方程(2)仅有如下的解(表 3).

以 $\Omega(s)$ 表示方程(2)的解的个数,则表 3 给出 $\Omega(1) = \Omega(2) = \Omega(3) = \Omega(4) = 1, \Omega(5) = 3, \Omega(6) = 8$. 他们还证明了下面的定理.

定理 1　若 $x_1^{(0)}, \cdots, x_{s-1}^{(0)}$ 满足

$$\sum_{i=1}^{s-1} \frac{1}{x_i^{(0)}} + \frac{1}{x_1^{(0)} \cdots x_{s-1}^{(0)}} = 1$$

且 $(x_1^{(0)} \cdots x_{s-1}^{(0)})^2 + 1$ 是合数,则有 $\Omega(s) < \Omega(s+1)$.

证　由于方程(2)的 $\Omega(s)$ 个解 $(x_1^{(j)}, \cdots, x_s^{(j)})$ $(j = 1, \cdots, \Omega(s))$ 可以得出方程

$$\sum_{i=1}^{s+1} \frac{1}{x_i} + \frac{1}{x_1 \cdots x_{s+1}} = 1 \quad (1 < x_1 < \cdots < x_{s+1}) \quad (3)$$

的 $\Omega(s)$ 个解 $(x_1^{(j)}, \cdots, x_s^{(j)}, x_{s+1}^{(j)})$,这里 $x_{s+1}^{(j)} = x_1^{(j)} \cdots x_s^{(j)} +$

表 3

s	x_1	x_2	x_3	x_4	x_5	x_6
1	2					
2	2	3				
3	2	3	7			
4	2	3	7	43		
5	2	3	11	23	31	
	2	3	7	43	1 807	
	2	3	7	47	953	
6	2	3	11	23	31	47 059
	2	3	7	43	1 823	193 667
	2	3	7	43	1 807	32 633 443
	2	3	7	47	395	779 731
	2	3	7	47	403	19 403
	2	3	7	47	415	8 111
	2	3	7	47	583	1 223
	2	3	7	55	179	24 323

1,故 $\Omega(s) \leqslant \Omega(s+1)$. 现在证明在 $(x_1^{(0)} \cdots x_{s-1}^{(0)})^2 + 1$ 为合数时,方程 (3) 至少有一组不是用方程 (2) 的解通过 $x_{s+1}^{(j)} = x_1^{(j)} \cdots x_s^{(j)} + 1$ 得到. 为此,在方程 (3) 中令 $x_i = x_i^{(0)}(i = 1, \cdots, s-1)$,得出

$$\frac{1}{x_s} + \frac{1}{x_{s+1}} + \frac{1}{nx_s x_{s+1}} = \frac{1}{n}$$

这里 $n = x_1^{(0)} \cdots x_{s-1}^{(0)}$. 于是

$$x_s = n + k, \quad x_{s+1} = n + \frac{n^2 + 1}{k}$$

因此在 $n^2 + 1$ 为合数时,设 $n^2 + 1 = m_1 m_2$,$1 < m_1 < m_2$,于是可取 $k = m_1$,得到 $x_s = n + m_1$,$x_{s+1} = n + m_2$,这就证明 $\Omega(s) < \Omega(s+1)$. 证毕.

1978 年,孙琦[18] 证明了下面的定理.

定理 2 设 $s \geqslant 4$,则 $\Omega(s) < \Omega(s+1)$.

显然,定理 2 的证明,只要找到一组 $x_1^{(0)}, \cdots, x_{s-1}^{(0)}$,满足 $\sum_{i=1}^{s-1} \dfrac{1}{x_i^{(0)}} + \dfrac{1}{x_1^{(0)} \cdots x_{s-1}^{(0)}} = 1$ 和 $(x_1^{(0)} \cdots x_{s-1}^{(0)})^2 + 1$ 为合数.

因为 $(2, 3, 11, 23, 31, 47\ 059)$ 是方程 (2) 在 $s = 6$ 时的一组解,设

$$\eta_0 = 2 \times 3 \times 11 \times 23 \times 31 \times 47\ 059$$

$$\eta_1 = \eta_0 + 1, \eta_2 = \eta_0 \eta_1 + 1, \cdots, \eta_{s-1} = \eta_0 \cdots \eta_{s-2} + 1$$

$$(s \geqslant 3)$$

则

$$x_1^{(0)} = 2, \cdots, x_6^{(0)} = 47\ 059, x_7^{(0)} = \eta_1, \cdots, x_{s-1}^{(0)} = \eta_{s-7}$$

满足

$$\sum_{i=1}^{s-1} \frac{1}{x_i^{(0)}} + \frac{1}{x_1^{(0)} \cdots x_{s-1}^{(0)}} = 1$$

且在 $2 \nmid s \geqslant 7$ 时

$$(x_1^{(0)} \cdots x_{s-1}^{(0)})^2 + 1 = (\eta_0 \eta_1 \cdots \eta_{s-7})^2 + 1 \equiv 0 \pmod{5}$$

故在 $2 \nmid s \geqslant 7$ 时定理 2 成立.

从方程 (2) 在 $s = 3$ 时的解 $(2, 3, 7)$,与前同样道理可知,在 $2 \mid s \geqslant 4$ 时

$$\Omega(s) < \Omega(s+1)$$

再由 $\Omega(4) = 1, \Omega(5) = 3, \Omega(6) = 8$ 便知定理 2 成立.

同在 1978 年,Janák 和 Skula[19] 利用计算机也给出了方程 (2) 在 $s \leqslant 6$ 时的全部解,且在 $s = 7$ 时他们得到了方程 (2) 的 18 组解,即 $\Omega(7) \geqslant 18$.

1984 年,孙琦和曹珍富[20] 改进了定理 1,得到了较为精密的定理.

定理 3 若 $x_1^{(j)}, \cdots, x_{s-1}^{(j)} (j = 1, \cdots, \Omega(s-1))$ 是方

程 $\sum\limits_{i=1}^{s-1}\dfrac{1}{x_i}+\dfrac{1}{x_1\cdots x_{s-1}}=1$ 的 $\Omega(s-1)$ 个解，记

$$k_j(s)=(x_1^{(j)}\cdots x_{s-1}^{(j)})^2+1 \quad (j=1,\cdots,\Omega(s-1))$$

则有

$$\Omega(s+1)\geqslant\Omega(s)+\sum_{j=1}^{\Omega(s-1)}\left(\frac{d(k_j(s))}{2}-1\right)$$

这里 $d(k_j(s))$ 表 $k_j(s)$ 的不同正因子的个数 $(j=1,\cdots,$ $\Omega(s-1))$.

同时构造性地证明了下面的定理.

定理 4　设 $s\geqslant 10$，则 $\Omega(s+1)\geqslant\Omega(s)+3$，且在 $2\mid s\geqslant 10$ 时

$$\Omega(s+1)\geqslant\Omega(s)+5$$

1986 年，孙琦和曹珍富[21] 进一步地证明了下面的定理.

定理 5　设 $s\geqslant 10$，则 $\Omega(s+1)\geqslant\Omega(s)+5$，且在 $2\nmid s\geqslant 11$ 时

$$\Omega(s+1)\geqslant\Omega(s)+7$$

以上结果都是基于方程(2)在 $s=6$ 时的全部解以及 $s=7$ 时的 18 组解使用 10.2 节的构造方法获得的. 可以看出，进一步给出 $s=7$（或更大）的全部解，对改进 $\Omega(s)$ 是有帮助的.

1987 年，曹珍富、刘锐和张良瑞[22] 利用计算机给出了方程(2)在 $s=7$ 时的全部解，共 26 组(表 4).

利用我们新发现的解，把 $\Omega(s)$ 改进到：设 $s\geqslant 11$，则 $\Omega(s+1)\geqslant\Omega(s)+8$，且在 $2\nmid s\geqslant 11$ 时 $\Omega(s+1)\geqslant\Omega(s)+9$.

最近，曹珍富[23] 利用 $s=7$ 时的 26 组解，大大地改进了前述的结果，构造性地证明了下面的定理.

Diophantus 方程

表 4

序号	x_1	x_2	x_3	x_4	x_5	x_6	x_7	$y_7 = \dfrac{x_1 \cdots x_6 + 1}{x_7}$
1	2	3	7	43	1 807	3 263 443	10 650 056 950 807	1
2	2	3	7	43	1 807	3 263 447	2 130 014 000 915	5
3	2	3	7	43	1 807	3 263 591	71 480 133 827	149
4	2	3	7	43	1 807	3 264 187	14 298 637 519	745
5	2	3	7	43	1 823	193 667	637 617 223 447	1
6 *	2	3	7	43	3 559	3 667	33 816 127	697
7	2	3	7	47	395	779 731	607 979 652 631	1
8	2	3	7	47	395	779 831	6 020 372 531	101
9	2	3	7	47	403	19 403	15 435 513 367	1
10	2	3	7	47	415	8 111	6 644 612 311	1
11	2	3	7	47	583	1 223	1 407 479 767	1
12	2	3	7	55	179	24 323	10 057 317 271	1
13 *	2	3	7	67	187	283	334 651	445
14 *	2	3	11	17	101	149	3 109	5 431
15	2	3	11	23	31	47 059	2 214 502 423	1
16	2	3	11	23	31	47 063	442 938 131	5
17	2	3	11	23	31	47 095	59 897 203	37
18	2	3	11	23	31	47 131	30 382 063	73
19	2	3	11	23	31	47 243	12 017 037	185
20	2	3	11	23	31	47 423	6 114 059	365
21 *	2	3	11	23	31	49 759	866 923	2 701
22 *	2	3	11	23	31	60 563	211 031	13 505
23	2	3	11	31	35	67	369 067	13
24 *	2	3	7	43	3 263	4 051	2 558 951	1 227
25 *	2	3	11	25	29	1 097	2 753	19 067
26 *	2	3	13	25	29	67	2 981	1 271

注:资料[22]中漏了最后三组解

418

定理 6　设 $s \geqslant 11$，则

$$\Omega(s+1) \geqslant \Omega(s) + 17$$

且在 $2 \nmid s \geqslant 11$ 时

$$\Omega(s+1) \geqslant \Omega(s) + 23$$

这个定理的证明思路是，针对表 4 中的每一组 $x_1, \cdots, x_7$，求出 $(x_1 \cdots x_7)^2 + 1$ 的所有不超过 100 的素因子. 然后，可以验证：在方程(2) 当 s 换为 $s-1$ 时有 17 组 $x_1, \cdots, x_{s-1}$ 使得

当 $2 \mid s \geqslant 12$ 时，$(x_1 \cdots x_{s-1})^2 + 1 \equiv 0 (\bmod 5)$；有 23 组 $x_1, \cdots, x_{s-1}$ 使得

当 $2 \nmid s \geqslant 11$ 时，$(x_1 \cdots x_{s-1})^2 + 1 \equiv 0 (\bmod 5)$.

故由定理 3 知：

当 $2 \mid s \geqslant 12$ 时，$\Omega(s+1) \geqslant \Omega(s) + 17$，

当 $2 \nmid s \geqslant 11$ 时，$\Omega(s+1) \geqslant \Omega(s) + 23$.

表 5 和表 6 分别给出 17 组(当 $2 \mid s \geqslant 12$ 时)和 23 组(当 $2 \nmid s \geqslant 11$ 时) $x_1, \cdots, x_{s-1}$ 使 $(x_1 \cdots x_{s-1})^2 + 1 \equiv 0 (\bmod 5)$ 的详细情况.

我们还构造性地给出 $\Omega(8) \geqslant 34, \Omega(9) \geqslant 67, \Omega(10) \geqslant 83$，等.

由定理 6 还可推出下面的推论.

推论　当 $s \geqslant 11$ 时 $\Omega(s) \geqslant 20s + \Omega(11) - 220$.

但是，我们没有定出 $\Omega(s)$ 的渐近公式. 我们[24] 也不知道是否对任意给定的正整数 $x_1 > 1$，都存在正常数 c，使得当 $s \geqslant c$ 时方程(2) 均有整数解. 对 $\Omega(s)$，我们有一个直观的推断：存在某个正常数 c，在 $\min(s, t) > c$ 时均有

$$\Omega(s+t+1) \geqslant \Omega(s+t) + \Omega(s) + s$$

成立. 但没有得到证明.

Diophantus 方程

表 5

序号	表 4 中的序号	$x_1,\cdots,x_{s-1}(s\geqslant 12)$	
1	1		
2	5	$x_1,\cdots,x_7$(由对照表 4 中的每一个序号分别给出):	
3	9	$\begin{cases} x_8=x_1\cdots x_7+1,\ x_9=x_1\cdots x_7x_8+1 \\ x_{10}=x_1\cdots x_9+1,\cdots,x_{s-1}=x_1\cdots x_{s-2}+1 \end{cases}$	
4	11		
5	14		
6	9	$x_1,\cdots,x_7$(表 4):	$f=17\times 53$
7	9	$\begin{cases} x_8=x_1\cdots x_7+f \\ x_9=x_1\cdots x_7+\dfrac{(x_1\cdots x_7)^2+1}{f} \\ \vdots \\ x_{s-1}=x_1\cdots x_{s-2}+1 \end{cases}$	$f=37\times 53$
8	9		$f=5\times 17\times 37$
9	14		$f=5$
10	24		$f=5$
11	6	$x_1,\cdots,x_7$(表 4):$x_8=x_1\cdots x_7+1$	$f=5$
12	6	$\begin{cases} x_9=x_1\cdots x_8+f \\ x_{10}=x_1\cdots x_8+\dfrac{(x_1\cdots x_8)^2+1}{f} \\ \vdots \\ x_{s-1}=x_1\cdots x_{s-2}+1 \end{cases}$	$f=5\times 29$
13	11		$f=17$
14	15		$f=17$
15	9	$x_1,\cdots,x_6$(表 4)①:$x_7=x_1\cdots x_6+f$	$f=97$
16	15	$x_8=x_1\cdots x_6+\dfrac{(x_1\cdots x_6)^2+1}{f},\cdots$	$f=51$
17	11	$x_{s-1}=x_1\cdots x_{s-2}+1$	$f=41$

---

① 这时取表 4 中对应 $y_7=1$ 的那些行删除 x_7 所在的列剩下的 $x_1,\cdots,x_6$.

表 6

序号	表 4 中的序号	$x_1,\cdots,x_{s-1}(s\geqslant 11)$
1	4	
2	6	
3	15	$x_1,\cdots,x_7$（表 4）:
4	19	$\begin{cases} x_8 = x_1\cdots x_7+1 \\ x_9 = x_1\cdots x_8+1 \\ x_{10} = x_1\cdots x_9+1 \\ \quad\vdots \\ x_{s-1} = x_1\cdots x_{s-2}+1 \end{cases}$
5	20	
6	21	
7	24	
8	6	$f = 37$
9	6	$f = 13\times 37$
10	9	$f = 17$
11	9	$f = 37$
12	9	$x_1,\cdots,x_7$（表 4）: $\quad f = 5\times 17$
13	9	$\begin{cases} x_8 = x_1\cdots x_7+f \\ x_9 = x_1\cdots x_7+\dfrac{(x_1\cdots x_7)^2+1}{f} \\ \quad\vdots \\ x_{s-1} = x_1\cdots x_{s-2}+1 \end{cases}\quad f = 5\times 37$
14	9	$f = 17\times 37\times 53$
15	9	$f = 5\times 17\times 37\times 53$
16	19	$f = 29$
17	19	$f = 5\times 13$
18	19	$f = 5\times 13\times 29$
19	11	$f = 5$
20	4	$x_1,\cdots,x_7$（表 4）: $\quad f = 5$
21	4	$x_8 = x_1\cdots x_7+1 \qquad\qquad f = 61$
22	4	$\begin{cases} x_9 = x_1\cdots x_8+f \\ x_{10} = x_1\cdots x_8+\dfrac{(x_1\cdots x_8)^2+1}{f} \\ \quad\vdots \\ x_{s-1} = x_1\cdots x_{s-2}+1 \end{cases}\begin{cases} f = 5\times 61 \\ \\ f = 5^2\times 29 \end{cases}$
23	6	

$$10.4 \quad \textbf{方程} \sum_{i=1}^{s} \frac{1}{x_i} - \frac{1}{x_1 \cdots x_s} = 1$$

解丢番图方程

$$\sum_{i=1}^{s} \frac{1}{x_i} - \frac{1}{x_1 \cdots x_s} = 1 \quad (1 < x_1 < \cdots < x_s, s > 2)$$

$$(1)$$

是孙琦和曹珍富[25]提出来的. 我们知道, 初等数论中的孙子定理有着广泛的应用, 例如, 利用孙子定理可构造模系数记数法[26-27]: 设 $s > 1, m_1, \cdots, m_s$ 是两两互素的正整数(均大于 1), $M = m_1 \cdots m_s, 0 \leqslant x < M$, 则 x 的模系数记数法是指 x 对模 $m_1, \cdots, m_s$ 的剩余表示 $\{\langle x \rangle_{m_1}, \cdots, \langle x \rangle_{m_s}\}$. 如果知道 x 的模系数记数法, 那么用孙子定理可得

$$x = \langle \sum_{i=1}^{s} M'_i M_i \langle x \rangle_{m_i} \rangle_M$$

其中 $M_i = \dfrac{M}{m_i} (i = 1, \cdots, s)$, 且

$$M'_i M_i \equiv 1 (\bmod m_i) \quad (i = 1, \cdots, s) \quad (2)$$

在这个过程中, 如何选择 $m_1, \cdots, m_s$ 使得计算 M'_i 容易(尤其在 s 很大时), 是一个实际应用的问题. 我们证明了

定理 1 如果 $m_1, \cdots, m_s$ 取方程(1)的一组解, 那么对模 $m_1, \cdots, m_s$, 式(2)中的 M'_i 可取为 $M'_i = 1$ $(i = 1, \cdots, s)$.

证 如果 $m_1, \cdots, m_s$ 取方程(1)的一组解, 那么

$$\sum_{i=1}^{s} \frac{1}{m_i} - \frac{1}{m_1 \cdots m_s} = 1$$

故得 $\sum\limits_{i=1}^{s} M_i - 1 = M$，这就给出 $M_i \equiv 1 (\bmod m_i)(i = 1, \cdots, s)$，因此可取 $M'_i = 1 (i = 1, \cdots, s)$. 证毕.

现在的问题是，方程（1）是否有解？有多少解？为了便于实际应用，我们给出了在 $3 \leqslant s \leqslant 6$ 时方程（1）的全部解（$s = 6$ 时见资料[28]），见表 7.

我们同时给出，可以通过方程

$$\sum_{i=1}^{s} \frac{1}{x_i} + \frac{1}{x_1 \cdots x_s} = 1 \quad (1 < x_1 < \cdots < x_s) \quad (3)$$

的解（见 10.3 节）来构造方程（1）的解的方法.

定理 2　设 $x_1^{(j)}, \cdots, x_{s-1}^{(j)}(j = 1, \cdots, \Omega(s-1))$ 是方程（3）在 s 换为 $s-1$ 的 $\Omega(s-1)$ 组解

$$l_j(s) = (x_1^{(j)} \cdots x_{s-1}^{(j)})^2 - 1 \quad (j = 1, \cdots, \Omega(s-1))$$

则方程（1）的解的个数 $A(s)$ 满足

$$A(s+1) \geqslant \Omega(s) + \sum_{j=1}^{\Omega(s-1)} \left(\frac{d(l_j(s))}{2} - 1 \right) \quad (4)$$

这里 $d(l_j(s))$ 表 $l_j(s)$ 不同正因子的个数.

证　在方程

$$\sum_{i=1}^{s+1} \frac{1}{x_i} - \frac{1}{x_1 \cdots x_{s+1}} = 1 \quad (5)$$

中令 $x_i = x_i^{(j)}(i = 1, \cdots, s-1)$，则得

$$\sum_{i=1}^{s-1} \frac{1}{x_i^{(j)}} + \frac{1}{x_s} + \frac{1}{x_{s+1}} - \frac{1}{x_1^{(j)} \cdots x_{s-1}^{(j)} x_s x_{s+1}} = 1$$

由于

$$\sum_{i=1}^{s-1} \frac{1}{x_1^{(j)}} + \frac{1}{x_1^{(j)} \cdots x_{s-1}^{(j)}} = 1$$

故上式给出

$$(x_s - n)(x_{s+1} - n) = n^2 - 1 = l_j(s)$$

表 7

s	x_1	x_2	x_3	x_4	x_5	x_6
3	2	3	5			
4	2	3	7	41		
	2	3	11	13		
5	2	3	7	43	1 805	
	2	3	7	83	85	
	2	3	7	41	1 721	
	2	3	11	17	59	
6	2	3	7	43	1 807	3 263 441
	2	3	7	43	1 811	654 133
	2	3	7	43	1 819	252 701
	2	3	7	43	1 825	173 471
	2	3	7	43	1 945	25 271
	2	3	7	43	1 871	51 985
	2	3	7	43	1 901	36 139
	2	3	7	43	2 053	15 011
	2	3	7	43	2 167	10 841
	2	3	7	43	2 501	6 499
	2	3	7	43	3 041	4 447
	2	3	7	43	3 611	3 613
	2	3	7	47	395	779 729
	2	3	7	47	481	2 203
	2	3	7	53	271	799
	2	3	7	71	103	61 429
	2	3	11	23	31	47 057

这里 $n = x_1^{(j)} \cdots x_{s-1}^{(j)}$. 因为 $l_j(s)$ 不是平方数,故 $2 \mid d(l_j(s))$. $\dfrac{d(l_j(s))}{2}$ 对 $l_j(s)$ 的因子 f_j, $\dfrac{l_j(s)}{f_j}$ 给出方程 (5) 的 $\dfrac{d(l_j(s))}{2}$ 个解,故总共给出方程 (5) 的

$\sum\limits_{j=1}^{\Omega(s-1)} \dfrac{d(l_j(s))}{2}$ 个解. 因为当 $u_1, \cdots, u_s$ 是方程（3）的一组解, 则 $u_1, \cdots, u_s, u_1 \cdots u_s - 1$ 是方程（5）的一组解, 故 $\Omega(s)$ 个方程（3）的解也可给出 $\Omega(s)$ 个方程（5）的解（其中有 $\Omega(s-1)$ 个且仅有 $\Omega(s-1)$ 个解已在 $\sum\limits_{j=1}^{\Omega(s-1)} \dfrac{d(l_j(s))}{2}$ 中计算过）. 于是

$$A(s+1) \geqslant \Omega(s) - \Omega(s-1) + \sum_{j=1}^{\Omega(s-1)} \frac{d(l_j(s))}{2} =$$

$$\Omega(s) + \sum_{j=1}^{\Omega(s-1)} \left(\frac{d(l_j(s))}{2} - 1 \right)$$

证毕.

因为 $l_j(s) = (x_1^{(j)} \cdots x_{s-1}^{(j)})^2 - 1$ 在 $s \geqslant 3$ 时是合数, 故 $d(l_j(s)) \geqslant 4$, 因此由式（4）给出: 在 $s \geqslant 3$ 时有

$$A(s+1) \geqslant \Omega(s) + \Omega(s-1)$$

对 $A(s)$, 孙琦和曹珍富先后不断改进, 有以下一系列结果:

定理 3[25]　　设 $s \geqslant 9$, 则 $A(s+1) \geqslant \Omega(s) + \Omega(s-1) + 6$, 且在 $2 \nmid s \geqslant 9$ 时 $A(s+1) \geqslant \Omega(s) + \Omega(s-1) + 10$.

定理 4[21]　　设 $s \geqslant 9$, 则 $A(s+1) \geqslant \Omega(s) + \Omega(s-1) + 10$, 且在 $2 \mid s \geqslant 12$ 时 $A(s+1) \geqslant \Omega(s) + \Omega(s-1) + 14$.

定理 5[22]　　设 $s \geqslant 10$, 则 $A(s+1) \geqslant \Omega(s) + \Omega(s-1) + 16$, 且在 $2 \mid s \geqslant 12$ 时 $A(s+1) \geqslant \Omega(s) + \Omega(s-1) + 18$.

定理 6[23]　　设 $s \geqslant 10$, 则 $A(s+1) \geqslant \Omega(s) + \Omega(s-1) + 34$, 且在 $2 \mid s \geqslant 12$ 时 $A(s+1) \geqslant \Omega(s) + \Omega(s-1) + 46$.

我们[24] 猜想:对 $s \geqslant 3$ 有 $A(s+1) > A(s)$. 这个猜想在 s 不太大时已经得到证明,但对一般情形不易证明. 另外,由 $A(s)$ 与 $\Omega(s)$ 的关系可知,如果我们定出了 $A(s)$ 的主项,那么 $\Omega(s)$ 的主项也可能被定出.

10.5　与单位分数相关的问题

现在我们利用前面关于单位分数的结果,来研究 1972 年 Znám 提出的一个问题.

(Znám 问题)是否对每一个整数 $s > 1$,都存在整数 $x_i > 1 (i = 1, \cdots, s)$,使得对每一个 i, x_i 是 $x_1 \cdots x_{i-1} x_{i+1} \cdots x_s + 1$ 的真因子?

这个问题与同余式组

$$x_1 \cdots x_{i-1} x_{i+1} \cdots x_s + 1 \equiv 0 (\bmod x_i)$$
$$(x_i > 1, i = 1, \cdots, s; s > 1) \qquad (1)$$

有关. 一个十分明显的结论是:若设同余式组(1)的解满足 $1 < x_1 < \cdots < x_s$,则在 $x_s \neq x_1 \cdots x_{s-1} + 1$ 时,同余式组(1)的解便给出 Znám 问题的解.

1973 年,Mordell[29] 提出了求同余式组

$$x_1 \cdots x_{i-1} x_{i+1} \cdots x_s \pm 1 \equiv 0 (\bmod \mid x_i \mid) \quad (i = 1, \cdots, s)$$

的非零整数解的问题,并在 $1 \leqslant s \leqslant 5$ 时给出了部分解. 1975 年 Skula[30] 给出了同余式组(1)在 $1 < s \leqslant 4$ 时的全部解,从而证明:在 $1 < s \leqslant 4$ 时不存在 Znám 问题中要求的整数.

不失一般设适合 Znám 问题的整数 $x_1, \cdots, x_s$ 满足 $1 < x_1 < \cdots < x_s$,则 $(x_1, \cdots, x_s)$ 称为 Znám 问题的解. 以 $Z(s)$ 表示 Znám 问题的解的个数. 1978 年,Janák 和

Skula[19] 证明了 $Z(5)=2, Z(6)=5$ 和 $Z(7) \geqslant 10.1983$ 年,孙琦[31] 彻底解决了 Znám 问题,他证明了下面的定理.

定理 1　设 $s \geqslant 5$,则 $Z(s) \geqslant \Omega(s) - \Omega(s-1) > 0$,这里 $\Omega(s)$ 表方程

$$\sum_{i=1}^{s} \frac{1}{x_i} + \frac{1}{x_1 \cdots x_s} = 1 \quad (1 < x_1 < \cdots < x_s) \quad (2)$$

的解的个数.

这个定理的证明是容易的,例如只要注意到方程 (2) 的 $\Omega(s)$ 个解中恰有 $\Omega(s-1)$ 个解是由 $x_s = x_1 \cdots x_{s-1} + 1$ 产生的即可.

由这个定理,利用方程(2)的结果(10.3)节可得到下面一系列的结果:

I.[18] 设 $s \geqslant 5$,则 $Z(s) > 0$.

II.[20] 设 $s \geqslant 11$,则 $Z(s) \geqslant 3$,且在 $2 \nmid s \geqslant 11$ 时 $Z(s) \geqslant 5$.

III.[21] 设 $s \geqslant 11$,则 $Z(s) \geqslant 5$,且在 $2 \mid s \geqslant 12$ 时 $Z(s) \geqslant 7$.

IV.[22] 设 $s \geqslant 12$,则 $Z(s) \geqslant 8$,且在 $2 \mid s \geqslant 12$ 时 $Z(s) \geqslant 9$.

V.[23] 设 $s \geqslant 12$,则 $Z(s) \geqslant 17$,且在 $2 \mid s \geqslant 12$ 时 $Z(s) \geqslant 23$.

1986 年,孙琦和曹珍富[24] 建立了 Znám 问题与同余式组(1)的一个等式,得到了如下的定理.

定理 2　设 $s > 2$,则
$$Z(s) = H(s) - H(s-1)$$
这里 $H(s)$ 表同余式组 (1) 的解 $(x_1, \cdots, x_s)(1 < x_1 < \cdots < x_s)$ 的个数.

证 从同余式组(1)知$(x_i,x_j)=1(1\leqslant i\neq j\leqslant s)$,故同余式组(1)可化为

$$\sum_{i=1}^{s}x_1\cdots x_{i-1}x_{i+1}\cdots x_s+1\equiv 0(\bmod x_i)\quad(i=1,\cdots,s)$$

此即

$$\sum_{i=1}^{s}x_1\cdots x_{i-1}x_{i+1}\cdots x_s+1\equiv 0(\bmod x_1\cdots x_s)$$

故可令

$$\sum_{i=1}^{s}x_1\cdots x_{i-1}x_{i+1}\cdots x_s+1=nx_1\cdots x_s$$

这里 n 是正整数. 由此得出

$$\sum_{i=1}^{s}\frac{1}{x_i}+\frac{1}{x_1\cdots x_s}=n\quad(1<x_1<\cdots<x_s)\quad(3)$$

设 $\Omega_n(s)$ 是方程(3)的解的个数,则有

$$H(s)=\sum_{n=1}^{\infty}\Omega_n(s)$$

且 $\Omega_n(s)-\Omega_n(s-1)\geqslant 0$ 是在方程(3)的解中 Znám 问题的解的个数. 故由 $n\leqslant\dfrac{1}{2}+\cdots+\dfrac{1}{s}+\dfrac{1}{s!}$ 知

$$Z(s)=\sum_{n=1}^{\infty}(\Omega_n(s)-\Omega_n(s-1))=H(s)-H(s-1)$$

证毕.

由定理 2 可知,利用 Ⅰ ～ Ⅴ 的结果可以给出 $H(s)$ 的一些估计,例如孙琦[32]证明了:如果 $s\geqslant 4$,那么 $H(s)<H(s+1)$ 这方面最好的结果是[23]:如果 $s\geqslant 11$,那么

$$H(s+1)\geqslant H(s)+17$$

且如果 $2\nmid s\geqslant 11$,那么 $H(s+1)\geqslant H(s)+23$.

参 考 资 料

[1] 柯召,孙琦,自然杂志,7(1979),411-413.

[2] 柯召,孙琦,张先觉,四川大学学报(自然科学版),3(1964),
23-37.

[3] Yamamoto,K.,Men. Fac. Sci. Kyushu University,Ser. A,19
(1965),37-47.

[4] Franceschine,N.,Egyptian Fractions,MA Dissertation,
Sonoma State Coll. CA,1978.

[5] Rosati,L. A.,Boll. Union Mat. Ital.,(3)9(1954),59-63.

[6] Palamà,G.,Boll. Union Mat. Ital.,(3)13(1958),65-72.

[7] Palamà,G.,ibid,(3)14(1959),82-94.

[8] Stewart,B. M.,Theory of Numbers,Macmillan, New York,
1964,198-207.

[9] 刘元章,四川大学学报(自然科学版),2(1984),113-114.

[10] Vaughan,R. C.,Mathematika,17(1970),193-198.

[11] Viola,C.,Acta Arith. 22(1973),339-352.

[12] 单墫,数学年刊,7B(2)(1986),213-220.

[13] Mordell,L. J.,Canad. Math. Bull.,17(1974),149.

[14] 曹珍富,数学杂志,3(1987),245-250.

[15] Guy,R. K.,Unsolved Problems in Number Theory,D11,
Springer-Verlag,1981.

[16] 冯克勤,魏权龄,刘木兰,科学通报,3(1987),164-168.

[17] 柯召,孙琦,四川大学学报(自然科学版),1(1964),13-29.

[18] 孙琦,四川大学学报(自然科学版),2-3(1978),15-18.

[19] Janák,J. and Skula,L.,Math. Slovaca,28.(1978),305-310.

[20] 孙琦,曹珍富,数学研究与评论,1(1987),125-128.

[21] 孙琦,曹珍富,数学进展,3(1986),329-330.

[22] 曹珍富,刘锐,张良瑞,J. Number Theory,27(1987),206-211.

[23] 曹珍富,On the number of solution of the Diophantine

equation $\sum_{j=1}^{s} \dfrac{1}{x_j} + \dfrac{1}{x_1 \cdots x_s} = 1$，纪念华罗庚数论与分析国际学术会议（1988 年 8 月，北京）上的报告论文.

［24］曹珍富，河池师专学报，1(1987)，1-8.

［25］孙琦，曹珍富，科学通报，2(1985)，155.

［26］Szabo, N. S. and Tanaka, R. I. , Residue Arithmetic and Its Applications to Computer Technology, McGraw-Hill, Inc. 1967.

［27］孙琦，曹珍富，自然杂志，9(1985)，669-670.

［28］孙琦，数学研究与评论，4(1986)，149-154.

［29］Mordell, L. J. , Canad. Math. Bull. , 16(1973), 457-462.

［30］Skula, L. , Acta Fac. Rer. natur. Univ. Comenianae, Mathematica, 32(1975), 87-90.

［31］孙琦，四川大学学报（自然科学版），4(1983)，9-11.

［32］孙琦，科学通报，19(1982)，1159-1160.

已故诗人奥登（W. H. Auden）曾经说过：

> "有些书被不恰当地遗忘了，然而没有书被不恰当地记住."

本书就是这样一部险些被不恰当地遗忘了的优秀数学著作.

本书写于 20 世纪 80 年代. 那是一个被今天的人们称为"黄金年代"的历史时期. 本书的作者曹珍富教授是一位当年中国非常优秀的青年数论专家.

先交代一下笔者与作者的关系. 本书作者曹珍富先生与笔者是亦师亦友的关系，首先是他将笔者引入了数论研究的"歧途"（因笔者天资愚钝所以尽管有如此名师指点也没能修成正果，故称之为"歧途"）. 我们在一起发表了一篇关于丢番图方程方面的论文.

编辑手记

在与曹教授长达 36 年的交往过程中笔者感触最深的是天赋对于学习数学的重要是无论如何强调都不为过的. 同时也奉劝那些没有天赋而坚信"苦战能过关"的年轻人尽早改弦更张, 选择适合自己的职业.

曹珍富先生是 20 世纪 80 年代年轻人心中的偶像, 年轻有为, 意气风发, 他的成功打破了关于成功的三个神话. 他不是"官二代", 祖辈上都是农民, 处于当时社会最底层. 他不是"富二代", 他的出生地江苏省滨海县当时是比较穷困的地区, 以至于上海人一提起苏北人都非常看不起. 他也不是"学二代", 他兄弟八人加上他父母只有他一个人是读过书的, 其余都目不识丁. 但就是这样一个来自苏北的农家子弟凭自己的聪明才智叩开了数学之门, 成为当时全国最年轻的副教授. 这在阶层固化, 上升通道板结化的今天不能不说是个奇迹. 今天许多年轻人抱怨说周围缺少学习的榜样, 这在当年是不成问题的. 曹教授当时就是哈尔滨的十大杰出青年, 他的成功令许多人向往, 一时间数论研究成为哈尔滨数学研究的一个热点.

美国民族戏剧的奠基人, 诺贝尔文学奖获得者奥尼尔在 1922 年接受《美国人》（*American*）杂志采访时说：

> "我们所能赢得的每一个胜利, 永远也不可能是我们所梦想的胜利. 问题在于, 生活本身是毫无意义的, 是梦想鼓舞着我们奋斗不息, 努力不息, 生活不息！"

今天当笔者重新编辑曹教授的这本著作时, 当年

的数学热情仿佛又被重新燃起.笔者相信今天仍然会有新一代的年轻人同样被激励.

曹先生的成才之路与华罗庚先生颇有相似之处.

相似处之一是都是初中时受到激励.曹先生在初中时曾到县里参加过一次初中数学竞赛,获得了意想不到的名次,而且还用巧妙的方法解决了一个压轴的初等数论方面的大题,于是备受鼓舞.

相似处之二是都是从数论入手.数论最易入门但难精通.笔者曾到哈工大图书馆查过,发现大部分馆藏数论书后面的借阅登记卡片上都有曹先生的签名,可见其当年用功之勤.

相似处之三是都遇到了一位识才的老师.对华先生来说是王维克和熊庆来,对曹教授来说则是戴宗铎教授.戴宗铎教授是中科院数学所研究员(是哈工大计算机学院戴宗恕教授的姐姐).当她发现了曹先生的数学才华后便利用自己的人脉关系将其第一篇论文推荐到湖北武汉的《数学杂志》上发表.

相似处之四是他们的文章都非常多.据陈省身先生说华先生文章多是因为不是科班出身,在全都是留学欧美名校的博士之清华园要想站稳脚跟是很难的,所以华先生要多写文章证明自己的才能而陈省身先生这方面的压力则要小得多,所以文章较华先生少很多.曹珍富先生由于是哈工大计算机专业的本科生,非数学科班出身,所以更是拼命发文章.从书后文献可以看到文章数量之巨堪比爱尔特希.

相似处之五是他们在成名之时都得到过后来被主流社会所摒弃之人的大力帮助.当年华罗庚先生去英国剑桥大学访学之前曾被蒋介石在芦山召见,后来在

"文化大革命"中华先生为此受到了很多非议.而曹珍富先生的部分科研出版资金也是得到了当时黑龙江省省长的特批.虽然后来这位省长被绳之以法,但今天看特批资金这件事确实做得好.正如人一辈子全都做好事是很难的,但全做坏事也不可能,这对国人非白即黑的二元对立价值观也是一种修正.

相似处之六是都热衷于数学普及和数学竞赛,华先生是中国中学数学竞赛的倡导者、组织者和参与者,曾亲自参加命题和培训,而曹先生也是如此,他曾亲自组建了黑龙江省数学竞赛专家委员会,亲任组长(笔者任副组长,但现在此组织因曹先生的调离早已名存实亡),并亲自参与哈尔滨市高中竞赛的命题(当时的命题颇为认真.哈尔滨市科协拨款在哈尔滨科学宫封闭命题一周,笔者至今都很怀念那时的社会氛围和非功利化的竞赛宗旨.).

相似处之七是都兴趣广泛初高兼顾.许多大数学家对写初等数学文章十分不屑,也不会写,而华先生却除了写出过大量的高深数学论文之外,还写过许多脍炙人口的初等数学小文章.曹珍富先生也写过许多初等数学的小文章.前些日子天津的几位作者还来信索要笔者和曹先生1989年合写的一篇关于递推数列的小文章,原因是近年高考递推数列试题频现,真像单墫教授所言"数学竞赛是高考的时装秀,若干年后就会渗透至高考中".

相似处之八是两位的博士学位都是"迟来的爱".华先生在1989年之前都是只有一张江苏省金坛县初级中学的毕业证,直到法国南锡大学颁发给他一个名誉博士学位.而曹先生也是直到20世纪末高校对教师

的学历越来越看重,没有博士学位便不让评博导后才匆匆跟一位搞泛函分析的博导象征性地走了一遍程序,解决了这个问题(因为其论文的水平早已超过了博士论文的水平.).

被誉为"民国第一外交家"的顾维钧在写博士论文《外人在华之地位》时,其导师约翰·穆尔仅看了序章之后便表态说:"仅凭这个序章,就可以作为博士论文."

相似处之九是他们的师承血脉都很纯正.华罗庚先生曾在英国访学师承剑桥学派的代表人物哈代(G. H. Hardy).曹教授的师承谱系也可沿着孙琦、柯召追溯到曼彻斯特数论学派的代表人物达文波特(H. Davenport)(其学派当时还有数论新秀马勒(K. Mahler),拉多(R. Rado)等.).为此曹教授还专门写了一本书《流淌着曼彻斯特血脉的初等数论经典例题》(也交给了我们数学工作室出版).

曹教授考虑到近几十年,丢番图方程领域发生了很大变化,如 Fermat 大定理的获证,Catalan 猜想的彻底解决.他曾准备系统增加一些新进展,但考虑到读者需求之迫切,所以我们决定先出版再慢慢等曹教授悉心完善.曹珍富教授现在早已回到上海成为一名计算机科学与密码学方向的博士生导师,对数论研究从严格的意义说已经算是一种业余的研究了,兴趣多于压力.

美国哥伦比亚大学教授萨依德在 1993 年应英国广播公司之邀所作的系列演讲指出:

"……尽管这些压力普遍可见(指专业

435

性压力），但都可以用我所谓的业余性（Amateurism）来对抗. 而所谓的业余性就是, 不为利益或奖赏所动, 只是为了喜爱和不可抹杀的兴趣, 而这些喜爱与兴趣在于更远大的景象, 越过界线和障碍, 拒绝被某个专长所束缚, 不顾一个行业的限制而喜好众多的观念和价值."

今天出版此书重提"曹珍富现象", 对日益失去自我实现理想的年轻人重整理想风帆都是大有益处的.

本书的写作过程见证了一位胸怀远大理想的青年, 在追求理想道路上的一次奋力拼搏.

冯仑曾说过: 追求理想的过程就像马拉松长跑, 只有开头和结尾有掌声, 中间都在匀速而无聊地慢跑. 在这个阶段就是在慢跑, 不需要人鼓掌.

刘培杰

2023 年 2 月 28 日

于哈工大

436